三峡水库运行对其生态环境的影响与机制

——典型支流澎溪河水环境变化研究

郭劲松 李 哲 方 芳 著

U0304516

科学出版社

北 京

内 容 简 介

本书是作者十余年来关于三峡水环境生态研究工作的总结。重点阐释在水库运行下，如何基于藻类生境选择学说和生态功能分组概念，建立藻类群落结构的生态特征与演替模式；在物理边界不稳定的系统中，如何建立藻类生态功能组与环境变量的多元统计模型的理论成果。较系统地介绍了三峡水库小江支流营养物赋存形态及其相对丰度的变化关系，以水体滞留时间为参量的 TN/TP 对藻类生长的基本驱动模式及实验验证等成果。

本书可作为环境、水利、生态、地理、土木等学科及工程专业高年级本科生、研究生教学，以及相关领域教学科研人员和工程技术人员的参考书。

图书在版编目(CIP)数据

三峡水库运行对其生态环境的影响与机制：典型支流澎溪河水环境变化研究 / 郭劲松，李哲，方芳著. —北京：科学出版社，2017.1
　ISBN 978-7-03-051461-5

　Ⅰ.①三… Ⅱ.①郭… ②李… ③方… Ⅲ.①三峡水利工程–影响–生态环境–研究 Ⅳ.①TV632.63

中国版本图书馆 CIP 数据核字（2016）第 319789 号

责任编辑：李小锐 唐 梅 / 责任校对：韩雨舟
封面设计：墨创文化 / 责任印制：罗 科

科 学 出 版 社 出版
北京东黄城根北街16号
邮政编码：100717
http://www.sciencep.com

*成都锦瑞印刷有限责任公司*印刷
科学出版社发行 各地新华书店经销
*

2017 年 1 月第 一 版 开本：787×1092 1/16
2017 年 1 月第一次印刷 印张：21
字数：500 千字
定价：147.00 元
（如有印装质量问题，我社负责调换）

序

  三峡工程是治理和开发长江的特大型水利枢纽工程，举世瞩目，必将对我国长江经济带和"一带一路"建设发挥重要的支撑作用。客观地讲，三峡工程的建设和运行也将改变长江水文情势，并可能潜在地对长江生态与环境，乃至社会经济发展产生不同程度的影响。2016年1月5日，习近平总书记在推动长江经济带发展的座谈会上明确指出，"要把修复长江生态环境摆在压倒性位置，共抓大保护，不搞大开发，依托长江水道，统筹岸上水上，正确处理防洪、通航、发电的矛盾"。因此，科学地审视三峡工程对长江生态环境的影响，充分发挥其正面效应，并对其可能的不利影响开展防控、减缓、修复等研究工作具有极为重要的意义。

  自2003年三峡水库开始蓄水(135m水位高程)后，受水位壅升、回水顶托影响，库区支流回水区呈现水体更新周期延长、营养物滞留的水库特征。与此同时，每年春夏和夏秋之交，温度、水文等环境条件的变化更是促使大部分支流频繁发生严重的水华。尽管定性的我们知道三峡支流富营养化及水华现象同水库蓄水运行存在一定关联，但限于水库水生态系统有别于湖泊的复杂性，三峡支流富营养化与水华成因依然需要以科学的态度深入研究。

  郭劲松教授及其科研团队长期致力于三峡水库水环境生态的研究工作。该专著凝练了郭教授及其团队在过去十余年对三峡水环境生态研究的成果。专著尝试从水库水环境生态普适的基本学科要素入手，对特定地域背景及水文水动力条件下三峡支流回水区水体光热条件、生源要素迁移转化、藻类演替机制等进行剖析，总结分析了水库运行下水环境与水生态的一些新现象，并提出了一些新的观点。该专著的学术价值在于以环境与生态交互的视角分析三峡水库运行同水环境、水生态变化的关联性，这将为后续系统甄别并阐明三峡水库调度运行对驱动其水生态系统演化的科学规律，积累重要的知识和资料基础。

  相信该专著的问世定会丰富和启发三峡水库水环境与水生态研究，并对支撑水库环境生态管理、推动三峡库区生态文明建设起到积极的作用。

中国工程院院士

流域水循环模拟与调控国家重点实验室主任

前　言

2010 年 10 月 26 日，三峡工程首次蓄水至 175m 的设计水位，标志着三峡工程正式由建设阶段转入运营阶段。三峡工程运行以来，在防洪、发电、航运、改善人居环境以及对区域经济发展的带动等方面均发挥了重要作用。与此同时，三峡工程自构想、论证、设计、建设至运营，其对生态环境的影响的争论和研究就从来没有停止过。不同的研究单位、不同的专家、不同的地域空间、不同的年际时段所得到的认识差异很大，但一个基本的事实和共识是自 2002 年 139m 蓄水以来，支流水体富营养化明显，水华频繁发生，支流与干流交汇区有水质恶化的迹象。这是一个十分独特的现象，更表明三峡工程对生态环境的影响不仅是多方面而且立体全方位的，也将是持久和深远的。因此，在该水域开展相关基础研究问题复杂，也凸显科学必将追求完美之魅力。

笔者近年一直希望尝试将课题组十多年来关于三峡水环境生态方面的研究工作进行系统的总结，但限于三峡水环境生态问题的复杂性一直未敢触碰，今受科学出版社的鼓励才最终成文。本书以三峡生境变化驱动藻类群落演替为主线，在系统讨论了水库生态学研究的理论、方法和进展的基础上，重点围绕三峡水库中段典型支流富营养化现象与水华过程展开相关论述。

本书介绍的主要内容是笔者在研究中获得的第一手资料。研究的手段包括野外跟踪观测、室内模拟实验、原位受控实验、数学模型和计算模拟等。虽然许多相关成果已分别在国内外多种学术刊物上发表，但本书以明晰的理论主线为统领，是在对数据进行进一步深入分析、对研究成果进行补充完善的基础上，系统地归纳而成。本书重点阐释在水库运行下如何基于藻类生境选择学说和生态功能分组概念建立藻类群落结构的生态特征与演替模式，在物理边界不稳定的系统中如何建立藻类生态功能组与环境变量的多元统计模型。较系统地介绍了三峡水库小江支流营养物赋存形态及其相对丰度的变化关系，以水体滞留时间为参量的 TN/TP 对藻类生长的基本驱动模式及实验验证等成果。

本书共 8 章。第 1 章梳理筑坝蓄水对流域生态环境，尤其是水库水环境的影响，并着重分析水库生态系统的总体特征和水库生态学研究进展，本章由郭劲松主笔完成。第 2 章介绍三峡水库及其典型支流澎溪河的总体特点，从水库运行导致水环境与水生态的时空异质性的角度，探讨选择澎溪河开展水库生态学研究的主要原因，本章由郭劲松主笔完成。第 3 章和第 4 章分别介绍澎溪河回水区水文、水动力条件与水体光热特点，本章由李哲主笔完成。第 5 章则着重分析水库运行下澎溪河 N、P、Si 等关键营养物的时空分布特征，本章由方芳主笔完成。第 6 章则在前述营养盐、光热条件等生境要素特征分析基础上，探讨澎溪河回水区藻类群落结构变化及其演替特点，并结合典范对应分析结果，归纳水库运行下澎溪河回水区藻类群落演替的宏观生态模式，本章由李哲、方芳共同完成。第 7 章对澎溪河水库水－气界面碳通量与水体碳循环机制进行初步探讨，本章由李哲主笔完成。第 8 章重点梳理近年来对澎溪河回水区野外研究的感受与体会，从新的视角对水库运行下支流水华形成、富营养化发展等问题进行探讨，以期为三峡水库水环境与水生态管理提供更多新的思路，本章由郭劲松主笔完成。全书由郭劲松负责统稿。

本书的研究工作得到了国家自然科学基金、国家重大科技专项——水体污染控制与治理科技重大专项、国家科技支撑计划以及重庆市重大科技项目等资助。本书的研究成果也是课题组集体智慧和辛劳的结晶，课题组鲁伦慧、肖艳、欧阳文娟、蒋滔、刘静、陈杰、张超、田光、贺阳、盛金萍、周红、陈园、王胜、李伟、白镭、谢丹、王琳、杨梅、张呈、冯婧、张树青等老师和研究生在野外采样、实验测试、数据整理、模拟计算、书稿校核等方面都作出了重要贡献。本书的写作得到了中国水利水电科学研究院王浩院士、河海大学王超院士、中国科学院水生生物研究所胡征宇研究员等专家的关心和支持，在此一并表示衷心的感谢。

本书虽然出版面世，但因三峡水环境生态问题复杂，涉及的学科领域众多，加之本书展示的实例成果主要基于对澎溪河流域的研究，以及知识和认识水平有限，所以笔者内心一直十分忐忑。如果书中的观点和认识能够得到同仁们的批评、指正和争鸣，则既是本书的目的，更是笔者的幸运。

郭劲松　李哲　方芳

2016 年 10 月于重庆

目　　录

第 1 章 水库生态学研究的理论、方法与进展

1.1 水库与人类社会发展

水库通常是指在河流上或依托一定地势人工筑坝拦截蓄水后形成的人工水体，亦称人工湖泊。水库通过对陆地淡水资源的拦蓄调节，发挥灌溉、发电、防洪、供水、养殖、航运、旅游等多种功能，服务人类经济社会发展。

河流流域是孕育人类文明的摇篮。作为人类改造自然、开发利用水资源的主要工程手段，在河流流域筑坝蓄水，发挥其服务功能，几乎与整个人类文明的演进史相伴而行，其在人类发展史中的重要性并不亚于火的发现与使用。早期的筑坝蓄水主要用于灌溉、供水。人类历史上最早大坝记载可能是在公元前 6000 年，美索不达米亚的农民便开始在扎格罗斯山脉(现今伊朗西南部)的高山峡谷中修建大坝引渠灌溉(McCully，1996)。现存历史最悠久的大坝可能是公元前 3000 年古约旦人在 Jawa 修建的大坝，包括 200m 长的溢流堰以及周围数个小型水库，大坝最长有 80m，高 4m(Garbrecht，1986)，它实际上是一个综合的供水工程。公元前 3000 年，古印度人在干旱的 Girnar 山区开始修建水库用以农业灌溉。古埃及人在公元前 2900 年开始修建水库向首都孟菲斯引水，并设计出水轮用于农业灌溉(引自网页：Wikipedia—Dam[①])。古巴比伦人于公元前 1300 年在底格里斯河修建的水库至今仍在使用。古罗马人在西班牙普洛色皮纳修筑的高 12m 混凝土芯大坝，成为现代填土坝的先驱；在科纳尔市修筑的另一座大坝采用了倾斜的迎水面，更趋完善(引自网页：互动百科—大坝[②])。公元前 700 年至公元前 250 年，亚述人、巴比伦人、波斯人修筑了多座灌溉用的大坝。同一时期，在也门、斯里兰卡、印度也修筑了各种大坝用以供水、灌溉。

位于我国安徽省寿南县境内建于春秋时期的安丰塘(古称"芍陂")可能是我国现有文字记载最早的水库，距今已有 2500 年的历史，是我国古代四大水利工程之一(图 1-1)。安丰塘坝高 6.5m，水库水域面积 34km²，可灌田万顷，为当地粮食丰产做出了卓越贡献。成都平原的都江堰水利工程已有近 2300 年历史，至今还在为 8000km² 良田提供灌溉。我国关于水库养殖的最早记载可能是春秋末越国南池(今浙江省绍兴县鉴湖镇)，距今约 2400 年[③]。据水利部门查考，其上池系白色黏土填筑，水库水域面积约 0.24km²。下池残存塘坝遗址水域面积约 0.53km²，库容约 300 万 m³。迄今，虽然人类历史上筑坝蓄水的具体工程数量难以详细考证，但筑坝蓄水已然成为人类认识自然、改造自然的重要成

---

① http://en.wikipedia.org/wiki/Dam.
② http://www.baike.com/wiki/大坝.
③ http://www.xcny.net/html/zjs/nyzzView/2006031431293.html.

果，遍布于除南极洲以外的所有陆地，广泛服务于人类生产生活，孕育并见证了一个又一个新的文明。

图 1-1　中国安徽省寿南县境内的安丰塘①

资料来源：Google

　　18~19 世纪期间，以机器取代人力、以大规模工厂化生产取代个体手工生产为标志的工业革命，推动了人类社会生产力膨胀式地发展。筑坝蓄水对人类社会的贡献自 19 世纪中叶开始越发重要。18 世纪 70 年代中期，法国水利工程师 Bernard Forest de Bélidor 在《Architecture Hydraulique》一书中首次提出了水轮机组带动转刷发电的构想（引自：Wikipedia-Bernard Forest de Bélidor②）。英国于 1870 年在 Rothbury Cragside 建成了世界上第一个水力发电站。1880 年美国开始尝试使用水轮驱动电刷发电以供给密歇根州 Grand Rapids 地区剧院和商铺照明；1881 年美国运用尼亚加拉瀑布的水能驱动电刷发电供给纽约市道路照明；1882 年美国将电刷同水轮机组相互耦合，在威斯康星州 Fox 河上建成了全球第一座真正意义上的水电站（图 1-2）。这些尝试极大地刺激了以美国为主的西方新兴工业化国家掀起修建水库的浪潮。在美国国会和联邦政府的支持下，以美国陆军工程师兵团、美国垦务局、田纳西河流域管理局等水利水电开发机构为核心，美国在 19 世纪末至 20 世纪初，尤其是在 20 世纪 30 年代罗斯福新政时期，相继修建了罗斯福坝、胡佛大坝、大古力坝、邦尼维尔坝等一大批影响深远的水利水电工程，筑坝蓄水带来的发电、灌溉、供水等综合效益，为美国西部地区发展乃至美国经济实力、综合国力的迅速提升奠定了不可磨灭的重要贡献（McCully，1996）。据国际大坝协会（International Commission on Large Dams，ICOLD）1998 年的不完全统计，1900 年以前，全球大型大坝③总数仅 630 座，主要用于供水和灌溉。在 1900~1930 年建成使用的大坝则达到了 2727 座。另据

　　① 安丰塘，古称"芍陂"、"期思陂"，位于今安徽寿县城南 30km 处，距今已有 2500 多年历史，为春秋时期楚国相国孙叔敖主持修筑的大型水利工程，因为引淠水经白芍亭东积水而得名，是中国古代四大水利工程之一，现蓄水约 7300 万 m^3，灌溉面积 4.2 万公顷。
　　② http://en.wikipedia.org/wiki/Bernard_Forest_de_B%C3%A9lidor.
　　③ 国际水坝协会（ICOLD）对大型大坝的定义为：坝高 15m 以上，或坝高为 5~15m 且形成水库库容超过 $3×10^6 m^3$ 的坝。

L'vovich 等(1990)的不完全统计,1900 年以前全球大型水库①(库容 $10^{10} \sim 10^{11}\,\mathrm{m}^3$)仅 41 座,总库容不超过 15km³;而到了 1950 年,全球大型水库达到 539 座,总库容达到 528km³,其中近 70%位于北美洲(图 1-4)。第二次世界大战(简称"二战")时期,美国大古力坝、邦尼维尔坝等水电工程所产生的电能几乎全部被用于核弹原料提炼、电解铝生产等军工行业,美国著名的反坝学者 McCully(1996)指出:"西部大坝的电力帮助美国打赢了二战"(图 1-3)。

图 1-2　世界上第一座水电站②

资料来源:美国国会图书馆

图 1-3　美国著名的 Hoover Dam③

资料来源:Google

---

①　根据 L'vovich 等和 Straškraba 等的划分,大型水库库容介于 $10^{10} \sim 10^{11}\,\mathrm{m}^3$;中型水库库容介于 $10^8 \sim 10^{10}\,\mathrm{m}^3$;小型水库库容介于 $10^6 \sim 10^8\,\mathrm{m}^3$;微型水库库容则小于 $10^6\,\mathrm{m}^3$。

②　世界上第一座真正意义的水电站位于美国威斯康星州 Appleton 地区 Fox 河上,装机容量 12.5kW。

③　美国科罗拉多河上著名的 Hoover Dam 是 20 世纪 30 年代全球具有重大意义的标志性水利工程,所形成的 Lake Mead 防洪库容 117 亿 m³,调节库容 196 亿 m³,为美国西部沙漠地区的社会经济发展作出了不可磨灭的贡献。

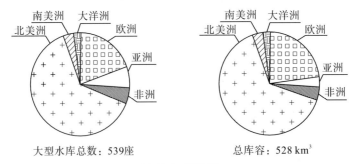

大型水库总数：539座　　　　　　　　　　总库容：528 km³

(a)1901～1950 年

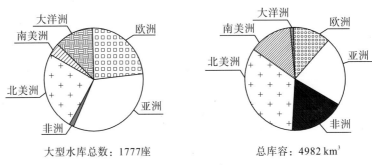

大型水库总数：1777座　　　　　　　　　　总库容：4982 km³

(b)1951～1985 年

图 1-4　1901～1950 年、1951～1985 年各洲大型水库分布情况(L'vovich et al.，1990，有修改)

　　二战后的经济重建与复兴对能源的巨大需求在人类社会掀起了又一次筑坝建库蓄水的高潮。根据 ICOLD 的统计(图 1-5 和图 1-6)，20 世纪 50 年代全球共兴建大坝 2735 座(不含中国)，而 20 世纪 70 年代兴建大坝 5418 座(不含中国)。至 1998 年全球共建有库容超过 $1×10^6$ m³以上的水库 49248 座，其中中国有 25831 座。至 2010 年，全球大型大坝已超过 50000 座(表 1-1 和表 1-2)，所形成的水库总库容为 7000～8300km³(其中有效库容约为 4000km³)，接近全球陆地天然湖泊储水总量的 10%，是全球河流入海总量的 1/6(Lehner et al.，2011b)，其中大型水库总水域面积约为 500000km²。另据 Lehner 等(2011b)推算，目前全球小型水库、堰塘等约 1670 万座，形成总库容约为 8069.3km³，总水域面积约为 305723km²。根据上述数据推断，目前全球各种水库所形成的总库容约为 15500km³，占全球河流年径流总量(55 万亿 m³/a)的 28.2%，筑坝蓄水形成的水面面积约相当于全球陆地天然水域总面积的 19.2%。

表 1-1　世界前十大已建、在建水库(贾金生等，2008)

序号	坝名	库容/亿 m³	主要建库目的	国家
1	Kariba	1806	发电	津巴布韦/赞比亚
2	Bratsk	1690	发电/航运/供水	俄罗斯
3	High Aswan Dam	1620	灌溉/发电/防洪	埃及
4	Akosombo	1500	发电	加纳
5	Daniel Johnson	1419	发电	加拿大

续表

序号	坝名	库容/亿 m³	主要建库目的	国家
6	Guri	1350	发电	委内瑞拉
7	Bennett W. A. C.	743	发电	加拿大
8	Krasnoyarsk	733	发电/航运	俄罗斯
9	Zeya	684	发电/航运/防洪	俄罗斯
10	LG-Deux Principal	617	发电	加拿大

注：中国三峡水库总库容 393 亿 m³，在全球排名第 22 位

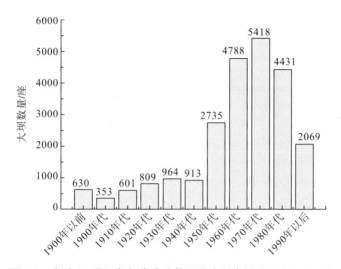

图 1-5　全球 20 世纪各年代建成使用的大型大坝（ICOLD，1998）

注：不含中国

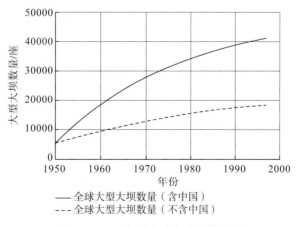

图 1-6　1950 年后全球大型大坝统计

表 1-2　世界前十大已建、在建大坝(贾金生等,2008)

序号	坝名	完工年	装机容量/MW	年均发电量/GWh	国家
1	三峡	2009	22500	84000	中国
2	Itaipu	1991	12600	90000	巴西/巴拉圭
3	溪洛渡	在建	12600	57120	中国
4	Guri	1986	10000	52000	委内瑞拉
5	Tucuruí	1984	8370		巴西
6	Sayano-Shushenskaya	1990	6400	22800	俄罗斯
7	向家坝	在建	6000	30747	中国
8	Krasnoyarsk	1967	6000	19600	俄罗斯
9	龙滩(广西)	2001	5400	18710	中国
10	Bratsk	1964	4500	22500	俄罗斯

　　水库是全球粮食安全保障的重要基础。根据最新统计,全球 2.68 亿 hm^2 的灌溉农田中 30%~40% 由水库提供(图 1-7),据此推断,水库为全球粮食生产的直接贡献率为 12%~16%。根据联合国粮农组织(FAO)的估计,至 2050 年全球粮食需求将比现在(2008 年)增加 70%,农业灌溉用水量预计将增加 11%,修建水库是满足上述灌溉用水需求的最主要手段(WCD,2000)。

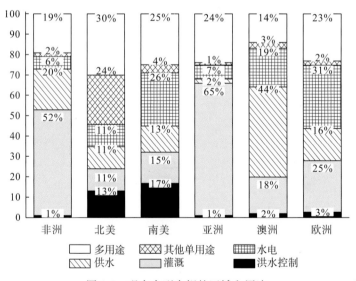

图 1-7　现有大型大坝的区域和用途

　　水库同样为城镇居民生产生活提供重要的淡水资源。有统计资料表明,全球约 12% 的大型水库将城镇供水作为主要设计目标,其中约 60% 的供水水库位于北美洲和欧洲(WCD,2000)。德国萨克森地区约 40%、洛杉矶 37% 的城镇供水依赖于水库。在我国重庆市的供水水源中,34.6% 的集中式城镇饮用水源地为水库。若将三峡水库重庆市域内长江干支流考虑在内，则上述比例将超过 50%。

　　发电是筑坝蓄水的另一重要功能。截至 2009 年，全球水电装机容量为 926GW，年水力发电总量为 3551TWh，约占全球电力供应总量的 16%（图 1-8），相当于每天 440 万桶原油（火力发电）的发电量（Kumar et al.，2011）。据国际大坝委员会 2000 年的不完全统计，全球有 65 个国家电力供应中的 50% 以上来自水电，24 个国家电力供应的 90% 以上来自于水电（如挪威、瑞士、瑞典等），10 个国家的全国电力供应甚至全部来自水电（IEA，2010）。水力发电已成为最主要的可再生能源形式，为缓解全球气候变化发挥了重要作用。在中国，水能资源投资对 GDP 增长贡献率约为 3.08%（王明杰等，2009）。

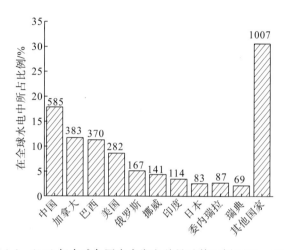

图 1-8　2008 年全球各国水力发电总量及其比例（IEA，2010）

注：图中数字为各国 2008 年水力发电量，单位为 TWh

　　全球每年至少约有 520 万人受到洪水的影响，约 25000 人死于洪水，造成的经济损失 500 亿～600 亿美元。亚洲国家受洪水影响首当其冲。防洪是筑坝蓄水对人类社会的又一重要贡献。全球大约 13% 的大型大坝具有防洪功能。而据测算，2010 年我国长江流域中，仅三峡水库、丹江口水库的防洪效益就超过 300 亿元（廖鸿志等，2010），对长江中下游平原地区的社会经济发展提供了重要保障。除此之外，筑坝蓄水带来的养殖、旅游、航运等功能亦为人类社会的发展做出了巨大的贡献。

　　时至今日，全球每年用于大坝建设的投资为 300 亿～450 亿美元（Kumar et al.，2011）。广大发展中国家为满足本国经济发展的需要，过去十年中每年投入 250 亿～300 亿美元用于大坝建设，其中 150 亿美元用于水电站的建设，100 亿用于水库灌溉工程，而其他数十亿美元则用于城镇供水（WCD，2000）。尽管目前关于筑坝建库蓄水对人类社会发展的实际贡献率仍未有更确切的数据，但毋庸置疑，筑坝蓄水已成为人类社会发展的重要成果，铭刻于地球陆地表面并记载在人类文明史中。

1.2 水库主要生态过程与基本特征

1.2.1 水库地理分布、形态特征及其同流域的关系

一般意义上，只要是人工筑坝蓄水而形成的水体都可以称之为水库。按此广义概念，储水水池、地下蓄水水池等都可以称为水库。但通常人们更愿意将水库和水池概念分开，将水库视为依托大坝及水面接触到的最高一条等高线所共同组成的封闭或半封闭的大型露天人工水体[①]，本书亦沿袭此概念而展开后续的讨论，露天修建的蓄水水池等人工小水体不在本书讨论范畴。

水库修建选址需要考虑自然环境条件和水库功能要求等多重因素。为蓄水方便、节约工程量，通常水库选址为河谷、山谷地区"口袋形"盆地或洼地处，谷边高地作为自然屏障封闭水域。对于发电型水库而言，地势落差大、水头较大，能够为水电站创造更多水能的地方是较佳的选址地。对于防洪型水库而言，防洪调蓄能力是水库选址的重要因素。水库选址除应考虑具有较大库容系数（水库调节库容与多年径流量的比值）以外，还需结合水文过程综合分析。此外，流域水资源分配、地质稳定性、地震可能性、移民搬迁、淹没区情况、社会经济条件、工程经济与施工组织等综合因素亦对水库修建决策产生极大影响。因此，受上述自然、人为等多种因素影响，水库的地理分布难以呈现规律性(Downing et al.，2006)。

Walker(1981)曾对美国大陆 309 个天然湖泊和 106 个水库的分布情况进行了比较分析(图 1-9)，认为美国大陆天然湖泊多为第四纪冰川期形成，主要分布于美国大陆中北部地区（五大湖、明尼苏达州），年降水量通常大于年蒸发量；此外亦有相当数量的潟湖（海成湖）分布于美国南部佛罗里达州。美国水库主要分布于美国大陆中西部（偏南），年蒸发量通常大于年降水量，主要用于淡水存储，故多位于淡水资源相对匮乏且湖泊数量并不丰富的地区。然而，水库修建主要受人类生产需求主导，其在全球其他地区的分布特征却并未如此。以中国为例，我国山脉纵横交错、河流水系发达的地貌特点为水库修建提供了得天独厚的条件，水库主要集中于东部、南部山地丘陵地区(图 1-10)。其中，我国大中型水库主要用于防洪、发电等，多与河流水系分布及地貌特征相关，且以防洪保护范围为选址首要考虑因素；中小型水库主要用于供水、灌溉、养殖，多与城镇分布、区域水资源供需情况等相关。我国水库分布同我国天然的五大湖区分布并无关联性。Straškraba 等(1993)曾尝试建立巴西亚马孙河流域水库自然地理分布规律。尽管将研究约束于相同流域范围内（具有相似的气候、气象条件），但受地区经济发展、水库实用功能等因素影响，亚马孙河流域水库自然地理分布特征依然复杂。

[①] Straškraba 等对水库的定义：具有河流入流、库容大于 $1 \times 10^6 \text{m}^3$ 的人工湖盆(artificial basin)水域。

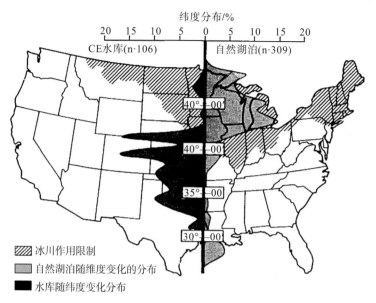

图 1-9　美国大陆天然湖泊、水库分布情况（Walker，1981，有修改）

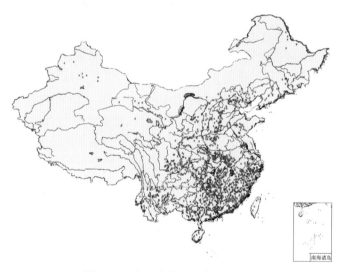

图 1-10　中国大中型水库分布情况

　　受水库所在区域的地形地貌条件以及人类建库决策等综合影响，水库形态各异。通常根据大坝修建位置以及水库形态特征，水库大致可以分为河谷型水库和岸基型水库两个大类（图 1-11）。

　　1）河谷型水库（valley dammed reservoir，亦称为"在槽型水库"或 riverine reservoir）

　　河谷型水库，通常是将大坝修建于河谷中的狭窄地带，拦截河流并依托大坝与河谷周围相对高的地势围合形成的盆地，蓄存上游河流输入的水量而成。此类水库是陆地水域水库最常见的形式，通常也是"水库"所泛指的对象。国际上几乎所有的大型、超大型水库均属于河谷型水库，如：巴西的 Itaipu 水库，美国的 Lake Mead（胡佛大坝），中国的三峡水库、小浪底水库等。

(a)河谷型水库　　　　　　　　　　　(b)岸基型水库

图 1-11　河谷型水库与岸基型水库示意

　　根据蓄水后水库水面形态特征,可进一步将河谷型水库分为两个子类型:峡谷型水库(river-channeled reservoir)和枝状型水库(dendritic reservoir)。

　　(1)峡谷型水库依托相对狭窄且细长的河道峡谷筑坝成库。受近岸相对陡峭的峡谷约束,成库后淹没面积相对较小,水库水面依然保持同原有河道接近的长形特征。

　　(2)枝状型水库修建于相对平缓的河谷地区。大坝下闸蓄水后,回水迅速向河流两岸谷底延伸,水域面积迅速增加,淹没面积相对较大,水库水面形状呈树枝状。

　　峡谷型水库与枝状型水库形态差异比较见图 1-12。尽管水库形态上的差别(如水库岸线系数、水域面积与流域面积比值等)可能导致水库在生态系统特征上存在较为显著的差异(如陆源负荷对水域的影响、水库水动力条件等),但在实际情况下上述两种形态的水库并不存在严格的界限,任一水库都可能兼具有峡谷型水库、枝状型水库的形态特征。

　　2)岸基型水库(bank-side reservoir,亦可称为"离槽型水库"或 out-of-river reservoir)

　　岸基型水库顾名思义位于河流、湖泊或海湾的岸边地区。该类水库水域通常依托河流、湖泊或海洋库湾的半封闭水域修建大坝,使其同外部水体隔离形成水库;或直接利用河岸、海岸或湖岸地形建坝形成封闭水域进而成库。同河谷型水库不同,岸基型水库并没有直接的上游来水,其水库水体同外界水体的交换主要通过大坝的水泵、虹吸管道或其他泄放水构筑物实现。

　　该类水库常见于潮汐发电工程中,通过在海湾半封闭水域修建大坝利用潮汐产生水位差调蓄发电,如法国的 Rance Tidal 潮汐发电站水库等。此外,在河道近岸修建该类水库可作为城镇供水水源地,通过调节水量、水质以保证供水安全,如英国伦敦最大的供水水库 Queen Mary 水库,我国上海青草沙水库、东风西沙水库(依托崇明岛和东风西沙岛中狭长水域筑坝成库)等。

　　考虑到全球绝大部分水库为河谷型水库,筑坝蓄水所产生的生态环境效应研究主要针对河谷型水库展开。本书所关注的三峡水库亦为典型的河道峡谷型水库。本章将着重以河谷型水库为案例介绍水库生态系统的基本特征。以下章节若无特殊指明,均指河谷型水库。

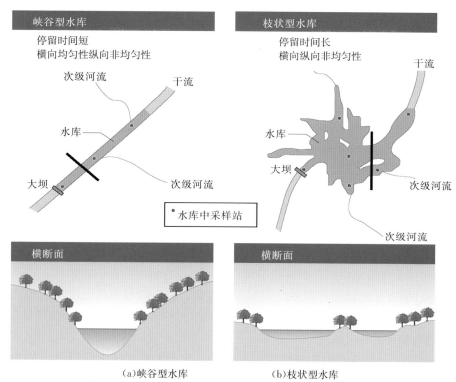

(a)峡谷型水库　　　　　　　　　　(b)枝状型水库

图 1-12　峡谷型水库与枝状型水库形态差异比较

　　水库流域(集水区)是大坝所在地河道控制断面(即流域出流断面)和上游河流分水线所包含的区域。天然湖泊通常在其流域内低洼地集水成湖，湖泊流域受成因的影响，地貌上多接近于圆形，流域形状系数(流域分水线的实际长度与流域同面积圆的周长之比)接近于 1，流域不对称系数(左右岸面积之差与左右岸面积之和的比值)亦相对较小，流域水面率(湖泊水域面积同流域面积比值)相对较高，天然湖泊多处于流域中心位置(尤其是在对称的流域中)。

　　水库流域同天然湖泊存在显著区别。水库流域在自然地理特征上接近其所在河流流域特征，受河流水系发育影响，通常水库流域呈狭长形，形状系数与不对称系数通常均大于天然湖泊流域，水库位于其流域下游地区(出水断面即是大坝所在地)。天然湖泊流域海拔最低点通常位于湖心，而水库流域海拔最低点通常位于其流域出口断面大坝最深处。水库流域受大坝修建位置、大坝高度等人为因素影响显著。蓄水成库后水库流域水面率通常远小于天然湖泊流域，但流域面积则通常远大于天然湖泊(图 1-13)。Thornton等(1990)发现美国水库流域面积平均约为天然湖泊流域面积的 14 倍。因此，在一般情况下，水库岸线发育系数[①]远高于天然湖泊，这使得在同等流域面积下，水库水体滞留时

———————————

　　①　岸线发育系数 D_L(shoreline development index)：指湖泊(或水库)岸线长度 L 同水域面积 A 相等的圆周长的比值。计算公式：$D_L = \dfrac{L}{2\sqrt{\pi A}}$。岸线发育系数是一个水域地理特征的概念，发育系数 D_L 值越高，岸线越不规则，湖库水生生态系统受陆源输入的影响也可能越大。

间①理论上短于天然湖泊，陆源输入水库水体的各种物质含量（如无机泥沙，氮、磷营养物，颗粒态有机物等）亦高于天然湖泊。可以这么认为：在同等流域面积下，水库因水面率相对较小而使其流域内的"水力负荷"、"养分负荷"均高于天然湖泊。因此，水库流域内陆地生态系统对水生生态系统影响较天然湖泊强烈。但若大坝修建于河流上游河源区，在一定蓄水高度下水库流域水面率将可能较大。岸基型水库集水边界通常为最近一级的高地，因其特殊作用与区位特征，岸基型水库亦可能有较大的水面率。

在河湖体系中，湖泊通常位于天然河流下游低地，例如长江中下游湖泊群。大坝筑坝选址时考虑的是综合因素，其所在河流流域的相对位置并无自然规律，修建于不同河流级别上的大坝对河流生态系统的影响各不相同，主要有以下几方面。

（1）若水库位于流域上游（低级别河流），水库通常受流域上游山系约束而呈深 V 峡谷型，淹没面积较小、水库水深相对较大。入库河流通常流量较小、水温较低、有机物与营养负荷通常较低，水库营养水平相对较低。

（2）若水库位于流域中游，尽管受不同流域地形地貌特征的影响，水库形态特征差别显著，但通常随着入流量逐渐增加、入库水温升高、有机物与营养负荷相对较高，泥沙负荷亦相对较高，水库浮游植物生物量和初级生产水平显著高于流域上游的水库，并促进了浮游动物和鱼类种群的进一步发展。

（3）若水库位于流域下游低地或冲积平原区，则水库具有较大的淹没面积和水域范围，枝状型水库较为常见。入库流量相对较大、水温亦较高，有机物与营养负荷不仅来自于水库上游流域，同时受到淹没区土壤或植被释放影响显著，底层水体通常易出现严重缺氧的情况，水库水体营养水平较高，时空异质性显著。

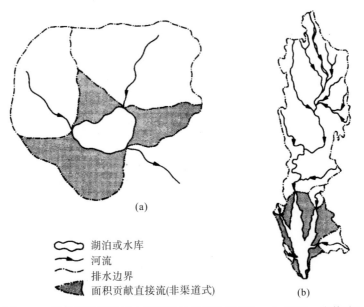

图 1-13   天然湖泊流域同水库流域的形态比较（Wetzel，2001，有修改）

---

①   水体滞留时间 R（retention time）：指水库库容 V 与入库流量 Q（通常为年径流量）的比值，计算公式为 $R = V/Q$，单位为 d。R 亦被称为"水库更新速率"（flushing rate），是水库生态系统宏观水动力特征的重要参量，反映水库水体更新交换强度并对水库物理、化学、生物分布特征与过程变化起决定性影响。

1.2.2　水库生态系统的物理生境

物理生境是支撑生态系统生物群落、决定生态系统发育演化的基础。经典的湖泊生态系统理论是建立在湖泊垂向混合特征基础之上的，而天然河流生态系统的理论框架则建立在河流上下游的纵向输移基础之上。对于"非河非湖"的水库生态系统而言，其水文水动力过程因外部驱动因素（水量收支、水库运行、区域气候气象条件、地形等）的复杂性而具有显著的时空异质性。

同天然湖泊通常所呈现的分散式入流相比，水库依托河谷而建，受流域水系发育影响，水库通常具有一个主要的入流方向（上游河流干流来水方向）与若干支流汇入。具有来水方向的特点使得水库呈现出同天然湖泊迥异的入库混合特征。密度异重流现象普遍存在于水库上游来水的入库区域。密度异重流是因上游来水的密度同水库水柱密度差异而产生相对流动。导致上游来水同水库水体密度存在差异的主要因素包括水温[1]、悬浮颗粒物含量（携沙量）和总溶解性物质含量（含盐量）。密度异重流在水库中通常表现为 3 种形式（图 1-14）：①表层异重流（overflow），入流密度低于水库水柱上层水体密度，上游来水首先进入水库水柱表水层；②下层异重流（underflow），入流密度大于水库水柱下层水体密度，上游来水下潜入水库底部恒温层；③中层异重流（interflow），入流密度介于水库水柱上下层水体之间，上游来水在水库中间某段潜入水库水体中。异重流的潜入方式、影响范围、持续时间等与水库上游来水量、来水密度、水库水柱密度分布和水下地形条件密切相关。在水库全年运行周期中，不同的异重流现象均可能发生，并对水库入库水域生态过程产生显著影响。

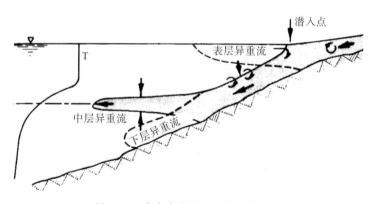

图 1-14　水库密度异重流的几种形式

典型的表层异重流通常出现在春季。上游来水温度显著低于水库水柱温度，并在其表层形成异重流。表层异重流可能因水库水面风生扰动、水-气界面热量交换等因素影响而迅速消失。尽管如此，上游携带入库的各种营养物质直接输送至真光层，将可能刺激水库入库水域初级生产力的迅速提高。中、下层异重流将在某一区域潜入水库中下层

---

① 天然水体水温（T，单位：℃）同密度（ρ，单位：kg/m^3）的经验关系模型为：$\rho=1-6.63\times10^{-6}\ (T-4)$。

水体中，其潜入点(plunge point)受入流动量、交界面压力分布、风生剪切力、地形条件、糙率等因素影响，见图 1-15。异重流的潜入将形成较大的回流涡旋，使上游来水携带的低密度物质(溶解性或细颗粒性物质)滞留于表水层；密度较大的潜入水库深层水域(中、下层异重流)，约束了上游来水同水库水体的有效混合，使得上游来水中的泥沙、营养物质等直接输送至水库深层水体，甚至直接输送至水库坝址处。

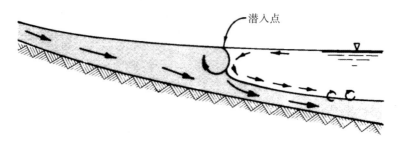

图 1-15   异重流潜入点水域出现的涡旋示意

    入库后的水体受多种因素的影响而具有复杂性。原有河道的单向传递特点因水位壅升而发生显著改变。一方面，蓄水后水域面积增加，风生流对水库表层水体运动、混合影响逐渐显著，甚至使水库局部水域出现"湖震"现象。表层水体同大气之间热交换能力的加强亦可能在较大程度上影响水库水柱垂向混合特征，气象因素对水库水动力过程的贡献难以忽略，并随着上游来水入库后的动能耗散，水库在局部可能出现诸如 Langmuir 环流、不同尺度涡旋、上涌、边界混合等复杂的水动力现象(图 1-16)。另一方面，与天然湖泊以表层分散出流的方式不同，水库出流通常受大坝、取水口等水工构筑物的影响而在某一空间区域内集中出流。出流位置、方式决定了水库出水区域甚至整个水库的水体混合特征。此外，水库人工调蓄影响水库水位变化，改变了水库水体物理边

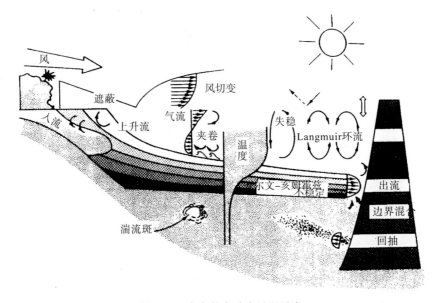

图 1-16   水库的水动力过程示意

界。水库运行产生"脉冲效应"使得各种外力对水库水体作用的强度、影响的时空范围等均存在复杂性。水库蓄水过程导致回水，可能形成回溯的密度异重流，或形成营养物上涌；水库泄水过程迫使水位下降、水深变浅，导致垂向混合程度加深、破坏分层结构等。上述各方面驱动因素的共同作用使得很难判断水库水体运动是何种因素主导。这些因素尽管通常为科学描述水库水动力过程的宏观特征做出了一定程度的概化，但它们对水库生态系统的影响依然具有相当大的不确定性。

在水库复杂水动力过程作用下，水库呈现出同天然湖泊迥异的水体温度结构。理论上，水库温度垂向结构受出、入库水体动能（kinetic energy）和势能（potential energy）共同影响。水力学中，通常用弗劳德数 F_r 判别水库分层类型潜势：

$$F_r = U / \sqrt{gH\Delta\rho/\rho_0} \tag{1-1}$$

式中，U 为垂向平均流速；ρ_0 为水柱平均密度；$\Delta\rho$ 为水柱密度差；g 为重力加速度；H 为水深。

弗劳德数反映惯性力与重力之比。对于水库而言，$F_r \geqslant 1$ 表示动能能够克服浮力分层影响，紊流强度大，水体垂向混合均匀；$F_r < 0.1$ 表示浮力起控制作用，分层稳定，垂向混合不均匀；$0.1 \leqslant F_r < 1$，则为弱分层。

引入水体滞留时间 $R(R = V/Q$，其中 Q 为入库流量，V 为库容），L 为水库纵向长度，根据推流反应器的设定，$U = L/R$，式（1-1）可改写为

$$F_r = \frac{1}{R} \frac{L}{\sqrt{gH\Delta\rho/\rho_0}} \tag{1-2}$$

Straškraba 等（1993）将式（1-2）概化为以下水库分层判别标准：

$$\frac{320 \cdot Q \cdot L}{V \cdot Z_a} \geqslant 1/\pi \tag{1-3}$$

式中，Z_a 为水库平均水深；其余符号同前。

式（1-3）成立时，水库温度分层格局可能形成。因此，水库分层稳定情况可以通过水体滞留时间部分体现，但气象因素（影响 $\Delta\rho$）、水库形态（影响 L、H）等都将对水库温度分层产生影响。对于特定水库而言，水库所在区域的自然地理条件和水库自身形态特征决定了水库水体的热量输入强度和水下温度结构的季节变化。另一方面，水库运行方式动态改变着水库库容及其蓄热增温能力，影响水库水体混合的动能水平。在温带和亚热带湖泊通常出现的暖单季对流形式（warm monomictic），在相同地区的水库中不一定都存在。受水量收支和水库形态等影响，一些水库甚至出现双季对流（dimictic）、常对流（polymictic）或几乎不出现对流（oligomictic）等更复杂的温度分层对流情况。

水库水文水动力影响下的颗粒运动亦十分复杂。水库中颗粒主要包括无机泥沙颗粒、陆源或上游输入的异源性颗粒态有机物（allochthonous particulate organic matter，主要是有机碎屑）、生态系统自产的颗粒态有机物（autochthonous particulate organic matter，如水生生物的有机碎屑等）。水库颗粒运动与颗粒性质（密度、大小等）和水库水流的携带能力（流速等）密切相关。上游来水入库后，随着水流速度自入库断面至库首坝址处的逐渐下降，在水库纵向沿程方向上对颗粒物存在物理"分选"的过程。粒径较大的泥沙在入库后因水体挟沙能力的减弱而最先沉积，并可能随着水库运行、库底与上游来水条件

发生变化而推移运动；而粒径相对较小的颗粒态有机碎屑则随流输移至距入库断面更远的距离。自产的颗粒态有机物（如藻类、浮游动物、其他水生生物及其残体等）一方面受生态系统自身生产过程的影响（如浮游生物通常位于混合层），同时也受水库水文水动力过程影响而具有时空分布的异质性特点。此外，水库运行导致水位周期性涨落不仅改变近岸陆地土壤的理化性质，加剧对近岸陆地的水力侵蚀（淘蚀），加重水土流失，也对库底泥沙运动产生显著影响。长期以来，对水库泥沙运动的研究多关注于泥沙淤积对削减水库库容的不利影响，并尝试通过利用泥沙运动（如人工构造异重流等）以减小泥沙对水库的不利影响。近年来，我国黄河流域万家寨、三门峡、小浪底水库通过人造异重流的方式，实现调水、调沙，有效地减缓了泥沙淤积。近年来，关于水库泥沙运动的生态环境效应的研究逐渐兴起，尚有待深入探究。

为概化描述水库水动力条件与物理生境特征，水体滞留时间 R 被广泛采用。Straškraba 等（1993）总结了不同水体滞留时间下水库物理生境的特点。当水体滞留时间较低时（如 $R<10d$，图 1-17a），水库通常呈现出完全混合的过流型状态（lotic type）；当水体滞留时间延长（如 $10d<R<100d$，图 1-17b），水库水体流动性减缓并逐渐向静水型生境过渡，表层受风生流影响开始显著，弱分层格局显现，因流动性减弱，上游来水可能形成密度异重流，影响水库混合格局；当水体滞留时间持续延长（如 $R>100d$，图 1-17c），水库呈现出同天然湖泊相近的分层混合特征，为静水型（lentic type）生境。基于上述分析，Straškraba 等（1999）进一步发展了水库生态系统的分类评价体系，将水库分为过流型（through flowing）、过渡型（intermediate）和湖泊型（long retention）三大类（表 1-3）。

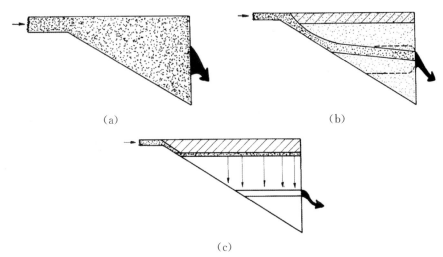

图 1-17 水库水体滞留时间同分层混合格局的相互关系

表 1-3 基于水体滞留时间的水库类别划分（Straškraba et al.，1999）

指标	过流型	过渡型	湖泊型
水体滞留时间/d	<20	20~300	>300
混合类型	完全混合	中等强度分层	分层

进一步地，自上游入库断面至坝首，水库物理生境特征在空间上亦呈现出连续的梯

度变化特点。Thornton 等(1981)首先总结了水库沿程方向的物理生境特征，并定性地划分为 3 个区段(图 1-18)：河流区(riverine zone)、过渡区(transition zone)和成湖区(lacustrine zone)。

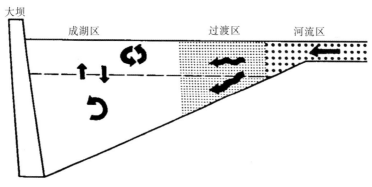

图 1-18　水库纵向沿程分区示意

河流区为水库上游河流入库区、水库回水区末端。该段受水库回水区影响较弱，依然呈现出入库河流的单向流动性特征，水面宽度受天然河道约束相对较窄，水深相对较浅；入流流速尽管略有下降，但依然较高；水体滞留时间较短，属流水生境(lotic system)。过水断面依然维持完全混合的状态，分层不易形成。尽管河流区水中悬浮泥沙含量相对较高，但流速下降迫使粗大粒径的泥沙最先开始沉积。

进入水库过渡区后，随着过水断面的逐渐放大(水面宽度逐渐增加、水深逐渐加大)，流速进一步下降，单向流动性发生改变，水体滞留时间逐渐延长，上游来水开始同水库水体发生不同程度的混合，分层现象可能出现，但受水文情势的影响并不稳定。通常，异重流形成于过渡区(潜入点位于过渡区)，使得过渡区流态相对复杂。过渡区流速下降使得挟沙能力进一步减弱，中等粒径泥沙和密度相对较小的粗粒径颗粒态有机物(coarse particulate organic matter，CPOM)在过渡区开始沉淀。

成湖区是过渡区下游至坝首处相对静滞的水域。成湖区过水断面进一步放大，水体滞留时间进一步延长。上游来水入库后动能耗尽，同水库水体完全混合，密度异重流现象逐渐消失，水域面积增加使得风生流对水库水体混合的影响开始显现。水库水体单向流动特征已难以维持，水平方向与垂直方向上流动成为主导，呈现出同湖泊近似的分层混合格局。细粒径的颗粒态有机物(fine particulate organic matter，FPOM)和更小的无机颗粒逐渐沉积。

上述 3 个分区之间并不存在严格的评判标准和界限，且受水库水量收支与调蓄、水库形态等多重因素影响，其时空范围亦动态变化。尽管如此，物理生境在空间上存在的区别将进一步决定水库生物、化学过程呈现出连续的梯度变化特征，并最终使水库呈现出有别于湖泊、河流的生态系统特征。

1.2.3　水库的化学、生物过程与生态系统发育、演化

水生生态系统的化学、生物过程包括：水体理化性质改变；水柱关键生源要素(C、

N、P)生物地球化学过程；浮游植物初级生产；浮游动物与鱼类种群动态；细菌群落动态；近岸区、底栖和水库湿地生物群落发育；鸟类与其他大型脊椎动物种群动态；其他污染物质的化学效应与生态效应等。它们是水生生态系统结构、功能的基础，支撑着整个生态系统物质循环、能量传递与信息流动。

在空间上，水库沿程方向逐渐过渡变化的物理生境条件，迫使其水生生态系统存在较显著的纵向分区特征(图 1-19)。

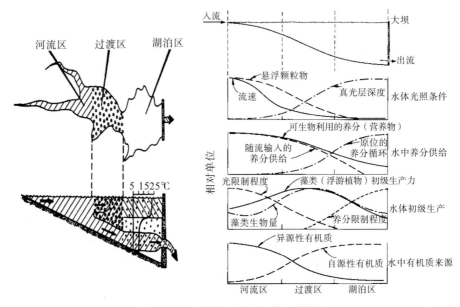

图 1-19　水库纵向分区及其生态特征

受上游流域陆源输入影响，河流区(riverine zone)通常含有上游携带入库的大量泥沙、营养物和异源性有机碎屑(allochthonous detritus)，并因其过流型的物理生境特征而通常呈现出完全混合的特点，但在特殊条件下(如上游来流水温偏低或受到局地气温迅速升高的影响等)水温分层仍可能形成。河流区水柱透光性能因水中悬浮颗粒物含量相对较高而受到影响，真光层(euphotic depth)深度较低。尽管水柱中 N、P 营养物含量较高，但浮游植物光合作用通常受光限制而难以大量生长，水柱整体上以细菌好氧降解上游输入有机碎屑为主，溶解氧水平相对较低，生态系统呼吸量大于生产量($P/R<1$)。随着流速逐渐下降，无机泥沙携带着颗粒态有机物开始沉积至库底，加剧河流区末端库底溶解氧消耗，恒温层缺氧区(hypolimnetic anoxia)通常从主槽深泓线开始形成。受过流型生境水体滞留时间较短、水柱扰动混合程度相对较大的影响，加之浮游植物生长受到限制，河流区浮游动物因难以捕获充分的饵料维持种群生长，故其生物量在河流区保持相对较低的水平，仅在近岸库湾缓流区域可能维持一定的种群丰度水平。

在过渡区(transition zone)，随着泥沙颗粒逐渐沉淀，水柱透光性增加，加之水温分层开始形成，为浮游植物在上层水体中提供了相对稳定的生境条件，浮游植物种群开始在过渡区发展。由于泥沙颗粒携带大量颗粒态物质(包括 N、P 等营养物)在河流区沉淀或受细菌作用降解，N、P 等生源要素在过渡区逐渐转化成无机溶解态，为浮游植物的繁盛提供了物质基础，因此，水华等现象通常发生在过渡区。浮游动物因过渡区为其提供了丰富的饵料和适宜的物理生境而得到迅速发展。由于浮游植物在过渡区的繁盛，过渡区变温层水体(epilimnion)溶解氧较河流区有明显升高。但因河流区输入的外源性有机碎屑在过渡区进一步沉淀、降解，过渡区恒温层缺氧状态将进一步发展。另一方面，异重流在过渡区形成在很大程度上加剧了过渡区物理生境的时空异质性特征。上游来水携带的营养物因异重流直接输入到真光层内，将刺激真光层内浮游植物生长，并在一定程度上决定了水柱浮游植物生产力水平的垂向分布特征。若上游携带的有机碎屑直接潜入底层输入库底恒温层缺氧区，促进恒温层缺氧区的发育，在异重流上涌的带动下，使过渡区出现"氧障"(oxygen block)，如图1-20所示。

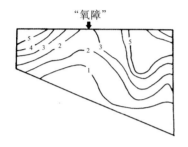
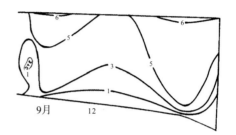

（a）Brownlee 水库过渡区溶解氧等值线图　　　　　（b）Eufala 水库溶解氧等值线分布图

图 1-20　水库过渡区"氧障"示意

　　成湖区(lacustrine zone)因水体滞留时间进一步延长，水库水体混合格局和物质传输特征接近于天然湖泊，故在该区内水库化学、生物过程近似于天然湖泊。因无机悬浮颗粒物、外源性有机碎屑在河流区、过渡区逐渐沉淀，成湖区的悬浮颗粒物浓度显著低于河流区和过渡区，水体透光性提高。随着上游输入的有机质在河流区、过渡区消耗殆尽，本地生产的有机碎屑(autochthonous detritus)逐渐在成湖区占优。而外源输入的营养物亦因颗粒物沉淀而逐渐沉积至库底，表层水柱营养物通常难以满足浮游植物大量生长的需要，浮游植物生长从河流区受光限制逐渐转变为主要受营养物限制。相对于过渡区，成湖区的初级生产水平通常下降。相对延长的水体滞留时间亦为浮游动物创造了适宜的生境条件，但亦可能因浮游植物生产力的受限而迫使浮游动物种群较过渡区明显下降。水库水柱溶解氧分布呈现出显著的分层格局，底部恒温层缺氧状态受流量、水库下泄调节等影响而具有时空异质性。

　　水库底栖生物群落和近岸湿地群落的发育和生态结构、功能受水库形态、受淹前状态、气候气象条件和水库调节影响，不同水库间特征迥异。水库鱼类种群主要来自蓄水前的天然河流。但随着栖息地水质理化性质、流速、产卵场、饵料(浮游生物、近岸大型水生植物)等发生改变，鱼类种群在水库中具有其独特的分布特点。不同生态类型的鱼种在水库河流区、过渡区、成湖区可寻找到其适宜的生境状态，使水库鱼类资源的时空特征存在显著差别，但水库运行导致的生境状态的剧变(如产卵场消失或破坏，洪峰导致泥沙大量入库等)将很可能因破坏鱼类栖息地而导致其种群发生衰竭。

在时间上，成库后水库生态系统通过生态演替（ecological succession）[①]，逐渐由初期的"新生"、"不稳定"的状态向"成熟"、"稳定"状态发育（development）、演化（evolution）。

水库生态系统发育（ecosystem development）是指因蓄水造成的水库淹没区域陆生生态系统向水生生态系统的剧变（Odum，1969），是水库一系列复杂的化学、生物过程的开始。受淹后，淹没区土壤基质（有机质、营养物）大量溶出释放，造成上覆水体有机物（溶解态、颗粒态）和营养负荷大量提高。释放的持续时间和强度与淹没区土壤有机质或营养物含量水平、形态及其赋存方式密切相关。溶解于土壤孔隙或间隙中的大量矿物亦通过扩散作用进入上覆水体。除在水－土界面发生的吸附解吸过程外，水－陆界面亦发生着以细菌为主要生物载体的氧化还原反应。水库淹没区上覆水体细菌群落得到迅速发展，土壤菌群结构也发生显著改变，并首先以水中溶解氧为电子受体，降解来自淹没区的各种有机物，淹没区土壤沿深度方向逐渐形成了好氧→厌氧的空间梯度变化。伴随淹没区上覆水体溶解氧迅速消耗，库底恒温层较早地形成了缺氧区（hypolimnetic anoxia），电子受体转由硝酸盐、锰盐、铁盐、硫化物等提供，微生物菌群特征逐渐从好氧型向兼性厌氧型、厌氧型转变，硝态氮被还原为氨氮，或以氧化亚氮、氮气等气体形式释放；铁、锰的还原产物溶入上覆水体；其他含碳或含硫有机质则在适宜温度下发酵产生甲烷、硫化氢、氢气等气体释放出来。

植物受淹后通常因根系呼吸难以维持而死亡，淹水深度和持续时间是决定植被死亡与否的关键。通常水生植物较陆生植物、草本植物较乔木或灌木更能耐受水淹，对于绝大多数陆生植物而言，水位高于根颈部位时便开始死亡。死亡后植物生物残体在水流剪切、细菌、鱼类（或其他动物）等多重作用下开始肢解、降解，有机碎屑、营养盐等逐渐从植物残骸中以气态形式释放或进入水体。尽管已有的研究证实微生物对受淹后植物残体的降解呈指数降解规律，但影响上述过程的因素众多，包括植物残体的性质、水温、溶解氧、水中氮磷含量、水流剪切力等，它们不仅影响了降解速率，也决定了降解后的产物。不同植物残体的降解速率参数见表 1-4。

表 1-4　不同植物残体指数降解系数和年生物量损失参数

植物类型	k 值中位数及范围	年生物量损失率/%	单位生物量平均维持天数 t/d
浮游植物	0.0159（0.0055～0.0320）	99.7	44
沉水或浮水植物	0.0080（0.0051～0.0370）	94.6	87
挺水或沼生植物	0.0031（0.0008～0.0090）	67.7	224
常绿阔叶植物的叶片	0.0064（0.0007～0.0175）	90.3	108
针叶植物的叶片	0.0049（0.0009～0.0131）	83.4	141
树干	0.00013（0.00006～0.0025）	4.6	5332

注：1）植物残体降解服从指数降解规律（e^{-kt}）；2）k 值即指数降解模型参数；3）t 为天数

[①]　根据 Odum E. P. 的定义，生态演替（ecological succession）包含以下三个关键特征：a. 演替是群落发育的有秩序、有方向、可预测的过程；b. 演替是以物理生境改变为基础的群落变化过程，物理生境改变决定了演替的形式、速率与极限状态；c. 稳定的生态系统中，演替将最终实现顶极，即在生态系统单位可用能流（energy flow）下维持最大生物量和物种之间的共生功能。

淹没区土壤和植被所含有机质和营养物在水库蓄水初期的大量释放，造成蓄水初期水库呈现出以下两个独特的现象。

1) 营养水平上涌，但水柱净生产能力不足

Baranov(1961)最先报道了水库蓄水初期(通常1～2年)生产力水平升高的现象，并将其定义为"trophic upsurge"(营养水平上涌)。导致水库生产力水平迅速提高的原因主要来自以下三个方面：①水库蓄水初期土壤中的大量营养物受淹溶出，上覆水体N、P等营养物浓度增加，刺激了浮游植物大量生长；②水库蓄水初期淹没区上覆水体有机碎屑含量大幅增加，刺激了细菌群落的迅速升高；③有机碎屑、细菌、繁盛的浮游植物为浮游动物、鱼类种群提供了极佳的食物来源，浮游动物、鱼类种群得到迅速发展。

营养水平上涌的持续时间、程度和范围与水库淹没区有机质、营养物含量及其释放能力紧密相关，也与水库气候条件、水文水动力特征等密切相关。营养物上涌的现象通常可以持续到初期蓄水后5～10年。

目前，主流观点认为营养物上涌是水库水生生态系统在发育初期呈现出的典型上行效应(bottom-up)。但事实上，这种"生物量大爆发"是水库生态系统的一种"虚假的繁荣"。由于来自淹没区土壤、植被的有机碎屑大量进入水体，细菌对有机碎屑的"消化"远远超过浮游植物的光合生产，实际的光合生产效率亦未因为营养水平上涌而显著提高。这使得初期水库生态系统呼吸量远大于生产量($P/R<1$)，水柱净生产水平(净生产＝总生产－总呼吸)在蓄水后相当长时期内持续为负。因此，水库生态系统形成初期的营养水平上涌可以看成是通过"消减"陆地生态系统受淹后"转移"而获得的生产力(或能量)。

2) 蓄水初期生物多样性水平短期内显著增加

水库成库过程，一方面使原有陆域受淹，实现了从陆生生态系统向水生生态系统的过渡；另一方面由于水文水动力条件的剧变，实现了从流水生态系统向静水生态系统的过渡。这使得水库蓄水过程实际上是在相对短的时期内实现陆生→水生、水生(流动)→水生(相对静止)的两种过渡，在不同的时间、空间尺度上构成了典型的生态交错区(ecotone)。显然，这样的"交错"迫使在水库蓄水初期生态系统的生境多样性达到最高，不同生境条件下的适生物种(如适生于流水状态的鱼类、耐受于一定程度水淹的陆生植被等)在水库蓄水初期均能寻找到适配的生境状态(如食物来源的多样化使鱼类物种数量增加)而维持其生命活动，从而形成了蓄水初期不同生长策略或选择机制(r或K)的物种共同存在于水库中的"混生"状态。浮游植物、浮游动物、鱼类种群多样性在蓄水初期均有提高。尽管如此，Vorosmarty等(2010)认为，若水库所在流域物种多样性水平极低，将迫使水库蓄水后相当长一段时间内水库生物多样性水平一直维持在较低水平。

随着水库库龄的延长，水库淹没区营养物和有机质同其上覆水体界面之间的交换逐渐达到平衡，营养水平上涌的趋势逐渐减缓。受N、P等营养物在库内滞留效应影响，水库营养水平可能维持同蓄水初期营养水平上涌后相近的营养状态；亦可能因为大坝深层下泄致使营养物从库底大量流失而导致水库出现营养水平低降(trophic depression)的现象，即营养水平在成库后数年内逐渐下降。在水库独特的水文水动力条件下，物理生境的选择性迫使生物群落在竞争、捕食等机制作用下迅速演替，逐渐形成相对稳定的水库生态系统物种组成，从蓄水初期以有机质→细菌为主的简单分解关系逐渐演替形成相对稳定、完备的食

物链关系(有机质→细菌→无机营养物→浮游植物→浮游动物→鱼类)(图 1-21)，及其相适配的物质循环与能量流动特征。在种群结构上，水库生态系统上行效应或下行效应受物理环境、水库功能、鱼类和浮游动物种群发育程度影响，不同水库间差异明显。

　　因其服务需求不同，水库运行通常考虑来水流量、水库功能等方面，使水库水文水动力过程呈现不同时空尺度下的周期性变化规律，对水库生态系统发育、演化影响显著。例如，抽水蓄能电站水库昼夜水位变幅可达数米，水库昼夜分层格局通常因昼间泄水发电、夜间抽水蓄能而破坏，浮游植物群落演替和浮游动物群落结构均受影响；防洪发电型水库枯、汛期调蓄造成的季节性水位落差可达数十米，近岸湿地退化与植被发育过程受季节性水位落差影响，最终形成其适生的植被群落结构。水库水位变化造成的物理生境将迫使水库生态系统在其发育、演化序列中维持在幼年和成熟之间的某一中间状态。在特定频率和强度的干扰下，水库生态系统通过演替逐渐达到"脉冲"稳定(pulse stability)。

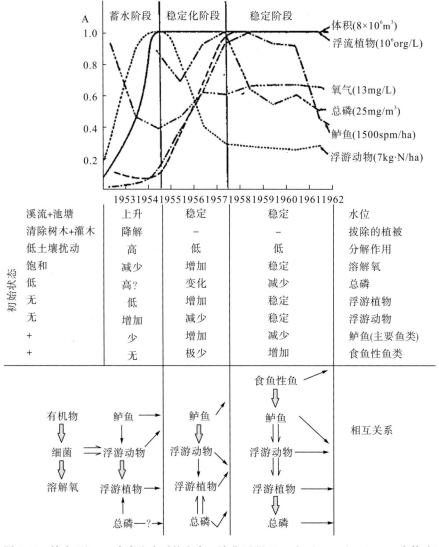

图 1-21　捷克 Klicava 水库生态系统发育、演化过程(Straškraba et al.，1999，有修改)

1.2.4 水库生态系统的综合特征

生态系统是包括特定区域中的全部生物(即"生物群落")和物理环境相作用的统一体,并且在系统内部,能量的流动形成一定的营养结构、生物多样性和物质循环(即生物与非生物之间的物质交换)。作为独立的水生生态系统,水库生态系统依托大坝修建对大坝上游水域(通常是河流)物理生境的改变而形成。水库生态系统与天然湖泊相比差异显著。Wetzel(2001)在其著作中以北美地区水库、湖泊为背景进行了定性比较,详见表1-5。

表 1-5 水库与天然湖泊系统的定性比较(Wetzel,2001,有修改)

系统特征	水库	天然湖泊
地理分布	主要位于北温带南部非冰川覆盖区	主要位于温带北部冰川覆盖区
气候特征	降水量通常较低、蒸发量相对较高甚至超过降水量	降水量通常超过蒸发量
流域形态	通常呈狭长形,水库流域面积通常大于湖泊流域面积,流域面积同水面面积比值大致为(100:1)~(300:1),甚至更大	通常呈圆形,湖泊位于流域中心,流域面积同水域面积比值大约为10:1
岸线发展	岸线发展迅速且不稳定	岸线发展相对缓慢,通常较稳定
水位涨落	水位涨落剧烈、不规则	水位相对稳定,涨落较小
水温分层	变化且不规则,通常因河流区、过渡区水深过浅而不形成分层;通常可在成湖区间歇性形成分层	自然周期变化;通常出现双季或单季对流
入流	通常为高一级别的河流干支流入流;来流插入分层水体形成明显异重流,且易受原始河谷影响	通常为低级别小河段分散入流,小部分来流流入分层水体,异重流现象不明显
出流	受到水库服务功能影响而高度不规则;出水处既可在湖上层也可湖下层	相对稳定,通常出水处为表层
水体更新	更新周期短且易变(数日至数周);更新程度随表层取水量增加而增加;湖下层取水将破坏分层结构	更新周期长(一年至数年)且相对稳定
泥沙负荷	大流域内泥沙负荷较高;冲积平原和三角洲区较大且河床化,渐变迅速	泥沙负荷很低或极低;三角洲小、宽且渐变缓慢
泥沙沉积	河流区较高,向下游指数性递减;易在老河床淤积,季节性变化显著	沉积速率较低,沉积区域分散,季节间相对稳定
悬浮泥沙	含量较高且易变,具有相对较多的黏土与泥沙颗粒,浊度较高	含量很低或极低,浊度较低
外源性颗粒态有机物	中等,主要为随降雨径流与淹没输入水体中的细颗粒 POM	含量很低或极低
水温	通常偏高(因地理分布)	通常较低(因地理分布)
溶解氧	通常氧溶解度相对较低(因水温相对较低);水库上下游沿程方向上受入流、表层取水 POM 负荷等影响变化显著;在温跃层易出现溶解氧极低值	通常氧溶解度相对较高(因水温相对较低);水平方向上并无显著变化,温跃层易出现溶解氧极高值

续表

系统特征	水库	天然湖泊
水下光场	水库上、下游沿程方向上变化明显；水下光学衰减不均匀，在河流区和过渡区受泥沙颗粒影响水下光衰减程度极高，真光层深度在湖泊区较大	垂向上光梯度变化明显，受DOM、生物颗粒物（如藻类）影响明显
陆源负荷	陆源负荷通常高于天然湖泊（因更大的流域面积和更高的陆域人类活动水平，以及更显著的水位变化）；且陆源负荷变化显著，不易预测	陆源负荷易变，但相对可预测；通常受到近岸湿地或湖滨带生物地球化学过程缓冲作用影响
水中营养物分布与循环	空间上随水库上、下游沿程变化差异明显；营养物在水中浓度自上游入流开始逐渐下降；主要受沉积速率、停留时间、流态等影响；内源负荷不规则	主要呈现出垂向上的变化梯度；内源负荷较低，在未有明显人为富营养化的湖泊极低
溶解态有机物	主要来自外源性输入和底质；负荷不规则变化且通常较高，主要为难降解性DOM	主要来自外源性输入和近岸湖滨带或湿地；负荷相对稳定且通常交高，难降解性DOM占优
湖滨带或近岸湿地	不规则且受到大幅度水位涨落约束	是大多数湖泊主要的初级生产来源；对湖泊营养物、POM、DOM输入负荷有重要影响
浮游植物	空间上随水库上、下游沿程变化差异明显，单位体积初级生产能力自水库入流处向坝址处逐渐下降；单位面积初级生产能力在水平方向上并无显著差别；主要受光照、无机营养盐限制	垂向上和季节上梯度变化明显；水平方向上空间变化并不显著；主要受到光照、无机营养盐的限制
异养菌群	主要浮游于水体中、黏附于颗粒表面或分布于底质中；河流区异养菌群较丰富	大多数湖泊异养菌群主要存在于底质和湖滨带或近岸湿地中
浮游动物	通常在水库过渡区达到最丰；空间山斑块变化明显；通常以颗粒态碎屑（包括黏附于其表面的DOM）和浮游植物为食物	垂向上和季节上梯度变化明显；水平方向上斑块变化中；主要以浮游植物为食物
底栖植被	湖滨带植被多样性水平较低、不规则分布；生产力水平较低或中等；在陆域淹没早期可能较高	具备中等或较高的多样性，生产力水平中等或较高
鱼类	以暖水性鱼类为主，但受淹没前水域鱼类组成影响而差别明显；产卵成功率易变，受泥沙影响鱼卵死亡率升高；幼体因缺乏避难所而存活率下降；通常，水库成库初期（5~20年内）鱼类生产力较高，此后迅速下降；山区水库中易见暖水性与冷水性鱼类共存的情况	暖水性与冷水性鱼类均有存在；产卵成功率较高，鱼卵死亡率较低，幼体存活率亦相对较高；鱼类生产力水平中等
生物群落的关系	多样性水平较低，生态位分离较宽；以r型生长选择机制为主，较为迅速；物种入侵—消失迅速；净生产力在淹没后迅速升高，但此后逐渐下降	多样性水平较高；生态位分离中等或较窄；以K型生长选择机制为主且多变，呈现出内稳态特征；物种入侵—消失相对较缓；生产力低或中等，相对稳定
生态系统演替速率	演替过程同湖泊相似，但极大地受到人类在水库及其流域内人为活动的影响，演替速率极为迅速	同水库相似，但演替过程漫长

　　表1-5是否具有更大的普适性，本书不予置评，但通过上述分析可以看出，作为水生生态系统，水库生态系统具有与天然湖泊不少相似的特征，因筑坝蓄水导致的土地淹没、水文调节和生态阻隔等因素影响，水库生态系统在结构、功能等许多方面同天然湖泊、河流并不相同（表1-5），这些特征足以使水库生态系统作为水生生态系统的一个独立类别而划分出来。笔者认为，水库生态系统区别于其他水生生态系统的核心特征主要体现在以下四个方面。

　　1) 水库生态系统具有明确、有界的空间范围和有限的生命周期

　　在空间上，水库水域的空间范围从水库同上游河流交接的入流断面开始，至水库水体过坝下泄出流断面结束。通常，水库水体过坝下泄的出流断面相对固定，水库上游的入流边界则受水库运行、上游来水流量等多重因素影响而发生显著变化。河川水力学中通常以回水区末端作为入库断面以确定水库水域的空间范围。在时间上，水库生态系统自大坝开始蓄水时形成。大坝拆除河道恢复后，水库生态系统的物理生境随之消失，水库生态系统因此消逝。另有观点认为，因淤积导致水库功能丧失（调蓄、供水等）是水库生态系统"死亡"的标志。但无论如何，同天然水域（湖泊、河流）生态系统以地质年代纪年的大时间尺度相比，水库生态系统因大坝修建而成，随大坝拆除而逝，其形成过程同蓄水周期密切相关，通常为数年，其生命周期在人类流域开发活动下通常不足百年。在有限的空间和时间范围内，水库生态系统迅速形成、发育并演替。

　　2) 作为人工生态系统，水库受高强度人类活动胁迫，具有明确的服务功能

　　作为水生生态系统，水库生态系统具备了与其他自然水生生态系统相近的生态过程。但作为人类筑坝蓄水的产物，水库生态系统同时具有显著的人工生态系统特征。在有限的空间范围和生命周期内，水库以人类社会需求为主要目标提供各种服务（防洪、发电、灌溉、供水、养殖、航运、旅游等）。除了养殖型水库追求鱼类种群最大产量、供水水库追求其水质最优外，水库在设计之初通常以最优化的水文调控为主要目标（如防洪、发电型水库），强化了对自然水文过程的人工干预。从某种意义上讲，水库生态系统是在满足水库服务功能前提下的衍生产品。除水库养殖以获得水库生态系统最大生物产量作目标外，水库生态系统发育、演化受迫于水文过程人工调节，通常并不被直接、有目的地干预。例如，发电型水库仅追求其具有足够的水头用以发电，防洪型水库要求汛期具有足够库容，它们的水生生态系统仅从属于水库服务功能而并不作为直接被操纵的对象。但是，水库作为人工生态系统所具备的社会性、开放性、易变性、目的性等特征依然是明确和具体的。因此，除具备自然水生生态系统的各种属性外，水库作为人工生态系统的属性，如水库地理区位、服务功能、生命周期、运行特征（人工干预的方式、强度、时空范围）等，亦是其生态系统的关键参量，不可忽视。

　　3) 水库生态系统具有特定的本底状态，同其淹没前所在区域生态系统特征密切相关

　　水库生态系统具有其本底状态。受迫于水库蓄水，淹没区内陆生群落在超载侵蚀下呈现出迅速退化的演替特征，导致陆生生态系统结构、功能和服务在短时间内丧失殆尽。在大坝阻隔影响下，水库水生生态系统因水文、水动力条件的改变通常呈现出"流水→静水"(lotic→lentic)的过渡。故水库生态系统发育、演化是淹没区陆生生态系统退化与水生生态系统演化在特定时空尺度下耦合作用的结果。另一方面，水库生态演替以水库淹没前所在区域内陆生、水生生态系统为基础形成并发育。水库生态系统群落结构、物质循环、能量流动与信息传递等诸多方面特征均受到淹没前所在区域的显著影响，且其生态演替路径、速率与过程亦同淹没前所在区域生态环境条件密切相关。因此，水库生态演替是以水库淹没前所在区域内陆生、水生生态系统为本底状态的次生演替过程，本底状态对水库形成后发生的各种生态过程将产生显著影响。

4)变化的水文环境是水库生态系统形成、发育与演化的根本驱动力

水库生态系统群落结构、物质循环、能量流动与信息传递等均受水库水文过程的影响。一方面，筑坝蓄水后水库区域内水文环境发生显著变化，水位壅升迫使水库自入流断面至坝址处出现沿程方向上的流速梯度变化，随着流速减缓、泥沙沉淀，水柱透光性能增加并刺激了浮游植物生长，水文环境改变也促进了新的近岸湿地植被形成，水库生态系统在沿程方向上呈现梯度变化的结构与功能特征。另一方面，来水流量大小和水库运行方案（出水量）共同迫使水库呈现出异于自然过程的水文环境，在自然与人工双重调节作用下，变化的水文环境诱导了水库生态系统形成自身独特的演替序列。普遍观点认为水库是处于静水生态系统同流水生态系统间的某种过渡状态，但事实上变化的水文环境迫使水库通常并不止于前述过渡阶段的某种稳定状态，且在脉动的水文环境下水库亦难以呈现出"流水→静水"单一方向的演替，而往往是在某一区间内往复或螺旋式的演化。因此，水库生态演替在脉动水文环境驱动下具有高度开放性和不确定性。

在前述四个核心特征影响下，不同水库生态系统的形成与发育呈现出各自明显的差别。不同水库生态系统结构、功能、演替等综合特征均各不相同，并呈现出与天然河流湖泊迥异的多样化特征，这使得水库生态学研究具有极其丰富的科学价值。

1.3　水库生态学研究进展与本书总体构架

1.3.1　湖沼学发展的回顾与简述

湖沼学(limnology，源于希腊文"Λίμνη"（湖）、"λόγος"（知识）的合并，罗马化后变成"limnology")是将湖泊、河流和湿地等陆地水体作为一个整体来研究的学科，广义上，研究对象涉及所有自然和人工的陆地水体(inland waters)，即湖泊（淡水或咸水）、水库、河流、溪流、湿地和地下水，可称为"陆水之科学"(the study of inland waters)。

Wetzel(2001)在其经典专著《Limnology》中对湖沼学作了如下的定义："*Limnology is the study of inland waters-lakes (both freshwater and saline), reservoirs, rivers, streams, wetlands, and groundwater-as ecological systems interacting with their drainage basins and the atmosphere.*"

Wetzel(2001)强调，湖沼学研究陆地水域生态系统水生生物生长、生境适应、营养物循环、生产力等结构与功能特征及其组分间的相互关系，描述并评估物理、化学、生物环境对上述关系的调控机制。同淡水生态学(freshwater ecology)相比，湖沼学的研究范围涵盖了内陆咸水水体（如咸水湖泊）；同淡水生物学(freshwater biology)相比，湖沼学不仅涵盖了对水生生物物种特征及其相互关系的研究，而且强调了将陆地水体单元（湖泊、河流、水库等）作为生态系统整体，研究其生物－非生物环境之间的相互关系与生态响应特征。因此，在研究对象、内容和涵盖范围上，湖沼学亦被称为陆地水域的生态系统生态学，或称为"内陆水体水生生态学"(inland aquatic ecology)，通常被作为生态系统生态学的学科分支。但事实上，在生态系统生态学建立之前，湖沼学便已经作为独立

学科而存在，并在很大程度上通过完善、深化湖沼学自身的理论体系，推动了生态系统生态学的形成与发展，形成了生态学学科体系的重要分支。

湖沼学发源于水文地理学与水生生物学，从湖泊物种调查和综合特征解析开始，其普遍的研究思想是将内陆水体作为"微宇宙(microcosms)"或"超级有机体(superorganism)"在生态系统层面上解析系统组分过程并阐释系统行为特征。1901年，Forel(1841~1912)收集了关于瑞士日内瓦湖30多年的研究成果并汇总了其他研究成果，首次用"湖沼学(limnology)"作为书名，出版了湖沼学的第一本专著——《湖沼报告》，宣告这门学科的诞生。早期的研究着重于单个湖泊理化因子和生物总类特征的描述和总结。丹麦科学家Wesenberg-Lund强调了比较研究对湖泊分类的重要性。德国湖沼学家Thienemann(1882~1960)和瑞典湖沼学家Naumann(1891~1934)是一战后湖沼学研究的杰出代表，他们从湖泊地貌、形态，水质理化背景，水生生物组成等角度进行了比较研究，初步确立了将湖泊作为一个独立水文地理单元的分类体系。Birge、Juday等进一步通过细化多重湖沼参量以表征湖泊的综合特征，发展了将湖泊作为综合系统进行研究的湖沼学学科体系。自20世纪三四十年代开始，湖沼学研究逐渐强调湖泊各个组分(物种个体、种群动态、竞争、摄食及种间关系)和全湖特性的关联性，强调不同生态层次(个体、种群和群落)研究在阐释湖泊系统特征与演化的重要意义，并将湖泊作为水域生态系统单元阐释其物质能量传递同生态系统结构功能变化的耦合关系。美国科学家Hutchinson(1903~1991)成为该时期国际湖沼学界最有影响力的人物。Hutchinson从湖泊生态系统角度，注重数学与统计学模型在描述湖泊生态系统中的作用，在湖泊代谢、生物地球化学循环、古湖沼学、浮游植物生态学等多个方面做出了巨大的贡献，为后人留下了Ⅳ卷巨著"A Treatise on Limnology. Ⅰ-Ⅳ"(Hutchinson et al.，1958；1975a，b；1993)。Lindeman于1942年发表的里程碑式论文《The trophic-dynamic aspect of ecology》，正是在Hutchinson研究的基础上，围绕湖泊能流对动物摄食、淘汰竞争等机理、过程和效率，整合了湖泊组分、营养层级、系统功能三者的关系，构建了湖泊生态系统演化的理论模式(Lindeman，1942)。Hutchinson、Lindeman等的成果极大地推动了湖沼学从传统水文地理学与水生生物学的"要素调查"逐渐向对生态系统结构功能的"系统研究"转变，促进了湖沼学学科体系朝着生态系统生态学(ecosystems ecology)方向继续发展。

二战后，以生态系统为尺度的生态学研究逐渐兴起，在一定程度上助推了现代湖沼学的发展。Walker等(1952)进一步明确了湖沼学的学科范畴，并首次明确地将该学科视为是生态学的一个分支，限于对陆地水体中的生物生产及其各影响因素的研究。在引入控制论研究方法学的基础上，Hutchinson等(1993)"将湖沼系统的每个组分加和组装成整体"的研究思想引导着湖沼学研究的飞速发展。这一时期经济高速发展导致越发严重的淡水富营养化问题，并促使更多科研资源投向湖沼学以期获取对陆地水体水质管理的科学认识，这成为湖沼学研究的外部驱动力，并将湖沼学研究推向了巅峰。这期间涌现出了包括Odum E. P.、Odum H. T.、Vollenweider R. A.、Edmonson W. T.、Schindler D. W.、Wetzel R. G.、Kalff J.、Sommer U.在内的一大批杰出的湖沼学家和生态学家，他们从湖泊生态系统物质循环、能量传递等方面系统阐释了湖泊生态系统作为"微宇宙"或"超级有机体"对流域外环境胁迫的响应机制。其中，比较经典的研究有Schindler D.

W. 的加拿大全湖实验、Vollenweider R. A. 的湖泊磷模型、Edmonson W. T. 的对华盛顿湖的生态恢复研究等。面向系统特征，以"生境解析－生态响应"为主线的湖沼学研究构架日趋成熟，并与该时期生态学研究趋势紧密契合(Ringelberg，1993)，甚至可以认为，这一时期生态学的发展在很大程度上得益于湖沼学研究的进步。从目前经典的湖沼学专著或教材中(Welzel，2001；Kalff，2002；Dodson，2004；Lampert et al.，2007；Dodds et al.，2010)可以看出，当前湖沼学的理论框架与研究内容涵盖有以下几个主要版块：①河流、湖泊的起源、分布与流域形态(古湖沼学与水文地理学)；②流域水文循环与陆地水体的水量收支；③水体光热环境、水体运动与能量收支(物理生境解析)；④水体营养物与污染物的生物地球化学循环(化学生境解析)；⑤水生生物(从细菌到鱼类)种群组成与群落动态(生物生境与生物响应)；⑥水域生态系统结构功能及其发育演化(系统综合)。

尽管湖沼学经过百年发展已日趋成熟，但近 20 年来，湖沼学的研究仍存在不可忽视的瓶颈，限制了湖沼学的进一步发展，本书认为可以概括为以下两个方面。

1)纵向上：尺度与方向的选择

20 世纪 70 年代中期开始，生态学研究手段的迅速发展诱导了生态学研究朝两极加速分化。一方面，新兴的生物学(细胞生物学、分子生物学等)、化学(色谱、质谱、同位素等)测试分析手段的进步推动了生态学研究重点凝聚到种群、个体生态学领域中，发展了分子生态学、生理生态学、进化生态学等分支，通过在微观尺度上的精细化从生态系统中汲取更丰富的信息，更精确地掌握生态系统的动态过程。另一方面，随着卫星遥感、GIS 等大尺度分析技术的引入，生态学朝着更宏观的方向发展，强调了流域尺度下陆域－水域整合的生态系统演化与发展，衍生发展了景观生态学、全球变化生态学等大尺度生态学分支，推动了生态水文学和水文生态学等新兴交叉学科的兴起。上述研究进一步刺激了以陆域生态系统为主要对象的种群、群落、生态系统生态学(如植物、森林、草地)研究，涌现了出更丰富的学术成果。至 20 世纪八九十年代，生态学已逐渐从生物学分离出来形成独立的学科体系，跨越了从病毒到生物圈的所有尺度，涉及人类和地球生物所涉及的各种生境条件下的生态过程。

相比之下，湖沼学研究却有所停滞并同生态学研究的整体走向开始悄然分离(Ringelberg，1993)。经典湖沼学关注于陆地水体本身，力图将陆地水域生态系统作为独立的单元("黑箱"或"灰箱")，判别其在外界胁迫(N、P 输入)下的综合响应。然而，生态学研究手段的迅速发展已经无法满足停留在湖沼学所强调的层面，湖沼学在生态学研究尺度分化发展的趋势面前相形见绌，并逐渐"沦为"整个生态学理论发展的一个"应用案例"。湖沼学家们要么向着微观尺度种群→个体→细胞方向寻找更深入的科学问题，要么借助于大尺度研究手段分析全球变化下湖沼系统的宏观响应。缺乏系统的理论创新使得"向左走、向右走?"的路径选择摆在了湖沼学家的面前。Ringelberg(1993)指出："*In limnological ecosystem studies, data concerning biomass, production, etc. obtained from several species are often lumped to characterize compartments. Species and populations disappear and flow of matter between these compartments is the sum of food web relations condensed into a few trophic levels. This practice certainly increases the ease of survey but at the same time it results a serious loss of information*。"事实上，Ringelberg(1993)所谓的"*loss of information*"正反映了在生态学研究日益分化的趋势下当前湖沼学研究尺度和方向上的困惑。Kalff 亦坦诚，当前湖沼学最大的挑战是如何整合在不同尺度上得出的优秀研究成果(Kalff，2002)。

2)横向上：对象与内容的分化

尽管湖沼学所定义的研究内容涵盖陆地所有的水体，但经典的湖沼学理论体系是以温带湖泊(确切地说是"温带贫营养水体")为主要研究对象(Kalff，2002)，在水生生物学(hydrobiology)的研究基础上发展起来的。当前湖沼学所获得的规律性认识仍主要局限于湖泊，这一方面可能是因为早期的湖沼学研究受到手段的限制，当时的研究手段和硬件条件在静滞水域中更容易开展；另一方面，湖泊相对稳定的物理边界和相对丰富的水生生物物种，通常使其作为典型的水域生态系统，从而利于构建生态系统的概念性模型。但在湖沼学后续发展中，以湖泊生态系统为模型建立起来的相对成熟的湖沼学普遍规律能否适用于其他类型的湖库系统始终是传统湖沼学无法充分回答的问题。

近几十年来，随着陆地水域生态系统研究的深入，研究对象已经从湖沼学所重点涉及的传统湖泊扩展深入到了溪流(stream)、河流(river)、湿地(wetlands)、浅水湖泊(shallow lakes)、地下水(groundwater)等，在近 20 年内他们自成体系且形成了相对完善的水域生态系统理论框架。早在 1907 年，德国人 Steinamann 便开展了山地溪流生态学研究，但直到 1970 年 Hynes 才出版了第一部以流动水体作为系统来研究的著作——《The Ecology of Running Waters》(Hynes，1970)。Whitton 于 1975 年出版了《River Ecology》(Whitton，1975)。在 Hynes、Whitton 等基础上，Vannote 于 1980 年提出了河流连续性概念(river continuum concept，RCC)，成为河流/溪流生态学理论的重要基石(Vannote et al.，1980)。1982 年，Newbold 发展了 RCC 并形成了营养盐螺旋概念(nutrient spiraling concept，NSC)(Newbold et al.，1982)。在 RCC、NSC 基础上，进一步衍生发展了描述大型河流功能的其他河流生态模式(如洪水脉冲概念(FPC)、河流生产力模型(RPM)等)，逐渐使河流(或溪流)生态系统生态学得到完善。近年来，代表性的河流/溪流生态学专著有：Likens 的《River Ecosystem Ecology：A Global Perspective》(Likens，2010)、Allan 和 Castillo 合著的《Stream Ecology：Structure Function of Running Waters》(Allan el al.，2007)等。不仅如此，Scheffer 于 2004 年出版的《Ecology of Shallow Lakes》(Scheffer，2004)，在经典的深水湖泊湖沼学理论体系基础上，发展了浅水湖泊生态学的理论，提出了浅水湖泊稳态转化(trophic cascades)等重要观点(Scheffer，2004)。在湿地生态学方面，以 Mitsch 为代表的生态学家逐渐发展并完善了湿地生态学，出版了《Wetlands》(至今已有 4 版)、《Wetland Ecosystems》等多部湿地专著，使湿地生态学作为生态学另一分支的观点得到进一步确立(Mitsch，2009)。另外，Gilbert 等于 1994 年出版了地下水生态学专著《Groundwater Ecology》(Gibert et al.，1994)。Sarmento(2012)探讨了热带湖泊同温带湖泊在食物网结构与能量传输方面存在的显著差异，强调了传统湖沼学建立起来的温带湖泊生态系统结构与功能基本模型在热带湖泊中并不适用。可以看出，不同水域生态系统的生境差异诱导出现了有别于温带湖泊、各自独特的生态区系与系统特征，驱动着当前湖沼学研究在横向上呈现显著分化的趋势。虽然各种陆地水域生态系统研究的新进展在很大程度上丰富并发展了湖沼学，但从侧面也使得现有的湖沼学(limnology)理论框架和基本规律认识在其所力图涵盖的"陆地水体"面前表现得"心有余而力不足"。

事实上，当前湖沼学研究的瓶颈或困惑从侧面反映出了现代生态学的发展趋势：纵向上强调不同研究尺度或层级上的细化与分工；横向上强调对不同类型生态系统内在科学规律的认识。尽管上述趋势在一定程度上成为当前湖沼学(陆地水生生态学)发展的瓶颈或困惑，但也为后续的学科理论突破和发展创造了重要的机遇。这样的机遇可能包括以下两个方面。

(1)对不同类型水域生态系统共性问题的科学凝练。近年来，不同类型水域生态系统的独特性越来越受到湖沼学家的重视，相继发展了浅水湖泊、河流、湿地、地下水等水文单元的生态学理论体系，并力图通过分析强调生物多样性保护与生态服务功能的持续发挥，指导人类开发活动与环境管理。尽管如此，人为划分的水文生态区系并无法阻碍它们之间的自然联系，学科研究对象的分化并不意味着它们之间的鸿沟将逐渐扩大，而事实上现在湖沼学研究对象与内容的分化、细化恰是为了未来更系统地整合。由于陆地水生生态系统存在的基础是陆地水文循环，水文循环变化构建了不同类型的水文生态区系，湖泊、河流、湿地、地下水等各种水文单元的生态系统之间存在着频繁的能量、物质和信息的交换，严格意义讲，它们之间的边界并不明晰反而更密切，因此，寻找不同水文生态区系的生态系统共性规律成为未来湖沼学发展的重要方向。国际上近十年来生态水文学(ecohydrology)、生态化学计量学(ecological stoichiometry)的日渐兴起也许可为湖沼学的未来突破方向提供更有意义的参考。

(2)多尺度、多维度研究手段的运用与整合。生态学研究发展至今，形成了从基因水平(分子生态学)到全球生物圈水平(全球生态学)庞大的学科体系，研究对象的空间尺度从埃(Å)跨越到光年，时间尺度从飞秒、皮秒延伸至亿年以上，研究所涉及的时空尺度已涵盖了目前生命活动所能够涵盖到的所有范围。但是，科学研究是以特定对象为基础开展的。针对不同组织层级开展研究并发展相适配的研究方法学是目前普遍的研究思路，但不同组织层级间的研究尺度和研究方法的差异很可能造成各层级规律认识存在较大误差，诸如区群谬误(ecological fallacy)等生态学研究方法学上的问题难以避免。因此，生态学研究的方法、手段如何从宏观深入至微观、如何从微观走向宏观，以实现系统的整合，这可能成为今后相当长一段时间内生态学研究发展中不可忽略的科学方法论，将对湖沼学研究的深化与发展起到积极的引导作用。

1.3.2   水库生态学发展现状与研究进展

尽管水库生态系统具备一般水生生态系统的基本特征，但作为人类筑坝蓄水的产物，因其服务于人类生产生活的各种目的，水库生态系统在结构与功能、形成与发育等诸多方面同天然水体(主要是湖泊)存在显著差异，这足以使其作为一类单独的水生生态系统而划分出来。水库生态学①是研究水库水域中生物群落结构、功能关系、发展规律及其与生境(物理、化学、生物)间相互作用机制的学科。经过近几十年的发展,水库生态学已相对系统地从传统湖沼学中独立出来并形成新的学科分支。

国际上,水库生态学研究大体上可划分为两种有区别的学术路径。第一条路径起始于 20 世纪 30 年代,围绕水库修建可能造成的"土地淹没、水文调节、生态阻隔"三个方面的生态环境影响开展研究,至 20 世纪 60~80 年代形成了研究热潮并持续至今。该路径侧重于对水库修建、蓄水、运行过程中的具体生态环境问题分议题开展针对性研究,如水库淹水后污染物释放(营养物、重金属)的生态效应,水库中变价有害金属物质的生态毒理效应与生态风险,大坝拦截对河流营养物质输送和鱼类洄游的影响,水库修建后物种入侵,水库滨岸带生态系统恢复等。该路径涉及地学、水生生物学、生态学、水利工程、环境工程等诸多学科,尽管研究议题相对分散且学科间交叉明显,但该路径的总体思路和目的却十分清晰,即围绕水利工程生态环境影响开展相关领域的研究。因此,该路径在某种意义上说应为"大坝生态学",所涉及的水库生态学研究部分具体体现为大坝对上游水体的生态环境影响。经过近 80 年的探索,该路径已逐渐成为当前开展水库生态学研究的主体,归纳总结性成果已在国际顶级学术期刊上发表(Lehner et al.,2011b),也形成了具有国际影响力的学术报告(WCD,2000)。近年来,除在之前各自研究领域内深入外,围绕全球气候变化对筑坝蓄水生态环境效应共性特征的大空间、大时间尺度的整合成为当前该路径的研究热点,并逐渐融入国际水文计划(IHP)等国际大科学研究项目中,如 Lehner 等(2011a)的全球水库与大坝数据库(GRanD)等。

另一路径起始于 20 世纪 80 年代。20 世纪 70 年代湖泊富营养化的研究热潮推动了湖泊生态系统生态学的迅速发展,也促使越来越多的湖沼学家意识到水库与湖泊在生态系统层面上的根本区别。1980 年 6 月美国明尼苏达大学、ASCE 资助召开了水库专题研讨会(Symposium on Surface Water Impoundments),论文集(Stefan,1981)共收集了 160 篇文献,涵盖水库历史、社会价值、环境管理法规、规划与设计运行、物理化学与生物过程等多个方面。1987 年 8 月于斯洛伐克召开了第一届国际水库湖沼学与水质管理大会,会议后期形成论文集《Comparative Reservoir Limnology and Water Quality Management》,共收录论文 13 篇,较系统地从水库地理分布差异特征、营养状态分类基础、生态建模基础、水质管理策略四个方面说明了水库生态学的研究状况(Straškrbara et al.,1993)。上述两本会议论文集是水库生态学(确切地说是水库湖沼学)研究的开端。1990 年美国学者 Thornton、Kimmel 和 Payne 出版了《Reservoir Limnology:Ecological Perspectives》,专著以美国水库为对象,从地理分布特征、水库水文水动力过程、泥沙

---

①　水库生态学(reservoir ecology)同水库湖沼学(reservoir limnology)概念上存在一定区别。狭义上,水库生态学(reservoir ecology)侧重于研究水库内生物同其生境间的相互关系;水库湖沼学(reservoir limnology)则侧重于以水库生态系统作为独立的生态系统进行生态学研究。概念上更接近于"reservoir ecosystem ecology"。根据 Ringelberg 的观点,概念上,生态学(ecology)所指代的范畴略宽于湖沼学(limnology),水库生态学(reservoir ecology)不仅涉及水库内水生、陆生"生物-环境"关系层面,也涵盖了水库生态系统作为整体而具备的系统性特征。因此,水库生态学(reservoir ecology)学术术语涵盖了围绕水库开展的生物、环境、生态系统各层次的科学研究,更符合当前整个学科的发展趋势。

本书结合当前水库生态环境研究发展现状与趋势,笔者倾向于使用"水库生态学"(reservoir ecology)作为该学科名词术语。故书中除对国外名词(会议、论文集等)进行直译外,一般使用"水库生态学"(reservoir ecology)术语。

输移沉积过程、初级生产与次级生产、鱼类动态等方面较为系统地描述了水库生态系统各组分的基本特征及其过程，勾勒出了水库生态系统总体框架和水库生态学的基本体系，成为水库湖沼学系统化的重要标志(Thornton et al.，1990)。上述专著或论文集连同后来出版的论文集《Theoretical Reservoir Ecology and It's Applications》(Tundisi et al.，1999)、水库水质管理第九卷《Reservoir Water Quality Management》(Straškrbara et al.，1999)一起成为当前水库生态学研究领域标志性的论著，从而使水库生态学形成一个相对完整、系统的水生生态学科分支。水库生态学基本理论体系、内容框架与学科方法初现端倪。

　　同第一条路径相比，第二条路径延续了现代湖沼学的研究思路和基本学术观点，侧重于以水库生态系统作为独立地学单元，强调将水库视为有别于天然湖泊、河流的半人工半自然水体、面向水库水质管理(主要是 N、P 控制与水库富营养化防治)来开展相关水生生态学研究。其中，美国学派(Thornton、Kimmel 等)着重于从水库与流域关系入手，强调水文水动力条件改变对生境和群落的影响，水库空间分区(河流区、过渡区、成湖区)理论是美国学派对水库生态学的重要贡献；欧洲学派(含南美学者，代表有 Straškraba、Tundisi 等)则强调水库生物区系特征(浮游生物、鱼类等)及其生态演替，致力于水库生态系统评价(如营养状态评价等)，20 世纪五六十年代对捷克 Klicava 水库生态系统发育、演化过程的系统研究是该学派的经典成果。

　　上述学术路径的差别在很大程度上归因于水库生态系统"自然－人工"的双重属性。一方面，水库是人类改造自然的产物。作为具有明确服务功能的人工生态系统，水库生态过程(物质循环、能量流动、信息传递等)明显地受到人类活动胁迫或干预。开展水库生态学研究是明晰建坝活动对生态环境影响、服务水库决策与管理的具体途径。另一方面，水库生态系统仍具有同其他自然水生生态系统相同的基本结构，但物理生境差异迫使其生态系统呈现出独特的功能特征和发育演替模式。研究定位与方向上的差异构成了当前水库生态学研究中不同发展路径存在的区别。尽管如此，上述两条路径本质上并不矛盾，近年来呈现出进一步交叉融合的趋势。比较明显的标志是 Tundisi 等(1999)的论文集标题中已正式使用名词"reservoir ecology"作为涵盖水库生态环境研究的术语，而未采用 Straškraba 等(1993)论文集中使用的名词"reservoir limnology"。

　　近十年来，在全球气候变化背景下，从流域宏观尺度到微观尺度的生物－环境过程响应关系，水库生态学研究的主要热点大致可归纳为以下四个方面。

　　(1)水库大坝拦截对流域物质循环及其质量平衡关系的影响。筑坝蓄水后，天然河流水动力条件下的"河流搬运作用"逐渐演变成"湖泊沉积作用"，河流中颗粒物质及相关组分的迁移行为受到影响。水库运行扰乱了自然河流的洪水脉动周期以及依靠洪水过程塑造的河流水环境自然特性和作用过程(如营养补给、河床形态等)。上述外部作用迫使流域物质循环和生物地球化学过程发生显著变化。近年来，对沉积型循环的生源要素(如 P、Si 等)研究主要围绕其在流域尺度下产汇输移及其在水库中的滞留规律展开，并着重结合水库泥沙淤积与调沙运行等方面，分析水库运行下生源要素的质量平衡关系。对于气体型循环的生源要素(如 C、N 等)，在全球气候变化的大背景下，近年来着重围绕水库潜在温室气体效应(碳、氮通量)及其同水库流域水文循环耦合展开相关研究。

　　(2)水库水体分层的界面水化学过程。水库是一个具有分层结构的水体环境,发生在水-气界面、沉积物-水界面、真光层(或混合层)和底层水体分界面(水-水界面)、氧化-还原界面(溶解氧分层界面)等重要界面上的诸多水化学和生物地球化学作用(如早期成岩作用、氧化还原等)主导水环境的状态变化。近年来,该方向的研究着重关注特定水库背景下水体垂向理化指标(水温、溶解氧、溶解态 CO_2 及其他生源要素)的分层混合过程,解析水库不同水层内有机碳(DOC 和 POC)的矿化降解和埋藏保存,有机氮的氨化作用、硝化作用、反硝化作用,固态颗粒物对氨态氮的吸附,沉积物颗粒对溶解磷酸盐的吸附/解吸,磷酸盐矿物的沉淀和溶解等关键过程,以及它们在不同界面间的通量(如水-气界面交换、沉积物-水界面间吸附/解吸等),完善对水库生态系统 C、N、P 生物地球化学过程的认识。

　　(3)水库生态系统发育演化与"湖沼化反应"。河流上修筑大坝使水库水环境性质和作用过程逐渐表现为自然湖泊的特征,发生水体分层等所谓的"湖沼学反应"。N、P 营养物质的输入可能导致生态系统初级生产力异常发育的富营养化问题。水生生态系统的作用方式和作用强度又强烈影响着水环境的诸多过程,如初级生产力的增加可能使水库水体形成"生物氧化",导致水团性质的差别,促使水环境性状的改变。水库改变了原有水域、陆域生态系统结构与功能,在原有生态平衡破坏并重建的过程中,水生生态体系由以底栖附着生物为主的"河流型"异养体系向以浮游生物为主的"湖沼型"自养体系演化。除继续关注大型水利工程和水库运行对渔业资源影响外,近年来,研究还关注水库"新生"生态系统驱动物质来源、关键种间营养关系等,在河流 RCC 概念和 SDC 概念框架下,从生态系统能量流动、物质能量周转效率等方面开展研究,定量评价水库水生生态系统演替及生物作用改变及其对水环境(水体富营养化)的可能影响。

　　(4)水库有毒有害物质的生态毒理效应。早期研究发现,蓄水后水库系统出现异常的汞、镉、铅、砷、锰等重金属污染现象,重金属物质通过水库食物链放大并产生潜在的生态毒理效应。近年来研究关注于水库蓄水运行过程中不同分层界面间的污染物迁移、转化与生物富集过程,明晰水库污染物同关键生物地球化学过程的耦合关系,明确其污染效应。不仅如此,近年来研究发现,高污染风险的重金属污染物因水库常年积累再次释放形成二次污染,一些变价金属物质随着水库生态系统发育演化而发生价态转变,形成"化学定时炸弹"。此外,在水库流域内高强度人类开发活动下,有毒有害的持久性有机污染物质在水库中的污染动力学过程亦引起人们的普遍关注,它们在水库长期运行中的污染行为和生态环境效应目前并不明晰。

　　除了上述四个方面外,近年来,新技术、新方法的引进促进水库生态学研究成果日渐丰富。新型化学、生物检测分析手段[如微量元素相关性分析、稀土地球化学分配模式、同位素示踪的多元标识、分子生物学技术(如基因芯片、荧光探针)以及面向多种水库生态过程的数学模型等如西澳大学开发的 DYRSEM、美国 EPA 的 WASP 等、荷兰 DHI 开发的 MIKE 等]在水库生态学研究中的具体应用极大丰富了水库生态学研究成果,使得近年来水库生态学研究从野外采样、理论分析为主的传统研究模式逐渐发生变化,结合室内研究针对性地开展原位受控实验、定量解析水库复杂生态过程的构效关系,成为当前水库生态学研究的新方向。

国内早期水库生态学研究主要集中于水库鱼类养殖，但随着 20 世纪 70 年代末我国进入水库修建高潮期，筑坝拦截的"蓄水河流"已成为我国河流水系的普遍现象和重要特征，针对大型水利工程生态环境效应的水库水环境与水生态研究逐渐兴起。最近 20 年，我国三峡工程、小浪底工程等一大批特大型水利工程相继开工兴建，对其生态环境效应论证、评价与水库环境管理的科学研究需求在很大程度上促进了我国水库生态环境研究的全面展开，如"九五"期间国家科技计划重点对三峡库区生态重建、三峡水库水污染控制等开展系统研究，国家自然科学基金委员会 2005 年启动了重大项目"大型水利工程对重要生物资源长期生态学效应研究"，"十一五"期间水体污染控制与治理科技重大专项设置了"三峡水库水污染防治与水华控制技术及工程示范"等项目。

近十年，国家与地方各层面科研投入促进了我国水库生态学研究成果积累迅速。从目前的情况来看，国内主要以大型水利工程生态环境效应为切入点开展水库生态学研究，目前多关注于鱼类洄游、生物多用性、泥沙淤积等方面。相比之下，在水库运行下其生态系统发育、演变及其环境影响等方面，研究的深度和系统性都明显不够。一些备受关切的水库生态环境问题，如库龄增加而出现的水库"生物氧化"效应，水库重金属与持久性有毒有害物质积累、放大导致的生态毒理效应，长期水库运行下沉积物污染二次释放等，依然未有更清晰的回答，反映出当前对变化水文环境下的水库生态过程与环境影响依然缺乏系统、清晰的学科理论框架和明确、完善的研究方法体系。目前，我国正处于大型水利水电工程开发的新阶段。三峡工程完工收尾，金沙江、澜沧江水利水电开发正加快推进，而"十二五"期间国家加快水利改革(中共中央、国务院 2011 年 1 号文件)和促进农业科技发展(中共中央、国务院 2012 年 1 号文件)。这给我国既有水库建设、运行维护与管理模式提出了更新、更高的要求，也为我国水库生态学研究创造了新的机遇。

1.3.3　本书总体构架与内容

三峡工程是举世瞩目的特大型水利枢纽工程，是治理和开发长江的关键性骨干工程，具有发电、防洪、旅游、饮用、养殖、灌溉及航运等巨大的综合效益。工程所形成的三峡水库总库容达 393 亿 m³，是亚洲目前库容最大的水库。三峡工程将改变长江这一区间的水文情势，这一关键诱因会对库区、长江中下游及河口地区的生态、环境乃至社会经济等方面产生不同程度的影响(黄真理等，2006)。2003 年水库蓄水以来，受到水位壅升、回水顶托的影响，三峡水库部分支流回水区普遍出现了营养物滞留、水体更新周期降低的现象。每年春夏、夏秋之交部分支流回水区频繁出现藻类水华现象，水体颜色发生改变。据不完全统计，2004 年库区支流库湾累计发生水华 6 起，2005 年累计发生水华 19 起，2006 年仅 2、3 月份就累计发生水华 10 余起，支流库湾水华初期呈现加重、扩大的趋势。部分媒体在 2006 年前后以"三峡成库后水质恶化"、"三峡富营养化进程加快"、"三峡水库水体呈酱油色"等为主题对三峡水库成库后生态环境问题进行了大量报道，给三峡工程建设、运行造成了一定的不利影响，也叩开了我国学者系统开展三峡水库生态环境研究的大门。尽管如此，同已有 20 余年研究历史的相对丰富、完善的浅水湖泊富营养化研究成果相比，在水库生态学研究领域，尤其是水库生态系统形成、发育与演替过程等方面，国内开展的研究依然十分薄弱。

同三峡水库长江干流相比，三峡水库支流水域受成库影响更为显著。一方面，支流形成了同干流相似的河流区、过渡区与湖泊区的纵向分区特征，且支流水系来流量相对较少，在长期回水顶托影响下，水体滞留时间较干流显著延长，支流水域生态系统"湖沼化"进程显著高于蓄水后依然保持较强流动性的干流，不仅出现水华现象，而且其受土壤淹没的影响亦更为明显；另一方面，支流流域因人口相对密集、农业垦殖历史长、城镇化进程快，点、面源污染负荷相对较高。不断恶化的水质终将会使污染向干流转移，对水库水体存在潜在威胁。因此，支流水域是三峡水库水情的微缩，一定程度上具有水环境状况发展晴雨表的作用，反映了水库水环境功能实现的程度。

笔者所在科研团队自 2003 年起对三峡成库后生态环境问题开展相关研究。前期工作着重对三峡水库 14 条典型支流流域进行详细调研，系统比较分析了三峡库区香溪河、大宁河、梅溪河、草堂河、长滩河、汤溪河、澎溪河等典型支流的流域背景及生态环境特征，最终选择以澎溪河为典型支流开展三峡水库支流水域生态系统的野外跟踪与观测。2006 年于云阳县双江镇建立了野外观测站，开展三峡水库完成 156m 蓄水后澎溪河回水区的定位跟踪观测与野外研究。2007 年 6 月，团队将研究范围延伸、覆盖至开县境内全流域，并逐步扩大了野外观测基地规模，并将基地迁至重庆万州区重庆三峡研究院。2010 年在澎溪河回水区高阳平湖水域建立野外原位试验平台和科研级野外气象站（图 1-22 和图 1-23）。

本书是笔者科研团队对 2012 年前澎溪河回水区野外研究工作的阶段性总结，着重对三峡水库运行初期阶段至正常运行阶段期间[①]（2007 年 7 月至 2012 年 6 月）5 个完整周年的澎溪河回水区水生生态系统关键参量进行分析，从水文水动力条件、水下光热结构、营养物赋存形态与生物地球化学过程等方面解析澎溪河回水区水库生境特征；以藻类（浮游植物）种群时空动态及其水华行为特征为切入点，明晰澎溪河回水区水生生态系统初级生产格局与水华形成机制。在上行效应的基本假设下，研究通过适配水库运行下生境变化与藻类种群动态，明确水库运行下澎溪河回水区水库生态系统结构功能特征，为澎溪河流域水库生态管理和水华预测提供前期基础数据、科学分析与方案对策。在上述总体构架下，本书后续章节主要内容如下。

第 2 章　三峡水库及其典型支流澎溪河概况。本章主要介绍三峡水库及重点研究支流——澎溪河的基本概况。结合水库生态学基本理论，对三峡水库水环境生态系统的宏观总体特征进行初步分析。在明确三峡水库生态系统整体背景基础上，介绍了三峡水库典型支流——澎溪河流域基本特征以及社会经济发展情况，为后续解析澎溪河回水区水生生态系统特征提供背景。

---

① 根据中国三峡集团公司网站、新华网等官方媒体，三峡水库初期运行阶段（或"初期运行期"）是指 2006 年 10 月底三峡水库蓄水至 156m 至 2010 年 10 月底完成 175m 蓄水的水库运行时期；三峡水库正常运行阶段为 2010 年 10 月底完成 175m 蓄水后至今的水库运行时期。具体参考 http://www.ctgpc.com.cn/news/view_info.php?mNewsId=19468 和 http://news.xinhuanet.com/society/2010-10/23/c_12693392.htm

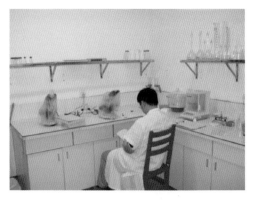

图1-22　三峡水库野外研究基地(万州五桥)

摄影：李哲

图1-23　澎溪河野外研究站及原位试验平台(云阳高阳镇)

摄影：李哲

第3章　澎溪河水文与总体水动力特征。水库人为调蓄和自然径流叠加使三峡水库澎溪河回水区形成了同自然湖泊、河流迥异的水文水动力特征。在分析澎溪河成库10年来降雨、径流特点基础上，引入美国陆军工程兵团水文工程中心HEC-RAS软件，构建澎溪河回水区(云阳段)一维总体水动力模型，对总体水动力特征进行分析。

第4章　水库运行下澎溪河水体光热特征。本章以两条主线对水库运行下澎溪河水体光热结构进行分析：①围绕光合作用有效辐射，分析澎溪河回水区真光层深度的时空变化特点；②以垂向水温监测结果为切入点，分析水库运行下垂向水温结构与混合层深度特征。结合真光层深度与混合层深度变化，分析澎溪河回水区水体光热结构对水库运行的响应。

第5章　水库运行下澎溪河关键生源要素动态。N、P、Si是水生生态系统的关键生源要素。本章着重分析三峡水库运行下澎溪河回水区不同赋存形态的N、P、Si以及水中悬浮颗粒物的时空动态；结合澎溪河回水区水文水动力特征，分析澎溪河N、P、Si的产汇、输移特征；结合不同形态N、P、Si的化学计量关系和浮游植物生物量水平，判别澎溪河回水区营养物限制性特征，为澎溪河流域水环境管理提供理论基础。

第6章　澎溪河藻类群落动态及其对生境变化的响应。本章从藻类群落丰度(现存量）、群落物种组成（结构）等两个方面，在引入 Reynold 的藻类生长策略和功能分组学说的基础上，对澎溪河回水区藻类群落演替进行总结分析，探讨水库运行下澎溪河回水区藻类群落演替同湖泊生态系统的异同。在前面章节对营养物、水动力条件等分析基础上，从"生境变化驱动群落演替"的角度探讨水库运行下澎溪河藻类群落演替对生境变化的响应机制，分析水华形成的主要生态过程，深化对水库运行下澎溪河回水区富营养化与水华的科学认识。

第 7 章　澎溪河水-气界面 CO_2、CH_4 通量研究。近年来，温室气体排放与全球气候变化引起了人们越来越多的关注。在水库生态学研究领域，水库温室气体源汇通量与碳循环亦成为备受关注的研究热点。这不仅由于水库生态系统本身的独特性，而且影响到对水力发电，清洁能源属性的客观认识。本章着重展示开展三峡水库温室气体通量监测、分析与研究的相关情况，重点总结、回顾前述研究工作的主要成果，并为今后深入开展水库修建碳足迹研究提出了方向规划。

第 8 章　澎溪河回水区富营养化与水华特点。本章对水华与富营养化两个概念的区别进行阐释，强调水华仅仅是藻类种群演替的一个阶段性表现，而富营养化是水生生态系统生产力提高的过程性表型。在此基础上，对澎溪河 2007～2012 年的营养状态进行评价，结合澎溪河回水区初级生产力结构，分析澎溪河水体富营养化与水华形成特征。

主要参考文献

黄真理，李玉梁，2006. 三峡工程生态与环境保护丛书. 北京：中国水利水电出版社.

贾金生，袁玉兰，郑璀莹，等，2008. 中国 2008 年水库大坝统计、技术进展与关注的问题简论. 中国大坝协会秘书处.

廖鸿志，沈华中，2010. 2010 年三峡水库防洪调度与经济效益初步分析. 中国防汛抗旱，20(5)：4-6.

王明杰，方一平，陈国阶，2009. 水能资源投入对国民经济增长贡献率的定量研究. 水电能源科学，27(2)：142-145.

Allan J D，Castillo M M，2007. Stream Ecology：Structure and Function of Running Waters. Berlin：Springer Science & Business Media.

Baranov I V，1961. Biohydrochemical classification of the reservoirs in the European USSR//The Storage Lakes of the USSR and Their Importance for Fishery (Tyurin PV，ed.). Jerusalem：Israel Program for Scientific Translations，139-183.

Dodds W K，Whiles M R，2010. Freshwater Ecology：Concepts and Environmental Applications of Limnology(Aquatic Ecology). US：Academic Press.

Dodson S，2004. Introduction to Limnology. US：McGraw-Hill Science/Engineering.

Downing J A，Prairie Y T，Cole J J，et al，2006. The global abundance and size distribution of lakes，ponds，and impoundments. Limnology and Oceanography，51(5)：2388-2397.

Garbrecht G，1986. Wasserspeicher (Talsperren) in der Antike. Antike Welt，2：51-64.

Gibert J，Danielopol D，Stanford J A，1994. Groundwater ecology. Salt Lake：Academic Press.

Hutchinson G E，1958. A Treatise on Limnology. Vol. I：Geography，Physics，and Chemistry. Hoboken：John Wiley & Sons.

Hutchinson G E，1975a. A treatise on limnology，Vol. II：introduction to lake biology and the limnoplankton. Niche：theory and Application，1975，3：185.

Hutchinson G E，1975b. A Treatise on Limnology. Volume III：Limnological Botany. Hoboken：John Wiley & Sons.

Hutchinson G E，Edmondson Y H，1993．A Treatise on Limnology．Volume IV：The Zoobenthos．Hoboken：John Wiley & Sons．

Hynes H B N，1970．The Ecology of Running Waters．Liverpool：Liverpool University Press．

International Commission on Large Dams（ICOLD）．1998．Worldregister of dams，computer database［DB/OL］．http：//www．icold-cigb．org/．

International Energy Agency（IEA），2010．KeyWorld Energy Statistics．Paris：International Energy Agency．

Kalff J，2002．Limnology：Inland Water Ecosystems．New Jersey：Prentice Hall．

Kumar A，Schei T，Ahenkorah A，et al，2011．Hydropower IPCC Special Report on Renewable Energy Sources and Climate Change Mitigation．Cambridge：Cambridge University Press．

Lampert W，Sommer U，2007．Limnoecology：The Ecology of Lakes and Streams．UK：Oxford University Press．

L'vovich M I，White G F，Belyaev A V，et al，1990．Use and transformation of terrestrial water systems．The Earth As Transformed by Human Action：Global and Regional Changes in the Biosphere over the Past，300：235-252．

Lehner B，Liermann C R，Revenga C，et al，2011a．Global reservoir and dam（grand）database．Technical Documentation，Version 1.1．

Lehner B，Liermann C R，Revenga C，et al，2011b．High-resolution mapping of the world's reservoirs and dams for sustainable river-flow management．Frontiers in Ecology and the Environment，9(9)：494-502．

Likens G E，2010．River Ecosystem Ecology：A Global Perspective．Salt Lake：Academic Press．

Lindeman R L，1942．The trophic-dynamic aspect of ecology．Ecology，23(4)：399-417．

McCully P，1996．Silenced Rivers：The Ecology and Politics of Large Dams．London：Zed Books．

Mitsch W J，2009．Wetland Ecosystems．Hoboken：John Wiley & Sons．

Newbold J D，O'neill R V，Elwood JW，et al，1982．Nutrient spiralling in streams：implications for nutrient limitation and invertebrate activity．American Naturalist：628-652．

Odum E P，1969．The strategy of ecosystem development．Sustainability，164：58．

Ringelberg J，1993．The growing difference between limnology and aquatic ecology．Netherland Journal of Aquatic Ecology，27(1)：11-19．

Sarmento H，2012．New paradigms in tropical limnology：the importance of the microbial food web．Hydrobiologia，686(1)：1-14．

Scheffer M，2004．Ecology of Shallow Lakes．Berlin ：Springer Science & Business Media．

Stefan H G，1981．Proceedings of the Symposium on Surface water impoundments．New York American Society of Civil Engineers．

Straškraba M，Tundisi J G，Duncan A，1993．Comparative Reservoir Limnology and Water Quality Management．Netherlands：Springer Nethelands．

Straškraba M，Tundisi J G，1999．Reservoir water quality management//International Lake Environment Committee．Kusatsu：1-66．

Thornton K W，Kennedy R H，Carroll J H，et al，1981．Reservoir sedimentation and water quality—an heuristic model// Proceedings of the symposium on surface water impoundments．American Society of Civil Engineers，New York，1：654-661．

Thornton K W，Kimmel B L，Payne F E，1990．Reservoir Limnology：Ecological Perspectives．Hoboken：John Wiley & Sons．

Tundisi J G，Straskraba M，1999．Theoretical Reservoir Ecology and Its Applications．Sao Carlos：International Institute of Ecology．

Vannote R L，Minshall G W，Cummins K W，et al，1980．The river continuum concept．Canadian journal of fisheries and aquatic sciences，37(1)：130-137．

Vorosmarty C J，McIntyre P B，Gessner M O，et al，2010．Global threats to human water security and river biodiversity．Nature，467(7315)：555-561．

Walker W W，Concord M A，Walker W W，1981. Empirical Methods for Predicting Eutrophication in Impoundments. Report 1. Phase I. Data Base Development.

Welch P S，1952. Limnology. New York：McGraw-Hill Book Co. Inc.

Wetzel R G，2001. Limnology：Lake and River Ecosystem. Salt Lake：Academic Press.

Whitton B A，1975. River Ecology. California ：Univisity of California Press.

World Commission on Dams（WCD），2000. Dams and Development：A New Framework for Decision-making：the Report of the World Commission on Dams. UK：Earthscan Publication.

第2章 三峡水库及其典型支流澎溪河概况

2.1 三峡水库生态系统总体特征概述

2.1.1 三峡工程简况

三峡工程，全称为"长江三峡水利枢纽工程"。整个工程由大坝、水电站厂房和通航建筑物三大部分组成，包括一座混凝重力式大坝、泄水闸、一座堤后式水电站、一座永久性通航船闸和一架升船机。三峡工程设计目标是兼具防洪、发电、航运以及供水等综合功能。

图 2-1　三峡工程全景

资料来源：Google

三峡工程大坝坝址位于长江西陵峡中段的三斗坪镇（N30°49′48″，E111°0′36″），位于葛洲坝水电站上游 38km 处，控制流域面积约 102 万 km²，占整个长江流域面积的 56%，多年平均径流量为 4510 亿 m³。三峡大坝为混凝土重力坝，坝长 2335m，底部宽 115m，顶部宽 40m，坝顶高程为海拔 185m①，最大浇筑坝高 181m，正常蓄水位海拔 175m（表 2-1）。大坝下游的水位海拔约 66m，坝下通航最低水位海拔 62m，通航船闸上下游设计最大落差 113m，最大泄洪能力可达 102500m³/s。水电站共安装单机容量为 70 万～80 万 kW 的水轮发电机机组 26 台（其中左岸设 14 台，右岸 12 台），总装机容量为 1820 万 kW，年发电量 847 亿 kW·h。根据上述设计方案，三峡工程土石方挖填总量约 1.3 亿 m³，混凝土

① 本书所有的与三峡工程有关的高程均为吴淞高程。

浇筑量 2794 万 m³，钢材 26 万 t，钢筋 46 万 t。以 2007 年统计价格，三峡工程总投资大约为 1400 亿人民币，其中工程投资 776.00 亿元，移民安置 603.27 亿元（中国工程院，2010）。预测动态总投资将可能达到 2039 亿元，实际总投资约 1800 亿元。三峡工程已成为世界上规模最大的水电站工程，是中国也是世界上迄今为止最大的水坝。

表 2-1 三峡工程基本特征参数

项目	单位	运行时间	
		初期	后期
坝顶高程	m	185	185
正常蓄水位	m	156	175
防洪限制水位	m	135	145
枯水期最低消落水位	m	140	155
总库容	亿 m³	393	
兴利调节库容	亿 m³	89	165
防洪库容（正常蓄水位以下）	亿 m³	111	221.5
防洪库容（千年一遇洪水位下）	亿 m³	220	221.5
二十年一遇洪水最高库水位	m	150.1	175.5
二十年一遇洪水最大下泄流量	m³/s	56700	56700
百年一遇洪水最高库水位	m	162.3	166.9
百年一遇洪水最大下泄流量	m³/s	56700	56700
千年一遇洪水最高库水位	m	170	175
千年一遇洪水最大下泄流量	m³/s	73000	69800
校核洪水（万年一遇加 10%）最高库水位	m		180
校核洪水（万年一遇加 10%）最大下泄流量	m³/s		91100
电站装机容量	MW	22400	22400
多年平均发电量	亿 kW·h	≥900	

数据来源：中国工程院《三峡工程阶段性评估报告》

1992 年 4 月 3 日第七届全国人民代表大会第五次会议审议批准，三峡工程整体采用"一级开发、一次建成、分期蓄水、连续移民"的建设方案，于 1994 年 12 月正式开工兴建，1997 年 11 月完成大江截流，2002 年 11 月实现导流明渠截流。2003 年 6 月 1 日起，三峡大坝开始下闸蓄水，6 月 10 日蓄水至 135m，完成一期蓄水任务，三峡工程进入围堰挡水发电期，枢纽开始产生效益，三峡水库初步形成。2006 年 9 月 20 日，三峡工程开始第二期试验性蓄水，9 月 25 日坝前水位高程达到 156m，标志着工程进入初期运行期，开始发挥防洪、发电、通航三大效益。在综合考虑枢纽工程、移民搬迁、地灾治理、泥沙淤积、生态环境等因素后，经国务院批准，三峡工程分别于 2008 年、2009 年进行了第三期试验性蓄水，其中 2008 年 9 月坝前水位达到 172.8m，2009 年 11 月坝前水位达到 171.43m。2010 年 9 月 10 日，三峡工程正式启动 175m 试验性蓄水，10 月 26 日坝前水位达到175m，标志着三峡工程首次达到设计的正常水位，开始全面发挥防洪、发电、航运、供水等综合效益。2003～2012年三峡大坝坝前水位变化过程见图2-2。

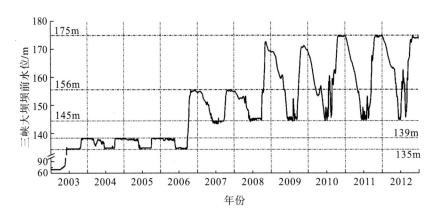

图2-2 2003～2012年三峡大坝坝前水位变化过程

数据来源：中国长江三峡集团公司

2.1.2 三峡水库生态系统特征

1. 区域气候特征、地形地貌和水文过程

三峡水库东起湖北省宜昌市三斗坪，西至重庆市江津区朱沱镇，全长约667km，介于东经106°00′～111°50′、北纬29°16′～31°25′之间。三峡水库淹没范围涉及湖北省和重庆市的20个县(市、区)的227个乡镇、1680个村，面积5.79万km²。根据1991～1992年对淹没区的调查，淹没区内共有耕地2.6万hm²，房屋总面积3479.47万m²，人口84.75万人[①]。

三峡水库跨越川、鄂中低山峡谷和川东平行岭谷低山丘陵区。库区地貌以丘陵、山地为主，高差较大，层状地貌明显；地势南北高、中间低，由南北向河谷倾斜，构成以山地、丘陵为主的地形、地貌结构(图2-3)。奉节以东属川东鄂西山地，奉节以西属川东平行岭谷山地丘陵区，河谷深切。河谷平坝约占总面积的4.3%，丘陵占21.7%，山地占74%。库区主要土壤类型有黄壤、黄棕壤、紫色土、黄色石灰土、棕色石灰土、水稻土、冲积土、粗骨土和潮土等。耕地多分布在长江干、支流两岸，大部分为坡耕地和梯田。库区土地垦殖率高，耕地以旱坡地为主，耕地质量较差。库区旱耕地资源中，坡度≥25°的陡坡耕地占坡耕地的34%，耕层>30cm的占41%。库区78.70%的坡耕地土壤为紫色土，具有易风化、易侵蚀、土壤熟化度低等特点，因而肥力低下，有机质及速效氮、磷、钾含量较低。

---

① 三峡库区是一个特定的地域概念，是指以县(区)为单位三峡水库淹没所涉及的湖北省、重庆市有关县(区)的统称。包括湖北省宜昌市的夷陵区、秭归县、兴山县；恩施土家族苗族自治州的巴东县；重庆市的巫山县、巫溪县、奉节县、云阳县、开州区、万州区、忠县、石柱县、丰都县、涪陵区、武隆区、长寿区、重庆主城九区(渝北区、巴南区、江北区、渝中区、沙坪坝区、九龙坡区、南岸、大渡口区、北碚)、江津区共26个县(市、区)。

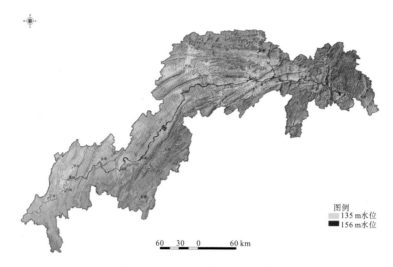

图例
135 m水位
156 m水位

60　30　0　　　60 km

图 2-3　三峡库区卫星影像图

资料来源：三峡工程生态与环境监测系统信息网

　　三峡库区水系发育，江河纵横，主要包括长江干流河系、嘉陵江水系和乌江水系。除嘉陵江、乌江两大支流外，三峡水库区域内有 152 条流域面积 100km² 以上的长江一级支流，其中重庆 121 条，湖北 31 条；流域面积 1000km² 以上的一级支流有 19 条，其中重庆境内 16 条，湖北境内 3 条，主要支流有香溪河、神农溪、大宁河、梅溪河、汤溪河、磨刀溪、澎溪河、龙河、龙溪河、御临河、綦江等。三峡库区主要支流基本信息见表 2-2。

表 2-2　三峡库区主要支流基本信息

地区	编号	河流名称	流域面积/km²	库区境内长度/km	年均流量/(m³/s)	入长江口位置	距大坝距离/km
江津	1	綦江	4394	153	122	顺江	654
九龙坡	2	大溪河	195.6	35.8	2.3	铜罐驿	641.5
巴南	3	一品河	363.9	45.7	5.7	渔洞	632
	4	花溪河	271.8	57	3.6	李家沱	620
渝中区	5	嘉陵江	157900	153.8	2120	朝天门	604
江北	6	朝阳河	135.1	30.4	1.6	唐家沱	590.8
南岸	7	长塘河	131.2	34.6	1.8	双河	584
巴南	8	五布河	858.2	80.8	12.4	木洞	573.5
渝北	9	御临河	908	58.4	50.7	骆渍新华	556.5
长寿	10	桃花溪	363.8	65.1	4.8	长寿河街	528
	11	龙溪河	3248	218	54	羊角堡	526.2
涪陵	12	梨香溪	850.6	13.6	13.6	蔺市	506.2
	13	乌江	87920	65	1650	麻柳嘴	484
	14	珍溪河				珍溪	460.8

续表

地区	编号	河流名称	流域面积 /km²	库区境内长度 /km	年均流量 /(m³/s)	入长江口 位置	距大坝距离 /km
丰都	15	渠溪河	923.4	93	14.8	渠溪	459
	16	碧溪河	196.5	45.8	2.2	百汇	450
	17	龙河	2810	114	58	乌杨	429
	18	池溪河	90.6	20.6	1.3	池溪	420
忠县	19	东溪河	139.9	32.1	2.3	三台	366.5
	20	黄金河	958	71.2	14.3	红星	361
	21	汝溪河	720	11.9	11.9	石宝镇	337.5
万州	22	壤渡河	269	37.8	4.8	壤渡	303.2
	23	苎溪河	228.6	30.6	4.4	万州城区	277
云阳	24	澎溪河	5172.5	117.5	116	双江	247
	25	汤溪河	1810	108	56.2	云阳	222
	26	磨刀溪	3197	170	60.3	兴河	218.8
	27	长滩河	1767	93.6	27.6	故陵	206.8
奉节	28	梅溪河	1972	112.8	32.4	奉节	158
	29	草堂河	394.8	31.2	8	白帝城	153.5
巫山	30	大溪河	158.9	85.7	30.2	大溪	146
	31	大宁河	4200	142.7	98	巫山	123
	32	官渡河	315	31.9	6.2	青石	110
	33	抱龙河	325	22.3	6.6	埠头	106.5
巴东	34	神龙溪	350	60	20	官渡口	74
秭归	35	青干河	523	54	19.6	沙镇溪	48
	36	童庄河	248	36.6	6.4	邓家坝	42
	37	咤溪河	193.7	52.4	8.3	归州	34
	38	香溪河	3095	110.1	47.4	香溪	32
	39	九畹溪	514	42.1	17.5	九畹溪	20
	40	茅坪溪	113	24	2.5	茅坪	1
	41	泄滩河	88	17.6	1.9	泄滩乡	47
	42	龙马溪	50.8	10	1.1	龙马溪村	27
宜昌	42	百岁溪	152.5	27.8	2.6	偏岩子	9
	43	太平溪	63.4	16.4	1.3	太平溪	1

　　三峡库区属湿润亚热带季风气候，具有四季分明、冬暖春早、夏热伏旱、秋雨多、湿度大、云雾多和风力小等特征。库区年均雾日 30～40d，年平均气温 17～19℃，无霜期 300～340d，平均气温西部高于东部。三峡库区年平均降水量一般为 1045～1140mm，空

间分布相对均匀，时间分布不均，主要集中在 4～10 月，约占全年降水量的 80％，且 5～9 月常有暴雨出现。库区水土流失严重，坡耕地平均侵蚀模数为 7500t/(km² • a)，年侵蚀量达 9450 万 t，占年侵蚀总量的 60.0％，库区年入库泥沙量达 1890 万 t，约为年入库泥沙总量的 46.16％。

根据中国长江三峡集团公司网站的数据，对 2003～2012 年三峡入库、出库流量变化进行统计分析(图 2-4)。2003～2012 年共十年(表 2-3)，三峡水库入库总量为 39774.50 亿 m³，出库总量为 39389.95 亿 m³，差值约为 384.55 亿 m³。其中，2006 年为典型特枯年，为长江上游百年一遇的大旱，三峡水库年入库总量仅为 2979.8 亿 m³；2010 年和 2012 年长江上游均发生了特大洪水，三峡入库流量最高日均值分别达到 67200.0m³/s(2010 年 7 月 20 日)和 68175.0 m³/s(2012 年 7 月 24 日)。

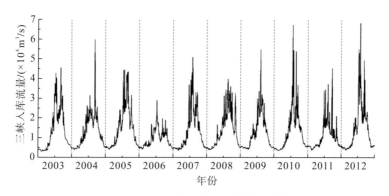

(a)2003～2012 年三峡入库流量日变化

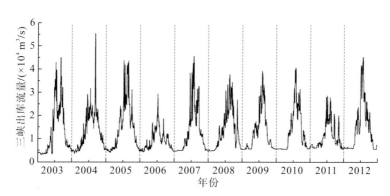

(b)2003～2012 年三峡出库流量日变化

图 2-4　2003～2012 年三峡入库、出库流量日变化

数据来源：中国长江三峡集团公司

表 2-3　2003～2012 年三峡入库、出库流量与坝前水位特征值

年份	三峡水库入库流量			三峡水库出库流量			三峡大坝坝前水位	
	年径流量 /亿 m³	最高日值 /(m³/s)	最低日值 /(m³/s)	年径流量 /亿 m³	最高日值 /(m³/s)	最低日值 /(m³/s)	最高日值 /m	最低日值 /m
2003	4090.03	45375.0	2975.0	3910.11	45016.7	2993.3	138.99	69.16
2004	4096.18	59750.0	3800.0	4132.38	55500.0	3510.8	138.97	135.22

续表

年份	三峡水库入库流量			三峡水库出库流量			三峡大坝坝前水位	
	年径流量 /亿 m³	最高日值 /(m³/s)	最低日值 /(m³/s)	年径流量 /亿 m³	最高日值 /(m³/s)	最低日值 /(m³/s)	最高日值 /m	最低日值 /m
2005	4565.55	44425.0	4012.5	4550.58	43716.7	4022.5	138.91	135.10
2006	2979.81	29000.0	4137.5	2884.70	29300.0	4280.0	155.75	135.07
2007	4037.83	50875.0	3412.5	4041.30	45683.3	4564.2	155.82	143.99
2008	4252.95	39750.0	3912.5	4166.20	37675.0	4645.8	172.76	144.72
2009	3869.26	54750.0	4137.5	3862.03	39200.0	5330.0	171.40	144.84
2010	4051.51	67200.0	3500.0	3993.98	40516.7	5341.7	175.00	145.13
2011	3363.43	45250.0	3700.0	3376.52	28525.0	5526.7	175.04	145.18
2012	4467.93	68175.0	3637.5	4472.14	45300.0	5440.0	174.95	145.34

数据来源：中国长江三峡集团公司

2. 水库调度运行方案

按照防洪、发电、航运和排沙的综合要求，三峡水库采用"蓄清排浑"的水库调度运行方式(图 2-5)。每年的 5 月末至 6 月初，坝前水位降至汛期防洪限制水位 145m，水库腾出约 221.5 亿 m³ 库容用于防洪。汛期 6 至 9 月，水库一般维持此低水位运行，水库下泄流量与天然情况相同。在遇大洪水时，根据下游防洪需要，水库拦洪蓄水，库水位抬高，洪峰过后，仍降至 145m 运行。汛末 10 月份，水库蓄水，下泄流量有所减少，水位逐步升高至 175m。12 月至次年 4 月，水电站按电网调峰要求运行，水库尽量维持在较高水位。4 月末以前水位最低高程不低于 155m，以保证发电水头和上游航道必要的航深。每年 5 月开始进一步降低库水位。根据工程设计要求(表 2-1)，三峡水库正常蓄水水位 175m，汛期防洪限制水位 145m，枯季消落最低水位 155m，相应的总库容、防洪库容和兴利库容分别为 393 亿 m³，221.5 亿 m³ 和 165 亿 m³。

当坝前水位降至防洪限制水位 145m 时，从大坝到 145m 水位水面线回水末端的河段常年被淹没而处于水库状态，流速较缓、水深较大，此区间成为"常年回水区"。当三峡水库上游来水五年一遇的条件下(流量为 61400m³/s)，回水区末端位于重庆市长寿区境内，距三峡大坝坝址 524km。当坝前水位达到正常蓄水位 175m 时，回水末端即为水库水域的上游边界。在上游来水五年一遇的情况下，回水区末端位于重庆市江津区红花堡，距三峡大坝前缘 663km。从常年回水区末端(重庆市长寿区境内)至 175m 正常蓄水水位的回水区末端(重庆市江津区红花堡)，干流区间长度约 140km。该区间在汛后三峡水库蓄水至 175m 时，处于水库范围内，水面开阔、水深增加、流速减缓，但在汛期水库水位降低至防洪限制水位 145m 时，该区间又恢复到天然河道状态，故将这一区间称为"变动回水区"。

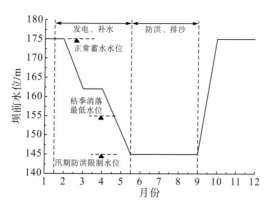

图 2-5　三峡工程调度运行方案(黄真理等，2006，有修改)

3. 水库形态特征分析

三峡水库属典型的河道峡谷型水库。蓄水前，自重庆市江津区朱坨水文站至宜昌约750km 天然河段，枯水期平均水面宽度 384.9m，丰水期平均水面宽度 747.1m，河道狭窄，多险滩、激流。蓄水后，受两岸峡谷丘陵区的地形地貌约束，三峡水库整体形态依然为狭长的河道峡谷型。当坝前正常蓄水水位为 175m 时，三峡水库五年一遇(上游来水流量为 61400m³/s)水库水域面积 1045km²，其中淹没陆域面积 600km²；二十年一遇(上游来水流量为 72300m³/s)水库水域面积 1084km²，其中淹没陆域面积 632km²。

根据黄真理等(2006)的研究结果，在丰水年丰水期坝前水位 145m 时，江津朱坨入库流量为 17500m³/s，三峡水库平均水面宽度为 866m，较天然河道拓宽约 20%，平均过水断面积比天然河道约增加 1 倍，流速减少 0.6 倍。此时，水库回水长度约为 566km，位于重庆市长寿区境内。在正常蓄水水位为 175m 的枯水期(7Q10 流量状态下，见表 2-4)，三峡水库平均水面宽度为 986m，平均水深为 48.6m，坝前最大水深为 160～170m，回水区长度约为 655km，回水区末端位于重庆市江津区境内。同天然河道相比，正常蓄水水位条件下水库坝前水位抬高超过 100m，水库长宽比约 650∶1，库区最大水面宽为 3411m，最小水面宽度只有 279m，宽窄断面相差 11 倍，整体上水库蓄水后依然保持其河道峡谷型的形态特征，河道形态依然复杂。

表 2-4　三峡水库河道基本形态参数(黄真理等，2006)

坝前水位	水文条件	朱沱入库流量 /(m³/s)	平均水面宽度 /m	平均流速 (m/s)	平均断面积 /m²	平均水深 /m
145m	丰水年丰水期	17500	866	1.17	29311	36.5
	平水年丰水期	15175	859	1.09	28768	36.1
	枯水年丰水期	14050	846	0.99	28039	35.5
	1998 年丰水期	24620	892	1.39	31439	38.2
175m	7Q10 枯水期	2125	986	0.17	48100	48.6

注：1)1998 年长江全流域发生特大洪水，此处以 1998 年洪水期间流量为例；2)7Q10 是指 90% 保证率连续 7 天最小流量

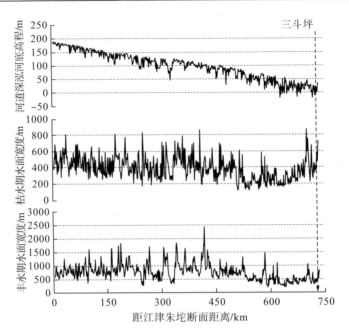

图 2-6　天然河道状态下三峡长江干流河道断面特征

　　为得到不同运行水位下三峡水库水域面积、岸线长度等水库形态参数，利用三峡水库 30m 数字高程（ASTER GDEM）并经遥感影像数据（CGIAR-CSI SRTM）初步修正，提取了二十年一遇情况下 145~175m 每 5m 水位间隔的三峡水库水域面积和岸线长度信息，并采用三次多项式进行拟合，拟合结果见图 2-7。三峡水库 175m 正常蓄水水位下，水域面积为 1084.2km²，岸线长度为 5578.21km，岸线发育系数为 47.8；145m 防洪限制水位下，水域面积约为 591.0km²，岸线长度约为 3056.6km，岸线发育系数为 35.4。

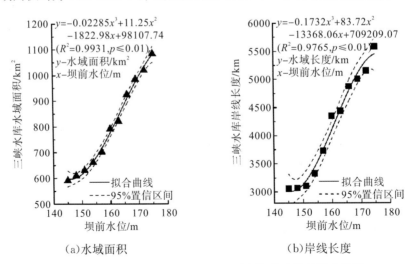

（a）水域面积　　　　　　　　　　　（b）岸线长度

图 2-7　三峡水库水域面积、岸线长度同坝前水位的拟合结果

4. 三峡水库水体滞留时间估算

尽管水体滞留时间具有宏观性，难以反映大型或超大型水体的时空异质性特征，但

作为水库生态系统的重要参数，对三峡水库水体滞留时间的估算是分析三峡水库生态系统总体特征的基础。

忽略其他途径的水量收支(如流域内水面蒸发与降水、地下水流入流出等)，且认为流域内城镇生产生活对三峡水库取用水量和污水排放量在长时间尺度内保持平衡。根据水量平衡原理，在一定持续时间(Δt)下入库总量 ΣQ_{in} 同出库总量 ΣQ_{out} 之差($\Delta \Sigma Q$)为该时段内水库水位变化(ΔL)所造成的库容变化量(ΔV)。考虑到三峡水库为超大型水库，水位变化对入库、出库流量变化对水位变化在较短的时间内(如 1~2 天)不一定敏感，故相对较长的持续时间内(如 1 个完整年以上)$\Delta \Sigma Q$ 可以认为是相应水位变化下造成的库容变化量 ΔV。

根据 2003~2012 年三峡水库入库流量、出库流量和同期水位日值变化，期间三峡水库最低日均水位值为 69.16m(2003 年 3 月 14 日)。考虑到三峡大坝底孔高程约为 55m，排沙孔高程约为 75m，已接近坝址处天然河道河底高程，故推测所选择的 3 月枯水期最低日均水位(69.16m)已接近死水位，其所产生的库容几乎可以忽略不计，因此，以 2003 年 3 月 14 日最低日均水位值为基准进行计算。

2003~2012 年十年间，三峡水库坝前最高水位为 175.04m，出现在 2011 年 11 月 1 日，同 2013 年 3 月 14 日间距 3155 天，入库径流总量(ΣQ_{in})为 34648.41 亿 m^3，累积出库径流总量(ΣQ_{out})为 34252.86 亿 m^3，二者之差为 395.55 亿 m^3，即为三峡水库坝前水位从 69.16m 升高至 175.04m 所增加的实际库容，该计算结果接近三峡水库 393 亿 m^3 设计总库容值，二者相差 0.65%，考虑到前述基本假设，故认为对三峡水库库容的估算方案基本可信。根据前述水位基准，对 2003~2012 年蓄水成库后(坝前水位大于 135m)不同水位下三峡水库库容进行推算，并采用指数模型进行拟合，结果见图 2-8。

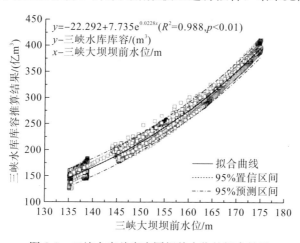

图 2-8　三峡水库总库容同坝前水位的拟合结果

根据库容推算结果，对 2003~2012 年间三峡水库水体滞留时间日值(当日坝前水位下对应的库容同当日入库流量的比值)、年值(全年总库容同全年入库总径流量比值)进行估算，估算结果见图 2-9 和图 2-10。三峡水库蓄水至 175m 以后，总体上维持过流型—过渡型的水库生态特征，年均水体滞留时间为 25~30d。2011~2012 年，两年间最高水体滞留时间(日值)为 110.1d(2011 年 2 月 10 日)，最低水体滞留时间(日值)为 4.7d(2012

年7月5日），变幅超过23倍。在三峡水库"蓄清排浑"的调度运行方式下，水库总体水体滞留时间（日值）频次分布呈现出"三峰"形特征（图2-11），水体滞留时间（日值）出现频次相对集中地出现在15~20d（汛期低水位运行）、75~80d（枯季高水位运行）和50~55d（枯季消落运行）。可以推测，三峡水库总体上不太可能出现水体滞留时间超过100d的湖泊型水体特征。

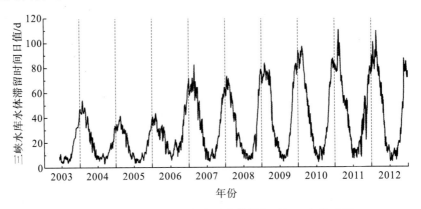

图 2-9   三峡水库 135m 蓄水后水体滞留时间日变化过程

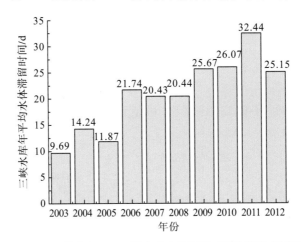

图 2-10   三峡水库 135m 蓄水后水体滞留时间年平均值变化

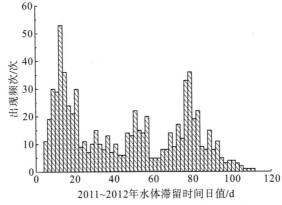

图 2-11   三峡水库 175m 蓄水后 2011~2012 年水体滞留时间（日值）频次分布

5. 三峡水库生态系统的总体特点

水库生态系统在物理环境上介于河流和天然湖泊之间(韩博平,2010),其生物群落呈现出上述两种状态间的过渡性特征,并在水库运行的干扰下具有独特性。三峡水库生态系统特点主要表现在以下几个方面。

1)流域地表过程对水库生态系统影响异常强烈

因受地形约束,三峡水库成库后的河道峡谷型特征迫使其具有极大的长宽比(约650∶1)和岸线系数(47.8~35.4),成库后水面增加并不明显,流域内水面率依然较低。此外,三峡水库位于我国西南山区,所在区域高山峡谷、岩石裸露、植被覆盖有限、水土涵养能力较低。根据2005年遥感调查结果,三峡库区(重庆、湖北)水土流失面积近3万km²,占总面积的48.66%,平均土壤侵蚀模数3642t/(km²·a),土壤侵蚀总量约1.46亿t/a,是全国水土流失严重的区域之一。库区山地广布,滑坡、泥石流等山地灾害频繁发生,加之人口密度大,坡耕地多,近年来库区内移民迁建城镇发展迅速,水土流失治理难度大,水土流失问题十分突出。上述几个因素相互叠加,使三峡水库流域内陆表过程对水库生态系统的影响异常强烈。三峡水库陆源输入的N、P等营养物,异源性有机质及其他污染物质对水库水环境、水生态的影响不可忽视。

2)水库分层混合格局时空异质性显著

三峡水库处于东亚副热带季风区,冬暖夏凉,气温年变幅较小。河流多年平均的各月水温基本保持在10℃以上。故从混合的频率特征来看,三峡水库总体属于暖单季回水型水库(warm monomictic),水库一个周年内一般出现一次温度变化导致的水体垂向的对流混合,即夏季增温,水柱出现水温层化,秋季表层水温下降导致对流,冬季水柱混合趋于均匀(富国,2005a,b)。但三峡水库“蓄清排浑”的调度运行方式,使夏季增温分层期(即汛期)水位低、流速快、断面混合相对较好,分层不易形成;冬季枯季高水位运行期,表水层温度下降,水柱难以形成分层。因此,总体上三峡水库全库属于弱分层型水库。

三峡水库干支流分层混合格局空间差异显著。长江干流来水量远大于库区内其他支流,库容相对较小,近坝干流段的横向流速分布的差异不大,仅在干流岸边库湾半封闭水域出现缓流区。总体上,干流混合条件较好,具有接近理想的推流型反应器特征。支流因来水量较小,其水体更新周期远长于干流,大部分支流混合条件比干流弱,支流形成分层的可能性远高于干流,更具有湖泊特征。在三峡库区独特的气候气象条件下,一些支流在夏季汛期洪峰到来前出现温度分层(5月),洪水期间断面完全混合,洪峰过后伏旱季节(7月)再次出现温度分层现象,全年呈现暖多次分层格局(warm polymictic)。此外,密度异重流现象对库区干支流分层混合影响明显(纪道斌等,2010)。尽管水库水体滞留时间相对较短、更新较快,但一些山区支流具有来水量大、水温低、陡涨陡落的特点,所形成的密度异重流影响支流回水区末端分层混合格局;干支流交汇区可能出现的倒灌异重流现象而携带大量干流营养物输入支流,对支流水生生态过程产生显著影响。

3)水库运行方式独特,“脉冲”效应对生态系统发育、演化影响复杂。

除了改变分层混合格局外,三峡水库水位涨落过程同天然径流、气候变化多重因素相互叠加,使三峡水库干支流物理环境呈现独特的周期变化,加之水库具有强烈的陆源输入特征，对水库生态系统发育、演化影响显著。

一方面，由于水体滞留时间相对较短、泥沙颗粒含量相对较高，干流浮游植物生长受限、初级生产能力总体上维持较低水平；干流总体上以细菌分解异源有机质为主，并迫使干流水柱 $P/R<1$。水库运行改变了干流水体对异源有机质的分解能力（即"水体自净能力"）。在库区支流水域，水库高水位运行下因混合均匀和蓄水淹没导致水柱营养物含量通常达到全年峰值，水柱真光层深度加大，但浮游植物因水温下降进入非生长期，初级生产能力受限；水库低水位运行下浮游植物进入生长期，但因汛期过流型的水体滞留特征迫使水柱混合层深度加大、洪水过程携带的大量无机泥沙大大压缩真光层深度，浮游植物初级生产亦受到影响。全年支流浮游植物仅在有限的时段内（如水文过程和季节过程交替期间）充分生长，甚至出现"水华"现象。尽管支流水体因其缓流特征和营养物累积效应（罗专溪等，2007），浮游植物初级生产水平高于干流，但支流浮游植物生长所需物质（N、P营养物）、能量（水下光热结构）要素的供给因水库运行而呈现交错的特点。另一方面，水库调度运行迫使近岸消落带呈现季节性受淹—裸露的过程。陆生—水生周期性交错使得水库近岸交错带水生、陆生植被群落发育具有其特殊性。在水库水位涨落的"脉冲"效应下，适生植被因淹没时间长短而在高程上呈现梯度分布特征，并形成同天然湖泊、河流迥异的生物地球化学过程、景观格局和生态功能特征。

2.2　三峡水库典型支流澎溪河流域基本情况

2.2.1　区位与水系

澎溪河，又名小江，古称容水、巴渠水、彭溪水、清水河、叠江。澎溪河流域介于 N31°00′~31°42′、E107°56′~108°54′之间，位于三峡库区中段北岸（图2-12），流域面积 5172.5km²，干流全长182.4km。澎溪河发源于重庆开县白泉乡钟鼓村，于云阳县新县城（双江镇）汇入长江，河口距三峡大坝约247km，河道平均坡降1.25‰。

图2-12　澎溪河流域在三峡库区的空间区位示意

澎溪河属典型支状流域(图 2-13)，东河为澎溪河流域正源，自北向南流，于开县县城与南河汇合后，史称小江，再于开县渠口与平行于南河流向的普里河汇合。东河流域面积为 1469km²，河长 106km，河道平均坡降为 5.92‰。

南河发源于四川省开江县广福镇凤凰山，东北流经长岭乡，入重庆市开县境在汉丰镇汇入澎溪河，是澎溪河右岸最大的支流，河流全长 91km，流域面积 1710km²，河道平均坡降 3.74‰。其中，桃溪河是南河左岸最大的一级支流，流域面积 592km²，发源于重庆市开县梓潼乡观面山北支老鹰岩，于开县镇安镇汇入南河，主河长 65km，河道平均坡降 15.3‰。映阳河是南河左岸的第二大支流，发源于重庆市开县、四川省宣汉县和开江县三县交界处的五通岩，流域面积 217km²。

普里河为澎溪河右岸支流。普里河分东、西两源，东源发源于铁凤山脉西北的梁平县城东乡响鼓村七里坡，向西经城东乡、凉水，至龙滩乡与西源相汇，由汇口经复平乡进入万县，沿开县、万县界进入开县，经陈家镇、赵家镇，于渠口汇入澎溪河。普里河流域面积 1150km²，河长 121km，河道平均坡降 1.98‰，含关龙溪、岳溪 2 条主要支流，流域面积分别为 145km²、211km²。澎溪河下游云阳段汇入支流甚少，仅有双水河和洞溪河，流域面积分别约为 284km² 和 172km²。

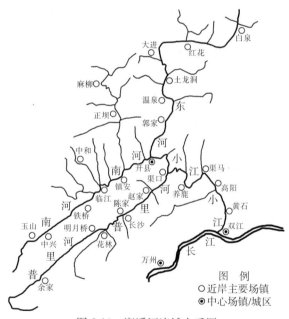

图 2-13　澎溪河流域水系图

2.2.2　地形地貌与地质特征

澎溪河流域呈东西长、南北短的扇形，总的地势北高南低，地貌上属典型的叶形丘陵山地。澎溪河流域地质构造属新华夏系一级构造四川沉降褶带之川东褶带，有两大背斜和一条逆掩断层通过境内，主要受温泉井背斜、假角山背斜、铁峰山背斜及其间的长店坊向斜、开县向斜的控制，在假角山背斜两翼分别形成开县的两条主要河流——南河及普里河。西南部出露地层为侏罗纪的砂页岩互层，东北部温泉以上的山区，分布有二叠纪和三叠纪的灰岩和志留系、奥陶系、寒武系岩层。流域内山区面积占总面积的63%，丘陵占31%，平坝仅占6%。

澎溪河上游为大巴山南麓中石灰岩山区深丘溶蚀地貌为主。东河温泉以北属大巴山南坡，地势高峻，海拔200~2000m，最高点大垭口高程为2626m，多为石灰岩山地，岩溶发育，地下水沿暗河集中泄出。山岭之间河谷深切，河道呈峡谷"V"形。相对高差超过1000m，河宽50~200m，水流湍急、落差较大。温泉以南至开县为低山丘陵地形，山势较缓，砂页岩底层，河流下切能力不强，河床多为砂卵石，河床平均坡度为1.3‰。

南河、普里河因铁峰山分割而相互平行，上游皆为浅丘台地，河流落差主要集中在上游台缘与中下游段的结合部位。桃溪河流域地势北高南低，属中低山侵蚀、剥蚀地形。山岭大致呈由北向南的条状分布，海拔高程800~1400m。桃溪河正坝以上为山区，河道呈窄深的"V"形。正坝以下地貌以低山、丘陵为主，海拔高程300~800m。流域内主要为泥质粉砂岩、泥岩、粉砂质页岩。

南河、普里河及开县下游流域地貌多为低山丘陵、平坝地区。低山为东北走向，海拔800~1500m。丘陵分布于平行的低山之间，海拔200~500m。平坝主要集中在中下游开阔河谷地带，如开县县城，开县厚坝、白家溪、云阳养鹿、高阳等。河流冲击阶地居多，海拔150~250m。主要为砂页岩红层地区，河床质为沙和淤泥。

澎溪河流域土壤主要有水稻土、紫色土、黄壤土、黄棕壤、山地棕壤、石灰岩土6个土类，10个亚类，20个土属，68个土种。林地以石灰岩土、黄棕壤和山地棕壤为主，占林地总面积的56.41%；农耕地则以紫色土为主，占耕地总面积的72.92%。以开县为例，开县土壤有机质的含量与全国养分分级标准相比较，属于中等或中下等水平，缺氮面积达50%以上，加上气候因素、母质因素和地形因素的影响，表现出砂质土的比重较大、碳酸盐土类分布广的特点。尽管开县土壤含钾量较为丰富，但易于流失，其50%的耕地速效钾含量仍偏低。

2.2.3 气候气象特点

澎溪河流域气候条件受太平洋、印度洋季风及西风环流和青藏高原气旋的影响，气候类型属亚热带湿润季风气候，总体表现为气候温和、雨量充沛、四季分明、冬暖春早的特点，有利于农业生产。澎溪河流域年平均气温10.8~18.5℃。最冷月为1月和2月，平均气温-0.1~7.0℃；最热月为7月和8月，平均气温21.0~29.4℃，无霜期108~306天。多年平均太阳辐射量3709.81MJ/m²，年均日照1463.1小时，多年平均水面蒸发量584.6mm，年内分配7月和8月大，1月和12月小(图2-14)，干旱指数约为0.7。

澎溪河流域多年平均降水量为1100~1500mm，在长江流域属多雨区。受地势影响，流域北部为大巴山暴雨区，降水量自东北向西南从1700mm递减至1200mm(图2-15)。在各子流域中，东河流域和南河流域多年平均降水总量各约占澎溪河宝塔窝控制断面以上流域的50%，东河略高于南河，面平均雨量东河为1454mm，是南河1203mm的1.2倍。澎溪河流域暴雨过程具有历时短、强度大、降雨面广、暴雨集中且来得早、退得晚等特点。汛期5~9月5个月降水量占全年的比重达72.5%，其中最大的7月降水量占全年19%以上；枯期

12 月～次年 3 月 4 个月降水量约占全年的 4.1%，其中最小的 1 月降水量占不到 1.2%；最大月降水量为最小月降水量的 16.5 倍，流域年降水量的年内分配变化显著，变幅较大。

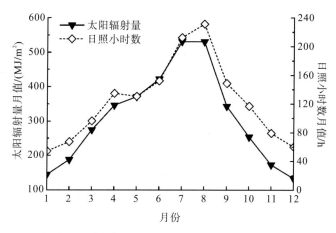

图 2-14　澎溪河流域多年平均太阳辐射量、日照小时数逐月变化情况

2.2.4　水文径流特征

澎溪河流域先后有 3 处水文站，分别为干流小江站(新华站)、东河的东华站和普里河的余家站；水位站 3 处，即澎溪河干流的宝塔窝、东河的翠屏和东河与南河汇口处的老关咀(图 2-15)。

澎溪河干流于 1960 年设立新华水位站，至 1962 年改为水文站，有流量测验，并有 1963 年和 1964 年两年实测泥沙资料，1967 年 10 月下迁约 1km，改为新华站(二)。1970 年底其下游约 15km 处兴建小江水电站。为此，新华站于 1970 年又下迁约 16km，位于现云阳县高阳镇小江电站大桥处，并改名为"小江水位站"，1975 年改为水文站。新华站控制流域面积 4536km²，小江站控制流域面积 4820km²。

东河的东华水文站 1958 年设站，观测水位至 1966 年，流量测验为 1958～1961 年，控制流域面积 1350km²。东河翠屏水位站 1966 年设站，控制流域面积 1158km²，在原东华水文站上游约 10km 处。目前，东河东华水文站、翠屏水位站已合并，断面设置于东河上游 23.5km 处温泉镇境内河道，改名温泉水文站，控制流域面积 1158km²，约占全流域面积的 22.4%。

普里河的余家(三)水文站在 1967～1969 年为水位站，1969 年后有流量测验，1976～1978 年有 3 年泥沙观测资料，为澎溪河全流域中水文资料条件最完整的测站，控制流域面积 365km²。目前，普里河水文站位于开县花林，控制流域面积 561km²。

此外，宝塔窝水位站位于开县县城东河与南河汇口处以下 2740m 的澎溪河干流上，控制流域面积为 3185km²，1966 年观测水位至 1989 年。老关咀水位站位于开县县城东河与南河的汇口处，1976 年设站观测至今，近年来为临时观测站。

受三峡成库后回水的影响，目前，澎溪河流域除保留或合并的东河温泉、南河临江、普里河花林三处水文站外，其余的水文、水位站均已被撤销。澎溪河流域温泉、临江、花林三处水文站的实时水情信息可通过水利部全国水雨情信息网查询(http://xxfb. hydroinfo. gov. cn)。

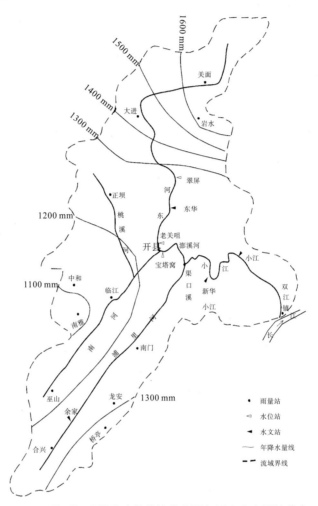

图 2-15　澎溪河流域降水等值线分布图与历史水文测站分布

从多年平均年径流量的分配来看,东河来水占宝塔窝站的 52.0%(最大为 60.8%,最小为 40.0%),南河为 48.0%(最大为 60.0%,最小为 39.2%)。东河流域面积虽小于南河,但受降雨在地区分布上的影响,东河流域径流深(856mm)、径流系数(0.59)均大于南河流域(径流深 676mm、径流系数 0.56)。东河、南河交汇后至宝塔窝水位站,径流深 759mm,径流系数 0.58。

澎溪河径流主要由汛期降雨形成,以地表径流为主。根据宝塔窝站多年径流分配情况,汛期 5~9 月径流量占全年的 74%,最大 7 月可达 20% 以上;非汛期 10 月~次年 4 月径流量占全年不到 26%,其中 12 月~次年 2 月枯水期仅占全年的 3.5%,最小的 1 月不足全年的 1%。根据 26 年径流系列统计结果,澎溪河干流新华水文站(控制流域面积 4536km²)多年平均径流量为 108m³/s,年径流量 34.06 亿 m³,最丰年为 1963 年,年平均径流量为 177m³/s;最枯年为 1966 年,年平均径流量仅为 51.5m³/s,相差 2.44 倍。新华站典型年内径流分配情况见图 2-16,新华站 P-Ⅲ型径流频率曲线拟合结果见表 2-5。

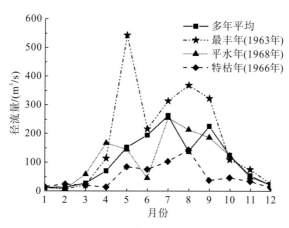

图 2-16　澎溪河新华站典型年径流年内分配情况

表 2-5　澎溪河干流新华站年径流频率计算成果表

控制流域面积 /km²	年平均流量 /(m³/s)	C_v	C_s/C_v	2%	5%	10%	20%	50%	90%
4536	108	0.31	2	188	168	153	135	105	68.0

　　澎溪河流域洪水过程由暴雨形成，属陡涨陡落型洪水，洪水季节性变化与暴雨一致。据统计，年最大洪峰一般出现在 5~9 月，10 月亦偶有发生，但量级较小。其中以 5、7、9 三个月出现的次数最多，出现频率达 72.4%（表 2-6），其中以 7 月份出现频率最大，达 38%，其次是 5 月和 9 月，各 17.2%。

表 2-6　澎溪河洪峰出现频率分配表（5~10 月）

月份	5	6	7	8	9	10	7~9
频率百分比/%	17.2	10.3	38.0	10.3	17.2	6.9	65.5

　　新华站一次洪峰过程为 1~3d，峰顶时间一般为 0.5~3h，由于澎溪河属山溪性河流，汇流速度快，河槽调蓄能力小，洪水涨落急骤，洪水过程线形状多变，复峰和连续峰均有出现，主峰既有尖瘦的高峰，又有洪峰不高而洪量较大的胖峰，当各支流洪水相遇时，就会形成澎溪河特大洪水。新华站年最大洪峰流量一般为 2000~6000m³/s，有记载的最大洪峰流量为 8160m³/s，发生在 1982 年 7 月 27 日，历史重现期约为 80 年一遇；最小洪峰流量为 1360m³/s，发生在 1961 年 5 月 10 日，极值比为 6.0 倍。

　　据测算，澎溪河新华站多年平均悬移质输沙量为 822 万 t/a，输沙模数为 1812.2t/km²，推移质约占悬移质的 10%~15%。东河水质清澈，在枯季一般无泥沙；南河泥沙含量相对较大，且以悬移质居多，两河交汇后，清浊逐渐混合。澎溪河输沙量随径流量年内变化而变化，汛期 5~10 月 6 个月输沙量占全年总输沙量的 96%，主汛期 6~9 月占全年总输沙量的 75%。

2.2.5　植被覆盖与水土流失

　　澎溪河流域两岸土地垦殖率和利用率较高，全流域植被覆盖率约为 30.84%，属亚热带阔叶林区。现有森林植被约 90 科、280 种以上，原生植被已被破坏殆尽，种植的林木针叶林多、阔叶林少，幼林多、成熟林少；牧草已查明 51 种，但草地零星分散，成片草地不多，自然生产力较低，草地质地不稳定；经济果木以柑橘、桑为主，其次为桐、茶、漆、小水果、药材、竹类、麻类。

澎溪河流域水土流失以水力侵蚀为主，主要类型为面蚀及沟蚀，水土流失十分严重。据 2002 年 8 月重庆市水利局公告的水土流失遥感数据，澎溪河流域开县水土流失面积 2697.75km²，占全县面积的 68.14%。土壤平均侵蚀模数 4666.50t/(km²·a)，年土壤侵蚀总量为 1258.91 万 t，其中轻度侵蚀 262.64km²，占水土流失总面积的 7.74%；中度侵蚀 1248.15km²，占水土流失总面积的 46.27%；强度侵蚀 856.68km²，占水土流失总面积的 31.76%；极强度侵蚀 252.03km²，占水土流失总面积的 9.34%；剧烈侵蚀 78.24km²，占水土流失总面积的 2.89%。此外，澎溪河滑坡泥石流情况严重。根据开县统计资料，全县共有滑坡、泥石流面积在一亩以上的 450 多处，在 50 亩以上的较大滑坡 8 处。

澎溪河流域多沙质土、地形破碎、切割强烈、山高坡陡、沟壑纵横、水系发育，加之降雨分配不均且相对集中，暴雨次数多、强度大，易形成迅猛的坡面、沟壑洪水，是澎溪河水土流失严重的主要原因。流域内坡耕地较多，上游山区矿产开采、中下游流域城镇化建设与流域开发等人为因素在很大程度上加剧了该流域的水土流失。

2.2.6　流域行政区划与社会发展现状

澎溪河流域覆盖重庆市开县、云阳县、梁平县和万州区，涉及四个区县的 55 个乡镇及街道办事处，其中开县在流域内面积约 3963km²，约为澎溪河流域面积的 77.1%；云阳县在澎溪河流域内面积约为总流域面积的 11.58%。根据 2010 年统计结果，流域内总人口 200.07 万人，其中，城镇人口 62.88 万人，农业人口 137.18 万人，2010 年澎溪河流域内地区生产总值 976614 万元。澎溪河流域内行政区与社会经济情况见表 2-7。

表 2-7　澎溪河流域内行政区划与社会经济情况

序号	区县	乡镇	面积/km²	总人口/人	城镇人口/人	农业人口/人	地区生产总值/万元	集镇面积/km²
1	开县	白鹤街道	79	64379	51504	12875	81900	10.00
2	开县	白桥乡	84	30237	3630	26607	11000	2.00
3	开县	白泉乡	196	11600	3319	8281	5156	0.30
4	开县	长沙镇	136	76000	32800	43200	80000	2.50
5	开县	大德乡	118	53098	35649	17449	12700	1.80
6	开县	大进镇	251	43523	4480	39043	13000	1.50
7	开县	敦好镇	144	52844	27027	25817	29920	0.50
8	开县	丰乐街道	25	24990	19992	4998	13500	10.00
9	开县	高桥镇	78	32866	3000	29866	14398	5.00

序号	区县	乡镇	面积 /km²	总人口 /人	城镇人口 /人	农业人口 /人	地区生产总值 /万元	集镇面积 /km²
10	开县	关面乡	147	8867	1210	7657	2456	1.20
11	开县	郭家镇	79	46387	15387	31000	68000	1.98
12	开县	汉丰街道	54	97739	78192	19547	80000	23.75
13	开县	和谦镇	80	26729	7769	18960	23000	0.24
14	开县	河堰镇	154	31984	6374	25610	12000	1.15
15	开县	厚坝镇	49	32722	8489	24233	6500	0.40
16	开县	金峰乡	57	27324	2300	25024	5200	0.17
17	开县	九龙山镇	135	46636	8131	38505	17000	1.80
18	开县	临江镇	124	101301	36417	64884	69000	3.50
19	开县	麻柳乡	94	29093	2250	26843	6903	2.00
20	开县	满月乡	149	11809	3040	8769	3629	2.00
21	开县	南门镇	158	72382	11982	60400	27000	1.50
22	开县	南雅镇	70	44036	4000	40036	7296	1.50
23	开县	渠口镇	68	24653	8100	16553	8711	0.60
24	开县	三汇口乡	77	19688	2750	16938	1254	0.16
25	开县	谭家乡	125	22980	7000	15980	13570	1.00
26	开县	天和乡	67	18417	2200	16217	5750	2.40
27	开县	铁桥镇	115	56969	21969	35000	23400	1.65
28	开县	温泉镇	149	54743	16000	38743	78000	1.98
29	开县	巫山乡	117	32057	5657	26400	5000	3.00
30	开县	五通乡	36	7200	4350	2850	3463	2.80
31	开县	义和镇	61	36031	4500	31531	12440	1.20
32	开县	岳溪镇	186	71736	22636	49100	16500	2.05
33	开县	赵家镇	152	63714	21000	42714	14500	2.00
34	开县	镇安镇	57	31901	6000	25901	11386	1.20
35	开县	镇东街道	26	20893	16714	4179	7940	10.00
36	开县	中和镇	89	61108	23590	37518	8500	1.20
37	开县	竹溪镇	84	38697	2477	36220	9800	4.60
38	开县	紫水乡	94	30663	17777	12886	3849	0.30
39	云阳县	高阳镇	135	37745	8310	29435	12000	1.50
40	云阳县	黄石镇	81	28000	2312	25688	6350	1.05
41	云阳县	路阳镇	54	34953	6363	28590	6954	3.30
42	云阳县	平安镇	118	39128	6000	33128	12348	1.10

续表

序号	区县	乡镇	面积 /km²	总人口 /人	城镇人口 /人	农业人口 /人	地区生产总值 /万元	集镇面积 /km²
43	云阳县	渠马镇	35	18390	3590	14800	4000	1.50
44	云阳县	双龙乡	76	38700	4500	34200	12348	1.80
45	云阳县	水口乡	41	14216	3216	11000	6170	0.25
46	云阳县	养鹿乡	55	23000	5000	18000	3210	0.13
47	梁平县	城北乡	53	21000	0	21000	4491	0.06
48	梁平县	城东乡	57	12500	0	12500	5600	0.06
49	梁平县	复平乡	32	8618	2750	5868	1520	0.20
50	梁平县	合兴镇	51	23800	2750	21050	5730	0.21
51	万州区	弹子镇	74	24090	3840	20250	18100	0.80
52	万州区	后山镇	79	31238	6038	25200	6316	1.50
53	万州区	孙家镇	47	15285	3285	12000	8150	0.50
54	万州区	铁峰乡	50	14898	3198	11700	3417	0.10
55	万州区	余家镇	139	57099	17999	39100	46290	2.70

澎溪河流域内近年来社会经济发展迅速。以开县为例,2011年,全县生产总值达到199.8亿元,比上年增长18.3%;地方财政收入达到20.05亿元,增长93.7%;社会消费品零售总额达到81.5亿元,增长20%;固定资产投资完成142.3亿元,增长40.6%;城镇居民人均可支配收入达到15911元,增长15.3%;农民人均纯收入达到6323元,增长24.5%。2011年全县生产总值、地方财政收入、社会消费品零售总额分别是2006年的2.7倍、6.3倍、2.5倍;固定资产投资累计完成493亿元,是前5年投资总和的2.9倍。

随着三峡移民迁建项目推进,开县相继修建了鲤鱼塘水库,水位调节坝,白鹤220kV变电站,小江大灌区一、二期等重点项目,加速推进了开达高速公路、开州港综合项目。2011年县城建成区达到24.5km²,人口近30万人,城镇化率达39.4%,新增公路总里程600km、硬(油)化公路1200km。电力装机容量达78.2万kW,农网改造覆盖面达93%。兴建各类水利工程2万处,新解决60万人饮水安全问题。

2.2.7 澎溪河流域污染负荷现状

近年来,澎溪河流域开发迅速,加剧了澎溪河流域污染程度。流域污染负荷主要来自城镇生活污染、城镇地表径流、工业污染排放、农村生活污染、农田径流污染、水产养殖污染及禽畜养殖污染七个方面。污染负荷调查以乡镇为单元,采用清单方法,实地调查和资料收集相结合,收集、整理上述主要污染源的污染负荷(COD、NH_3-N、TN、TP);负荷估算采用排污当量法和经验系数法相结合的方法估算污染入河量,核算方法和相关系数参照《污染源普查产排污系数手册》、《全国水环境容量核定技术指南》等相关文献并根据重庆实际情况确定。

2010 年，澎溪河流域城镇生活污染物排放情况为 COD 8061t、NH_3-N 605t、TN 1008t、TP 130t。开县汉丰街道城镇生活污染最严重，其次是开县临江镇。从流域分布看，澎溪河支流南河流域城镇生活污染负荷最大。

澎溪河流域城镇地表径流污染负荷为 COD 2509t、NH_3-N 37t、TN 184t、TP 47t。集镇面积最大的街道(汉丰街道、白鹤街道、丰乐街道和镇东街道)地表径流污染负荷相对较大。从分布看，城镇地表径流污染负荷主要集中在南河和东河下游。

澎溪河流域工业污染排放 COD 1177t、NH_3-N 1652t、TN 140t、TP 0.04t。流域工业污染主要集中在开县汉丰街道和临江镇。

澎溪河流域农村人口众多，达到 137 万人。整个流域农村废水产生量 4006 万 t，废水排放量 1202 万 t，COD、NH_3-N、TN、TP 污染物排放量分别为 2464t、601t、751t、66t。南河流域范围内的开县临江镇污染物排放量最大，COD、NH_3-N、TN、TP 排放量分别为 117t、28t、36t、3t；开县五通乡农村生活污染物排放量最低，COD、NH_3-N、TN、TP 排放量分别为 5t、1t、2t、0.1t。从整个流域分布情况看，澎溪河流域支流普里河和南河的农村生活污染负荷相对较大。

澎溪河流域农田径流污染排放 COD 1947t、NH_3-N 389t、TN 1717t、TP 150t。开县赵家镇的农田径流污染最严重，而位于东河源头地区的开县百泉乡农田径流污染最轻。从流域分布看，澎溪河流域的农田径流污染主要集中在支流南河和普里河。

澎溪河流域水产养殖总面积 9637 亩，养殖总产量 1711t。根据各污染排放系数和区域养殖产量，计算出澎溪河流域水产养殖年排放 COD 38t、NH_3-N 1t、TN 4t、TP 0.7t。其中，开县临江镇 COD、NH_3-N 排放量最大。从流域分布看，水产养殖主要集中在支流南河、东河下游段和普里河上游段。

澎溪河流域共有 609 家养殖场，其中养猪场 372 家，奶牛养殖场 8 个、肉牛养殖场 116 个、蛋鸡养殖场 59 个、肉鸡养殖场 56 个。根据畜禽养殖负荷计算公式，计算出澎溪河流域畜禽养殖年排放 COD、NH_3-N、TN、TP 分别为 2615t、231t、500t、177t。开县铁桥镇畜禽养殖污染物入河负荷最高，其次是开县岳溪镇、白鹤街道和郭家镇。云阳县境内的高阳镇和渠马镇无畜禽养殖污染负荷。从流域分布看，澎溪河流域畜禽养殖污染负荷主要集中在支流东河、南河以及普里河中游。

综合分析可以看出，2010 年澎溪河流域年排放 COD 18979t、NH_3-N 3519t、TN 4316t、TP 573t。从行政区划看，开县汉丰街道、临江镇、铁桥镇、南门镇、岳溪镇和赵家镇污染最严重，而梁平县复平乡和开县五通乡、关面乡、白泉乡污染情况轻。从流域污染情况看，澎溪河流域污染主要分布在普里河和南河流域，东河污染状况相对较好。

澎溪河流域 COD 污染负荷主要来自城镇生活污染、农业面源(农村生活、农田径流)、畜禽养殖和乡镇地表径流；NH_3-N 污染负荷主要来自工业污染、农业面源、城镇生活污染；TN 污染负荷主要来自农业面源；TP 污染负荷主要来自农业面源和畜禽养殖(图 2-17)。农业面源、畜禽养殖和城镇生活污染是澎溪河流域的主要污染源。

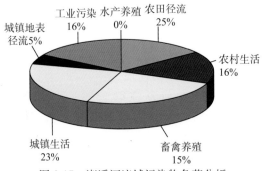

图 2-17 澎溪河流域污染物负荷分析

注：基于等标污染负荷计算

2.3 澎溪河流域在三峡库区的典型性与代表性

如 2.1 节所述，除长江干流河系和嘉陵江、乌江外，三峡水库区域内流域面积 100km² 以上的支流有 152 条，其中重庆 121 条，湖北 31 条；流域面积 1000km² 以上的支流有 19 条，其中重庆境内 16 条，湖北境内 3 条。按流域划分，库区支流大部分属长江干流水系、嘉陵江(包括涪江、渠江)水系、乌江水系。大部分河流具有流域范围内降水充沛、集雨面积大、河谷切割深、谷坡陡峭、天然落差大、滩多水激、陡涨陡落等山区河流特点。

澎溪河是三峡库区中段北岸最大的支流，流域面积约为三峡库区总面积的 9.2％。同三峡库区其他支流相比，澎溪河流域具有其典型性和代表性。从流域区位和物理背景上看，澎溪河流域位于三峡库区中部，属四川盆地东部低山丘陵地带，在地质构造、流域地貌特征等方面有别于长江奉节以下大巴山、巫山山脉腹地支流流域(大宁河、神农溪、香溪河等)沟谷深切的峡谷地貌特征，亦与三峡库区鄂西段和秭归盆地、坝区扬子江淮地台的地质地貌特点存在较大差异。受秦岭、大巴山—巫山山脉阻挡，澎溪河流域的局地气候与四川盆地相似，冬季温和，少见冰雪。奉节下游三峡峡谷腹心地带则由于高山对峙、下有流水，故存在逆温层使其气象气候条件相对独立、封闭；库区鄂西段和坝区则更接近长江中下游地区。因此，澎溪河集中了三峡库区中、西段相当大部分支流流域的地理特点和气候气象特征，具有代表性。澎溪河上游温泉至下游河口典型河段见图 2-18。

(a)澎溪河上游温泉水文站河段

(b)开县县城汉丰湖消落带河段

(c)开县县城汉丰湖调节坝河段

(d)开县白家溪消落带河段

(e)云阳养鹿湖消落带河段

(f)云阳县渠马镇河段   (g)云阳县高阳平湖河段

(h)云阳县黄石代李子峡谷河段   (i)云阳县黄石镇河段

(j)云阳县双江大桥河段   (k)云阳县澎溪河河口段

图 2-18　澎溪河上游温泉至下游河口典型河段(2010～2013 年)

摄影：李哲、蒋滔等

　　三峡水库成库运行后，澎溪河生态环境发生较大变化，水库调蓄对澎溪河流域生态环境影响显著。根据澎溪河一维水动力模型预测结果，三峡水库坝前水位 145m 时，澎溪河回水区末端位于云阳养鹿乡至开县白家溪峡谷河道附近，回水长度约 59km，回水区平均水面宽度约 300m，淹没陆地面积约 37km²。三峡水库蓄水至 175m 后，澎溪河回水区末端达开县东华(东河)、临江(南河)，回水区长度超过 80km，淹没陆地面积约

$92km^2$，消落带面积为 $55.47km^2$，175m 水位下岸线长度为 385.46km，175m 水位下水面平均宽度为 1.10km，消落带平均宽度为 1.06km。澎溪河流域消落带主要集中于南河沿岸至开县县城(汉丰镇)、厚坝、铺溪和云阳养鹿、高阳，坡度<15°的缓坡消落带约占89%，地面标高多为 150m 以上。蓄水后，这些区域将形成水深不到 15m、总面积超过 $6km^2$ 的大型浅水受淹水域。175m 蓄水后开县汉丰湖水域面积甚至超过 $15km^2$，平均水深仅 4～8m。在三峡库区所有支流流域中，澎溪河流域受淹陆地面积、消落带面积均为最大。三峡水库调度运行对澎溪河流域生态环境影响亦最为强烈。另外，澎溪河流经开县[①]、云阳两大库区人口重镇，流域内人口密度达 386 人/km^2。近年来随着移民迁建，流域内城镇化进程加速，流域开发活动日益剧烈，流域污染负荷呈迅速升高趋势，人类活动对流域生态环境影响程度在三峡库区支流中也是微乎其微的。

图 2-19　开县白家溪消落带全景与淹没裸露后实景(2009 年)

摄影：李哲

---

① 开县是三峡库区最大的淹没县，受淹陆地面积 45.17km²，淹没涉及 11 个乡镇(汉丰、镇东、镇安、丰乐、厚坝、金峰、白鹤、长沙、竹溪、赵家、渠口)、112 个行政村(旧县城全淹)；静态淹没区人口 119578 人，其中非农业人口 58229 人，农业人口 61349 人，占重庆市移民总量的 16.62%；淹没耕地 39281 亩、园地 8334 亩、河滩地 1066 亩、林地 844 亩、鱼塘 1570 亩，零星果木 8.94 万株；淹没各类房屋 454 万平方米、工矿企业 139 家、公路 429公里、大中桥梁 40 座、电信线路 255 杆公里、广播线路 300 杆公里。

　　三峡水库按 175m 水位蓄水后，在开县形成面积约 45km² 的消落带。消落带部分位于开县新县城附近，出露时间长，直接影响当地的人居环境。经国家发改委批准，在开县新县城下游 4.5km 处的乌杨桥河段开工建设澎溪河调节坝，通过修建挡水坝来降低坝内消落水位变幅，减少消落带面积，并形成前置库人工生态湖泊。控制流域面积 3198.6km²，调节坝设计坝顶高程 176.00m（吴淞高程 177.78m），正常蓄水位 168.50m（吴淞高程 170.28m），相应库容 0.56 亿 m³，总库容 1.319 亿 m³。在正常情况下，当三峡水库水位低于 168.50m（吴淞高程 170.28m）时，按 168.50m（吴淞高程 170.28m）运行；当三峡水库水位高于或等于 168.50m（吴淞高程 170.28m）时，与水库水位同步运行；在汛期当三峡水库下游可能遭遇百年一遇以上洪水时，事先放水，水位与三峡水库水位同步。调节坝建设使开县新县城区域的消落高度由工程前的 21.52m 降为 4.72m。建成后的澎溪河开县调节坝，实际上形成了三峡水库中唯一一座"坝中坝"、"库中库"。随着乌杨桥调节坝的建设、蓄水与运行，未来澎溪河流域水环境变化与生态系统发育、演化过程，实际上形成了三峡水库在同一地理位置和气候条件下的"缩小模型"，从而使澎溪河在库区支流中具有其独特性。

主要参考文献

第一次全国污染源普查资料编纂委员会，2011. 污染源普查产排污系数手册. 北京：中国环境出版社.

富国，2005a. 湖库富营养化敏感分级水动力概率参数研究. 环境科学研究，18(6)：80-84.

富国，2005b. 湖库富营养化敏感分级指数方法研究. 环境科学研究，18(6)：85-88.

韩博平，2010. 中国水库生态学研究的回顾与展望. 湖泊科学. 22(2)：151-160.

黄真理，李玉樑，陈永灿，等，2006. 三峡水库水质预测和环境容量计算. 北京：中国水利水电出版社.

纪道斌，刘德富，杨正健，等，2010. 汛末蓄水期香溪河库湾倒灌异重流现象及其对水华的影响. 水利学报，41(6)：691-702.

罗专溪，朱波，郑丙辉，等，2007. 三峡水库支流回水河段氮磷负荷与干流的逆向影响. 中国环境科学，27(2)：208-212.

中国工程院，2010. 三峡工程阶段性评估报告. 北京：中国水利水电出版社.

第 3 章   澎溪河水文与总体水动力特征

水文水动力条件是水库生态系统区别于其他淡水生态系统的基础特征(Thornton et al.，1993)。宏观上，三峡水库在天然径流和动态水位运行的叠加作用下呈现出与其他水体迥异的水文水动力条件，水体滞留时间的变化反映了其过流型—过渡型的总体水生态基础特征(Straškraba et al.，1999)；微观上，对于初级生产者而言，浮游植物悬浮生长和随水流输移特征使其能通过水体紊动维持在表水真光层内生长(Reynolds，2006)。若水体紊动过于剧烈，浮游植物受光生长过程将受到抑制；若水体静滞，浮游植物细胞运动能量能够克服水体扰动的影响而寻找到最适宜的生长空间。本章以澎溪河水文径流数据为基础，借助 HEC-RAS 一维水动力模型，分析三峡水库成库后澎溪河回水区总体水动力特征，建立对澎溪河回水区水库生态系统物理环境的初步认识，为后面章节进一步分析生态系统的生物与化学过程提供物理背景。

3.1   2003～2012 年成库 10 年澎溪河流域降雨、径流过程

2003～2012 年，澎溪河流域降水量年均值为 1161.45±52.88mm(图 3-1)。2012 年较 2003 年略微有所下降。2006 年长江全流域出现百年一遇的大旱，澎溪河流域年降水总量仅为 891.23mm，为成库以来的最低，流域年降水总量于 2007 年升高至 1274.13mm，此后逐渐下降，2010 年为 1012.25mm，2011 年回升至 1261.13mm。从降水量月值数据分布看(图 3-2)，5～9 月降水总量约占全年降水总量的 64%～77%，同多年平均降水分布相似。除 2004 年出现极端升高外，10 年来澎溪河流域全年降水量最高月同最低月的比值(月值变幅)未有显著变化趋势，基本平稳(图 3-3)。从 20 时～次日 20 时日降水量数据上看(图 3-1)，成库 10 年来，澎溪河流域并未出现日降水量超过 100mm 以上的大暴雨或特大暴雨。2004 年 9 月 4 日和 5 日、2005 年 8 月 28 日、2008 年 6 月 20 日、2009 年 6 月 20 日、2010 年 8 月 15 日等数次暴雨全流域 24 小时降水量均超过了 70mm，为成库 10 年来澎溪河流域较突出的降雨事件。尽管澎溪河全年出现大雨(日降水量超过 25mm)的天数较 2003 年 12 天、2012 年 10 天略微下降，但 10 年来澎溪河降水量变异系数 Cv 日值与 Cv 月值均呈升高趋势(图 3-3)。2003 年 Cv 日值为 2.33，2012 年 Cv 日值升至 2.54；2003 年 Cv 月值为 0.73，2012 年 Cv 月值升至 0.95。尽管 10 年的数据序列还未能系统反映长期气候变化趋势对澎溪河流域降水量的影响，但澎溪河流域降水量日值、月值两个统计层面上的数据序列离散程度有所增加，以及近年来澎溪河局部极端降雨事件日渐频繁的事实，在一定程度上支持了关于成库 10 年来澎溪河流域极端降水出现概率有所提高的初步推断。

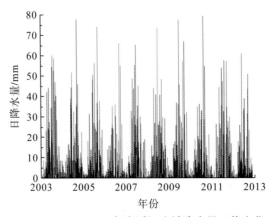

图 3-1 2003~2012 年澎溪河流域降水量日值变化

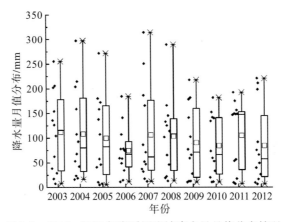

图 3-2 2003~2012 年澎溪河流域降水量月值分布情况

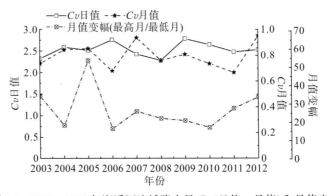

图 3-3 2003~2012 年澎溪河流域降水量 Cv(日值、月值)和月值变幅

成库 10 年来,温泉水文站断面 4 月至 11 月日径流量序列见图 3-4。除 2006 年年径流量因百年大旱而骤减外,成库 10 年来温泉日径流过程呈现陡增陡降的特点,但成库 10 年来径流量总体略呈减少趋势(图 3-5),年内日平均径流量超过 200m³/s 的天数从 2004 年的 14 天逐渐下降至 2011 年 10 天、2012 年 6 天(图 3-5)。成库 10 年期间,日平均径流量超过 1000m³/s 的大洪水分别为:2004 年 7 月 16 日(1200.4m³/s)、2004 年 9 月 5 日(1403.5m³/s)、2005 年 7 月 9 日(1136.0m³/s)、2005 年 7 月 10 日(1383.2m³/s)、2007

年 7 月 17 日（1582.9m³/s）、2007 年 7 月 18 日（1044.8m³/s）、2007 年 8 月 18 日（1090.3m³/s）、2011 年 8 月 5 日（1060.0m³/s）。2004、2005 年年内最高日均径流量均超过 1000m³/s，但 2009、2010、2012 年年内最高日均径流量均不足 1000m³/s，2011 年亦仅为 1060.0m³/s。成库 10 年来日均径流量峰值下降的趋势较为显著（图 3-4）。尽管如此，成库 10 年来，日径流量数据序列离散程度（Cv 值）并未有显著变化（图 3-5）。

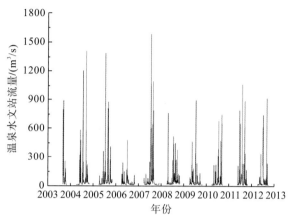

图 3-4　2003～2012 年温泉水文站径流量日值变化

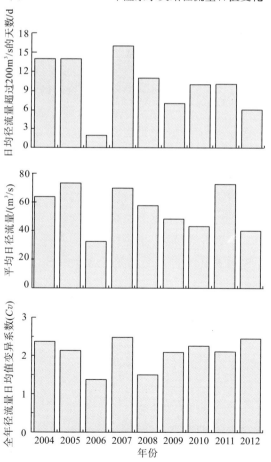

图 3-5　2004～2012 年温泉水文站日径流量统计分析

3.2 澎溪河回水区总体水动力模型构建

3.2.1 HEC-RAS 模型基础与应用现状

HEC-RAS(Ver 4.0)是美国陆军工程兵团水文工程中心于 2008 年 3 月更新发布的一维河流水力模型软件，主要用于对天然河道、河网系统进行一维恒定流、非恒定流、可动边界泥沙输移等河流动力过程的模拟，亦可完成河流一维温度场、浓度场等的初步模拟演算(Brunner，1995)，模型基本算法简述如下。

1)恒定流模型

恒定流模型计算基于对断面间能量平衡方程的迭代求解，公式为

$$Z_2 + Y_2 + \frac{a_2 \cdot v_2^2}{2g} = Z_1 + Y_1 + \frac{a_1 \cdot v_1^2}{2g} + h_e \tag{3-1}$$

式中，Z_1、Z_2 分别为两个计算断面的河底标高；Y_1、Y_2 分别为两个计算断面的水深；v_1、v_2 分别为两个计算断面的流速；a_1、a_2 分别为两个计算断面流速水头加权系数；g 为重力加速度；h_e 为计算断面间的能量损失。

断面间能量损失包括沿程水头损失和局部水头损失，公式为

$$h_e = L \cdot \overline{S_f} + C \left| \frac{a_2 \cdot v_2^2}{2g} - \frac{a_1 \cdot v_1^2}{2g} \right| \tag{3-2}$$

式中，L 为加权后断面间距；$\overline{S_f}$ 为断面间摩擦阻坡降特征值；C 为断面间放大或缩小的损失系数。

对 L 的计算考虑了左右岸河滩、主河道之间过水能力的差异，计算公式如下：

$$L = \frac{L_{lob} \cdot \overline{Q_{lob}} + L_{ch} \cdot \overline{Q_{ch}} + L_{rob} \cdot \overline{Q_{rob}}}{\overline{Q_{lob}} + \overline{Q_{ch}} + \overline{Q_{rob}}} \tag{3-3}$$

式中，L_{lob}、L_{ch}、L_{rob} 分别表示两个计算断面间左河滩、主槽和右河滩的断面间距；$\overline{Q_{lob}}$、$\overline{Q_{ch}}$、$\overline{Q_{rob}}$ 分别为左、右河滩和主槽过水流量的算术平均值。

在断面分割基础上，对两个断面独立输送单元(左岸、右岸或主槽)总输送能力(conveyance)进行计算，并求取两个计算断面间 S_f 的均值 $\overline{S_f}$。
某断面的 S_f：

$$Q = K \cdot S_f^{1/2}$$

$$K = \frac{1.486}{n} A \cdot R^{2/3} \tag{3-4}$$

两个断面间计算河段的 $\overline{S_f}$：

$$\overline{S_f} = \left(\frac{Q_1 + Q_2}{K_1 + K_2} \right)^2 \text{（HEC-RAS 的默认形式）} \tag{3-5}$$

式(3-4)和式(3-5)中，Q 为左右河滩或主槽(独立输送单元)的过水流量；K 为断面(或断面分割单元)的输送能力(conveyance)；n 为曼宁系数(糙率值)；A 为左、右河滩或主槽的过水断面积；R 为相应的水力半径。

同理，对流速系数 a 的确认亦根据断面分割结果通过加权计算获得，计算公式如下：

$$a = \frac{(A_t)^2 \left(\dfrac{K_{\text{lob}}^3}{A_{\text{lob}}^2} + \dfrac{K_{\text{ch}}^3}{A_{\text{ch}}^2} + \dfrac{K_{\text{rob}}^3}{A_{\text{rob}}^2}\right)}{K_t^3} \tag{3-6}$$

式中，A_t 为全断面面积；K_t 为全断面的输送能力；A_{lob}、A_{ch}、A_{rob} 分别为左河滩、主槽和右河滩的断面积；K_{lob}、K_{ch}、K_{rob} 相应地为上述三个部分的输送能力。

在 HEC-RAS 中对断面的划分不局限于将断面划分成左、右河滩和主槽，用户可根据实际需要将断面分割为特定的形式，分别计算各分割单元的输送能力并最终相加得到总断面的输送能力(图 3-6)。

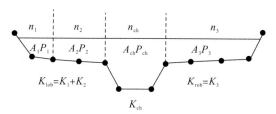

图 3-6　HEC-RAS 中对断面划分的默认方式

全断面糙率值 n 的确认根据实际河道边壁变化分割计算单元计算，公式如下：

$$n_c = \left[\frac{\sum_{i=1}^{N} (P_i \cdot n_i^{\frac{3}{2}})}{P}\right]^{2/3} \tag{3-7}$$

式中，n_c 为全断面的当量计算糙率值；P 为全断面湿周；P_i 为第 i 个分割单元湿周；n_i 为第 i 个分割单元的边壁糙率值。

2)非恒定流模型

HEC-RAS 中的非恒定流模型同其他非恒定流模型类似，采用有限差分法对 St. Venant 方程组进行求解，方程如下：

$$\begin{cases} \dfrac{\partial A}{\partial t} + \dfrac{\partial S}{\partial t} + \dfrac{\partial Q}{\partial x} - q_1 = 0 & \text{(连续性方程)} \\[2mm] \dfrac{\partial Q}{\partial t} + \dfrac{\partial (VQ)}{\partial x} + gA\left(\dfrac{\partial z}{\partial x} + S_f\right) = 0 & \text{(动量方程)} \end{cases} \tag{3-8}$$

在有限差分算法中，HEC-RAS 选择稳定性较好的四点加权隐格式进行方程离散(默认 $\theta = 0.6$)(Liggett et al.，1975)，迭代求解，具体参考 HEC-RAS Hydraulic Reference Manual(Brunner，1995)，本书不再详述。

HEC-RAS 应用广泛，除常规水力模拟与水工设计外，近年来的研究已发展到河湖系统动力学模拟、大坝溃坝过程模拟以及生态水力学研究等诸多方面。McPherson (2008)在美国大湖区河湖系统的模拟中，将大湖概化为 HEC-RAS 中的"Storage Area"，并成功建立了连接各大湖的河流(St. Clair 河和 St. Marys 河)非恒定流模型，获得较好的模拟效果。Nakayama 等(2008)运用 HEC-RAS 实现了对我国长江中下游河湖系统的动态模拟，对鄱阳湖、洞庭湖的洪峰纳蓄能力进行评估。Tomsic 等(2007)、Wyrick 等 (2009)将 HEC-RAS 运用到水库水动力过程的模拟以分析大坝拆除前后水动力特性改变的生态效应。上述案例表明，HEC-RAS 对水库、河湖等较复杂环境的水动力模拟是可行的，同时 Nakayama 等(2008)和 Chen 等(2009)的应用研究亦说明 HEC-RAS 适用于长江流域。

3.2.2 澎溪河回水区一维水动力模型构建

1. 河道断面概化与糙率初选

根据蓄水后澎溪河回水区河道特征和水文条件的特殊性,对澎溪河回水区一维水动力模型进行了以下两个方面的概化。

(1)蓄水后,水位壅升使澎溪河回水区出现众多库湾、河汊,部分河段形成大面积淹没区或消落带(养鹿、高阳),近似于浅水型的过水性湖泊。一维水动力模型中关于水流单向性的基本假设将可能在这些水域出现偏差,在上述水域断面划分中要求断面垂直于流场也很难实现。为此,拟在澎溪河回水区库湾、河汊和大面积淹没区、消落带处,根据流场方向,经验性地在上述水域和主要河道间建立虚拟堤坝(virtual levees),概化成满足一维模型基本假设的水体主要输送干道和 HEC-RAS 中的储水区域(Storage Area),即仅同主输送干道存在水量的动态交换,而不考虑其自身的流场特征,虚拟堤坝的糙率值设置为 0。较典型的高阳平湖段与双江大桥段的概化结果见图 3-7。

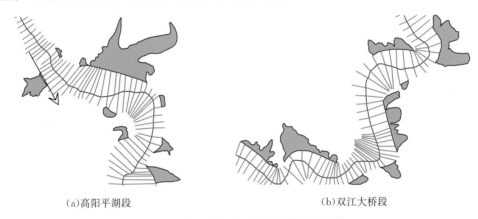

(a)高阳平湖段   (b)双江大桥段

图 3-7 高阳平湖和双江大桥段概化结果

注:填充区域为 Storage area

(2)研究期间澎溪河回水区水位波动范围为 145~172m,水面线属典型 M1 型回水曲线。145m 低水位运行下,研究区域(渠马—河口段)内水面线坡降不明显。HEC-RAS 模型非恒定流差分算法适用于天然河道数值模拟,但由于澎溪河回水区模型边界条件具有水位、流量反季节大幅交叠波动的特点,HEC-RAS 对该类水库的大幅水位变化过程并无成熟先例。前期非恒定流预模拟研究中发现在 1d 的时间尺度下,即使将非恒定流计算时间步长缩短(15s 或更低),模型收敛性和计算稳定性并不优(尤其是在高水位状态下)。为避免出现模拟精度下降、结果出现较大偏差的情况,本书采用 HEC-RAS 中的准非恒定流(Quasi-unsteady model)方式对澎溪河回水区水动力过程进行演算,即以日为时间步长,计算日间隔恒定流下水面线的波动,进而求得连续日变化下全年水位、流量变化过程。

在上述模型简化基础上,澎溪河回水区一维总体水动力模型以 1∶2000 澎溪河 176m

水下地形图为基础(图 3-8)。主河段共划分 491 个计算断面,平均间距为 88.26m;研究区域内支流洞溪河(流域面积 172km²)、双水河(流域面积 284km²)仅考虑汇入口河段,各分别建立 7 个和 2 个计算断面。各控制断面基本信息见表 3-1,建模区域见图 3-9,河道概化结果见图 3-10。

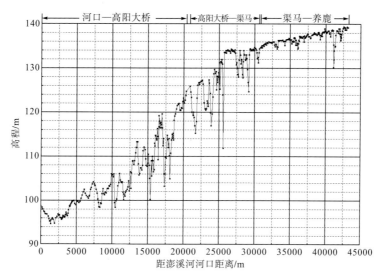

图 3-8　澎溪河回水区河道深泓线底部高程图

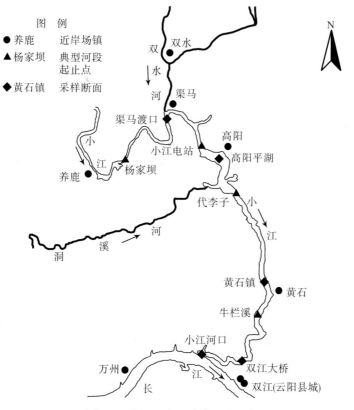

图 3-9　小江回水区建模区域示意图

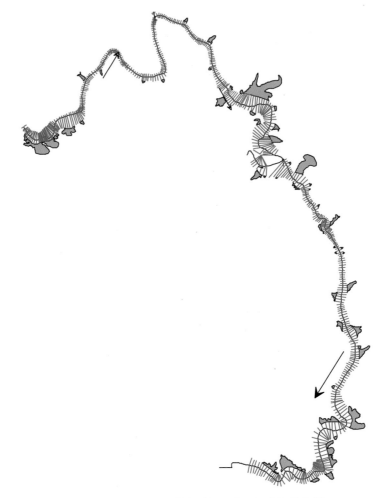

图 3-10　HEC-RAS 中澎溪河回水区河道概化结果

注：蓝色部分为虚拟的储水区

澎溪河回水区河道断面复杂，既有顺直的峡谷型河段，又有大面积消落带和淹没区。根据建模区域内各断面的实际情况，其糙率值 n 的选取综合比较参考了三峡水库干流水动力模型研究结果（黄真理，2006）、美国 USGS 河流糙率信息库（http：//www. rcamnl. wr. usgs. gov/sws/fieldmethods/Indirects/nvalues/）及周文德糙率经验值等（Chow，1959），并考虑了不同类型河段、不同淹没水位下两岸植被覆盖和岩石特点，按式（3-7）计算断面的综合糙率值。

2. 参数率定与模型验证

以澎溪河干流宝塔窝（开县县城下游）至原新华（二）站（现为小江电站，见表 3-1）1982年 7 月下旬一次洪水过程水文数据为基础，对天然河道洪水过程进行非恒定流模拟（时间间隔 4h，计算步长为 20s），率定各河段糙率值，率定结果见表 3-2、图 3-11。率定后上述历史水文过程模拟的平均相对误差为 2.19％±0.13％，最大相对误差不超过 5％。

表 3-1　澎溪河回水区一维水动力模型关键控制断面基本信息

断面名称	控制流域面积/km²	与澎溪河河口的距离/km	HEC 断面编号	说明
河口	5172.5	0	1	干流
小江电站	4820.0	25.84	259	干流
新华站	4536.0	43.25	491	干流
洞溪河	172.0	20.40*	1001	支流
双水河	284.0	30.71*	1008	支流

注："＊"为支流汇入口断面同下游河口距离

本研究在 2007 年汛期(4 月下旬至 8 月，三峡水库运行水位为 145m)对渠马渡口断面(距澎溪河河口 30.88km)流速进行 9 次断面流速实测，进行模型验证。实测流速采用重庆华正水文仪器有限公司 LS45A 型旋杯式流速仪测得(量程 0.015～3.5m/s，分辨率 0.01m/s)，模型验证结果见图 3-12，其相对误差为(5.99±0.88)%，最大相对误差不超过 10%。另外，邓春光(2007)发现在水位 145m、流量 143.3m³/s 下，澎溪河回水区长度为 59.0km，本模型推算结果为 57.5km，与之接近，相对误差为 2.5%。上述比较分析结果说明，基于 HEC-RAS 建立的澎溪河回水区一维水动力模型能实现对澎溪河回水区水动力过程的有效模拟，糙率率定结果能满足模型精度要求。

表 3-2　率定后澎溪河回水区不同河段糙率值选取范围

河段	床面糙率取值	河岸边壁类型说明	高程范围/m	边壁糙率取值
养鹿消落带	0.027～0.030	台地形消落带，草地、泥滩地和灌木丛	145～150	0.032～0.037
			150～176	0.035～0.040
杨家坝—小江电站	0.028～0.031	峡谷型，近岸岩石裸露，植被较稀疏，但断面规则	141～176	0.032～0.035
小江电站—高阳大桥	0.029～0.034	平坝型淹没区，为大面积农田，已清库，但仍有部分泥滩地	140～156	0.033～0.038
			156～176	0.037～0.040
高阳大桥—牛栏溪	0.029～0.033	峡谷型，近岸岩石裸露，植被较稀疏，断面较规则	138～176	0.033～0.038
牛栏溪—河口	0.030～0.035	断面复杂，边壁既有垂直岩壁，也有缓坡和大面积淹没区、消落带；边壁有植被覆盖	125～135	0.032～0.035
			135～176	0.034～0.040

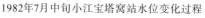

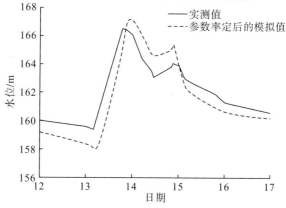

图 3-11　断面糙率率定后历史水文过程的实测值与模拟值

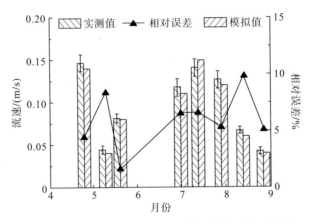

图 3-12　基于河道断面流速实测数据的模型验证结果

3.3　水库运行下澎溪河回水区总体水动力特征

3.3.1　典型时段河道水力学特征

河道沿程水力学基本特征包括沿程水面坡降、水深变化、过水断面面积、水面宽度、流速分布等几个方面。天然河道的流量与水位是协同变化的，但流量、水位之间的关系受水库运行的干扰而变得复杂。为说明水库运行下澎溪河回水区河道水力学特征变化的阈值范围，本书选取 2007 年 1 月 1 日至 2008 年 12 月 31 日(2 个完整年)期间 4 个典型时段实测状态为代表(表 3-3)，分析上述状态下河道基本水力特征。

表 3-3　澎溪河河道水力条件计算分析选取的典型状态

时间	澎溪河口水位/m	河口流量/(m³/s)	说明
2007 年 6 月 7 日	144.58	122.27	期间最低水位
2008 年 11 月 7 日	173.30	150.31	期间最高水位
2007 年 6 月 20 日	147.49	902.09	洪峰期间平均日流量
2007 年 1 月 1 日	155.11	50.49	枯季低流量

注：1)澎溪河河口水位根据长江干流万县水文站(http://www.cqwater.gov.cn)和三峡大坝日实测水位(http://www.ctgpc.com.cn)推算；2)澎溪河河口流量引自文献(龙天渝等，2008；吴磊等，2008)。

145m 蓄水后，澎溪河回水区末端已延伸到开县渠口境内，下游云阳段的水面坡降进一步变缓，2007 年 6 月 20 日洪峰通过时起止断面间水位落差最大仅为 0.37m，水面坡降仅为 0.009‰(图 3-13)。随着水库枯水期蓄水发电，水位抬升和径流量减少将使研究区域内起止断面间水位落差几乎缩小为 0m。因此，建模区域河道仅在低水位运行状态下洪峰通过时起止断面间将出现明显但微小的水位落差，而在其他时段研究区域水位落差几乎可忽略。

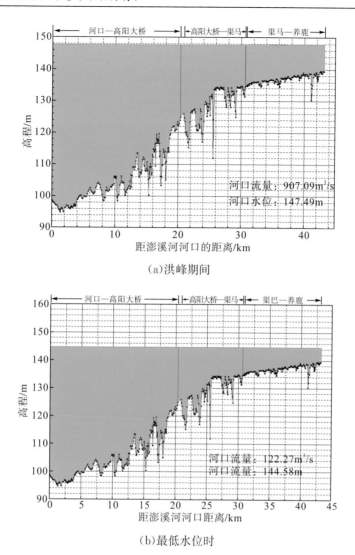

（a）洪峰期间

（b）最低水位时

图 3-13　洪峰期间与最低水位时水面坡降与水深沿程变化

2007～2008 年最高、最低水位下典型河段计算断面基本水力信息见表 3-4 和图 3-14。最高、最低流量下计算断面流速沿程分布见图 3-15。在低水位状态下，小江电站以上河段水深相对较浅，养鹿下游至小江电站河段深泓线平均水深不到 10m，养鹿以上河段甚至不到 7m；该河段平均流速相对较大，汛期时河段平均流速在 0.5m/s 以上，近似于天然河道。代李子至牛栏溪是研究区域内的另一个峡谷型河道，同养鹿杨家坝—小江电站河段相比，水深显著增加，低水位时平均水深超过 35m，汛期平均流速不超过 0.4m/s，虽然略高于其上游高阳平湖（汛期高阳平湖断面平均流速不超过 0.2 m/s），但仍显著低于养鹿杨家坝—小江电站河段的相应值。牛栏溪以下河段水面进一步放宽，最大水面宽度可达 1000m，河道深泓线平均深度亦增加至 40m 以上，汛期流速放缓至 0.1 m/s 左右。低水位运行条件下，研究区域小江电站上游河段和代李子以下河段的水动力特征差异较明显，而高阳平湖则成为上述两个峡谷型河段中间的一个相对独立且封闭的大型浅水淹没区。

表 3-4　2007～2008 年最高、最低水位下典型河段计算断面的水力学基本特征

典型河段	养鹿消落带	养鹿杨家坝—小江电站	小江电站—代李子	代李子—牛栏溪	牛栏溪—小江河口
断面编号	487～437	436～257	256～190	189～78	77～1
断面特点说明	大面积台地型消落带	峡谷型河段	高阳平湖大面积淹没区	峡谷型河段	回水区下游段
河段长度/km	3.11	14.18	6.93	10.05	8.40
最高水位(173.30m) 过水断面积均值/m²	12868.3	6662.4	22973.0	14050.6	25119.9
水力半径均值/m	23.8	24.6	33.2	36.5	40.9
水面宽度均值/m	516.6	248.7	661.4	341.0	574.7
深泓线处水深均值/m	35.6	38.3	49.6	65.3	74.8
最低水位(144.48m) 过水断面积均值/m²	859.7	990.9	5781.8	5602.1	10819.7
水力半径均值/m	4.4	6.8	11.4	21.2	25.4
水面宽度均值/m	198.5	140.1	511.0	244.2	410.4
深泓线处水深均值/m	6.9	9.6	20.9	36.5	46.0

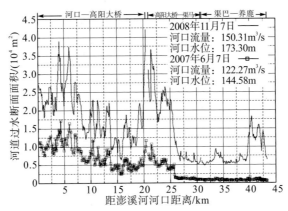

(a)河道过水断面面积沿程变化

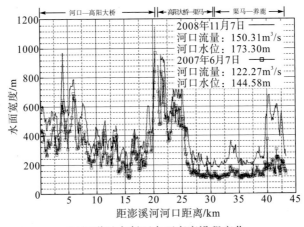

(b)河道过水断面水面宽度沿程变化

图 3-14　2007～2008 年最高、最低水位下河段计算断面过水断面面积和水面宽度沿程变化

在高水位运行状态，上游养鹿消落带河道深泓线水深达 35.6m，养鹿杨家坝—小江电站峡谷型河道水深达 38.3m，下游牛栏溪以下河段河道深泓线水深达 80m，深水河道型水库特征明显。由于进入冬季枯水季节，径流量减少和水位壅升的交叠作用使得澎溪河回水区冬季高水位运行状态下各河段平均流速接近 0m/s，断面间流速无显著差异。

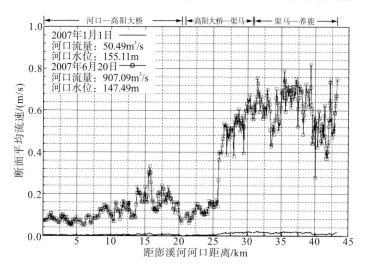

图 3-15　2007~2008 年最高、最低流量下河道计算断面的流速沿程变化

3.3.2　水体滞留与更新交换特点

1. 2007~2008 年总体水动力特征动态

水体滞留时间 HRT（单位：d）通常指湖泊、水库有效容积 V（单位：m^3）同入湖（库）流量 Q（单位：m^3/d）之比：

$$HRT = \frac{V}{Q} \tag{3-9}$$

HRT 是影响生源要素输移和浮游植物生境特点的外部动力条件，是表征水体湖沼学特点的重要宏观变量和对水体进行分类的最重要依据。美国 EPA 将 HRT 小于 20d 视为河流、湖库富营养化基准研究的分界点；日本的经验认为 HRT 超过 4d 浮游植物群落生物量将可能显著增加，超过 14d 则易于出现水体富营养化的趋势（Wetzel，2001）。HRT 的变化是人工水库湖沼学表征存在差异的关键原因（表 3-5），但传统上对 HRT 的分析多以年、月为时间单位，而由于浮游植物群落演替时间尺度相对较短（数天之内），从大时间尺度上分析 HRT 的生态影响可能会掩盖许多关键的生态响应过程，故本书结合流量、库容的日变化计算结果，计算澎溪河回水区 HRT 的日变化过程。

表 3-5　水库分类指标（Straškraba et al.，1999）

指标	过流型	过渡型	湖泊型
水体滞留时间/d	<20	20~300	>300

续表

指标	过流型	过渡型	湖泊型
混合类型	完全混合	中等强度分层	分层
营养类型说明	流动限制浮游生物的充分发展	增加了流动和分层的影响	传统营养级别

2007～2008 年，澎溪河回水区（养鹿—河口段）总库容（含储水区域，下同）$Rcap.$、水体滞留时间 HRT、总水域面积（含储水区域，下同）$Sarea.$ 和平均水深 $Adep.$（$Adep. = Rcap. / Sarea.$）的日变化过程见图 3-16，最高、最低水位下的库容、水域面积累积曲线见图 3-17。

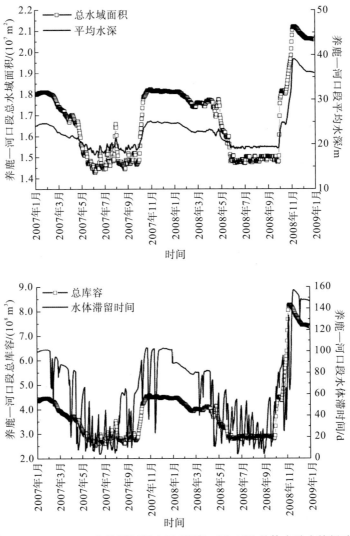

图 3-16　2007～2008 年澎溪河回水区（养鹿—河口段）总体水动力特征动态

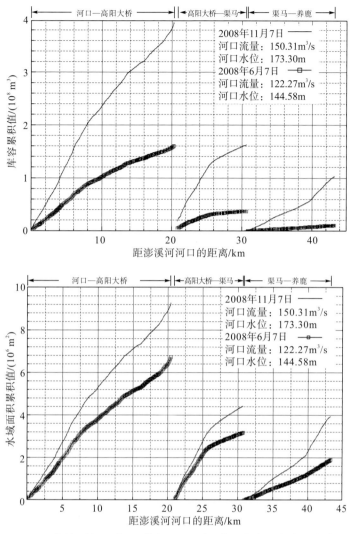

图 3-17　2007～2008 年澎溪河回水区(养鹿—河口段)典型状态下库容和水域面积累积曲线

2007～2008 年，澎溪河回水区(养鹿—河口段)最大库容为 $8.26 \times 10^8 \mathrm{m}^3$(2008 年 11 月 7 日，河口水位为 173.30m)，相应的总水域面积达 $2.12 \times 10^7 \mathrm{m}^2$，平均水深为 39.00m。最低水位(2007 年 6 月 7 日，144.58m)下，澎溪河回水区(养鹿—河口段)最小库容为 $2.51 \times 10^8 \mathrm{m}^3$，总水域面积 $1.43 \times 10^7 \mathrm{m}^2$，平均水深为 17.58m。澎溪河回水区(养鹿—河口段)HRT 最大值出现在 2008 年 11 月 18 日，为 157.0d，相应的澎溪河河口水位、总库容和日径流总量分别为 172.3m、$8.04 \times 10^8 \mathrm{m}^3$ 和 $5.12 \times 10^6 \mathrm{m}^3/\mathrm{d}$；HRT 最小值出现在 2007 年 6 月 20 日，仅为 3.8d，相应的澎溪河河口水位、总库容和日径流总量分别为 147.5m、$2.98 \times 10^8 \mathrm{m}^3$ 和 $78.4 \times 10^6 \mathrm{m}^3/\mathrm{d}$。大体上，澎溪河回水区(养鹿—河口段)总库容、总水域面积和平均水深同澎溪河河口水位日变化过程基本相同，而水体滞留时间日变化受到库容和径流量的双重影响，变化幅度与频率均剧烈。根据表 3-5 提供的标准，2007～2008 年澎溪河回水区呈过流型水库特征的时段约占 15.6%，主要集中在 5～8 月的夏季主汛期，处于过渡型状态的时段约占 84.4%，2007～2008 年水体滞留时间超过

300d 的湖泊型水体滞留特征尚不存在。不同水库运行阶段澎溪河回水区总体水动力特点见表 3-6。

表 3-6　2007～2008 年不同水库运行阶段澎溪河回水区（养鹿以下段）总体水动力特点

水库运行阶段（天数）	$Level$/m	$Rcap.$/(10^8m^3)	$Sarea.$/(10^7m^2)	$Adep.$/m	HRT/d
2007 年 1 月至 4 月下旬（116d）	153.34±0.17	4.04±0.03	1.75±0.01	23.04±0.12	80.43±2.39
	150.15～155.54	3.43～4.46	1.64～1.81	20.95～24.64	8.10～101.59
2007 年 4 月下旬至 10 月上旬（162d）	146.73±0.10	2.86±0.16	1.49±0.00	19.13±0.06	31.89±1.66
	144.58～150.60	2.51～3.52	1.43～1.66	17.58～21.24	3.81～75.90
2007 年 10 月上旬至 2008 年 5 月上旬（212d）	154.31±0.10	4.22±0.02	1.78±0.00	23.71±0.07	79.88±1.48
	150.03～156.16	3.42～4.58	1.64～1.82	20.87～25.14	10.83～103.00
2008 年 5 月上旬至 9 月下旬（149d）	147.17±0.08	2.93±0.01	1.51±0.00	19.43±0.04	30.23±1.31
	146.21～149.95	2.77～3.40	1.47～1.63	18.83～20.89	3.88～63.98
2008 年 10 月上旬至 10 月下旬（24d）	155.76±0.36	4.50±0.07	1.81±0.01	24.84±0.28	71.46±4.01
	151.55～159.89	3.69～5.34	1.70～1.89	21.78～28.18	25.32～95.89
2008 年 10 月下旬至 2008 年 12 月（73d）	166.77±0.30	6.81±0.07	2.01±0.01	33.73±0.25	117.44±2.89
	159.97～173.30	5.35～8.26	1.90～2.12	28.24～38.99	15.61～156.99

对表 3-6 中变量进行 Spearman 相关性分析发现，澎溪河回水区（养鹿—河口段）总库容 $Rcap.$、总水域面积 $Sarea.$ 和平均水深 $Adep.$ 均同澎溪河河口水位 $Level$ 呈完全正相关关系（$r=1.000$，$Sig.\leqslant0.01$）。对河道沿程水力特征分析认为，145m 蓄水后研究区域水面坡降并不明显，水库调蓄造成的水位变化对库容变化的影响则极为显著，而天然径流过程对库容变化的影响几乎可忽略，因此以小江河口水位 $Level$ 为自变量，上述总库容 $Rcap.$、总水域面积 $Sarea.$、平均水深 $Adep.$ 同 $Level$ 的线性回归公式分别为

$$\begin{cases} Rcap. = 0.1989 \cdot Level - 26.3918(R^2 = 0.9976) \\ Sarea. = 0.0254 \cdot Level - 2.1937(R^2 = 0.9443) \\ Adep. = 0.7340 \cdot Level - 88.9914(R^2 = 0.9925) \end{cases} \tag{3-10}$$

若采用 2 次多项式拟合，可获得更好回归拟合效果：

$$\begin{cases} Rcap. = 12.56 \times 10^{-4} \cdot Level^2 - 0.1975 \cdot Level + 4.783(R^2 = 1.000) \\ Sarea. = -7.5869 \times 10^{-4} \cdot Level^2 + 0.2648 \cdot Level - 21.0187(R^2 = 0.9951) \\ Adep. = 76.33 \times 10^{-4} \cdot Level^2 - 1.6743 \cdot Level + 100.4129(R^2 = 0.9990) \end{cases}$$

$$\tag{3-11}$$

式（3-10）和式（3-11）中，$Rcap.$ 为研究区域总库容，10^8 m^3；$Sarea.$ 为总水域面积，10^7m^2；$Adep.$ 为平均水深，m；$Level$ 为小江河口水位高程，m；R^2 为拟合优度，无量纲。

在此基础上，根据式（3-9）和式（3-11）可通过小江河口水位 $Level$（m）和河口日径流量 Q（m^3/d）对研究区域内 HRT（d）进行直接推算：

$$HRT = \frac{Rcap.}{Q} = \frac{1 \times 10^{-8}}{Q}(12.56 \times 10^{-4} \cdot Level^2 - 0.1975 \cdot Level + 4.783)$$

$$(3\text{-}12)$$

2. 澎溪河回水区同长江干流水体交换的初步分析

水库调蓄过程中，长江干流水体倒灌进入支流将对支流水质和水生态产生一定的影响。在水库调蓄期间，实际发生干流水体倒灌可能有两种形式：①干流洪峰通过时干流水位抬升形成倒灌；②水库蓄水造成水位抬升形成倒灌。倒灌发生与否取决于干流、支流之间流量变化的时空关系。理论上，若支流径流量的增加量小于同时期总库容增加量（即径流量的增加无法填充满新增的库容），则倒灌产生，总库容增量和同期径流量增量的差值即为干流倒灌入支流的水量；反之则倒灌不发生，二者差值则表示为支流较前期多输入干流的水量。根据上述思路，对 2007 年 1 月至 2009 年 4 月澎溪河回水区日库容变化和日径流变化下的倒灌特征进行了分析（图 3-18）。

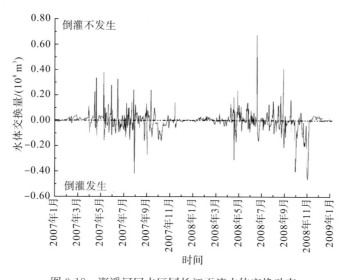

图 3-18　澎溪河回水区同长江干流水体交换动态

在 2007～2008 年期间全部数据样本中（$n=731$）倒灌发生频率为 41.5%，从时间上看水库蓄水期间造成的倒灌主要集中于以下两个时段：①2007 年 9 月 25 日至 10 月 24 日；②2008 年 9 月 27 日至 11 月 5 日。倒灌水量最大值出现在 2008 年 11 月 1 日至 3 日期间，均超过了 $0.40 \times 10^8 \mathrm{m}^3$，11 月 3 日倒灌水量达 $0.464 \times 10^8 \mathrm{m}^3$，是 2007～2008 年期间倒灌量的最大值。研究期间其他时段发生倒灌现象则主要为短时期干、支流流量，水位频繁交错变化引起，多集中在汛期，发生时间一般在数日之内，倒灌入支流的水量亦相对较少，倒灌量一般不超过 $0.10 \times 10^8 \mathrm{m}^3$。干流水体倒灌入支流回水区的影响范围，既与干流倒灌强度、来水方式（水位抬升或洪峰形成）有很大关系，同时也与河道地形、三维流场分布、支流径流量、含沙量、干支流垂向水温差异等要素密切相关。由于一维水动力模型仅能实现水流纵向输移的模拟，采用一维水动力模型对倒灌影响范围估测精度可能不高。但为说明倒灌影响的大致范围，本书仍以 2008 年 11 月 3 日倒灌量最大值为例对倒灌影响范围进行初步判断。在一维流场基本假设下，根据图 3-16 的累积曲线，输出 11 月 3 日相应水位、流量下的库容累积曲线(图 3-19 中虚线)，其倒灌量 $0.464 \times 10^8 \mathrm{m}^3$ 所对应的累积曲线横坐标为 2.17km(图 3-19 左下角)，即为一维水动力模型下估测的倒灌影响距离，计算断面编号为 20，相应的位置大概在云阳双江镇斩龙垭段。故在一维水动力模型基础上，澎溪河回水区河口段受长江干流水体倒灌影响较为显著，但澎溪河回水区双江镇以上河段受长江干流倒灌影响并不明显。

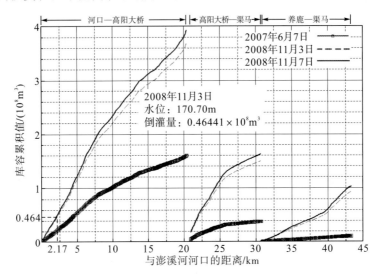

图 3-19　2007~2008 年澎溪河回水区受长江干流倒灌影响范围估算

主要参考文献

邓春光，2007. 三峡库区富营养化研究. 北京：中国环境科学出版社.

黄真理，2006. 三峡水库水质预测和环境容量计算. 北京：中国水利水电出版社.

龙天渝，梁常德，李继承，等，2008. 基于 SLURP 模型和输出系数法的三峡库区非点源氮磷负荷预测. 环境科学学报，28(03)：574-581.

吴磊，龙天渝，刘腊美，2008. 三峡库区小江流域溶解态非点源污染负荷研究. 北京：中国水利水电出版社.

Brunner G W，1995. HEC-RAS River Analysis System. Hydraulic Reference Manual. Version 1. 0，DTIC Document.

Chen Y，Xu Y，Yin Y，2009. Impacts of land use change scenarios on storm-runoff generation in Xitiaoxi basin，China. Quaternary International，208(1)：121-128.

Chow V T，1959. Open Channel Hydraulics. Caldwell：The Blackburn Press.

Liggett J A，Cunge J A，1975. Numerical methods of solution of the unsteady flow equations. Unsteady flow in open channels，1975，1(S89)：182.

McPherson M，2008. Modeling the Great Lakes in HEC-RAS. Advances in Hydrologic Engineering：HEC-Newsletter，NL：Spring Netherlands.

Nakayama T，Watanabe M，2008. Role of flood storage ability of lakes in the Changjiang River catchment. Global and Planetary Change，63(1)：9-22.

Reynolds C S，2006. The Ecology of Phytoplankton. Cambridge：Cambridge University Press.

Straškraba M，Tundisi J G，1999. Guidelines of Lake Management Vol. 9：Reservoir water quality management，JP：International Lake Environment Committee Foundation Press. http：//www. ilec. or. jp/en/pubs/p2/guidelinebook.

Thornton J A, Rast W, 1993. A test of hypotheses relating to the comparative limnology and assessment of eutrophication in semi-arid man-made lakes//Comparative Reservoir Limnology and Water Quality Management, Berlin : Springer Netherlands: 1-24.

Tomsic C A, Granata T C, Murphy R P, et al, 2007. Using a coupled eco-hydrodynamic model to predict habitat for target species following dam removal. Ecological Engineering, 30(3): 215-230.

Wetzel R G, 2001. Limnology: Lake and River Ecosystem. Pittsburgh: Academic Press.

Wyrick J R, Rischman B A, Burke C A, et al, 2009. Using hydraulic modeling to address social impacts of small dam removals in southern New Jersey. Journal of Environmental Management, 90: S270-S278.

第4章 水库运行下澎溪河水体光热特征

水体光热是水库水生态系统能量的重要来源(Wetzel, 2001)。一方面，太阳辐射强度及其变化导致水温发生季节性变化，并调控着水库水生生物(浮游生物、鱼类、消落带植被等)的生长、繁盛、休眠等生理生态活动；另一方面，太阳辐射在水下的传递和分布影响浮游植物受光生长与初级生产能力，并支配浮游植物群落演替(Reynolds, 2006)。水库水体光热特征受水库运行的影响，具有周期变化规律，并诱导出现与天然湖泊或河流迥异的生态系统结构和功能特征。本章着重对三峡水库运行下澎溪河水体光热特性进行分析，以阐释水库运行对澎溪河水体光热特性的影响。

4.1 澎溪河流域光合作用有效辐射基本特点

太阳辐射能量是地表各圈层能量的主要来源，是决定地表系统物质、能量时空分布与循环的关键因素。在淡水生态系统中，太阳辐射能量是浮游植物等水体初级生产者进行光合作用、合成有机物的能量源，亦是淡水水体储存热量的主要来源。水体吸收太阳辐射能量产生热运动并对其物理、化学过程以及生物特性产生巨大影响，决定了淡水生态系统的结构、功能和演变(Wetzel, 2001)。光合作用有效辐射(photo-synthetically active radiation, PAR)，是指太阳辐射中波长位于 $400 \sim 700$ nm，能够被绿色植物用来进行光合作用的那部分太阳辐射能量，亦称生理辐射(秦伯强等, 2004)。作为太阳辐射中的一部分，PAR 到达水面被浮游植物等初级生产者利用参与光能合成是水体富营养化的关键生态过程。获得 PAR 到达水面的总量对于水生生态系统初级生产的动力学过程研究具有重要的生态意义。

PAR 可通过对太阳辐射实测结果计算获取。Молдау(1963)曾把 PAR 波段取为 $380 \sim 710$ nm，提出以下的 PAR 经验计算公式：

$$Q_{PAR} = \eta_S \cdot S + \eta_D \cdot D \qquad (4\text{-}1)$$

式中，S 和 D 分别为水平面上的直接辐射和散射辐射；η_S 和 η_D 为系数，分别取 0.43 和 0.57(秦伯强等, 2004)。

另一种计算方法则直接采用太阳辐射求取 PAR 总辐射，计算公式为

$$Q_{PAR} = \eta_Q \cdot Q \qquad (4\text{-}2)$$

式中，Q 为太阳辐射，η_Q 为 PAR 在太阳辐射中所占比例。

Moon 最早提出 η_Q 在 $400 \sim 700$ nm 波段内的值为 0.44。此后 McCree(1965)分为阴天和晴天对 η_Q 加以讨论，认为晴天 $\eta_Q = 0.47 \sim 0.52$，阴天则增加为 $0.50 \sim 0.58$。Papaioannou 等(1993)认为雅典地区周年内 η_Q 为 0.473。秦伯强等(2004)研究发现太湖地区 1998 年 $\eta_Q = 0.373 \pm 0.005$。其他相关文献见表 4-1。

表 4-1　光合有效辐射占太阳辐射的比值(η_Q)比较(据马金玉等，2007，有修改)

文献来源	观测波段/nm	观测地点	η_Q	观测时段
Yocum et al，1964		美国密歇根	0.47	
McCree，1966			0.40~0.52(晴) 0.50~0.58(阴)	某一夏日 (1966 年)
Szeicz，1974	300~700	·	0.50±0.03	
Britton et al.，1976	400~700	以色列	0.47	
Stanhill et al.，1977	300~686	英国剑桥	0.49±0.02	
McCartney，1978	300~710		0.47~0.53	
刘洪顺，1980	380~710	北京	0.47	1975 年 5~10 月
王炳忠等，1990	400~700	北京	0.42~0.44	1987~1988 年
秦伯强等，2004	400~700	太湖	0.373±0.005	1998 年 1~12 月
张运林等，2002	400~700	太湖	0.378	1998 年 1~12 月
季国良等，1993	400~700	张掖	0.419~0.426	1990~1991 年
董振国等，1983	400~700	河北栾城	0.47	1980~1982 年
李英年等，2002	400~700	祁连山	0.35~0.42	1998 年生长季
周允华等，1984	400~700		0.44±0.03	
马金玉等，2007	400~700	河北固城	0.40	2005~2007 年
黄秉维，1999			0.47	
于沪宁等，1982		河北栾城	0.49	
龙斯玉，1976 陈明荣等，1984	380~710	成都	0.529	气候学估算
		南充	0.522	
		贵阳	0.514	
		昌都	0.486	
		拉萨	0.474	
		班戈湖	0.470	
Молдау，1963	380~710		0.49±0.02	

直接测量的 PAR 通常被称为"光量子通量密度"(photosynthesis photon flux density，PPFD)，单位为 $\mu mol/(m^2 \cdot s)$。目前科研领域使用的 PPFD 测量仪器通常为美国 LI-COR 公司生产的光量子通量传感器(如 LI-190、LI-192 等)。光量子通量密度 PPFD 同 Q_{PAR} 之间的换算关系为

$$PPFD = \mu \cdot Q_{PAR} \tag{4-3}$$

式中，μ 为换算系数，受气候气象、大气环境等多重因素影响，通常默认值取为 4.55(本书亦取 4.55)；PPFD 单位为 $\mu mol/(m^2 \cdot s)$，Q_{PAR} 单位为 W/m^2。

作者团队于 2011 年在澎溪河高阳平湖水域设置了现场科研级野外气象站，气象站经纬度为 N31°6′9.95″，E108°40′33.18″，海拔为 186.0m(黄海高程)。三峡水库坝前蓄水至 175m 时，气象站高于高阳平湖水面约 10m。气象站核心为美国 Campell 公司 CR1000 气

象数据采集系统，配置风速风向传感器(034B)、空气温湿度传感器(HMP45C)、雨量筒(TE525MM)、大气压力传感器(CS106)、总辐射传感器(CMP3)、PAR 光量子通量密度传感器(LI-190SB)、二氧化碳传感器(GMP343)等(图 4-1)。

图 4-1 位于澎溪河高阳平湖的科研级野外气象站

根据野外气象站输出数据，2012 年全年澎溪河高阳平湖水域太阳辐射与 PAR 光量子通量密度(PPFD)的日值变化见图 4-2，逐月分布见图 4-3。全年澎溪河辐射总量为 3680.57 MJ/m²，总辐射日值同 PAR 光量子通量密度日值具有较优的统计正相关关系(Spearman 相关系数 ≥0.9)。二者峰值均出现在 8 月前后，且出现 25～30 天的强辐射时期；冬季 PAR 光量子通量密度降至 200 μmol/(m² · s)以下，在 1 月末至 2 月初维持约 10 天的冬末峰值，但从 2 月中下旬开始经历 10～20 天的低谷，3 月入春后显著升高，且日值变幅较大。全年 PAR 光量子通量密度日值变异系数 Cv 为 0.72，太阳总辐射日值变异系数 Cv 为 0.73。

同太湖地区 1998 年实测资料相比(秦伯强等，2004)，澎溪河流域全年太阳辐射量低于太湖地区，但变化幅度显著大于太湖地区(太湖地区太阳辐射月值 Cv 仅为 0.314)，且月值、日值的变化同太湖地区单峰型的波动特点也明显不同，冬暖春寒和夏末秋初阴雨造成了这两个时期太阳辐射量出现明显波动。虽然澎溪河流域所处纬度同太湖基本一致，天文辐射强度基本相同，气候特征均为亚热带季风性气候，但海拔和地形地貌差异所导致的近地水气传输特点的差别却可能使澎溪河流域太阳辐射同太湖地区存在不同，并因此可能对这两个地区水生生态系统特征产生影响。

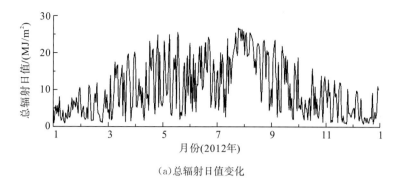

（a）总辐射日值变化

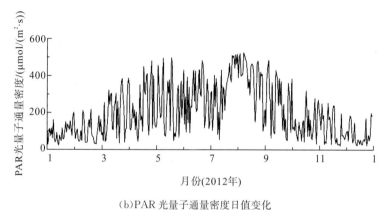

（b）PAR 光量子通量密度日值变化

图 4-2　2012 年澎溪河高阳平湖太阳总辐射与 PAR 光量子通量密度日值变化

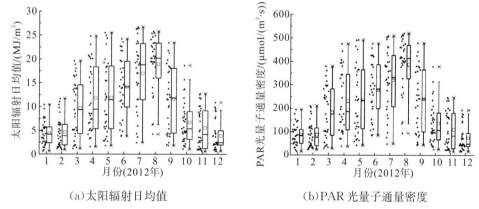

（a）太阳辐射日均值　　　　　　　　（b）PAR 光量子通量密度

图 4-3　2012 年澎溪河高阳平湖太阳辐射日均值与 PAR 光量子通量密度逐月统计

太阳辐射与 PAR 的日变化过程受到短时气象过程（云层变化、风速、水汽蒸发等）和局地气象条件改变影响，变化显著。光合作用有效辐射的日变化研究通常采用典型季节（冬季或夏季）、典型气象条件（晴天或阴天）进行观测和比较研究。研究以 2012 年夏季（8月 12 日）和冬季（1 月 26 日）的晴天条件为案例，分析澎溪河回水区高阳平湖水域太阳辐射与 PAR 光量子通量密度的日变化过程（图 4-4）。分析发现，PAR 和太阳辐射日变化过程是一致的，正午太阳辐射达到峰值，并随着太阳高度角的减小而迅速减小，在 16 时左右可能因短时云层改变等条件影响而出现陡降。冬季与夏季的 PAR 光量子通量密度和太阳辐射变化过程基本一致，但日辐射强度显著低于夏季。晴天条件下，PAR 光量子通量密度与太阳辐射日变化过程曲线均较为平滑，但由于短时气象过程（如云层漂移等）可能出现局部波动。

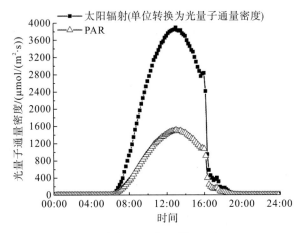

(a)夏季(2012 年 8 月 12 日)

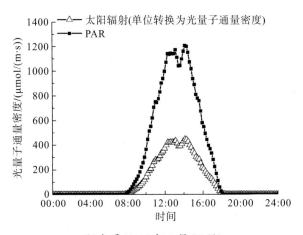

(b)冬季(2012 年 1 月 26 日)

图 4-4　2012 年夏季、冬季晴天澎溪河回水区太阳辐射与 PAR 光量子通量密度日变化

注：数据采样频率为 10min 一次

为初步掌握澎溪河流域 PAR 与太阳辐射的比例关系（η_Q），结合式(4-2)对澎溪河高阳平湖实测 PAR 进行换算并同太阳辐射结果进行比较。2012 年澎溪河高阳平湖 η_Q 均值为 0.381 ± 0.001[①]，变化范围为 $0.33 \sim 0.47$，季节上呈现出冬季高、夏季低的特点（图 4-5）。以冬季、夏季晴天为案例，从日变化特征上看（图 4-6），无论是冬季还是夏季晴天，太阳高度角较低的时间（凌晨或傍晚）η_Q 均出现峰值，此后迅速下降并最终相对稳定地维持在 0.37 左右。2012 年 8 月 12 日夏季晴天条件下，η_Q 先降后升的特征显著，全天最低值出现在上午 8：20，η_Q 仅为 0.354；1 月 26 日冬季晴天条件下，全天最低值出现在下午 14：20，η_Q 为 0.385。从日变化上看，冬季晴天 η_Q 显著高于夏季晴天，这可能与太阳高度角年变化有关。

---

① 均值表示方法：算术平均值±标准误差(Mean±Std. err)，下同。

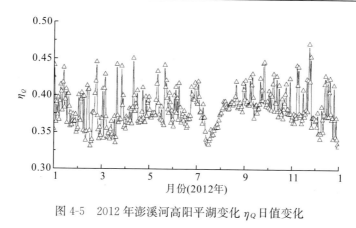

图 4-5　2012 年澎溪河高阳平湖变化 η_Q 日值变化

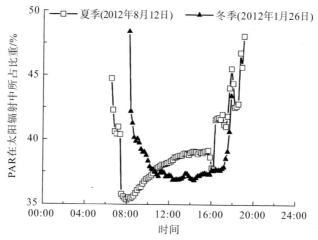

图 4-6　2012 年夏季、冬季晴天高阳平湖水域 PAR 与太阳辐射比例关系

　　目前关于三峡地区 PAR 的气象学研究报道还并不多见。龙斯玉(1976)认为川黔地区潮湿多云雾，PAR 主要来自散射辐射，全年 PAR 不足 2092.92MJ/m²，嘉陵江、乌江河谷地区是全国 PAR 的低值中心，全年 PAR 不足 1883.63MJ/m²。根据其研究结果，成都地区 PAR 在太阳辐射中所占比重 η_Q 为 0.529，南充和贵阳的相应值分别为 0.522、0.514(龙斯玉，1976；陈明荣等，1984)。刘海隆等(2001)对三峡库区光能资源的分析亦认为虽然三峡库区太阳辐射和 PAR 绝对值较低，但 PAR 在太阳辐射中所占比重相对较高，2012 年澎溪河高阳平湖水域实测值计算的 η_Q 均低于早期龙斯玉等(1976)所推断的成都、南充和贵阳三站结果，但略高于太湖 1998 年实测结果 0.378。这与该地区气候特点不无关系，但该值是否具有更广泛的气象学意义仍需进一步跟踪研究。

4.2　澎溪河真光层深度估算及其影响因素分析

4.2.1　澎溪河真光层深度的时空变化特点

　　到达水面的太阳辐射进入水体后，在水体介质的吸收、表面反射、水中颗粒物散射、漫射等光学作用下，其能量传播途径和特点发生了显著改变，支配着浮游植物等初级生产者在水层中光合作用强度及其时空分布特点，是水体初级生产力水平的决定性因素之一(陈桥等，2009)。水体光学特性表征为水下光辐射强度(主要是 PAR 辐射强度)和光谱的空间分布与时间变化(李云亮等，2009)。

在光学性质均匀的水体中，对于波长为 λ 的单色光而言，其垂直变化遵循指数衰减规律，可表示为

$$E(\lambda, z) = E(\lambda, 0) \cdot e^{-\int K(\lambda, z) \cdot z \mathrm{d}z} \tag{4-4}$$

式中，$E(\lambda, z)$ 是波长 λ 水面以下深度 z 处的单色波辐射强度；$E(\lambda, 0)$ 是在水面处 $(z=0)$ 时波长 λ 的单色波辐射强度；$K(\lambda)$ 是该波长下辐射强度的垂直衰减系数；z 为水面起向下到达某点位的深度值。

对于某一波段而言(如 400~700nm)，求取其在水下某深度的辐射强度，可通过对波长进行积分计算获得，公式为

$$E(z) = \int_{\lambda_1}^{\lambda_2} E(\lambda, z) \mathrm{d}\lambda = \int_{\lambda_1}^{\lambda_2} E(\lambda, 0) \cdot e^{-\int K(\lambda, z) \cdot z \mathrm{d}z} \mathrm{d}\lambda \tag{4-5}$$

由于水中不同物质间的衰减系数各不相同，时空差异亦十分明显，运用式(4-5)进行直接计算比较困难，目前大多数学者采用的是简化模式，即假设 $K(\lambda)$ 在观测深度范围内不随波长而变化，近似看成一个常数，故在富营养化研究中常用于衡量光合作用潜在的 PAR 辐射，其水下辐射强度随深度衰减的计算式(即著名的 Lambert-Beer's 定律)为

$$E(z) = E(0) \cdot e^{-K_d(\lambda_{PAR}) \cdot z} \tag{4-6}$$

式中，$K_d(\lambda_{PAR})$ 为 PAR 辐射强度的水下光学衰减系数，m^{-1}；$E(0)$、$E(z)$ 分别为水面 (0m 处)和水面下深度 z 处的 PAR 辐射强度，$\mu\mathrm{mol}/(\mathrm{m}^2 \cdot \mathrm{s})$。

等式两边取对数后可转化为

$$K_d(\lambda_{PAR}) = -\frac{1}{z} \ln \frac{E(z)}{E(0)} \tag{4-7}$$

$K_d(\lambda_{PAR})$ 单位为 m^{-1}，可通过对不同深度处水下光辐射强度进行回归得到，研究中仅当回归的拟合优度达到 $R^2 \geqslant 0.95$，取样点深度数 $n \geqslant 3$ 时，拟合的 $K_d(\lambda_{PAR})$ 才被接受(张运林等，2005)。

为更好地反映水生生态系统对水下光学衰减的生态响应，在湖沼学研究中衍生出了另一重要概念——真光层(euphotic zone)。真光层是指水柱中暴露在足够的阳光下以满足光合作用发生的部分(张运林等，2006，2008)。从生态意义上，真光层深度表征了水柱中支持净初级生产力(即光合作用生产总量扣除呼吸量)的部分。据此概念，真光层底部应定义为日净初级生产力为零值的临界点。海洋、湖泊、河流等水生生态系统中，浮游植物基本都分布于这一层。目前，绝大多数研究将 1%的表面光强对应的水深范围作为真光层深度值(张运林等，2006)，但亦有研究将水下 PAR 为 14 $\mu\mathrm{mol}/(\mathrm{m}^2 \cdot \mathrm{s})$ 对应的深度为真光层深度(Reinart et al.，2001)。本书将 1%表面光强对应的水深作为真光层深度，据此确定真光层深度与光学衰减系数存在定量关系，可表示为

$$D_{eu}(\lambda_{PAR}) = \frac{4.605}{K_d(\lambda_{PAR})} \tag{4-8}$$

式中，$D_{eu}(\lambda_{PAR})$ 为真光层深度，m。

除此之外，湖沼学研究中亦采用塞氏盘(Sacchi Disk)法测量水体透明度 SD，将其作为反映光线在水下投射性能的指标，其测试方法虽较粗略，但方便直接，在富营养化研究中广泛采用，并作为评价湖泊营养状态的关键指标(Wetzel，2001)。

自 2007 年起，本课题组使用 LI-COR 192SA 水下光量子仪，对澎溪河回水区各采样点水下 0m、0.5m、1m、1.5m、2m、2.5m、3m、5m、8 m 各水深处 PAR 进行现场跟踪观测，并根据式(4-7)、式(4-8)对澎溪河回水区水下光学衰减系数 $K_d(\lambda_{PAR})$ 和真光层深度 $D_{eu}(\lambda_{PAR})$ 进行计算。本书着重讨论真光层深度 $D_{eu}(\lambda_{PAR})$ 的变化特征，考虑到 $K_d(\lambda_{PAR})$ 与 $D_{eu}(\lambda_{PAR})$ 存在确定性函数关系[式(4-8)]，因此，水下光学衰减系数本书不再赘述。

1. 真光层深度的逐月变化特征

2007 年 7 月至 2012 年 6 月，5 年期间澎溪河高阳平湖(N31°5′48.2″，E108°40′20.1″)、双江大桥(N30°56′51.1″，E108°41′37.5″)两处采样点(采样点分布见图 4-7)真光层深度 $D_{eu}(\lambda_{PAR})$ 分年度统计结果见图 4-8，逐次采样变化过程见图 4-9。从年均值比较分析，5 年内澎溪河高阳平湖、双江大桥两处采样点真光层深度年均值并未出现显著的单调变化特征。2009 年 7 月至 2010 年 6 月期间(第三个周年)两处采样点全年真光层深度均值是 5 个研究周年内的峰值，达到 7.05±0.76m；2011 年 7 月至 2012 年 6 月期间(第五个周年)真光层年均值仅为 5.36±0.57m。在年内真光层数据序列分布特征上，5 年期间澎溪河高阳平湖、双江大桥采样点真光层深度低于年均值的出现频次略呈增加的趋势；同时，5 年间真光层深度年内数据序列变异系数 Cv、年内最大值/最小值比值均呈现递增趋势(图 4-10)，反映出 5 年间澎溪河回水区上述采样点真光层深度年内变幅扩大趋势明显。

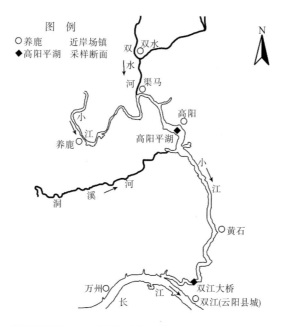

图 4-7　澎溪河回水区(云阳段)高阳平湖、双江大桥采样点分布示意

时间范围：2007年7月至2012年6月

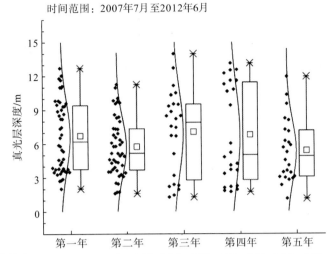

年均值/m: 6.70±0.45 5.73±0.37 7.05±0.76 6.77±0.90 5.36±0.57

图 4-8 高阳平湖、双江大桥采样点真光层深度分年统计

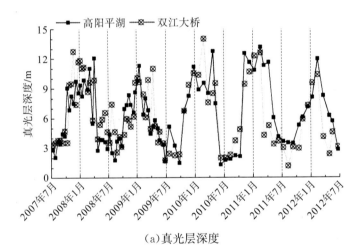

（a）真光层深度

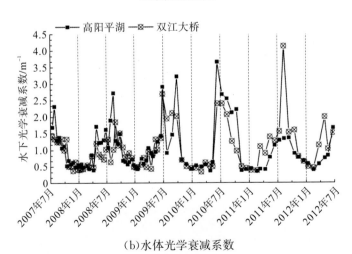

（b）水体光学衰减系数

图 4-9 高阳平湖、双江大桥真光层深度与水体光学衰减系数逐月变化

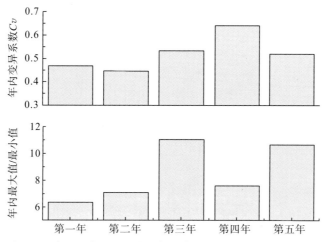

图 4-10　高阳平湖、双江大桥年内真光层深度主要统计特征值

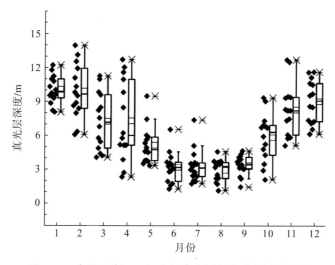

图 4-11　高阳平湖、双江大桥真光层深度分月统计结果

　　从分月统计结果(图 4-11)可以看出，年内真光层深度逐月变化显著，呈现冬季枯季高、夏季汛期低的变化特征。6～8 月是澎溪河回水区真光层深度最低的时期，5 年期间6～8 月澎溪河回水区(高阳平湖、双江大桥)采样点真光层深度均值分别为：3.16±0.38m(6 月)、3.34±0.41m(7 月)、2.91±0.27m(8 月)。1 月、2 月、12 月的真光层深度均值分别为 10.06±0.35m(1 月)、9.91±0.67m(2 月)、9.09±0.56m(12 月)，是全年真光层深度最高的月份。此外，尽管澎溪河前述两处采样点真光层深度在 2～5 月期间呈现总体下降趋势，但短期内骤升骤降的特征亦十分明显，主要表现为真光层深度在 4 月出现短期升高后又显著下降，这同 8～11 月期间逐月单调显著递增的趋势具有显著差别。

　　5 年研究期间，澎溪河高阳平湖和双江大桥采样点透明度 SD 变化范围为 30～550cm，逐次采样变化过程见图 4-12。透明度同真光层深度变化序列相同，它们之间具有极显著的正相关关系，Spearman 相关系数为 0.833($n=168$，$p≤0.01$)。

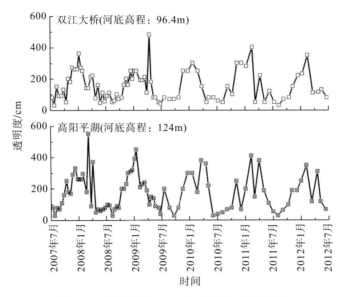

图 4-12　高阳平湖、双江大桥透明度变化序列

Lorenzen(1978)认为透明度深度上的光强近似地等于表面光强的 20%，从而得到 SD 与 $K_d(\lambda_{PAR})$ 的关系式：

$$SD = \frac{-\ln 0.2}{K_d(\lambda_{PAR})} \tag{4-9}$$

李宝华等(1999)基于式(4-9)对海水透明度的影响因素进行了分析。张运林等(2004，2006)对太湖 SD 和 $K_d(\lambda_{PAR})$ 的经验关系进行了研究，建立了二者的经验关系式：

$$K_d(\lambda_{PAR}) = 0.096 + 185.2(SD)^{-1}(R^2 = 0.92, n = 117) \tag{4-10}$$

$$K_d(\lambda_{PAR})^{1/4} = 1.1266 - 0.3427 \cdot \ln(SD)(R^2 = 0.92, n = 117) \tag{4-11}$$

参考张运林的前期研究成果[式(4-10)和式(4-11)]，本书以 5 年期间澎溪河高阳平湖、双江大桥两处采样点全部数据序列($n=168$)建立了 SD-$K_d(\lambda_{PAR})$ 的经验关系(图 4-13)：

$$\begin{cases} K_d(\lambda_{PAR}) = 0.3017 + 73.4321 \cdot (SD)^{-1}(R^2 = 0.6422, n = 168, p \leqslant 0.01) \\ K_d(\lambda_{PAR})^{1/4} = 1.8089 - 0.1717 \cdot \ln(SD)(R^2 = 0.6869, n = 168, p \leqslant 0.01) \end{cases}$$

$$\tag{4-12}$$

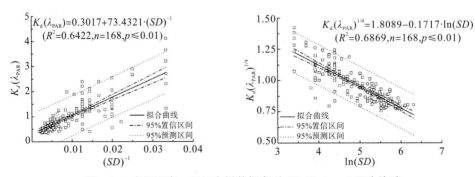

图 4-13　高阳平湖、双江大桥数据序列 SD-$K_d(\lambda_{PAR})$ 经验关系

式中，n 为样本数；p 为检验的显著性水平。

相比较于张运林等（2004，2005）的研究成果，澎溪河高阳平湖、双江大桥 5 年研究期间数据序列的 $SD-K_d(\lambda_{PAR})$ 经验关系模型中，SD 组分斜率均显著小于太湖水域，这可能与两个地区河、湖系统固有光学量（散射系数、吸收系数等）的季节性差异相关。

2. 真光层深度的空间分布特征

为进一步揭示澎溪河回水区真光层深度的空间分布特点，对澎溪河回水区上游开县至下游河口共 12 个采样点真光层深度（水下光学衰减系数）进行跟踪观测，覆盖范围包括澎溪河库尾变动回水区（开县汉丰湖）、145m 常年回水区末端（云阳养鹿湖）以及 145m 常年回水区（云阳段渠马渡口等），采样点分布见图 4-14，各采样点基本信息见表 4-2，采样频次为每月一次，真光层估算方法同前述。本节通过对 2010 年 7 月至 2011 年 6 月一个完整周年野外定位观测，探讨澎溪河回水区真光层深度的空间分布特征。

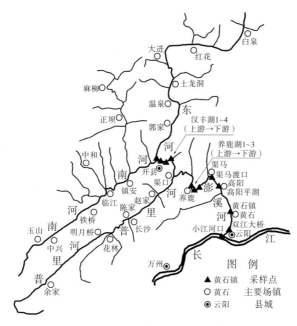

图 4-14　澎溪河回水区真光层深度采样点分布图

表 4-2　澎溪河回水区真光层深度各采样点情况

采样点	经纬度	采样点深泓线河底高程/m	采样点具体位置
汉丰湖 1	N31°11′22.73″, E108°25′20.72″	162.3	澎溪河南河东河交汇处东河一侧
汉丰湖 2	N31°11′11.56″, E108°26′4.71″	160.8	澎溪河南河东河交汇处下游约 1000m 处
汉丰湖 3	N31°11′9.43″, E108°26′40.63″	159.6	开县宝塔窝原水文站旧址
汉丰湖 4	N31°10′5.17″, E108°27′32.27″	157.8	开县乌杨桥调节坝前 300m 处
养鹿湖 1	N31°5′1.67″, E108°33′48.40″	139.5	养鹿湖入湖断面，位于养鹿镇渡口下游约 1000m 处

采样点	经纬度	采样点深泓线河底高程/m	采样点具体位置
养鹿湖2	N31°5′26.75″，E108°34′28.94″	139.0	养鹿湖心控制断面，位于养鹿湖杨家坝消落带处河道
养鹿湖3	N31°5′47.19″，E108°35′9.78″	138.4	养鹿湖出口控制断面，位于养鹿湖出口母猪石处河道
渠马渡口	N31°07′50.8″，E108°37′13.9″	135.4	渠马镇渡口双水河同澎溪河交汇口上游200m处
高阳平湖	N31°5′48.2″，E108°40′20.1″	124.0	高阳平湖中心，原李家坝淹没区处河道
黄石镇	N31°00′29.4″，E108°42′39.5″	103.2	黄石镇渡口上游1000m处峡口河道
双江大桥	N30°56′51.1″，E108°41′37.5″	96.4	双江大桥上游300m处河道
小江河口	N30°57′03.8″，E108°39′30.6″	97.5	澎溪河同长江交汇处澎溪河一侧，原双江镇淹没区河道

2010年7月至2011年6月，澎溪河回水区上游至下游各采样点真光层深度分布见图4-15，年内统计结果见表4-3。可以看出，澎溪河回水区上游至下游各采样点真光层深度总体上逐渐递增趋势显著，开县汉丰湖1采样点真光层深度年均值仅为4.64±1.04m，至开县乌杨桥调节坝前(汉丰湖4采样点)真光层深度年均值增至5.57±1.15m。开县下游养鹿湖各采样点真光层深度较开县汉丰湖进一步增加，养鹿湖1至养鹿湖3采样点真光层深度分别为6.27±1.36m、6.72±1.36m、6.73±1.49m。此后，渠马渡口采样点真光层年均值较临近的养鹿湖3采样点和高阳平湖略有下降，其年均值为5.92±1.25m。高阳平湖采样点真光层深度年均值为各采样点最高，研究期间年均真光层深度为7.40±1.45m。高阳平湖下游黄石镇、双江大桥、小江河口采样点，真光层深度年均值呈弱递减趋势，三处采样点真光层深度年均值分别为：7.02±1.41m、6.13±1.19m、6.22±1.14m。

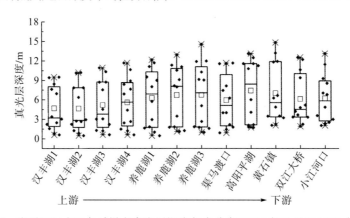

图4-15　澎溪河回水区各采样点真光层深度年内分布(2010年7月至2011年6月)

澎溪河回水区各采样点真光层深度最高值所组成的数据序列同年均值所组成的数据序列呈现极显著的正相关关系，它们间Spearman相关系数为0.895($p \leqslant 0.01$，$n=12$)，表明年内真光层深度最高值自上游至下游的沿程空间变化过程同年均值的空间变化基本一致。但是，各采样点真光层深度最低值所组成的数据序列同年均值数据序列正相关关系不显著，它们之间的 Spearman 相关系数仅为 0.571（$p > 0.01$，$n = 12$）。图 4-15 可明显看出，澎溪河回水区高阳平湖以上各采样点年内最低值相差不大，仅在下游黄石镇、双江大桥和小江河口三个采样点，年内真光层深度最低值高于高阳平湖以上采样点，且同年均值呈现相同的变化特征。

以各采样点年内真光层深度变异系数 Cv 和最高值/最低值比值 α 作为描述各采样点年内真光层深度数据序列变幅的特征参量（表 4-3），分析发现，澎溪河回水区上游至下游，各采样点 Cv 所组成的空间变化数据序列，同年均值呈现显著的负相关关系，Spearman 相关系数为 -0.604（$p \leqslant 0.05$，$n = 12$）；各采样点 α 所组成的空间变化数据序列同年均值的 Spearman 相关系数为 -0.503（$p \leqslant 0.1$，$n = 12$）。尽管后者（α-年均值）的负相关关系并不如前者（Cv-年均值）显著，但它们共同反映出澎溪河回水区真光层深度空间变化特征的另一重要特点，即回水区上游采样点真光层深度年内变幅显著高于回水区下游采样点，且同年均值的变化特征总体上具有相似的变化特点。

此外，各采样点之间年内真光层深度变化总体上具有同步性，它们两两之间年内序列的 Spearman 相关性系数均呈现显著的正相关关系，Spearman 相关系数大于 0.7（显著性 $p \leqslant 0.05$）。

表 4-3　澎溪河回水区各采样点真光层深度统计（2010 年 7 月至 2011 年 6 月）

采样点	年均值/m	年内变异系数 Cv	年内最高值/最低值比值 α
汉丰湖 1	4.64±1.04	0.74	16.49
汉丰湖 2	4.61±1.09	0.79	22.21
汉丰湖 3	5.17±1.15	0.74	18.05
汉丰湖 4	5.57±1.18	0.70	19.59
养鹿湖 1	6.27±1.36	0.72	26.11
养鹿湖 2	6.72±1.36	0.67	11.60
养鹿湖 3	6.73±1.49	0.73	14.79
渠马渡口	5.92±1.25	0.70	12.88
高阳平湖	7.40±1.45	0.65	7.61
黄石镇	7.02±1.41	0.66	7.14
双江大桥	6.13±1.19	0.64	6.51
小江河口	6.22±1.14	0.61	6.44

4.2.2　水库运行下澎溪河水体光学特性的影响因素分析

影响水体中辐射强度和光谱分布的物质大致可分为三大类（秦伯强等，2004）：①黄质（yellow substance 或 gilvin），主要是由黄腐酸、腐殖酸组成的溶解性有机物（DOM），其对水下光辐射的影响主要以吸收为主，它们是水体溶解性有机物（DOM）中的有色部分，又称为有色溶解性有机物（chromophoric dissolved organic matter，CDOM）；②总悬浮颗粒物（TPM），包含以悬浮泥沙为主的颗粒态无机物（PIM）和以浮游植物活体细胞、水生动物排泄物与动植物死亡后残骸为主要组成部分的颗粒态有机物(POM),它们主要通过散射和反射对水下光辐射强度产生影响;③浮游植物等初级生产者对光辐射的直接吸收与消耗,以满足自身光合作用的要求,表现为浮游植物体内光合作用荧光色素——叶绿素a(Chla)含量的高低,同时,浮游植物生物体亦是颗粒态有机物(POM)的一种,也可能通过散射、反射干扰水下光线传递。

不同类型的水体,可见光学衰减系数的影响因素有明显差异。浅水湖泊和其他水体沿岸带,可见光衰减系数的变化主要受有色可溶性有机物CDOM、悬浮物质的影响,而与Chla浓度的相关性不好(Philips et al.,1995;Battin,1998;张运林等,2004)。清洁的Ⅰ类大洋水体和深水湖泊,水体光衰减主要取决于水体及浮游植物,可见光衰减系数$K_d(\lambda_{PAR})$和Chla具有很好的线性相关性(Stambler et al.,1997;韩博平等,2003)。

在绝大多数陆地水体中,总悬浮颗粒态物质中的无机颗粒在对PAR衰减系数变化的影响中占绝对主导地位。Pierson等(2003)发现无机颗粒物对瑞典Mälaren湖水柱光学衰减系数的贡献率显著,悬浮颗粒物在湖泊光学特性中占主导作用。Irigoien等(1997)曾利用悬浮物浓度反推真光层深度,验证了无机泥沙颗粒对真光层深度呈主导影响。张运林等(2004,2005)认为悬浮颗粒物是影响太湖(浅水湖泊)真光层深度的主要因素,而Chla浓度对太湖水体光学衰减系数的影响弱于悬浮颗粒物,并提出了基于水体总悬浮颗粒的真光层预测模型。

水中浮游植物大量增殖增强了对光的吸收和散射,阻碍光线在水体中传播,从而降低水体透明度。Morel等(1989)较早提出了淡水湖泊真光层深度与Chla浓度的数学关系。在Apopka湖(Bachmann et al.,2001)、滇池(赵碧云等,2003)等的研究结果显示,表征浮游植物含量的Chla浓度对水体光学特性的影响显著。徐耀阳等(2006)发现三峡香溪河库湾光学衰减系数与Chla浓度存在显著相关性,高岚河河口$K_d(\lambda_{PAR})$同Chla浓度相关性最好。

水体中的有色溶解性有机物(CDOM)不仅吸收紫外光,而且吸收可见光,因而成为控制自然水体水下光场的重要因子之一。CDOM对紫外光吸收最强,到近红外光趋向于零。一方面,由于CDOM对紫外辐射的强烈吸收,限制了生物有害的UV-B辐射(280～320nm)穿透深度,保护了水生生物,特别是在高纬度湖泊,避免水生生物遭受紫外线灼伤(Pienitz,2000);另一方面,Blough等(2002)认为CDOM对水下光谱的吸收可延展到可见光的蓝光部分,与藻类和非藻类颗粒物对光的吸收重叠,一定程度上抑制了浮游植物的光合作用,降低初级生产力水平(Jones,1998),并影响到水体的生态系统结构。Hayakawa等(2004)用三维荧光光谱对云南抚仙湖溶解性有机物荧光特性进行分析,发现湖泊与河流存在明显差异,不仅与溶解性有机物的来源有关,还与其降解的能力有关。

为分析澎溪河回水区真光层深度的主要影响因素,本书选取高阳平湖与双江大桥为代表,以上述两处采样点五年的真光层时间变化序列为基础,结合同步跟踪观测的水体中总颗粒物(TPM)、颗粒态无机物(PIM)、颗粒态有机物(POM)、叶绿素a(Chla)、溶解性有机碳(DOC,反映水中CDOM含量),采用统计分析方法,解析水库运行下澎溪河回水区真光层深度的影响因素。上述影响参量的采样与分析测试方法见表4-4,它们的时空变化特征具体将在本书后续章节分述,本节不再赘述。根据三峡水库运行特征,将高阳平湖、双江大桥数据序列分别划分为低水位（5 月至 9 月）、高水位（10 月至次年 4 月）两个子集，并对五年总数据序列、低水位数据序列、高水位数据序列进行统计分析，明晰水库运行下各环境参量对澎溪河回水区真光层深度的影响。

表 4-4　各主要环境参量的采样与测试分析方法

环境参量	采样方案	测试分析方法	其他说明
总颗粒物（TPM）	水面下 0.5m、1m、2m、3m、5m、8m 各采集 250mL，等量混合后取 500mL	Whatman® GF/F 膜（预先在马弗炉中 450℃下烘干 4 小时后称重）马弗炉中 65℃烘干 48 小时后称重，两次重量差减	2009 年 6 月后为分层采样，采样深度为 0.5m、5m、10m，数据采用算术平均值
颗粒态有机物（POM）		在上述 65℃烘干 48 小时称量后，再次以 450℃烘干 4 小时后称重，两次差减	
颗粒态无机物（PIM）		PIM＝TPM−POM	
叶绿素 a（Chla）	水面下 0.5m、1m、2m、3m、5m、8m 各采集 250mL，等量混合后取 500mL	Whatman® GF/C 膜滤后研磨、丙酮萃取 36 小时后于分光光度计测试不同波长吸光度值，具体见《水和废水监测分析方法》（第四版）	2009 年 6 月后采用分层测试，采样深度分别为 0.5m、1m、2m、3m、5m、8m、10m，数据采用算术平均值
溶解性有机碳（DOC）	水面下 0.5m、1m、2m、3m、5m、8m 各采集 250mL，等量混合后取 500mL	Whatman® GF/F 膜滤后，滤液采用 Shimadzu® TOC−VPH 分析仪自动分析	2009 年 6 月后为分层采样，采样深度为 0.5m、5m、10m，数据采用算术平均值

对高阳平湖、双江大桥采样点总数据序列、低水位数据序列、高水位数据序列的 Spearman 相关性分析结果见表 4-5。分析发现，总体上 TPM、POM、PIM、Chla 以及 DOC 均同真光层深度 $D_{eu}(\lambda_{PAR})$ 呈负相关关系。在高阳平湖总数据序列中，它们之间的相关系数大小关系为 $r_{TPM} > r_{PIM} > r_{POM} > r_{Chla} > r_{DOC}$，其中 DOC 同 $D_{eu}(\lambda_{PAR})$ 间的 Spearman 相关系数未通过显著性检验（显著性水平 $p=0.05$），说明它们之间的相关关系不具有统计意义。双江大桥总数据序列中，真光层深度 $D_{eu}(\lambda_{PAR})$ 同各主要环境参量的相关性分析结果同高阳平湖基本相同，DOC 同 $D_{eu}(\lambda_{PAR})$ 并不具有显著的统计相关性，但双江大桥的 $r_{Chla} > r_{POM}$。

表 4-5　各采样点主要环境参量对真光层深度的相关性分析结果

采样点	数据序列	TPM	POM	PIM	Chla	DOC
高阳平湖	总数据序列（$n=84$）	−0.775	−0.519	−0.636	−0.457	−0.252*
	低水位（5 月至 9 月，$n=35$）	−0.644	−0.295*	−0.623	0.296*	−0.209*
	高水位（10 月至次年 4 月，$n=49$）	−0.419	−0.443	−0.054*	−0.292	−0.217*
双江大桥	总数据序列	−0.788	−0.531	−0.684	−0.565	−0.227*
	低水位（5 月至 9 月，$n=35$）	−0.634	−0.233*	−0.727	−0.006*	0.018*
	高水位（10 月至次年 4 月，$n=49$）	−0.564	−0.533	−0.186*	−0.563	−0.070*

注：1）Spearman 相关分析，双尾检验，$p=0.05$；2）"＊"表示 $p>0.05$，未通过显著性检验，相关性无统计意义

在 5 月至 9 月的水库低水位运行期间,高阳平湖处 POM、Chla、DOC 同 $D_{eu}(\lambda_{PAR})$ 均未呈现具有统计意义的相关关系,仅 TPM、PIM 同 $D_{eu}(\lambda_{PAR})$ 呈现显著的负相关关系;双江大桥处 $D_{eu}(\lambda_{PAR})$ 同上述各环境参量的统计相关性与高阳平湖相同,POM、Chla、DOC 同 $D_{eu}(\lambda_{PAR})$ 亦未呈现具有统计意义的相关关系,TPM、PIM 同 $D_{eu}(\lambda_{PAR})$ 显著负相关关系。在 10 月至次年 4 月的水库高水位运行期间,高阳平湖处 PIM、DOC 同 $D_{eu}(\lambda_{PAR})$ 未呈现显著统计关系,TPM、POM、Chla 同 $D_{eu}(\lambda_{PAR})$ 显著负相关;双江大桥处 $D_{eu}(\lambda_{PAR})$ 同上述各环境参量的统计相关性同高阳平湖相同。

从相关性系数大小与显著性的比较可以看出,总体上水中的总颗粒物(TPM)是影响澎溪河真光层深度 $D_{eu}(\lambda_{PAR})$ 最重要的因素,颗粒态无机物(PIM,如悬浮泥沙等)是水库低水位运行期影响真光层深度的主要因素;在水库高水位运行时期,颗粒态有机物(POM,如动植物腐屑、浮游植物和浮游动物活体等)则对真光层深度影响明显。作为 POM 的一部分,悬浮营生于水柱中的浮游植物对水库高水位运行时期真光层深度的影响亦较为明显。DOC 作为 CDOM 的定量表征,并未对真光层深度变化呈现具有统计意义的、显著的影响。

上述 5 个主要环境变量存在自相关性和共线性特征,例如 TPM＝POM＋PIM,Chla 所反映的浮游植物生物量本身是 POM 的一部分。故若对上述环境变量直接采用多元线性回归方法分析、评价其对真光层深度的定量贡献将出现偏差。为解析上述环境参量对真光层深度的具体贡献,本书采用因子分析法对上述 5 个环境变量进行降维处理,通过主成分判别,建立或筛选影响澎溪河回水区真光层深度的表征变量。

因子分析是从变量群中提取共性因子的多元统计分析方法,主要用于描述在一组测量到的变量中隐藏的一些更基本的,但又无法直接测量到的隐性变量。由于因子分析生成的标准化主成分因子间相互独立,同时可以通过各环境变量线性表达,在此基础上,可采用多元统计回归的方法(卢纹岱,2006),建立主成分因子同因变量的权重关系以评判不同的主成分因子对受控因素的影响程度,进而根据各环境变量同主成分因子之间的相互关系(卢纹岱,2006),评判环境变量对待判别受控因素的影响。本书中,主成分分析结果要求所筛选的主成分因子特征值之和占各因子总方差的 75% 以上(卢纹岱,2006),以避免缺失过多信息。

对高阳平湖处总数据序列进行主成分分析后发现,上述 5 个主要环境变量均可降维成 2 个无量纲的主成分因子(图 4-16a)。旋转后,成分 1 可解释的方差为 47.76%,成分 2 可解释的方差为 31.46%。成分 1 和成分 2 累积能够解释的方差为 79.22%,超过 75%,说明所遴选主成分具有有效性。从图 4-16 中可以看出,所筛选的 2 个主成分因子可明显地将上述 5 个环境参量分为 2 个大类:PIM、TPM 和 Chla、POM。构成成分 1 的环境参量主要为 PIM、TPM,其中 PIM 更接近成分 1 所在的横轴。构成成分 2 的环境参量主要为 Chla、POM,其中 Chla 更接近成分 2 所在的纵轴。通过各环境变量对主成分因子影响的得分系数和载荷分析(表 4-6)可以看出,PIM、TPM 对成分 1 的因子载荷均超过 0.9,贡献显著。Chla 对成分 2 的贡献显著,其因子载荷达 0.939。成分 1 中 PIM 得分为 0.544,成分 2 中 Chla 得分为 0.677,它们在成分 1、成分 2 中的得分均高于其他环境参量,这与前述因子载荷分析结果相同。

双江大桥处上述 5 个主要环境变量因子分析结果同高阳平湖的因子分析结果相似（图 4-16b）。旋转后，成分 1 可解释的方差为 59.57%，成分 2 可解释的方差为 20.94%，成分 1 和成分 2 累积能够解释的方差为 80.51%，超过 75%，所遴选主成分能够反映原数据序列的主要特征。从图 4-16 可以看出，在双江大桥处的数据序列中，构成主成分 1 的主要环境参量为 Chla 和 POM，二者均较靠近成分 1 所在横轴；而构成成分 2 的主要环境参量为 PIM，PIM 接近于成分 2 所在纵轴。同高阳平湖处数据序列因子分析结果相同，DOC 并未呈现出同成分 1、成分 2 显著的关联性。通过各环境变量对主成分因子影响的得分系数和载荷分析（表 4-6）可以看出，Chla、POM 对成分 1 的载荷因子均超过 0.9，贡献显著；PIM 对成分 2 的贡献显著，其因子载荷达 0.910。成分 1 中 Chla、POM 得分接近，分别为 0.358、0.354；成分 2 中 PIM 得分为 0.803，同前述因子载荷分析结果相同。

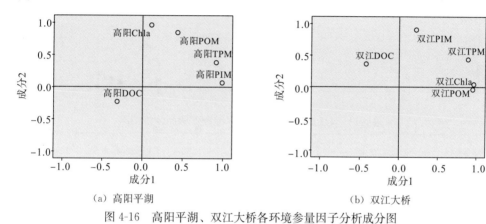

（a）高阳平湖　　　　　　　（b）双江大桥

图 4-16　高阳平湖、双江大桥各环境参量因子分析成分图

表 4-6　各环境参量对主成分因子的载荷分析与得分系数

环境参量	高阳平湖				双江大桥			
	旋转后因子载荷		得分系数矩阵		旋转后因子载荷		得分系数矩阵	
	成分 1	成分 2	成分 1	成分 2	成分 1	成分 2	成分 1	成分 2
TPM	0.961	0.242	0.435	−0.090	0.893	0.441	0.268	0.274
POM	0.558	0.773	0.066	0.454	0.968	0.044	0.354	−0.101
PIM	0.985	−0.082	0.544	−0.357	0.218	0.910	−0.052	0.803
Chla	0.254	0.939	−0.143	0.677	0.952	−0.024	0.358	−0.162
DOC	−0.345	−0.172	−0.131	−0.036	−0.417	0.370	−0.210	0.401

注：旋转方法为最大四次方值法，迭代 3 次实现收敛

结合前述相关性分析与因子分析结果，分析认为水柱中的颗粒物浓度和浮游植物生物量水平（本身也是一种颗粒态有机物）是影响澎溪河回水区真光层深度的主要因素。因水中颗粒物增多导致的散射、漫射或反射以及浮游植物生长，对光能的吸收是澎溪河回水区水柱中入射光衰减的主要原因。CDOM 对真光层深度变化的影响并不显著。考虑到 POM 既包括一部分浮游植物细胞，也包括了水中有机碎屑以及浮游动物生物体，故同时以 PIM、POM 和 Chla 为因变量采用多元回归分析方法分别建立 5 年研究期间高阳平湖、

双江大桥采样点真光层深度经验模型，结果见表 4-7 和表 4-8。模型结果可以看出，尽管所建立的多元回归模型均具有显著性($Sig. \leqslant 0.01$)，但不同因变量对模型的贡献和影响仍具有明显区别。系数标准化后，PIM 对 $D_{eu}(\lambda_{PAR})$ 的实际贡献最大，其次为 POM 和 Chla。在双江大桥处 POM、Chla 均未通过显著性检验，进一步说明双江大桥处 PIM 对 $D_{eu}(\lambda_{PAR})$ 存在显著的实际影响。

表 4-7　高阳平湖真光层深度多元回归模型分析结果

因变量	拟合优度 R^2	修正后拟合优度 Adj-R^2	预测结果标准误	模型检验 F 值	检验显著性 $Sig.$
$D_{eu}(\lambda_{PAR})$	0.372	0.346	2.616	14.414	0.000

变量	非标准化系数		标准化系数 β	t 检验结果	显著性 $Sig.$
	系数值	系数标准误			
常数	8.904	0.526		16.941	0.000
POM	−0.535	0.180	−0.357	−2.979	0.004
PIM	−0.148	0.037	−0.379	−3.941	0.000
Chla	−0.014	0.030	−0.055	−0.475	0.636

表 4-8　双江大桥真光层深度多元回归模型分析结果

因变量	拟合优度 R^2	修正后拟合优度 Adj-R^2	预测结果标准误	模型检验 F 值	检验显著性 $Sig.$
$D_{eu}(\lambda_{PAR})$	0.365	0.338	2.734	13.770	0.000

变量	非标准化系数		标准化系数 β	t 检验结果	显著性 $Sig.$
	系数值	系数标准误			
常数	8.312	0.466		17.834	0.000
POM	−0.063	0.107	−0.096	−0.595	0.554
PIM	−0.301	0.058	−0.498	−5.188	0.000
Chla	−0.033	0.028	−0.194	−1.190	0.236

　　进一步地，为辨识水库运行与降雨径流过程对真光层深度及相关环境参量的影响，研究引入两次采样间隔平均水位(AveWL)、采样间隔平均流量(AveQ)以及采样间隔澎溪河流域平均降水量(AveRain)，分别对前述两个采样点的 5 年数据序列进行 Spearman 相关性分析，结果见表 4-9 和表 4-10。澎溪河降水量同流量呈极显著的正相关关系(Spearman 相关系数为 0.932，$Sig. \leqslant 0.01$)；水位同降水量、流量呈显著负相关关系。上述过程同三峡水库"蓄清排浑"的运行模式一致。在它们的共同影响下，PIM 同水位显著负相关而同流量、降水量呈显著正相关关系，表明在澎溪河水土流失严重的背景下无机泥沙输入是导致水柱中 PIM 含量升高的关键因素。水中悬浮生长的浮游植物细胞本身亦是 POM 的一部分，故它们之间存在着显著的正相关关系(高阳平湖处 POM、Chla 相关系数为 0.470；双江大桥处为 0.642)。高阳平湖处 POM 同 AveWL 并未呈显著统计相关性，但同 AveQ、AveRain 呈显著正相关关系；双江大桥处 POM 同 AveWL 呈较弱的负相关关系，同 AveQ、AveRain 显著正相关。Chla 同 AveWL、AveQ、AveRain 的

统计相关性与 POM 相似。在它们的共同影响下，高阳平湖和双江大桥处真光层深度 $D_{eu}(\lambda_{PAR})$ 同 AveWL 显著正相关，同 AveQ、AveRain 显著负相关。

表 4-9　高阳平湖处真光层深度、主要环境参量同水文水动力要素相关系数矩阵

样本数 $n=84$	$D_{eu}(\lambda_{PAR})$	POM	PIM	Chla	AveWL	AveQ
$D_{eu}(\lambda_{PAR})$	1.000					
POM	−0.519	1.000				
PIM	−0.636	0.300	1.000			
Chla	−0.457	0.470	0.340	1.000		
AveWL	0.625	−0.149**	−0.731	−0.305*	1.000	
AveQ	−0.732	0.419*	0.685	0.353*	−0.612	1.000
AveRain	−0.699	0.396*	0.688	0.444*	−0.657	0.932

注：1）Spearman 相关性分析，显著性水平 $Sig. \leqslant 0.01$；2）"*"表示显著性水平 $Sig. \leqslant 0.05$；3）"**"表示未通过显著性检验，相关系数无统计意义

表 4-10　双江大桥处真光层深度、主要环境参量同水文水动力要素相关系数矩阵

样本数 $n=84$	$D_{eu}(\lambda_{PAR})$	POM	PIM	Chla	AveWL	AveQ
$D_{eu}(\lambda_{PAR})$	1.000					
POM	−0.531	1.000				
PIM	−0.684	0.285	1.000			
Chla	−0.565	0.642	0.376	1.000		
AveWL	0.564	−0.300*	−0.651	−0.459	1.000	
AveQ	−0.603	0.447	0.588	0.391	−0.612	1.000
AveRain	−0.628	0.411	0.567	0.361*	−0.657	0.932

注：1）Spearman 相关性分析，显著性水平 $Sig. \leqslant 0.01$；2）"*"表示显著性水平 $Sig. \leqslant 0.05$

在水库生态学理论中，水文水动力条件是诱发水库生态系统有别于其他水生生态系统的根本原因。澎溪河回水区独特的水文水动力条件在支配水体中颗粒物、浮游植物等环境要素的同时，亦干扰了河流水体真光层深度的时空变化。根据这一思路，从上述相关性分析结果中，可梳理出以下几个方面的经验性认识。

1）澎溪河回水区真光层深度季节变化

春末夏初时节汛期开始，在水土流失严重的澎溪河流域，以无机泥沙颗粒为主的颗粒态物受降雨、地表径流的作用进入水体，使水体变混浊，水下光学透射性能受到干扰，真光层深度下降，无机泥沙颗粒成为影响真光层深度的主要因素。水位下降（库容下降）和径流量增大的双重作用迫使峡谷型的澎溪河回水区水体滞留时间的迅速缩短，该时期澎溪河回水区水动力特点近似于天然河流。尤其是在整个汛期，三峡水库维持低水位运行状态，洪峰过程的脉冲效应不仅给澎溪河下游回水区带来了大量无机泥沙颗粒和有机碎屑，致使水体浊度迅速升高，真光层深度下降；而且水体紊动程度加大，浮游植物作为悬浮生长于水中的生命个体，易受水体紊动程度加剧而频繁地在真光层内和真光层下变换，浮游植物细胞的整体受光时间缩短，光合作用程度不足，生长因此受到限制。

　　入秋后，水位抬升和径流量下降使水体滞留时间延长。水体紊动程度的下降使得无机泥沙颗粒迅速沉淀，真光层深度逐渐提高。虽然紊动程度下降和真光层深度提高的双重效应这在很大程度上扩大了浮游植物能够进行光合作用的空间，但太阳辐射强度和水温却在季节变化的影响下日渐下降，使浮游植物所能接受到的能量强度（水温、太阳辐射）逐渐降低，在一定程度上影响了浮游植物生长，使浮游植物进入非旺盛生长季节。同时，由于无机泥沙颗粒含量迅速降低，使得本身作为悬浮于水中的浮游植物生物体（也是一种颗粒态物质 POM）对水下光照传播的干扰逐渐显现。高水位运行状态下，Chla 对真光层深度的干扰效应超过 PIM，成为影响真光层深度的主要因素，而无机泥沙颗粒（PIM）对真光层深度的影响并不显著，且无机泥沙颗粒本身也很少。

　　2）澎溪河回水区真光层深度空间差异变化

　　尽管整体上高阳平湖和双江大桥处真光层深度的影响因素及其机制基本接近，但相关性分析结果所存在的微小区别体现了两处水域在水文水动力条件、环境要素和真光层深度变化上依然具有差异。地理位置上，高阳平湖位于澎溪河下游回水区中段，为大面积淹没区，大部分区域河底高程为 135~140m，使得在低水位（145m）下高阳平湖处平均水深不超过 20m。高阳平湖过水断面虽然放大，流速的下降有利于泥沙在该区域沉积，但该河段在低水位下平均水深 10m 左右，河道深泓线水深约 20m，水动力条件近似浅水湖泊的特点使得高阳平湖处底质和上覆水体间的物质交换异常频繁，初步沉积下来的泥沙在短期内迅速起动、再悬浮并对上覆水体光学特性产生影响，同太湖相似（范成新等，2007）。低水位状态下，双江大桥河道深泓线处水深已接近或超过 40m，属回水区下游深水水域。尽管该水域过水断面和水深的加大使得无机泥沙颗粒在该水域易于沉淀，但由于其频繁地同长江干流发生水体交换，该处 PIM 不仅来自澎溪河上游来水，而且长江干流的倒灌作用（见第 3 章）亦带入相当部分的泥沙颗粒并对水下光学特性产生干扰，使得PIM 对真光层深度影响较 Chla 更显著。冬季高水位运行期间，因上游来水量减少、水体滞留时间延长，高阳平湖与双江大桥真光层深度及其影响因素差异逐渐缩小，水中悬浮生长的浮游植物成为影响水柱真光层深度的主要因素。

　　上述空间上的差别可进一步解释澎溪河回水区自上游至下游真光层深度空间变化特征。前述分析中可以看出，高水位运行条件下澎溪河回水区上游开县至下游河口真光层深度接近；低水位运行条件下真光层深度则存在显著的上下游差别，导致真光层深度年均值自上游至下游呈现递增的趋势；上游采样点年内变幅显著大于下游采样点。低水位运行期，峡谷型河道的澎溪河回水区上游采样点为天然河道（开县段），水深较浅，PIM、Chla 主要受径流过程以及上游来水携带入库等影响，真光层深度相对较低且变幅明显。澎溪河回水区下游双江大桥、小江河口采样点则主要受长江干流交换的影响而较中游各采样点显著偏低。澎溪河回水区中游采样点（养鹿湖至高阳平湖段），养鹿湖与高阳平湖均为澎溪河回水区中段峡谷之间所形成的独特开阔性水域，受到回水区河道地形影响而呈现出独特的变化特征。低水位运行状态下，养鹿湖水域为 145m 回水区末端，具有河流型的水库生态系统特征，但因回水顶托，流速骤减，故水体滞留时间长于上游开县，真光层深度在低水位时期总体较高；渠马渡口是高阳平湖上游峡谷型河段，同高阳平湖相比，其相对狭窄的断面特征迫使其保留了过流型的生态特征，真光层深度显著低于高阳平湖的开阔水域。在高水位运行状态下，上游来水量下降、水位升高、库容加大，水体滞留时间的迅速延长在很大程度上促进了澎溪河回水区上下游各采样点水生态特征的"同质化"，从而使得澎溪河上下游各采样点真光层深度并未有太大差别。上述空间差异特征将在后续章节中进一步深入分析，以完善对澎溪河回水区水库生态系统特征的认识。

4.3　水库运行下澎溪河水温及其垂向分布特征

4.3.1　湖泊、水库垂向垂向水温结构研究背景简述

水温是水库生态系统热量收支的关键状态变量。在水库生态过程中，水温的生态意义主要体现在两个方面：①水温高低是水体各种生物、化学过程速率变化的关键影响参数，直接调控各种反应速率和方向，影响生物新陈代谢过程；②水温垂向结构反映了水体垂向混合特征，在宏观上是气候气象过程和水体各种物理过程综合作用的结果，是水生生态系统物理生境最重要的状态参量，在微观上因水体垂向分层－混合格局发生变化导致各种生态过程在不同尺度上呈现时空异质性特征，从而呈现出与其他生态系统迥异的结构与功能特征。

湖泊温度分布与分层－混合过程是现代湖泊科学理论发展的重要基石，是区别水体类型的关键标志。通常，淡水湖泊中水体被分为三层（图 4-17），自水面而下分别是：①湖上层（epilimnon，也称为"表水层"、"表温层"），湖泊表层水体，同空气相通，最先接受太阳辐射，受风力影响而易波动，通常是浮游植物生长与初级生产的主要区域，为整个湖泊生态系统提供大部分能量；②湖下层（hypolimnion，也称为"恒温层"、"深水层"），与大气隔绝，基本不发生紊动，太阳辐射衰减，通常难以满足植物光合作用需求，整个水层主要发生呼吸作用以分解上层水体逐渐沉淀下来的有机质；③湖中层（metalimnon），为湖上层和湖下层中间的过渡水层，因该水层剧烈的温度梯度变化，被称为"变温层"、"温跃层"（thermocline）。温跃层能促进水体中养分与气体循环，延长浮游植物在真光层内停留时间，故温跃出现通常是湖泊生态系统最重要的物理事件。

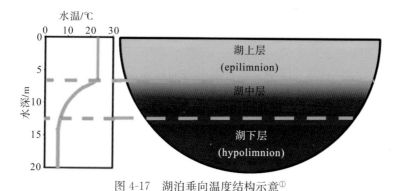

图 4-17　湖泊垂向温度结构示意[①]

---

① 修改重绘自：http://www.ourlake.org/html/thermocline.html.

理论上，太阳辐射传递至湖面迫使湖面增温，热量单向自湖面向湖泊底部传递，这是导致湖泊出现温度垂向差异的根本原因。通常，湖泊水面风浪扰动迫使表层湖水混合，湖上层内水温因扰动而均一。但风浪扰动强度通常不足以将整个湖盆内水团混合均匀，垂直温度差异（垂向上温度梯度）随着混合程度自上而下的逐渐减弱而增加，进而导致垂向水柱的密度产生差异。随着混合程度进一步减弱，垂向上密度差异消失，湖泊下层水体便不受湖上层风浪扰动而保持相对静滞的状态，便形成了前述的垂向温度分层结构。当风浪扰动足够强烈或湖泊水深过浅，整个湖盆内水团混合均匀，温度垂向分层便被打破。上述现象在秋冬季节或寒带可能出现另一番景象。湖水表层因气温下降而迅速被冷却，当混合阻力小于由水流或波浪产生的扰动时，分层不再发生。此外，对于深度过浅的水体或风浪扰动强烈的区域，夏季温度垂向分层形成后易被外力扰动打破并可能再次迅速形成。从上面分析可以看出，湖泊垂向温度分层过程同湖泊自然地理特征密切关联，其流域所在的气候气象条件（太阳辐射、年均气温气压、风速变化等）、地形地貌特点（水深、湖泊流域地貌、湖盆形态等）、水质理化特点（含沙量、盐度等）均是决定湖泊垂向温度结构特征的关键因素。

根据湖泊垂向温度分层特征和混合频率，即湖泊分层－混合循环周期和全年次数，湖泊通常可以分为永冻湖（无混合湖，amictic lake）、冷单次混合型（cold monomictic）、冷多次混合型（cold polymictic）、双季对流混合型（dimictic）、暖单次混合型（warm monomictic）、暖多次混合型（warm polymictic）等。它们的垂向温度分层－混合特征，见表 4-11。

表 4-11　不同类型湖泊垂向温度分层－混合特征

湖泊类型	纬度范围	垂向温度分层－混合特征
永冻湖（无混合湖）	75°以上寒带	永久结冰或在夏季一段时间内出现开阔水域和岸边无冰带；夏季近岸河流输入或太阳辐射可形成较弱的密度差异和混合格局
冷单次混合型	70°～75°高纬度地区	全年绝大多数时间被冰层覆盖；夏季冰冻融化，但风力扰动迫使夏季无法形成稳定分层
冷多次混合型	40°以上的温带、寒带地区	夏季融化后出现短暂分层现象（昼夜分层或数天内的短暂分层期）的浅水冷湖或风力扰动强烈的深水冷湖
双季对流混合型		一部分时间是冰层覆盖；另一部分时间形成稳定分层，中间间隔两段混合期
暖单次混合型	40°以下温带、热带地区	全年湖面不结冰；全年出现 1 次时间较长的稳定分层期
暖多次混合型		全年湖面不结冰；全年出现时间长度不等（1 天、数日或数周）的多次稳定分层期，易受风力扰动破坏，且易再次形成稳定分层。水深小于 3m 的热带湖泊易于出现多次昼夜分层混合现象

水库垂向温度结构因其外部动力条件复杂性而同湖泊呈现显著区别，主要有以下几个方面。①较湖泊而言，水库具有明显的来流方向以及因筑坝而形成的主要出水口。上游来水入库后，水流惯性可能形成的水库异重流迫使水库河流区、过渡区混合过程异常复杂（见第 1 章），改变了上述水域的垂向温度分层－混合格局；尽管水库成为湖区的水体相对静滞，但因其大坝出水口深层泄水产生的拉动效应可能干扰垂向温度分层－混合特征。②服务于各种需求，以改变水库库容（水位）为主要途径的水库运行过程将显著改变水库内水体的物理环境，水深增减使水库水体蓄热能力和物理边界（水深、水下地形特征）均出现明显变化，并对垂向水温结构产生显著影响。③成库后水库所在地区水域面积

较成库前有较大程度的增加，风生流对水库表层混合过程影响明显；同时由于库容增加导致的水体表面蒸发和蓄热能力改变亦有可能对水库垂向温度结构产生显著影响。具有航运功能的水库，水面行船（船体、螺旋桨）对表层水体亦产生较大搅动，对水库表层水体混合影响较为显著。此外，水库悬移质泥沙输移产生的密度差异以及近岸生产生活热排放亦可能影响水库垂向温度结构。

4.3.2　澎溪河水体表层水温与水气温差变化特征

在亚热带季风性气候条件下，澎溪河回水区水温的季节性变化明显。本小节以高阳平湖和双江大桥的观测结果为数据序列对澎溪河表层水温特征的变化过程进行探讨。在2007 年 7 月至 2012 年 6 月的 5 年研究期间，澎溪河回水区高阳平湖、双江大桥两个采样点表层水温均值为 21.8±0.5℃，变化范围为 10.0～35.10℃。总体上，5 年内澎溪河回水区上述两个采样点年内平均水温呈现略微升高的趋势（图 4-18），第五年（2011 年 7 月至 2012 年 6 月）澎溪河回水区上述 2 个采样点表层水温年均值较第一年（2007 年 7 月至2008 年 6 月）约升高 0.2℃。同时，5 年内澎溪河回水区上述两个采样点年内水温变幅具有逐渐减小的趋势，第一年（2007 年 7 月至 2008 年 6 月）内最高水温同最低水温温差为22.9℃。第五年（2011 年 7 月至 2012 年 6 月）表层水温年内温差缩小为 19.4℃。从表层水温逐月变化上看（图 4-19），2 月份表层水温月均值为全年最低，仅为 12.2±0.3℃，最低值出现在 2008 年 2 月初，表层水温仅为 10.0℃。3 月份开始水温迅速升高，出现表层水温超过 15℃甚至达到 20℃的情况，3 月表层水温均值为 14.7±0.6℃。4 月份水温均值达到 19.8±0.6℃，此后澎溪河表层水温迅速升高，至 8 月份月均值达到 30.7±0.7℃，其中 2010 年 8 月中旬水温甚至达到 35.1℃，为研究期间最高值。入秋后表层水温逐渐下降，11 月份表层均值为 19.5±0.3℃，12 月份表层水温均值降至 15.8±0.3℃。从 5 年内各月变幅上分析，2 月、3 月、4 月、6 月、8 月和 10 月数据序列变幅较为显著。其中，研究期间 3 月份所获数据序列中最大值同最小值比值达到 1.63，而 10 月份为 1.56、2 月份为 1.47、6 月份为 1.44、4 月份为 1.38、8 月份为 1.29。

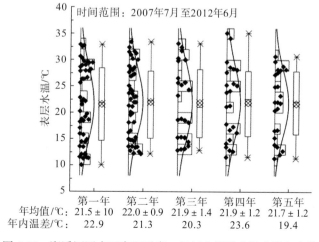

	第一年	第二年	第三年	第四年	第五年
年均值/℃:	21.5±10	22.0±0.9	21.9±1.4	21.9±1.2	21.7±1.2
年内温差/℃:	22.9	21.3	20.3	23.6	19.4

图 4-18　澎溪河回水区高阳平湖、双江大桥处表层水温年变化

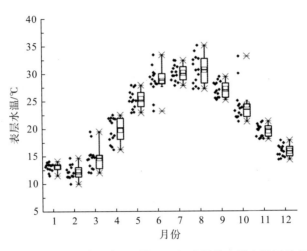

图 4-19　澎溪河回水区高阳平湖、双江大桥处表层水温逐月变化

　　水－气界面温度差是指表层水体温度同气温的差值。水－气界面温差反映水体同大气热量交换潜势，是水面蒸发强度模型的关键参量，也是水－气界面间物质交换能力的重要影响因素。5 年研究期间，澎溪河回水区高阳平湖、双江大桥两个采样点水－气界面温差年变化见图 4-20。可以看出，5 年期间澎溪河水－气界面温差总体呈略微下降的趋势，第一年（2007 年 7 月至 2008 年 6 月）水－气温差年均值为 -2.2 ± 0.7℃，第五年则为 -1.7 ± 0.8℃。第二年（2008 年 7 月至 2009 年 6 月）年内水－气温差变幅（水－气温差最大值和最小值差值）达 26.4℃，为研究期间最高。第五年（2011 年 7 月至 2012 年 6 月）澎溪河回水区上述两个采样点水－气界面温差为 16.2℃。水－气温差逐月变化见图 4-21。可以看出，水－气界面温差总体为冬季（12 月份、1 月份）大而夏秋季（8 月份、9 月份）小的特点。1 月和 12 月份水－气界面温差均值分别为 3.1 ± 0.7℃、3.4 ± 0.7℃。2 月份澎溪河回水区上述采样点水－气温差均值为 -2.0 ± 1.1℃，同 1 月份相比开始出现正负转化，即水温开始低于气温。3 月份水－气温差均值进一步降为 -3.6 ± 1.7℃，4 月份水－气温差均值达 -5.1 ± 1.3℃。尽管 5 月份均值略微回升至 -3.9 ± 1.1℃，但在 6、7 月份汛期期间水－气温差进一步下降，7 月份均值为 -4.9 ± 1.6℃。8、9 月份澎溪河上述两个采样点水－气温差值则逐渐回升，9 月份水－气温差均值回升至 -1.8 ± 0.8℃。10 月份水－气温差均值较 9 月份出现了正负转化，均值为 1.2 ± 1.1℃。从 5 年研究期间所获逐月数据序列的变幅上分析，2、3、4、7 月份的水－气温差数据序列变幅较大，其中 3 月份内所获取数据序列的最大值、最小值差值达到 21.7℃，而 7 月份亦达到 20.1℃。

　　从表层水温和水－气温差变化的逐年、逐月分析可以看出：在 5 年研究期间内，总体上澎溪河回水区水温并未有统计意义的显著变化。但是，水库蓄水导致 5 年内澎溪河回水区（云阳段）库容从 145m 水位下的 $2.55\times10^8\,\mathrm{m}^3$ 增加至 175m 水位下的 $8.69\times10^8\,\mathrm{m}^3$（详见第 3 章），水量增加在一定程度上加大了澎溪河回水区水体蓄热能力，年均表层水温出现了略微升高的趋势，而年内表层水温变化幅度则在 5 年研究期间内出现略微下降。

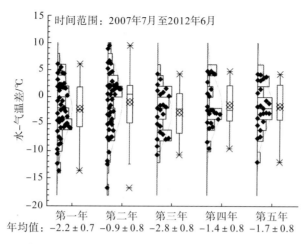

图 4-20 澎溪河回水区高阳平湖、双江大桥处表层水−气温差年变化

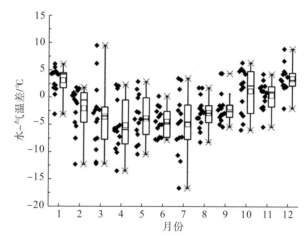

图 4-21 澎溪河回水区高阳平湖、双江大桥处表层水−气温差逐月变化

另一方面，表层水温逐月变化过程受气候变化的影响而呈现周期性规律。从水−气温差逐月变化上看，冬季气温普遍低于水温，但从 2 月开始气温迅速回升并拉大了水−气界面的温度差异。随着水位下降，澎溪河回水区蓄水量逐渐减少，气温增温和水量减少的双重效应促进了水温的迅速提高，4 月水温均值达到 20℃，水−气界面温差亦在 4 月同步达到最大。5 月表层水温在大气增温的影响下逐渐升高，但水−气界面间温度差异已显著缩小。7 月，水−气界面温度差扩大与汛期上游来水温度较低有一定关系。入秋后水−气界面温差出现正负转化，气温下降较水温明显，水体整体从吸热向放热转变。同时，水位升高导致的蓄水量增加在一定程度上影响了水−气界面温度差异的变化。从表层水温变化斜率上看，3~5 月间水温增温过程的斜率显著高于 9~11 月间水温降温过程的斜率。相关性分析进一步表明，水位对水−气界面温差具有显著正相关关系（Spearman 相关系数 $r=0.399$，$p≤0.01$），对表层水温显著负相关（Spearman 相关系数 $r=-0.300$，$p≤0.01$）。显然，尽管上述水温变化和水−气界面温度差异的逐月变化同该水域所处气候气象条件密切相关，但不可否认的是水库运行在以下两个方面对上述逐月变化过程产生了影响：①初春水位下降，蓄水量显著减少，在一定程度上有利于促进大

气对水体的增温过程；②夏末初秋，汛末蓄水过程使澎溪河回水区蓄水量显著升高，蓄热能力增加在一定程度上使水温的陡降得以延缓。

4.3.3　澎溪河垂向水温结构的逐月与昼夜变化过程

水温垂向结构是湖沼学研究中的关键内容，同诸多水生生态过程密切相关。2007 年 7 月至 2012 年 6 月的 5 年研究期间，时值三峡水库初期运行阶段，冬季蓄水最高水位由 156m 逐渐升高至 175m(图 4-22)，水库运行使澎溪河回水区高阳平湖、双江大桥采样点水深周期性改变。在边界条件(上游来水、水深变化等)改变情况下，垂向水温结构不仅受气候气象条件季节变化和昼夜过程的影响，也同水库运行、径流过程叠加有一定关系。为明晰水库运行下澎溪河回水区垂向水温结构特征，本书以高阳平湖、双江大桥采样点为代表，分别对五年研究期间垂向水温结构逐月变化与典型年份高阳平湖 24 小时昼夜水温变化过程进行分析。

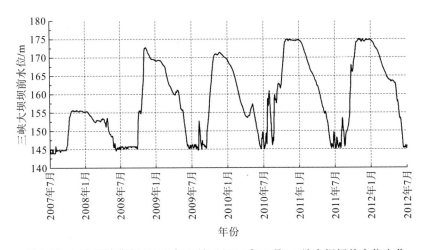

图 4-22　五年研究期间(2007 年 7 月至 2012 年 7 月)三峡大坝坝前水位变化

1. 高阳平湖、双江大桥垂向水温结构逐月变化

高阳平湖采样点河道深泓线河底高程约为 124.0m，双江大桥采样点河底高程约为 96.4m。垂向水温分层采样在 2009 年 7 月前(第一个研究周年和第二个研究周年)采样频次为每月 2 次，分别为上旬(10 日左右)和下旬(25 日左右)；2009 年 7 月后(研究期间后三个研究周年)采样频次为每月 1 次，具体时间为每月 10 日。五年研究期间，高阳平湖垂向水温结构见图 4-23(前 2 个研究周年)和图 4-24(后 3 个研究周年)；双江大桥垂向水温结构见图 4-25(前 2 个研究周年)和图 4-26(后 3 个研究周年)。

在亚热带季风型气候背景下，澎溪河回水区高阳平湖与双江大桥采样点大体上全年出现 1 次相对连续但不稳定的显著水温分层期，通常垂向水柱出现明显的温跃层①从 5 月底开始，在 7 月至 8 月期间出现剧烈的分层，持续至 10 月水温分层现象完全消失。大体上，澎溪河回水区全年近似呈现出暖单季对流型（warm monomictic）的垂向水温分层－混合特征。但在多重因素作用下，澎溪河回水区实际的垂向水温分层－混合格局并不如此。

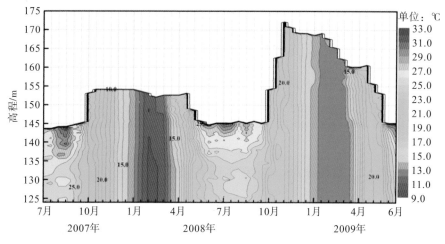

图 4-23　高阳平湖 2007 年 7 月至 2009 年 7 月垂向水温结构

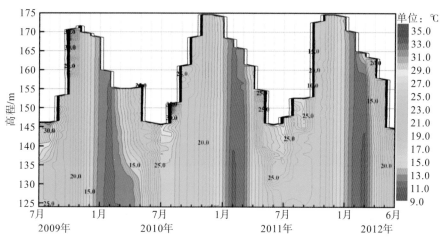

图 4-24　高阳平湖 2009 年 7 月至 2012 年 7 月垂向水温结构

---

①　温跃层（thermocline）通常被认为是位于垂向上水温下降梯度至少超过 1℃/m 的水深处，且认为温跃层出现是垂向水温显著分层的标志。Hutchison（1957）认为水温分层并无严格的数量上定义，而应是湖泊在水层某处形成的假想"平面"（imaginary plane），该"平面"具有一定厚度，位于水温变化最为剧烈的两水层之间，从而使湖泊垂向上形成湖上层、变温层和湖下层。本书沿用 Hutchison（1957）的观点，在表述中视温跃层（thermocline）与变温层（metalimnion）为同一概念。

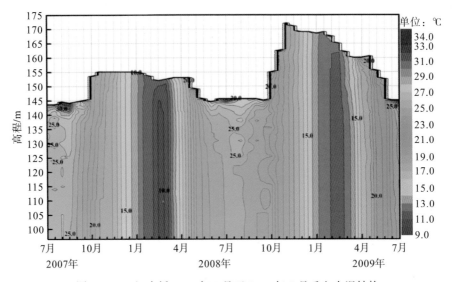

图 4-25　双江大桥 2007 年 7 月至 2009 年 7 月垂向水温结构

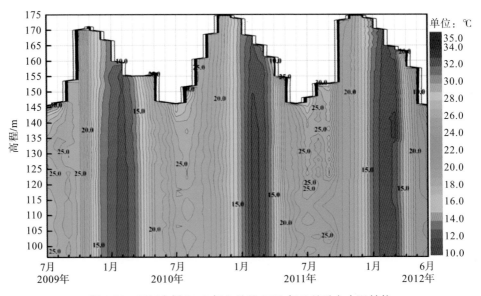

图 4-26　双江大桥 2009 年 7 月至 2012 年 7 月垂向水温结构

　　2007 年分层期间（5 月至 10 月，下同），水温分层现象自 5 月初开始形成并在 5 月下旬出现一次持续 10 天左右的剧烈分层期。6 月至 7 月高阳平湖、双江大桥采样点温度分层被打破，洪峰期间垂向水柱处于水温不分层或弱分层的状态。第二次显著的水温分层现象从 7 月底开始形成，8 月中上旬最为强烈，期间高阳平湖和双江大桥水域均在 5~7m 水深出现温跃层，分层现象至 9 月初迅速消失。高阳平湖与双江大桥在 9 月中下旬再出现一次短暂的显著分层，期间温跃层在 2~3 m 水深处形成，分层现象于 10 月迅速消失。

　　2008 年分层期间，高阳平湖从 5 月中旬开始出现较弱的水温分层，约在水深 8m 处出现温跃层，6 月中下旬洪峰期间垂向水温分层被迅速打破。上述时期双江大桥并未出现显著的分层现象。第二次水温分层现象出现在 6 月中下旬至 7 月上中旬（高阳平湖则持续至 7 月下旬），前后持续 30~40 天，期间高阳平湖、双江大桥水域均在水深 3m 附近形成稳定温跃层。8 月中下旬至 9 月上旬澎溪河回水区垂向水温结构再次出现弱分层现象，10 月温度分层现象完全消失。

2009 年分层期间，高阳平湖、双江大桥均呈现"双峰型"的垂向水温分层，即分层期内出现 2 次显著的垂向水温分层现象。第一次显著水温分层从 6 月下旬开始发育，剧烈的水温分层从 7 月中旬持续至 8 月底。8 月高阳平湖温跃层出现在水深 7m 左右；双江大桥温跃层出现在水深 5m 左右。9 月中上旬澎溪河回水区水温分层现象消失，但在 9 月下旬再次出现显著水温分层，在 10 月中上旬迅速消失。

2010 年分层期间，澎溪河回水区两处采样点均仅出现一次水温分层现象，呈现"单峰型"垂向水温分层。垂向水温分层从 6 月底开始发育至 8 月中下旬逐渐消失，7 月高阳平湖与双江大桥温跃层均出现在水深 5m 左右。

2011 年分层期间，澎溪河回水区呈现出 3 次显著的水温分层过程，5 月出现短暂弱水温分层，温跃层出现在水深 4m 处，此后迅速消失。第二次垂向水温分层过程自 6 月中旬开始发育持续至 8 月上旬后消失。7 月分层剧烈，期间高阳平湖、双江大桥温跃层均出现在水深 8~10m 处。8 月剧烈分层现象消失后，于 9 月再次出现剧烈水温分层过程，高阳平湖与双江大桥两处采样点温跃层出现在水深 10m 附近。

上述分析可以看出，澎溪河回水区每年 5~10 月易出现 1~3 次显著垂向水温分层。通常情况下，澎溪河回水区垂向水温分层在 5 月形成但此后在 6 月迅速消失，7 月至 8 月期间将形成一次相对稳定且持续时间 30 天左右的显著分层期，此后垂向水温分层结构被迅速破坏，在 9 月中下旬再次形成一次较弱的短暂分层期，前后持续约 10 天后消失。受气候气象条件和水文水动力等外部因素影响，上述期间显著的垂向水温分层现象也可能只出现 2 次（如 2008 年）或 1 次（如 2010 年）。

从图 4-23~图 4-26 还可看出，澎溪河回水区垂向水温结构从 5 月通常持续至 10 月存在相对显著的分层期，同期亦是水库汛期低水位运行时期。故尽管湖上层存在相对明显的水温分层现象，但中层与下层垂向水温分布仍十分复杂，易出现垂向上逆温分布或下层不完全混合的水温分布特征。如高阳平湖 2007 年与 2008 年 8 月在水深 15~18m 处（高程 130m 处）、双江大桥 2009~2011 年 9 月水深 30~40m 处（高程 110~120m 处）等。考虑到水库汛期低水位运行时期存在明显的流动性，澎溪河回水区为过流型水体，水体滞留时间通常小于 20 天，故上述现象反映水库汛期低水位运行时高阳平湖、双江大桥采样点水体下层可能存在异重流的现象。

不仅如此，尽管澎溪河回水区垂向水温结构变化与温带或热带暖单季对流型湖泊相似，在秋季发生逆转（turnover，俗称"翻塘"）后，进入秋冬季混合期，垂向水温并无分层，至次年入春后水温分层逐渐形成。但与相近纬度地区暖单季对流型湖泊相比（如以色列 Sea of Galilee，地理位置：N32°50′，E35°35′），澎溪河回水区高阳平湖、双江大桥采样点秋季逆转过程十分迅速，并不存在明显且渐进变化的过渡期（图 4-23 和图 4-25 中的 10~12 月），且该水域垂向水温的秋季逆转与汛末水库蓄水过程同步。如 2007 年 9 月中旬高阳平湖依然出现明显的水温分层现象，但 10 月上旬分层现象迅速消失；2010 年 8 月至 9 月期间，尽管高阳平湖、双江大桥垂向水温均出现明显分层，但分层现象随着水位升高至 160m 亦迅速消失。此外，澎溪河回水区垂向水温结构在冬季高水位运行阶段不分层，断面垂向上呈现完全混合特征，但在冬暖春寒的气象条件下，澎溪河回水区在每年 2 月底至 3 月上旬初步形成一次微弱的垂向水温分层，在入春后（3 月下旬至 4 月）迅速消失。如 2008 年 2 月下旬、2009 年 3 月上旬、2011 年 2 月至 3 月和 2012 年 2 月至 3 月，高阳平湖和双江大桥均呈现出微弱的垂向水温分层，此微弱垂向水温分层过程在每年 3 月中旬至 4 月上旬迅速消失。

2. 高阳平湖采样点垂向水温结构昼夜变化过程

除了发生逐月的季节变化外，垂向水温结构通常也会随着昼夜变化发生显著改变，并对短时的水生生态过程产生显著影响。例如，位于热带的湖泊或水库，受到昼夜地表热辐射变化影响，昼间出现剧烈温度分层而夜间丧失很多热量，引起温跃层深度发生昼夜变化，甚至出现夜间水柱完全混合、昼间剧烈分层的分层－混合现象。此外，在抽水蓄能型电站，夜间利用电力负荷低谷时的电能抽水至水库，而昼间电力负荷高峰期再放水发电，昼夜间水位变幅十分显著，如美国 Bad Creek 抽水蓄能电站上库最大水位变幅为 48.8m，我国广东清远抽水蓄能电站上库水位变幅达 25.5m 等。抽水蓄能水库昼夜间往复运行对垂向水温结构产生显著影响。

三峡水库属季调节型发电水库。根据其实际运行特征，昼夜间出现大幅水位变化的时期通常仅出现在汛末蓄水时期或洪峰通过时，全年昼夜发生显著消落变化的时期并不多见。作者团队在澎溪河回水区高阳平湖野外观测实验平台（N31°6′12.63″，E108°40′22.92″，河底高程 135.0m，平台尺寸 8m×8m，图 4-27）2010 年 11 月至 2012 年 8 月对该水域水温 24 小时昼夜变化进行了野外观测，采样频次每年 4 次，分别在 2 月、5 月、8 月和 11 月下旬（2011 年推迟至 12 月下旬）开展昼夜跟踪观测，8 次昼夜跟踪观测结果见图 4-28。

图 4-27　澎溪河回水区高阳平湖库湾野外实验平台

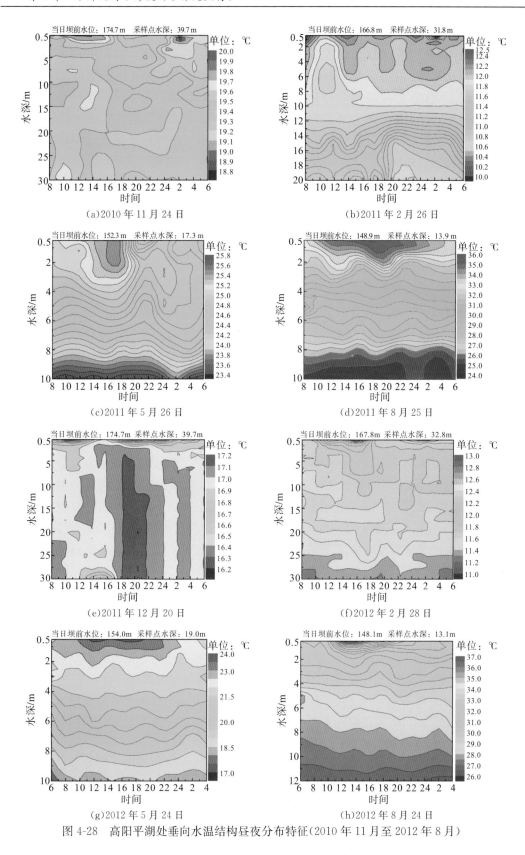

图 4-28　高阳平湖处垂向水温结构昼夜分布特征(2010 年 11 月至 2012 年 8 月)

11月是三峡水库完成汛末蓄水后的第一个月，11月下旬三峡水库即进入高水位运行时期。该期间表层水温为15~20℃。2010年11月监测结果发现，高阳平湖处水域垂向水温昼夜变化显著，但并未形成显著的温跃现象（1m水深内水温变化不超过1℃）。表层水温在上午10时至下午14时左右逐渐达到峰值，约20.0℃，后于次日凌晨2时至3时表层水温达到日最低值，约为17.5℃，昼夜间深层水体并无显著的温度变化。2011年12月，表层1m水深范围内出现明显的逆温现象，接近水面水体温度最低，表层水温变化同昼夜太阳辐射过程同步，下午14时左右达到最高值。该时期，高阳平湖垂向2m以下水柱并无显著温度分层现象。

2月下旬三峡水库开始进入泄水时期。2011年2月，高阳平湖昼间表层水温无显著变化，凌晨2~3时表层水温达到全天最小值。昼间在水下13~17m处、夜间在12~15m处形成较为明显的水温梯度变化，出现相对微弱的温跃层。2012年2月，表层水温呈现同太阳辐射相同的昼夜变化特征，温跃层出现在水深2~3m处但并不连续。

5月下旬三峡水库逐渐完成泄水和春季补水过程，水位下降并为夏季洪水来临提供足够库容。该期间气温逐渐升高到25℃以上，水柱通常易出现显著分层现象。2011年5月高阳平湖在水深6~8m处形成相对稳定的温跃层，且夜间并不发生显著改变；但受到昼夜间气温变化影响，湖上层内昼夜间出现1次明显的分层－混合过程，水柱分层自上午10时左右开始发育，下午14~18时形成稳定的垂向分层，水深2m范围内水温相对稳定地维持在25.7℃左右。2012年5月，高阳平湖亦在水深6~8m处形成相对稳定的温跃层。该时期湖上层内昼夜间出现1次明显的分层－混合过程。水柱分层自上午10时开始发育，下午15~16时达到峰值，期间在水深约2m处出现温跃，此后随着表层气温下降而逐渐消失，于晚间23时至次日凌晨湖上层内分层消失。昼夜间表层水温温差为1℃。

8月下旬为三峡水库汛期低水位运行时期，通常该时段为长江流域典型的夏季"伏旱"，前后持续约20天。同5月相比，由于气温升高、水位下降，垂向分层现象更为显著。2011年8月期间，湖上层水层范围为0~2m，变温层出现在2~3m（18时）。水深7~8m处再次出现显著温度梯度变化，垂向水温结构有别于典型的暖单季对流型温带或热带湖泊。期间，表层水温自正午12时达到峰值，持续至晚上19时，此间湖上层分层范围亦随着昼间增温而逐渐增加，分层范围至19时达到最大。昼夜间表层水温温差扩大到2.9℃（昼间最高23.7℃；凌晨最低21.8℃），水深7~8m以下的水柱水温并未呈现明显的昼夜变化过程。2012年8月下旬昼夜跟踪观测期间时值洪峰期间（第3章），水柱并未呈现出诸如2011年同时段"伏旱"期间相似的垂向水温结构，该时期温跃层相对稳定地出现在3~5m处，昼夜间变化并不显著。但受昼间辐射增温影响，自上午10时至下午19时，垂向水柱在0~2m水层范围内形成显著分层现象，0~2m水层范围内水温变化梯度最高超过2℃/m，但该现象随着夜间气温下降自20时开始逐渐消失。期间表层水温昼夜温差达到5.4℃（昼间最高36.4℃；凌晨最低31℃）。

前述分析可以看出，在高水位的11月、2月呈现不分层或微弱分层现象；在低水位的5月、8月则出现显著分层现象。但由于低水位时期的5月和8月，水深较浅（库容较小），昼夜间存在显著的增温或散热现象，该时期昼夜垂向水温变化十分明显，8月表层水体昼夜温差甚至超过5℃。通常在水深2~3m，湖上层内随着昼夜增温、降温过程而形成和消失的水温梯度变化层，呈现水温剧烈分层的特征，湖下层水温昼夜变化并不显著，在水深 6～8m 通常可出现 1 个相对稳定、垂向水温梯度持续变化水层。

主要参考文献

陈明荣，龙斯玉，1984. 中国气候生产潜力区划的探讨. 资源科学，6(3)：72-79.

陈桥，韩红娟，翟水晶，等，2009. 太湖地区太阳辐射与水温的变化特征及其对叶绿素 a 的影响. 环境科学学报，29(1)：199-206.

董振国，于沪宁，1983. 农田光合有效辐射观测与分析. 气象，7：23-25.

范成新，王春霞，2007. 长江中下游湖泊环境地球化学与富营养化. 北京：科学出版社.

韩博平，李铁，林旭钿，2003. 广东省大中型供水水库富营养化现状与防治对策研究. 北京：科学出版社.

黄秉维，1999. 现代地理学. 北京：科学出版社.

季国良，马晓燕，邹基玲，等，1993. 张掖地区的光合有效辐射特征. 高原气象，12(2)：141-146.

李宝华，傅克忖，1999. 南黄海浮游植物与水色透明度之间相关关系的研究. 海洋科学进展，3：73-79.

李英年，周华坤，2002. 祁连山海北高寒草甸地区植物生长期的光合有效辐射特征. 高原气象. 21(1)：90-95.

李云亮，张运林，李俊生，等，2009. 不同方法估算太湖叶绿素 a 浓度对比研究. 环境科学，30(3)：680-686.

刘海隆，王裕文，2001. 重庆市三峡库区光能资源现状分析. 四川气象，77(3)：32-35.

刘洪顺，1980. 光合有效辐射观测与分析. 气象，6：5-6.

龙斯玉，1976. 我国的生理辐射分布及其生产潜力. 气象科技，S1：49-56.

卢纹岱，2006. SPSS for Windows 统计分析. 北京：电子工业出版社.

马金玉，刘晶淼，李世奎，等，2007. 基于试验观测的光合有效辐射特征分析. 自然资源学报，22(5)：673-682.

秦伯强，胡维平，陈伟明，等，2004. 太湖水环境演化过程与机理. 北京：科学出版社.

王炳忠，税亚欣，1990. 关于光合有效辐射的新实验结果. 应用气象学报，1(2)：185-190.

徐耀阳，叶麟，韩新芹，等，2006. 香溪河库湾春季水华期间水体光学特征及相关分析. 水生生物学报，30(1)：84-88.

于沪宁，赵丰收，1982. 光热资源和农作物的光热生产潜力—以河北省栾城县为例. 气象学报，40(3)：327-334.

张运林，冯胜，马荣华，等，2008. 太湖秋季真光层深度空间分布及浮游植物初级生产力的估算. 湖泊科学，20(3)：380-388.

张运林，秦伯强，陈伟民，等，2004. 太湖梅梁湾浮游植物叶绿素 a 和初级生产力. 应用生态学报，15(11)：2127-2131.

张运林，秦伯强，胡维平，等，2006. 太湖典型湖区真光层深度的时空变化及其生态意义. 中国科学，36(3)：287-296.

张运林，秦伯强，朱广伟，等，2005. 长江中下游浅水湖泊紫外辐射的衰减. 中国环境科学，25(4)：445-449.

张运林，秦伯强，2002. 太湖地区光合有效辐射 PAR 的基本特征及其气候学计算. 太阳能学报，23(1)：118-123.

赵碧云，贺彬，朱云燕，等，2003. 滇池水体中透明度的遥感定量模型研究. 环境科学与技术，26(2)：16-17.

周允华，项月琴，单福芝，1984. 光合有效辐射(PAR)的气候学研究. 气象学报，42(4)：387-397.

Bachmann R W，Hoyer M V，Canfield D E，2001. Evaluation of recent limnological changes at Lake Apopka. Hydrobiologia，448(1-3)：19-26.

Battin T J，1998. Dissolved organic matter and its optical properties in a blackwater tributary of the upper Orinoco river，Venezuela. Organic Geochemistry，28(98)：561-569.

Blough N V，del Vecchio R，2002. Chromophoric Dissolved Organic Matter (CDOM) in the coastal environment//Bio geochemistry of Marine Dissolved Organic Matter (Hansell D，Carlson C，eds). San Diego：Academic Press.

Britton C M，Dodd J D，1976. Relationships of photosynthetically active radiation and shortwave irradiance. Agricultural Meteorology，17：1-17.

Hayakawa K，Sakamoto M，Kumagai M，et al，2004. Fluorescence spectroscopic characterization of dissolved organic matter in the waters of Lake Fuxian and adjacent rivers in Yunnan, China. Limnology, 5(3): 155-163.

Hutchinson G E, 1957. A treatise on limnology. Volume 1. Geography, physics and chemistry. New York: Wiley.

Irigoien X, Castel J, 1997. Light Limitation and Distribution of Chlorophyll Pigments in a Highly Turbid Estuary: the Gironde (SW France). Estuarine Coastal & Shelf Science, 44(4): 507-517.

Jones R I, 1998. Phytoplankton, primary production and nutrient cycling//Aquatic humic substances: Ecology and biogeochemistry (Hessen D, Tranvik L eds). Ecological Studies, 133: 145-175.

Lorenzen M W, 1978. Phosphorus models and eutrophication//Water pollution microbiology (Xitchel R. ed): 31-50.

McCartney H A, 1978. Spectral distribution of solar radiation Ⅱ: global and diffuse. Quarterly Journal of the Royal Meteorological Society, 104: 911-926.

McCree K J, 1965. Light measurements in plant growth investigations. Nature, 206: 527-528.

McCree K J, 1966. A solarimeter for measuring photosynthetically active radiation. Agricultural Meteorology, 3 (5-6): 353-366.

Morel A, Berthon J F, 1989. Surface pigments, algal biomass pronles and potential production of the euphotic layer, Relationships reinvestigated in view of remote-sensing applications. Limnology & Oceanography, 34: 1545-1562.

Papaioannou G, Papanikolaou N, Retalis D, 1993. Relationships of photosynthetically active radiation and shortwave irradiance. Theoretical and Applied Climatology, 48(1): 23-27.

Philips E J, Aldridge F J, Schelske C L, et al, 1995. Relationships between light availability, chlorophyll a, and tripton in a large, shallow subtropical lake. Limnology and Oceanography, 40: 416-421.

Pienitz R, Vincent W F, 2000. Effect of Climate change relative to ozone depletion on UV exposure in subarctic lakes. Nature, 404(6777): 484-487.

Pierson D C, Markensten H, Strombeck N, 2003. Long and short term variations in suspended particulate material: the influence on light available to the phytoplankton community. Hydrobiologia, 494(1-3): 299-304.

Reinart A, Arst H, Erm A, et al, 2001. Optical and biological properties of Lakeulemiste, a water reservoir of the city of Tallinn II: Light climatein Lake ulemiste. Lakes and Reservoirs: Research and Management, 6: 75-84.

Reynolds C S, 2006. The Ecology of Phytoplankton. Cambridge: Cambridge University Press.

Stambler N, Lovengreen C, Tilzer M M, 1997. The underwater light field in the Bellingshausen and Amundsen Seas (Antarctica). Hydrobiologia, 344: 41-56.

Stanhill G, Fuchs M, 1977. The relative flux density of photosynthetically active radiation. Journal of Applied Ecology, 14: 317-322.

Szeicz G, 1974. Solar radiation for plant growth. Journal of Applied Ecology, 11: 617-636.

Wetzel R G, 2001. Limnology: Lake and River Ecosystem. Salt Lake: Academic Press.

Yocum C S, Allen L H, Lemon E R, 1964. Photosynthesis under field conditions. VI. Solar radiation balance and photosynthetic efficiency. Agronomy Journal, 56(3): 249-253.

Молдау Х, 1963. Географическое распределение фомосинтетическц активной радиации (ФАР) на территории ЕврОПейскОЙ Части СССР. фотосинтез вопросы продуктивности растений. издательство АН СССР, Москва, 149-158.

第5章 水库运行下澎溪河关键生源要素动态

氮、磷、硅是水生生态系统的关键生源要素。在特定的光照、温度条件下，藻类通过同化作用，将无机形态的氮、磷、硅营养物合成自身生命有机体，成为整个生态系统能量传递和物质循环的关键环节。磷、硅等沉积型循环的生源要素受地表径流的影响明显；作为气体型循环的氮素，其不仅受到地表径流的影响，也同水-气界面的交换有关，因而比磷、硅更为复杂。本章着重分析三峡水库运行下澎溪河回水区不同赋存形态的氮、磷、硅以及水中悬浮颗粒物的时空动态；结合澎溪河回水区水文水动力特征，分析澎溪河氮、磷、硅的产汇、输移特征；结合不同形态氮、磷、硅的化学计量关系和藻类生物量水平，判别澎溪河回水区营养物限制性特征，为澎溪河流域水环境管理提供基础依据。

5.1 澎溪河消落带/淹没区土壤营养物调查

5.1.1 背景

按照三峡水库调度运行方案，在175m水位与汛期防洪限制水位(145m)之间会出现周期性、季节性反复淹没与出露的陆域，这水位涨落高差达30m的库区两岸区域与自然河流水位涨落"反季节"的岸周次生湿地，称为"三峡水库消落带"。根据最新的遥感影像资料和电子地图解译成果，2010年三峡水库消落带总面积为348.93km²，175m水位下岸线长5578.21km。其中，三峡库区重庆段消落带面积为306.28 km²（岸线长4881.43km），约占总面积的86.59%；湖北段面积为42.65km²（岸线长696.78km），约占总面积的13.41%。澎溪河消落带面积为53.711km²，占三峡水库消落带总面积的15.39%，岸线长度506.3km，平均宽度0.11km。

尽管在时空上水库消落带是水生—陆生的生态交错区，但其物质与能量的时空配给的"反季节性"错位，使消落带在高强度的水力侵蚀下植被退化迅速，生物多样性降低，景观生态系统结构和功能受损严重，水土流失与近岸地质灾害风险加剧。水库运行下消落带同时承担了水陆间污染转输的功能。陆源污染物经消落带随水土流失或淹没释放进入水体；水体污染物伴随淹没、落水过程而被截留于消落带中，成为污染物质交换频繁、生态环境及健康敏感区域。此外，三峡库区人口密度较高、土地资源有限，消落带多为原有城镇荒弃地和农林用地，半年的落干裸露期间常常被近岸农民垦殖，农耕作业中的农药、化肥以及植被残体在受淹后溶析出或降解进入水体，潜在的污染显而易见。

碳、氮、磷是生态系统物质循环的关键生源要素。作为水库生态系统的重要组成部分，水库消落带和淹没区土壤碳、氮、磷含量及其赋存形态，将伴随水库运行同上覆水体发生能量传输与物质交换，对水库生态系统发育、演化产生影响。三峡水库消落带分布面积广，裸露淹没周期长，其"过渡型"的生态系统特征对水库库岸植被恢复、水土流失等影响明显。目前，对三峡水库消落带生态环境特征研究着重从植被现状调查、土地资源利用方式、景观生态等方面展开，侧重于提高消落带库岸稳定性、遏制水土流失、改善旅游景观资源等。

关于三峡水库消落带土壤碳、氮、磷营养物及其对水生生态系统的影响的研究目前主要集中于前期调查与分析。早期研究认为在水土流失严重的三峡库区，其消落带表层土壤有机质含量总体较低，均为矿质土壤。成土母质类型、土地利用方式、地形高程、坡度、植被覆盖类型对土壤有机质含量具有不同程度的影响。调查发现，在具有高强度垦殖的历史背景下，三峡水库消落带土壤氮、磷相对较高，部分区域消落带土壤氮、磷含量已高于长江中下游的富营养湖泊底泥。研究发现，土壤理化性质(温度、酸碱性、有机酸)、土壤类型、原有土地使用背景、临时性土地使用情况、消落带土壤淹没状态、干湿交替、土壤有机质含量等对消落带土壤氮、磷含量及其赋存形态均具有显著影响。

为明晰水库运行下澎溪河水体氮、磷等关键生源要素时空动态及其影响因素，本节将着重分析澎溪河消落带与淹没区土壤氮、磷含量及其赋存形态特征，以期为解释水库运行下澎溪河水体关键生源要素动态提供背景信息。

5.1.2　开县消落带受淹前土壤氮、磷含量调查

全氮、全磷含量是土壤理化性质的重要参数。2007 年底至 2008 年初，三峡水库最高运行水位为 156m，澎溪河回水区末端至开县白家溪、渠口一带，开县县城并未受淹。2008 年底 172m 蓄水后回水末端分别达到澎溪河东河开县郭家镇、南河开县临江镇、普里河开县赵家镇境内。为掌握澎溪河开县县城消落带在未受淹前的氮、磷含量情况，于 2008 年 8 月对澎溪河开县消落带进行了大面积调查，共涉及开县境内 10 个场镇、40 个土壤样点、3 种土壤类型(紫色土、黄壤、冲击潮土)、10 种土地利用现状。具体采样点分布见图 5-1。

采集土样时，在采样点上先刮去 1cm 左右的表层土，使用洛阳铲采集表层土(0～20cm)，在 1m² 范围内采集 4～5 个不同土样，捣碎大块，捡掉砾石、动植物残体等混合物，充分拌匀。混合后用四分法缩分至 1kg 左右，放入聚乙烯袋中并密封好。底泥样品采用重力采样器采集。样品运回实验室后，储存在 −20℃ 冰箱中。样品采集后平摊，于干燥通风处自然风干，避免阳光直晒。采用瓷碾钵碾磨，过 100 目的不锈钢筛子。土壤采用聚乙烯塑料袋密封干燥保存。样品室内分析指标为含水率、土壤全氮、土壤全磷等。全磷采用酸溶—钼锑抗比色法测定，全氮采用凯氏法测定。

调查发现，开县境内受淹前各采样点土壤全氮均值为 1.163±0.071mg/g，全磷均值为 0.678±0.062mg/g。从不同河段的消落带全氮、全磷含量分布上看(图 5-2)，普里河全氮含量相对较高，达 1.242±0.237mg/g；开县境内干流段消落带土壤全磷含量较高，达 0.814±0.173mg/g；东河消落带土壤全氮、全磷含量均相对较低，土壤全氮含量仅为 1.061±0.0.077mg/g，全磷含量仅为 0.537±0.052mg/g。从近岸场镇消落带土壤全氮、

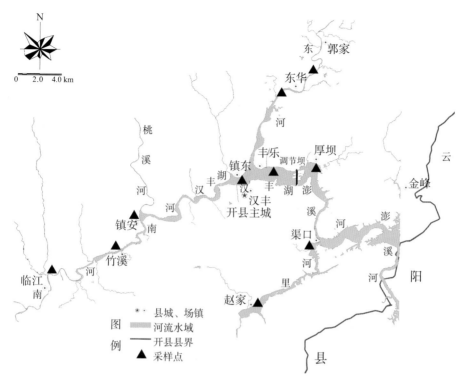

图 5-1　2008 年澎溪河开县消落带受淹前土壤调查采样点示意图

全磷调查分析结果上看(图 5-3)，普里河渠口、南河临江全氮含量较高，开县境内干流汉丰、南河临江全磷含量较高。进一步地，对获取的 40 个开县境内未受淹消落带土壤数据按土地利用历史进行重组，分为 5 个主要类别：自然荒地(含未知土地利用历史)、旱地、水田、林地、老城镇荒弃地。开县境内不同土地利用历史消落带土壤全氮、全磷含量分布情况见图 5-4。比较发现，农林用地整体土壤全氮、全磷相对偏高，其中林地全氮含量达 1.452±0.068mg/g，水稻田、旱地全氮含量分别为 1.337±0.147mg/g、1.216±0.166mg/g。农林用地全氮含量显著高于老城镇荒弃地(0.737±0.127mg/g)和自然荒地(0.962±0.138mg/g)。老城镇荒弃地全磷含量较高(0.940±0.279mg/g)，但因其土地利用历史复杂，故开县老县城拆迁旧址上获取的 7 个土壤样本之间全磷含量相对差异亦较大，样本标准差为 0.789。农林用地间土壤全磷含量并无显著差异，水稻田土壤全磷含量(0.662±0.069mg/g)略高于旱地、林地。自然荒地的全磷含量较低，仅为 0.556±0.032mg/g。

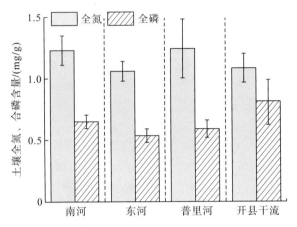

图 5-2　开县境内各河段消落带受淹前土壤全氮、全磷含量分布

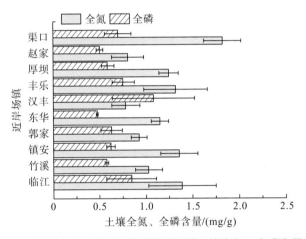

图 5-3　开县境内各近岸场镇消落带受淹前土壤全氮、全磷含量分布

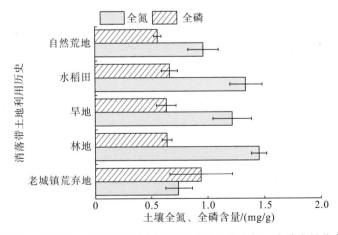

图 5-4　开县境内不同土地利用历史消落带土壤全氮、全磷含量分布

5.1.3　水库运行下澎溪河主要消落带土壤氮、磷含量与赋存形态

为进一步掌握水库运行过程对澎溪河消落带土壤氮、磷含量的影响，于 2010 年和 2011 年的 4 月（刚出露）、6~7 月（汛期）、9 月（汛末蓄水前）三个时期（涉及两个完整落干周期）对澎溪河典型消落带（开县汉丰湖、开县白家溪、云阳养鹿镇）土壤氮、磷含量及其赋存形态进行跟踪观测。采样点位分布见表 5-1 和图 5-5，主要消落带情况与现场照片见图 5-6，消落带土壤样品采集方法同前述。除在上述不同时间段采集外，在所选样地 175m 以上选取对照采样点作为未受淹条件下的对照。现场获取采样点（消落带、对照）土壤理化指标（温度、土壤 pH、氧化还原电位 Eh、电导率、体积含水率）。除对采样点土样进行全氮、全磷、有机质分析外，对土样氮、磷形态以及土壤粒径组成和化学组成进行分析。

表 5-1　水库运行下主要消落带土壤氮、磷跟踪采样点分布

序号	采样点位置	经度	纬度	主要土壤类型	土地利用现状
1	开县汉丰湖原水文站	E108°26.393′	N31°11.139′	冲积潮土、紫色土	老城镇荒弃地，部分拆迁后被垦殖
2	开县白家溪龙坝河码头	E108°33.604′	N31°08.507′	冲积潮土、紫色土	自然荒弃地，曾为农林用地，较高处现仍部分被垦殖
3	云阳养鹿湖湖心岛	E108°33.901′	N31°04.998′	冲积潮土、紫色土	自然荒弃地，曾为农林用地，较高处现仍部分被垦殖

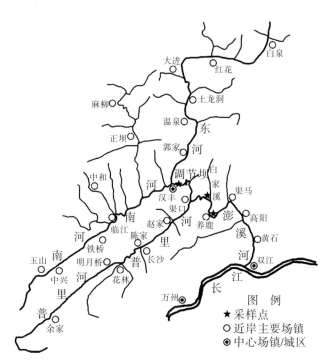

图 5-5　汉丰湖、白家溪、养鹿镇消落带土壤跟踪研究采样点分布

(a)开县汉丰湖原水文站附近

(b)开县白家溪龙坝河码头附近

(c)开县白家溪龙坝河码头附近消落带

(d)云阳养鹿湖消落带

图 5-6　澎溪河开县汉丰湖、白家溪、养鹿镇主要消落带情况与采样现场照片

土壤中氮素形态的测定采用改进的沉积物中氮分级浸取分离方法(图 5-7),将消落带土壤中的氮分为离子交换态氮(IEF-N)、弱酸可浸取态氮(WAEF-N)、铁锰氧化态氮(IMOF-N)和有机硫化物结合态氮(OSF-N),这四种形态氮统称为可转化态氮(TF-N)。样品全分解得到全氮(TN),TN 与 TF-N 差值即为非可转化态氮(NTF-N)。

对磷形态测定采用 Ruban 等在欧洲标准测试委员会框架下发展的淡水沉积物磷形态分离 SMT 法,将土壤中的磷分为铁铝结合态磷(Fe/Al-P)、钙结合态磷(Ca-P)、无机磷(IP)、有机磷(OP),分析步骤见图 5-8。

1. 消落带土壤粒径分布、化学组成与土壤理化指标动态

澎溪河主要消落带土壤粒径分布与土壤化学组成情况(图 5-9、表 5-2)来自于 2010 年 4 月采集的土壤样品。尽管上述数据还未能反映在水库运行下消落带土壤粒径与化学组成变化,但通过比较可以发现,澎溪河主要消落带土壤主要由较细的沙粒和粉砂粒组成,三个主要消落带土壤粒径主要分布于 0.05~0.25mm(沙粒)和 0.002~0.02mm(粉砂粒),三个主要消落带中上述两个粒径范围内土壤所占比重接近或超过 30%。粒径小于 0.002mm 的黏粒土壤在三个主要消落带土壤中均不足 10%,而粒径范围在 1.00mm 以上的大颗粒沙粒亦相对较少。尽管三个主要消落带存在上下游差异，但三个主要消落带土壤粒径分布和土壤化学组成并未呈现出显著的不同。大体上，白家溪消落带土壤粉砂粒所占比重略高于其他两个消落带，而汉丰湖消落带土壤黏粒比重略高于其他两个消落带。

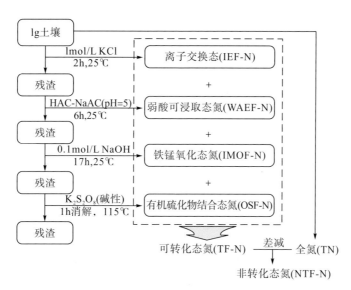

图 5-7　土壤各形态氮素分级浸取示意图

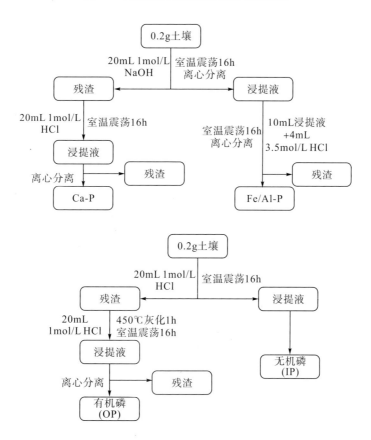

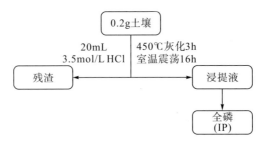

图 5-8 土壤各形态磷素分级浸取示意图

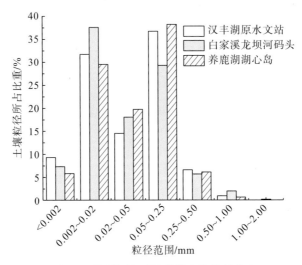

图 5-9 澎溪河主要消落带土壤粒径分布

表 5-2 澎溪河主要消落带土壤化学组成特征 （单位：%）

样点	二氧化硅 (SiO$_2$)	氧化钙 (CaO)	氧化镁 (MgO)	氧化铁 (Fe$_2$O$_3$)	氧化锰 (MnO)	氧化铝 (Al$_2$O$_3$)	总量
汉丰湖原水文站	67.44	1.16	1.41	4.19	0.07	13.46	87.73
白家溪龙坝河码头	64.96	1.09	1.92	4.87	0.06	13.49	86.38
养鹿湖湖心岛	64.10	1.70	1.94	4.52	0.09	13.01	85.36

土壤 pH 和氧化还原电位(Eh，单位：mV)影响着土壤微生物活动与植物根系生长发育等，并决定着土壤矿物质分解、合成与形态转化、迁移行为，是土壤重要的理化指标。落干初期，汉丰湖消落带土壤 pH 呈弱碱性，2010 年 4 月和 2011 年 4 月汉丰湖消落带土壤 pH 分别为 7.25±0.04 和 7.40±0.04(图 5-10)。白家溪、养鹿湖消落带在落干初期均呈现弱酸性特征。除 2010 年养鹿湖土壤 pH 在完整落干期间呈略微下降趋势外，随着落干裸露时间延长，澎溪河主要消落带土壤 pH 总体呈升高的趋势，白家溪、养鹿湖土壤 pH 呈现出弱酸性→弱碱性转变的特点。汉丰湖 2010 年 9 月土壤 pH 升至 7.67±0.04；2011 年 9 月则升至 7.93±0.08。养鹿湖消落带由 2010 年 4 月的 6.73±0.15 升至 2010 年 9 月的 7.61±0.11。对淹没前后(2010 年 9 月与 2011 年 4 月)澎溪河主要消落带土壤 pH 值变化对比发现，即便是在落干末期澎溪河消落带土壤 pH 依然呈较高水平，经过高水位淹没后次年裸露初期土壤 pH 呈现一定回落和恢复特征，如汉丰湖 2011 年 4 月土壤

pH 较 2010 年 9 月有显著下降，并接近 2010 年 4 月水平。养鹿湖土壤 pH 亦呈现出相似变化特征。

　　澎溪河主要消落带土壤氧化还原电位在水库运行下的变化特征同土壤 pH 相似(图 5-10)。随着土壤 pH 在落干期间总体呈升高特征，澎溪河主要消落带土壤氧化还原电位则总体呈下降的趋势，还原性在整个落干期间逐渐增强。汉丰湖消落带土壤氧化还原电位在整个落干期间为负值，呈还原性特点，Eh 从 2010 年 4 月的 $-14.07 \pm 1.61 \text{mV}$ 逐渐下降至 2010 年 9 月的 $-40.93 \pm 2.47 \text{mV}$，2011 年 4 月回升至 $-22.05 \pm 3.22 \text{mV}$，至 2011 年 9 月下降至 $-51.97 \pm 5.12 \text{mV}$。除 2010 年落干期间白家溪消落带土壤 Eh 呈升高趋势外，养鹿消落带以及 2011 年白家溪消落带土壤 Eh 出现落干初期氧化性向还原性转变的总体特点。澎溪河土壤 pH 同土壤氧化还原电位变化呈显著负相关性($r = -0.995$，$p \leqslant 0.01$；Spearman 相关性分析，下同)。

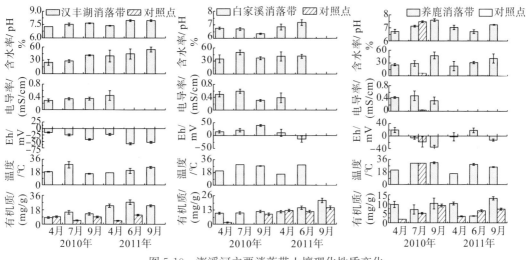

图 5-10　澎溪河主要消落带土壤理化性质变化

　　体积含水率是土壤的另一重要理化指标，含水率高低在一定程度上决定了土壤容重变化，并最终影响土壤孔隙度和颗粒之间的联结性能；含水率亦支配着土壤颗粒透气性，影响孔隙微区的氧传递特征，决定微生物活性以及关键生源要素的生物地球化学行为。此外，有研究表明，土壤含水率高低对微囊藻等浮游生物活体(包括孢子)保存具有重要意义。从图 5-10 分析可看出，澎溪河主要消落带土壤含水率在落干期间总体呈升高趋势。2010 年 4 月至 9 月，汉丰湖消落带土壤含水率从 $(26.1 \pm 6.6)\%$ 逐渐升高至 $(42.3 \pm 1.4)\%$，2011 年 4 月下降至 $(40.3 \pm 14.5)\%$，此后逐渐升高至 $(55.4 \pm 5.5)\%$。养鹿和白家溪消落带土壤含水率亦在落干期间呈现逐渐升高的变化特征。同时，落干期间澎溪河消落带土壤含水率升高在一定程度上同氧化还原电位下降、土壤 pH 值升高具有关联特征。相关性分析发现，澎溪河消落带土壤含水率同氧化还原电位负相关($r = -0.409$，$p \leqslant 0.05$)，同土壤 pH 值呈正相关关系($r = 0.397$，$p \leqslant 0.05$)。

　　土壤有机质是指存在于土壤中的主要成分为碳和氮的有机化合物质，包括土壤中各种动植物残体、微生物体及其分解和合成的各种有机物质。作为土壤重要的理化指标，土壤有机质生态意义明显，它是重金属、有机物等污染物发生吸附、分配、络合作用的活性物质，也是土壤中各种营养元素的重要来源。不仅能增加土壤中的保肥和供肥能力，提高土壤养分有效性，而且可促进团粒结构的形成，改善土壤的透水性、蓄水能力及通气性，增加土壤的缓冲性。

在两个完整落干期间，汉丰湖、白家溪消落带土壤有机质均值分别为 13.30 ± 2.19mg/g、13.44 ± 1.80mg/g，两处消落带土壤有机质含量无显著统计差异；养鹿湖消落带土壤有机质含量仅为 9.07 ± 1.32mg/g，显著小于前述两个消落带。三处消落带土壤有机质含量均显著高于175m以上未淹没对照样点土壤有机质含量。在两个完整落干期间，汉丰湖、白家溪和养鹿湖三处对照样点的土壤有机质含量均值分别为：5.52 ± 0.90mg/g、10.08 ± 2.01mg/g、5.56 ± 1.10mg/g。

2011年落干期间澎溪河三处消落带土壤有机质含量变化过程同2010年同期相似。总体上，落干期间三处消落带内土壤有机质含量呈升高趋势。三处消落带间土壤有机质含量在落干期间变化过程并不相同。汉丰湖消落带在汛期（6～7月）达到峰值，9月略有下降，但仍大于4月落干初期水平。白家溪消落带土壤有机质在两个落干期间均呈逐渐升高的趋势，9月达到峰值。养鹿消落带土壤有机质尽管在9月达到峰值，但其6～7月汛期较4月低，呈"先降后升"的趋势。

2. 主要消落带氮含量及其赋存形态特征

2010年至2011年两个完整落干期间，澎溪河主要消落带土壤全氮及其赋存形态变化见图5-11。研究期间，汉丰湖、白家溪、养鹿湖消落带土壤全氮均值分别为 1.157 ± 0.071mg/g、1.191 ± 0.047mg/g、1.159 ± 0.051mg/g。白家溪消落带土壤全氮含量略高于其他两个消落带，但它们间的差别并无统计显著性（One-way ANOVA，$p > 0.05$）。除白家溪消落带土壤全氮含量略小于其所在区域未淹没对照样外，汉丰湖、养鹿湖消落带土壤全氮含量均显著高于对照样。白家溪消落带对照样点土壤全氮含量为 1.222 ± 0.046mg/g，但对照样点同白家溪消落带土壤无统计意义上的差异（$p > 0.05$）。

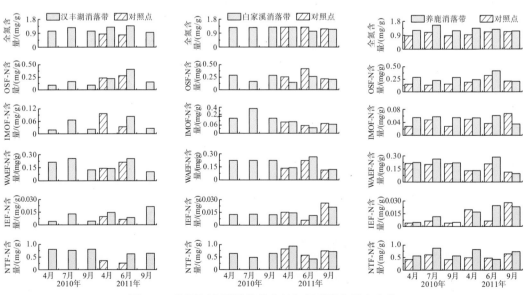

图5-11 澎溪河主要消落带全氮与氮素赋存形态变化

　　落干期间，澎溪河主要消落带土壤全氮并未呈现显著升高或下降趋势，但落干期间澎溪河消落带土壤全氮含量在其所在区域内变化具有重现性。汉丰湖消落带 2010 年、2011 年落干期间土壤全氮均呈现"先升后降"的特征，汛期土壤全氮含量达到峰值。白家溪消落带在两个落干期间则呈现"先降后升"的特征，汛期土壤全氮含量较低。养鹿消落带亦呈现出同汉丰湖相似的变化特点。

　　在各氮形态中，NTF-N 为非转化态氮，通常难以被生物利用；OSF-N 是和稳定的高分子腐殖质及硫化物结合的氮，主要以有机态形式存在；IMOF-N 是一类与铁和锰氧化物结合的无机态氮，相当于铁锰氧化物的结合能力；WAEF-N 为弱酸可浸取氮态，其结合能力相当于碳酸盐的结合能力，在酸性条件下易向水体释放；IEF-N 代表了一类松散吸附到土壤颗粒阳离子交换位点的结合态无机氮，具有水溶性。在与土壤矿物质结合能力和稳定性上，NTF-N＞OSF-N＞IMOF-N≥WAEF-N≥IEF-N。故在"活性"与向水体释放潜力上，NTF-N＜OSF-N＜IMOF-N≤WAEF-N≤IEF-N。

　　NTF-N 是澎溪河消落带土壤的主要氮素赋存形态，汉丰湖、白家溪、养鹿湖消落带土壤 NTF-N 含量在全氮（TN）中所占比重均值分别为 65.5%、52.8%、56.7%。OSF-N 含量在 TN 中所占比重为 15%～19%，其中养鹿湖消落带 OSF-N 含量较高，汉丰湖则相对较低。IMOF-N 含量在汉丰湖、养鹿湖消落带 TN 中所占比重为 3%～4%，白家溪消落带土壤IMOF-N 含量显著高于汉丰湖、养鹿湖消落带。WAEF-N 在澎溪河消落带中所占比重为16%～17%，汉丰湖、白家溪和养鹿湖消落带 WAEF-N 含量及其在 TN 中比重无显著差异。IEF-N 在澎溪河消落带土壤氮素中所占比重最小，在 TN 中所占比重均不到 2%。

　　从时间动态上，落干期间澎溪河消落带土壤各氮形态并未呈现显著重现性或规律性的变化特征。大体上，汉丰湖消落带土壤 NTF-N 含量在 2011 年下降（图 5-12），从 2010年约 70% 下降至 2011 年约 56%，OSF-N、IEF-N 在 TN 中所占比重则却升高。白家溪、养鹿消落带土壤氮素赋存形态变化特征相似，2011 年两处消落带土壤 NTF-N 含量和所占比重略有升高，OSF-N、IEF-N 在 2011 年亦有所升高，WAEF-N、IMOF-N 含量及其所占比重则略有下降。

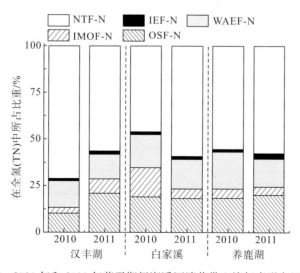

图 5-12　2010 年和 2011 年落干期间澎溪河消落带土壤氮素形态组成变化

3. 主要消落带磷含量及其赋存形态特征

落干期间，澎溪河汉丰湖、白家溪、养鹿湖消落带土壤全磷含量均值分别为：0.487 ± 0.021mg/g、0.574 ± 0.029mg/g、0.662 ± 0.030mg/g，它们之间的差异具有统计显著性（One-way ANOVA，$p \leqslant 0.01$）。同未淹没的对照样相比，消落带土壤全磷含量显著小于未淹没对照样地土壤全磷含量（One-way ANOVA，$p \leqslant 0.01$）。落干期间，三处消落带土壤全磷含量变化特征呈重现型。汉丰湖消落带土壤全磷含量在汛期达到较高水平，两年汛期汉丰湖消落带土壤全磷含量分别为 0.491mg/g（2010 年 7 月）和 0.567mg/g（2011年 6 月）。此后，9 月份汉丰湖消落带土壤全磷含量略有下降。白家溪与养鹿湖消落带土壤全磷含量在落干期间均呈现出"先降后升"的特点，汛期消落带土壤全磷含量处于较低水平，此后在汛末蓄水前呈升高趋势，但落干初期（4 月）和汛末蓄水前（9 月），消落带土壤全磷含量未有显著差异（$p > 0.05$）。不仅如此，汉丰湖、白家溪、养鹿湖三处消落带在 2011 年落干期间的总体水平与 2010 年相比并无显著变化（$p > 0.05$）。

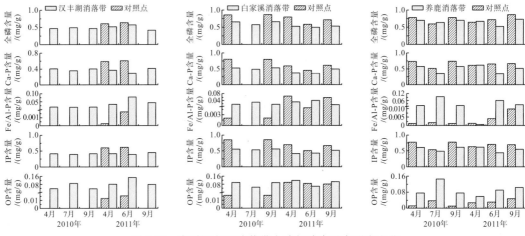

图 5-13　澎溪河主要消落带全磷与磷素赋存形态变化

在土壤的各形态磷素中，Ca-P 主要来源于碎屑岩或生物成因的磷灰石及难溶性的磷酸钙矿物。Ca-P 是沉积物中较惰性的磷组分，通常被认为是生物难利用性磷，仅在弱碱性条件下可部分溶出。Fe/Al-P 为铁、锰、铝氧化物及其氢氧化物包裹的磷，属于不稳态磷，该部分磷可被生物生长所利用，主要来自于生活污水、工业废水及部分农业面源。磷形态 SMT 法提取的 IP 包括 Fe/Al-P 和 Ca-P 两部分。OP 则主要包括了土壤中生物体及其残体等能够通过微生物降解的有机磷，也包括了部分难以被生物利用、降解的有机磷。因此，通常将 Fe/Al-P 与 OP 相加视为生物可利用磷（biologically available phosphorus，BAP）。

研究期间，澎溪河主要消落带土壤磷形态以无机磷为主，其中，Ca-P 是土壤中磷的主要赋存形态。2010 年，汉丰湖、白家溪和养鹿湖消落带土壤 Ca-P 在 TP 中所占比重均值分别为（82.4 ± 6.0）%、（82.6 ± 1.9）%、（73.8 ± 10.7）%（图 5-14）。落干期间，澎溪河主要消落带土壤 Ca-P 含量均显著低于未淹没对照样点土壤 Ca-P 含量（图 5-13）。2011 年汉丰湖、白家溪和养鹿湖消落带土壤 Ca-P 在 TP 中所占比重分别为（75.0 ± 16.9）%、

(79.2±8.8)%、(81.8±10.0)%,同 2010 年相比,汉丰湖、白家溪的 Ca-P 在 TP 中所占比重下降,养鹿湖则明显升高。2010 年,汉丰湖、白家溪和养鹿湖消落带土壤 OP 在 TP 中所占比重均值分别为:(13.5±3.8)%、(13.2±2.3)%、(14.9±5.1)%。同未淹没对照样点相比,消落带土壤 OP 含量显著较高。2011 年 OP 在 TP 中所占比重发生改变,汉丰湖、白家溪 OP 的相对丰度显著增加而养鹿湖则有所减少(图 5-14)。Fe/Al-P 在澎溪河消落带土壤中所占比重最低。2010 年汉丰湖、白家溪和养鹿湖消落带土壤 Fe/Al-P 在 TP 中所占比重均值分别仅为:(3.8±0.1)%、(3.6±1.1)%、(5.8±2.0)%。2011 年同期监测结果表明,汉丰湖、白家溪、养鹿湖三处消落带土壤 Fe/Al-P 在 TP 中所占比重均显著增加,分别为(10.8±2.7)%、(5.8±2.0)%、(6.8±4.3)%。

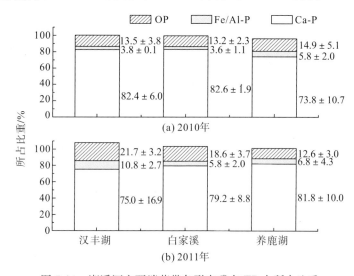

图 5-14　澎溪河主要消落带各形态磷在 TP 中所占比重

5.1.4　澎溪河主要淹没区底泥氮磷含量调查

水库淹没初期底泥氮、磷释放是上覆水体富营养化和"水华"频繁发生的主要原因之一。2008 年汛前(3~5 月)对澎溪河云阳段永久淹没区内底泥氮、磷含量进行了调查(图 5-15),2008 年云阳段永久淹没区内各采样点底泥全氮、全磷含量均值分别为 1.406±0.081mg/g、0.589±0.026mg/g,其中渠马渡口处底泥全氮含量最高,黄石、双江淹没区底泥全磷含量最高。2010 年对高阳平湖全氮、全磷、有机质进行了跟踪观测(表 5-3),发现经过两年的运行,高阳平湖永久淹没区内底泥全氮含量明显升高,而全磷含量则显著下降。

表 5-3　高阳平湖底泥全氮、全磷、有机质含量调查结果

样点位置	年份	全氮含量/(mg/g)	全磷含量/(mg/g)	有机含量/(mg/g)
高阳平湖中	2008 年	1.125±0.011	0.573±0.009	—
N31°5.876′ E108°40.231′	2010 年	1.580±0.015	0.478±0.013	14.149±0.673

样点位置	年份	全氮含量/(mg/g)	全磷含量/(mg/g)	有机质含量/(mg/g)
高阳平湖边 N31°6.034′ E108°40.344′	2008 年	1.157±0.019	0.563±0.007	—
	2010 年	2.179±0.021	0.217±0.016	15.886±0.821

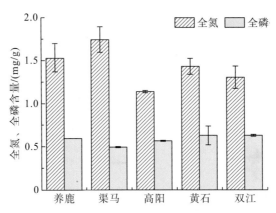

图 5-15   2008 年澎溪河云阳段永久淹没区内各采样点底泥全氮、全磷含量

5.1.5   澎溪河消落带/淹没区土壤氮、磷含量总体特征

三峡水库运行下消落带土壤理化性质、营养物含量及其赋存形态的影响因素复杂，主要有四个方面：①淹没前原陆域岩性、土壤化学组成和土地利用历史；②受淹期间上覆水体中颗粒物沉积、退水过程中对上游来水或上覆水体颗粒物的沉积与拦截；③水位涨落过程导致消落带土壤理化性质改变；④消落带落干期间植被恢复与农业耕作导致的土壤粒径变化。由于上述因素，消落带土壤理化性质、生物指标等呈现出独特性。

2010 年和 2011 年作者团队对三峡库区干、支流典型消落带进行了大面积调查，调查范围为三峡水库重庆主城—巫山区段腹心地带消落带区域，涉及重庆主城区下游(广阳岛)、长寿(龙溪河但渡)、涪陵(乌江白涛)、丰都(汶溪村等)、忠县(新政村等)、万州(新田)、云阳(澎溪河流域)、巫山(大宁河流域)等区县，具体包括 5 条主要支流消落带和干流不同区段南北岸等 4 处典型消落带(表 5-4)。2010 年、2011 年两个完整落干期间(4 月、7 月和 9 月)的土壤氮、磷和有机质含量调查结果见图 5-16。同澎溪河流域各样点2010 年、2011 年同期消落带土壤调查结果相比(图 5-16)，可以看出澎溪河 175m 以上对照点土壤氮含量在前述所涉及调查区域中是最低的，其消落带土壤总氮含量，同库区其他区域相比总体亦相对较低。澎溪河流域 175m 以上对照点土壤磷含量在调查所涉及的数据序列中处于中等水平，但澎溪河消落带土壤磷含量则相对偏低，是调查所涉及支流流域消落带土壤含磷量的最低值，同干流消落带土壤磷含量相比亦明显偏低。有机质含量的数据亦表明澎溪河流域对照点和消落带土壤有机质含量在全库区调查数据样本中总体处于中等偏低的水平。结合对长江中下游六个典型富营养湖泊底泥氮、磷、有机质含量调查结果(图 5-17)，进一步比较发现，除南京玄武湖、武汉月湖等城市型湖泊具有显著较高的氮、磷和有机质含量外，澎溪河流域土壤样品(消落带、消落带对照点、高阳平湖底泥)同长江中下游其他几个天然湖泊(洪泽湖实际上为水库)底泥氮、磷、有机质含量范围接近,大体上同太湖相当,并显著高于巢湖和鄱阳湖。

表 5-4　三峡库区干、支流典型消落带大面积调查样点分布(澎溪河流域样点除外)

序号	区域/流域	样点	位置	土壤类型	淹没前土地利用状况
1	主城干流段	广阳坝古河道	N29°33.329′, E106°41.495′	冲积潮土	河滩地
2		广阳坝长江沿岸	N29°34.903′, E106°43.190′	冲积潮土	河滩地
3	丰都干流南岸	丰都汶溪村	N29°58.681′, E107°49.735′	黄壤	农业用地
4	忠县干流北岸	石宝寨共和村	N30°24.191′, E108°08.473′	紫色土	科研示范地,种植牛鞭草、狗牙根等
5		石宝寨新政村	N30°25.225′, E108°10.473′	紫色土	农业用地
6	万州干流南岸	万州新田镇	N30°43.575′, E108°25.709′	紫色土	农业用地
7	龙溪河	长寿但渡	N29°48.573′, E107°07.408′	紫色土	农业用地
8	乌江	涪陵白涛	N29°32.115′, E107°28.979′	冲积潮土	河滩地
9	甘井河	忠县新桥村	N30°19.110′, E108°01.964′	紫色土	农业用地
10		巫山周家湾	N31°17.752′, E109°45.797′	紫色土	农业用地
11		巫山徐家湾	N31°17.766′, E109°46.148′	冲积潮土	农业用地
12	大宁河	巫山七里桥	N31°17.378′, E109°46.555′	冲积潮土	农业用地
13		巫山大昌古镇	N31°16.212′, E109°47.445′	黄壤	大昌古镇遗址所在地
14		巫山洋溪河河口	N31°17.214′, E109°49.809′	紫色土	农业用地

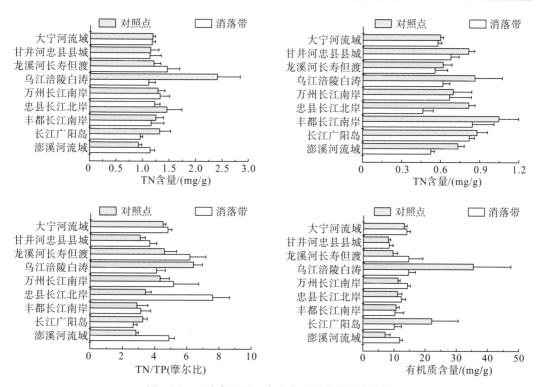

图 5-16　三峡库区干、支流典型消落带调查结果

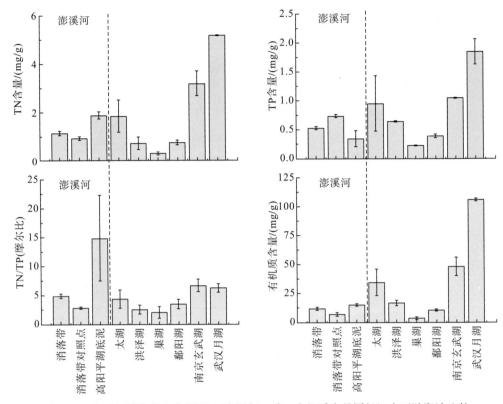

图 5-17   澎溪河消落带土壤/淹没区底泥氮、磷、有机质含量同长江中下游湖泊比较

　　从时间变化上，对比 2008、2010 和 2011 年开县汉丰湖消落带调查结果，发现其土壤 TN、TP 并未呈现显著变化（t 检验，$p \leqslant 0.05$）；对 2010 和 2011 年调查结果进行比较，进一步发现消落带土壤氮、磷形态则发生了显著改变，较为显著的特征是非活性成分所占比重下降（如 NTF-N、Ca-P），而活性成分则逐渐上升（如 IEF-N、OP 等）。受淹没—落干过程影响，总体上研究期间消落带土壤氮、磷呈现"活化"的趋势是比较显著的。

　　一方面，自 3 月落干后，澎溪河消落带植被恢复迅速。以 2009 年 6 月、8 月遥感图像为例（图 5-18），6 月澎溪河消落带植被覆盖度平均不足 70%，但在 8 月则升高至 70%以上。消落带植被恢复迅速在很大程度上将改变土壤理化性质及其营养物水平。另一方面，澎溪河消落带面积 65km²，该流域绝大多数消落带在受淹前均具有较长的农业垦殖历史。在流域人口密度较大、搬迁后人地矛盾突出的澎溪河流域，消落带土地成为近岸农民维持基本生计的重要生产资料。自 3 月气温回暖、水位下降至 9 月末开始蓄水，整个落干期间能为一些作物（玉米、水稻、花生等）种植提供充分的生长条件。消落带落干后农业耕作现象在澎溪河十分普遍（图 5-19）。消落带落干后的农业耕作在一定程度上松化土壤，促进土壤内养分循环，同时造成土壤养分流失和理化性质改变。此外，根据三峡水库运行方案与相应的水文情势，全年中消落带总体上在冬季受淹、夏季裸露。但在实际水库运行中，夏季洪峰过程以及水库蓄洪亦可能使部分高程较低的消落带在汛期多次受淹。如 2010 年、2012 年夏季，三峡水库蓄洪致使夏季有 20 余天时间水库水位维持在 160m 以上(图 2-2)，使相应高程范围内的消落带受淹。在频繁往复的受淹—落干过程中，流域内(陆地、水体)自源性、异源性颗粒物(有机碎屑和泥沙)随着水—陆交替而在消落带沉积或被截留，可能导致消落带表层土壤养分与理化性质发生显著变化。尽管如此，消落带土壤理化性质改变与营养物源汇关系依然需要长期跟踪研究。

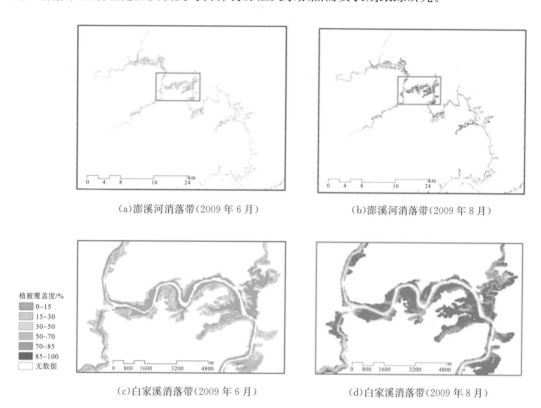

(a)澎溪河消落带(2009 年 6 月)　　　　　　(b)澎溪河消落带(2009 年 8 月)

植被覆盖度/%
- 0~15
- 15~30
- 30~50
- 50~70
- 70~85
- 85~100
- 无数据

(c)白家溪消落带(2009 年 6 月)　　　　　　(d)白家溪消落带(2009 年 8 月)

图 5-18　澎溪河以及白家溪消落带落干后植被恢复情况[①]

(a)养鹿至白家溪沿岸消落带出露后垦殖(2010 年 5 月)

① 遥感图像来源：中国科学院遥感应用研究所。

(b)开县汉丰湖消落带出露后垦殖(2009 年 3 月)

(c)高阳平湖消落带作物收割(2013 年 8 月)

图 5-19　澎溪河消落带落干后垦殖现场

摄影：李哲、蒋滔、张呈等

5.2　水中关键生源要素赋存形态与时空变化

5.2.1　澎溪河回水区水体氮素的时空变化过程

氮素是生命活动必不可少的营养元素。在水体富营养化过程中，陆源输入的大量氮素直接促进了藻类的生长，生产力水平的普遍提高加速了氮素的循环并破坏了水中氮、磷等营养物构成平衡，迫使藻类群落结构发生变化。同时，水环境中普遍存在的生物固氮和反硝化过程以及大气中的干、湿沉降将水相中氮素的循环过程同大气中庞大而稳定的无机氮库紧密连接，适时地调节水中氮含量的高低，缓解或加速富营养化水体营养结构的失衡，使氮素的循环过程更具开放性、复杂性。了解特定水生生态区系中氮素存在形态与季节性变化过程，分析调控氮素生物地化循环的潜在因子、过程，对更清晰地认识水体富营养化的发展趋势具有重要意义。

淡水水体中，氮素赋存形态包括：以无机溶解态存在的氨氮（NH_4^+-N）、硝态氮（NO_3^--N）、亚硝态氮（NO_2^--N）；溶解性有机氮（dissolved organic nitrogen, DON，如溶解于水中的氨基酸、蛋白质、尿素等）；颗粒态有机氮（particulate organic nitrogen,

PON，如有机碎屑、生物体等）。另外，氨氮具有一定的吸附功能，会以吸附于泥沙颗粒表面的形式作为颗粒态无机氮（particulate inorganic nitrogen，PIN）的形式存在，但由于氨氮吸附能力有限且易受水质理化性质改变的影响，天然水体中 PIN 含量通常很低，可以忽略。

1. 各采样点空间分布特点（2010 年 6 月至 2011 年 5 月）

为掌握水库运行下澎溪河回水区关键生源要素的时空变化特征，在澎溪河回水区（开县温泉至澎溪河河口，约 97km 河段）共设置 16 个采样断面开展定位跟踪观测，采样断面基本信息见表 5-5，采样点空间位置关系见图 5-20。本书以 2010 年 6 月至 2011 年 5 月一个完整周年的逐月监测数据为基础，分析澎溪河氮素空间分布特点。采样监测时间为每月上旬（6 日至 10 日），样品取自各采样断面河道深泓线处。

表 5-5　澎溪河回水区采样点设置

编号	采样点名称	经度	纬度	河段特点
1	温泉水文站	N 31°19′59.60″	E 108°30′48.39″	澎溪河东河入库背景断面
2	汉丰湖1	N31°11′22.61″	E108°25′20.39″	澎溪河东河南河交汇处
3	汉丰湖2	N 31°11′9.22″	E108°26′17.27″	汉丰湖原水文站附近
4	汉丰湖3	N31°11′9.49″	E108°27′18.82″	澎溪河汉丰湖渡口下游约 500m 处
5	汉丰湖4	N 31°10′54.57″	E108°27′36.53″	开县调节坝坝址处
6	白家溪1	N31°8′8.83″	E 108°33′32.29″	白家溪龙坝河码头下游
7	白家溪2	N 31°7′56.42″	E108°33′28.50″	白家溪同澎溪河干流交汇处
8	白家溪3	N31°7′35.91″	E108°33′35.88″	白家溪同澎溪河干流交汇处下游约 1km 处
9	养鹿湖1	N31°5′17.16″	E108°33′29.04″	养鹿镇下游养鹿湖入口处
10	养鹿湖2	N 31°5′19.47″	E 108°34′20.61″	养鹿湖湖心干流
11	养鹿湖3	N 31°5′47.65″	E 108°35′8.07″	养鹿湖出口母猪岩处
12	渠马渡口	N31°07′50.8″	E108°37′13.9″	渠马镇澎溪河干流同双水河交汇口上游 500m 处
13	高阳平湖	N31°5′48.2″	E108°40′20.1″	高阳镇高阳平湖湖心干流主河道
14	黄石镇	N31°00′29.4″	E108°42′39.5″	黄石镇黄石渡口上游约 2km 峡谷出口处
15	双江大桥	N30°56′51.1″	E108°41′37.5″	云阳双江镇双江大桥上游 200m 处
16	小江河口	N30°57′03.8″	E108°39′30.6″	云阳双江镇小江河口

图 5-20　澎溪河回水区采样点示意图

　　2010 年 6 月至 2011 年 5 月，澎溪河回水区各水体中 TN 浓度均值为 1.291±0.034mg/L，变化范围为 0.350~3.174mg/L。图 5-21 中可以明显看出，澎溪河回水区各采样点 TN 的空间变化显著。温泉水文站入库背景全年水体 TN 含量均值为 1.016±0.078mg/L，进入开县汉丰湖后水体 TN 浓度显著增加，汉丰湖 2 全年均值已达 1.416±0.100mg/L，为入库后澎溪河回水区出现的第一个峰值。汉丰湖下游澎溪河回水区水体 TN 浓度逐渐下降，至白家溪水域水体 TN 浓度为澎溪河回水区最低水平，白家溪 1~3 号采样点水体 TN 浓度全年均值分别为 1.107±0.131mg/L、1.229±0.186mg/L、1.218±0.16mg/L。自养鹿湖开始，澎溪河回水区水体 TN 水平沿下游逐渐升高。渠马渡口、高阳平湖、黄石镇、双江大桥的水体 TN 浓度分别为 1.285±0.114mg/L、1.261±0.092mg/L、1.440±0.085mg/L、1.503±0.099mg/L。澎溪河回水区水体 TN 浓度在小江河口处达到峰值，为 1.540±0.091mg/L。尽管如此，白家溪、养鹿湖水域年内水体 TN 浓度变化幅度在整个澎溪河回水区中却是最大的，全年数据序列中的最高值与最低值均出现在该河段。其中养鹿湖 2 号采样点全年 TN 浓度最高值同最低至比值（最高值/最低值）为 9.07，在澎溪河回水区各采样点中最大。

　　DIN 的空间变化特征同 TN 相似。温泉入库断面全年 DIN 均值为 0.708±0.059mg/L。即自温泉入库后，澎溪河回水区水体 DIN 浓度在汉丰湖水域出现第一次峰值，汉丰湖 1~4 号采样点水体 DIN 浓度年均值分别为：0.952±0.099mg/L、0.958±0.096mg/L、0.953±0.101mg/L 和 0.899±0.085mg/L。尽管在年均值上澎溪河回水区白家溪、养鹿湖河段水体 DIN 浓度为各采样点的最低水平，其中白家溪 1 号采样点全年水体 DIN 浓度均值仅为 0.673±0.099mg/L，但该河段年内水体 DIN 浓度变化幅度亦在澎溪河回水区各采样点中最大。白家溪、养鹿湖河段 6 个采样点年内水体 DIN 浓度最大值和最小值的比值平均达 6.45，其中养鹿湖 2 号采样点该比值达 7.97，在澎溪河回水区各采样点中最大。云阳渠马渡口以下河段，水体 DIN 浓度逐渐增加，小江河口处水柱 DIN 浓度年均值达到 1.227±0.100mg/L，在澎溪河回水区各采样点中最大。

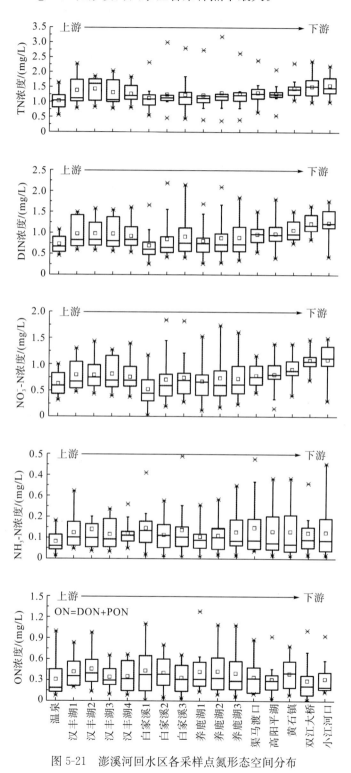

图 5-21　澎溪河回水区各采样点氮形态空间分布

硝态氮（NO_3^--N）、氨氮（NH_3-N）是澎溪河回水区水体 DIN 的主要存在形态，其中 NO_3^--N 总体占优。它们的空间分布特征具有显著差异。澎溪河回水区水体 NO_3^--N 浓度空间变化同 TN、DIN 相似，即入库后在开县汉丰湖出现显著升高，此后在白家溪水域显著下降，此后往下游方向再次逐渐升高，至小江河口处达到整个回水区最高水平。各采样点水体 NO_3^--N 浓度年内变幅的空间变化特征亦同 TN、DIN 具有相似性，即尽管白家溪、养鹿湖水域全年 NO_3^--N 浓度均值在澎溪河回水区各采样点中为低水平，但该处水域 NO_3^--N 年内变幅却是全回水区最大的，水体 NO_3^--N 浓度的年内最大值亦出现在该处水域，达 1.844mg/L。

澎溪河回水区水体 NH_3-N 浓度空间分布同 TN、DIN 和 NO_3^--N 空间分布特征存在明显不同。入库后，汉丰湖水域水体 NH_3-N 高于上游温泉水文站入库断面，出汉丰湖后白家溪水域水体 NH_3-N 浓度进一步升高，白家溪 1～3 号采样点水体 NH_3-N 浓度年均值分别为 0.14±0.03mg/L、0.11±0.02mg/L、0.13±0.03mg/L。尽管养鹿湖采样点水体 NH_3-N 浓度略有下降，但在渠马渡口处水体 NH_3-N 浓度再次升高，年均值为 0.15±0.04mg/L，为澎溪河回水区各采样点中最高，其下游各采样点水体 NH_3-N 浓度年均值均仅为 0.12～0.13mg/L。与 TN、DIN 相似的是，澎溪河回水区白家溪、养鹿湖河段水体 NH_3-N 浓度年内变幅最大，白家溪 1～3 号采样点年内水体 NH_3-N 浓度最大值和最小值比值分别高达 22.8、33.9、101.4。养鹿湖 1 号采样点水体 NH_3-N 浓度最大值和最小值比值亦为 52.9，显著高于其他河段采样点。

澎溪河回水区水体有机氮（ON=DON+PON）浓度同 NH_3-N 具有相似的空间分布特征，与 TN、DIN 和 NO_3^--N 空间分布特征显著不同。入库后，水体 ON 浓度迅速升高，汉丰湖 2 号采样点年均值为 0.46±0.07mg/L，为澎溪河回水区各采样点年均值最大。下游方向略有下降，至白家溪 1 号采样点水体 ON 浓度再次升高，年均值为 0.43±0.09mg/L，养鹿湖 2 号采样点水体 ON 浓度再次达到较高水平，年均值为 0.42±0.08mg/L。下游方向（渠马渡口至小江河口），除黄石镇采样点水体 ON 浓度年均值达 0.40±0.08mg/L 外，澎溪河回水区各采样点水体 ON 浓度总体呈逐渐下降的特征，至小江河口 ON 浓度年均值为 0.31±0.06mg/L。同水体 NH_3-N 浓度空间分布相似，澎溪河回水区白家溪至养鹿湖河段，水体 ON 浓度具有最大的年内变幅。白家溪 1 号采样点 ON 浓度年内最大值同最小值比值为 103.9，为澎溪河回水区各采样点水体 ON 浓度年内变化最大。

根据三峡水库运行情况，将完整水库运行周年划分为以下三个不同运行阶段。

（1）低水位运行期：6 月至 9 月。6 月初水库水位降至汛期防洪限制水位（145m），在主汛期来临前腾出足够的防洪库容。主汛期内三峡水库水位在上游洪水和大坝调蓄的双重影响下发生陡涨陡落的变化。汛末（8 月）进入伏旱季节，并逐渐过渡至 9 月主汛期结束。

（2）高水位运行期：10 月至次年 1 月。汛末后水库于 10 月开始蓄水，通常 10～11 月期间水库水位达到 175m 正常运行状态，并在整个冬季枯水期维持在该水位状态。

（3）泄水期：2 月至 5 月。三峡水库于 2 月开始开闸向下游补水，泄水期间水位逐渐降至枯季消落最低水位，并在 5 月末汛期来临前水位进一步下降至汛期防洪限制水位。

　　上述三个水库运行阶段澎溪河回水区 TN、DIN 和 ON 的空间分布特征见图 5-23。低水位运行期，温泉水文站入库断面水体 TN 浓度均值为 1.062 ± 0.089mg/L，变化范围小。尽管低水位时期汉丰湖水域为天然河道[①]，但其水体氮含量较温泉水文站显著升高。期间汉丰湖 1 号采样点水体 TN 浓度均值为 1.445 ± 0.169mg/L；汉丰湖 2 号采样点水体 TN 浓度均值为 1.730 ± 0.040mg/L。出汉丰湖后，澎溪河回水区水体 TN 浓度逐渐下降，但变幅显著扩大。低水位运行期白家溪、养鹿湖水域各采样点水体 TN 均值约在 $1.5\sim1.7$mg/L，但同期最大值/最小值的比值高达 $3.4\sim5.2$，是澎溪河回水区各采样点中变幅最大的水域。养鹿湖下游云阳境内河段各出采样点水体 TN 浓度均值在 $1.5\sim1.7$mg/L，各采样点间无显著统计差异。低水位运行期，澎溪河回水区各采样点 DIN、ON 浓度空间变化特征同 TN 的空间变化特征大体相似。自温泉水文站入库后 DIN、ON 均显著增加，出汉丰湖后水体 DIN、ON 浓度均显著性下降，在白家溪、养鹿湖水域有所回升，但变幅显著扩大。下游云阳境内渠马渡口以下采样点水体 DIN、ON 并未呈现显著的空间变化特征。

　　高水位运行期，澎溪河回水区各采样点 TN 浓度空间变化特征同低水位时期并不相同。自温泉水文站入库后，水体 TN 浓度在汉丰湖迅速升高，汉丰湖 1 号采样点水体 TN 浓度均值为 1.138 ± 0.075mg/L，较温泉水文站水体 TN 浓度均值（0.857 ± 0.033mg/L）增加了 32.9%。下游方向，汉丰湖经白家溪至养鹿湖河段，水体 TN 浓度并未有显著空间差异，上下游河段水体 TN 总体呈"均化"特征。但自养鹿湖 2 号采样点起，下游方向上澎溪河回水区水体 TN 浓度总体呈升高趋势，水体 TN 浓度变幅亦有显著扩大的趋势。黄石镇采样点水体 TN 浓度均值达 1.425 ± 0.081mg/L，为澎溪河回水区各采样点最大。双江大桥、小江河口采样点高水位运行期水体 TN 浓度略有下降，均值分别为 1.360 ± 0.130mg/L、1.377 ± 0.122mg/L。高水位运行期，澎溪河回水区各采样点水体 DIN 浓度空间变化特征同 TN 大体相似，即自温泉水文站入库后水体 DIN 浓度显著增加。汉丰湖经白家溪至养鹿湖河段，水体 DIN 浓度总体无显著空间差异，呈现"均化"现象。自养鹿湖下游开始，水体 DIN 浓度呈逐渐增加趋势，在小江河口处达到最大，期间均值为 1.143 ± 0.105mg/L，变幅较上游采样点显著扩大。但是，ON 浓度空间变化特征同 TN、DIN 均存在较大差别。高水位运行期，自温泉水文站入库后，水体 ON 浓度显著升高，汉丰湖 2 号采样点出现水体 ON 浓度第一个峰值，期间水体 ON 浓度均值为 0.496 ± 0.128mg/L，汉丰湖 4 号采样点再次出现峰值，期间水体 ON 浓度均值为 0.464 ± 0.071mg/L。出汉丰湖后下游方向，澎溪河回水区各采样点水体 ON 浓度均值总体呈"震荡"下降的趋势，养鹿湖 1 号、渠马渡口、小江河口分别出现谷值（图 5-22）。双江大桥和小江河口处水体 ON 浓度均值分别为 0.214 ± 0.041mg/L、0.234 ± 0.021mg/L，在澎溪河回水区各采样点中为最低水平。

　　泄水期，澎溪河回水区水体 TN 浓度自温泉水文站入库后显著升高。该期间汉丰

---

　　① 截至 2012 年底，开县汉丰湖水位调节坝仍未下闸蓄水，故在研究期间低水位运行期汉丰湖水域依然为天然河道；仅在高水位运行期和泄水期前段（3 月底坝前水位 168m 以上）汉丰湖受回水顶托影响。

湖1号采样点水体 TN 浓度均值达 $1.543\pm0.279mg/L$，较温泉水文站入库断面水体 TN 浓度均值升高 36.8%。汉丰湖水域水体 TN 浓度在澎溪河回水区中处于较高水平。汉丰湖下游白家溪、养鹿湖至云阳县高阳平湖水域水体 TN 浓度均未呈现显著空间差异（图5-22），但自黄石镇采样点起出现显著升高，双江大桥、小江河口采样点泄水期水体 TN 浓度均值为 $1.668\pm0.203mg/L$、$1.700\pm0.168mg/L$，为澎溪河回水区各采样点最高。同期澎溪河回水区水体 DIN 浓度空间分布特征与 TN 相似，即入库后在汉丰湖水域出现峰值，此后自黄石镇起往下游方向再次显著升高，小江河口处水体 DIN 浓度均值为 $1.446\pm0.113mg/L$，为同期澎溪河回水区各采样点最高。澎溪河回水区水体 ON 浓度空间变化特征与 TN、DIN 不同。一方面，自温泉水文站入库后，澎溪河回水区水体 ON 浓度并未呈显著升高趋势。温泉水文站同汉丰湖采样点水体 ON 浓度并无显著差异，而从均值上汉丰湖采样点水体 ON 浓度甚至略低于温泉水文站入库背景断面。汉丰湖经白家溪至养鹿湖水域水体 ON 浓度并无显著差异，自渠马渡口起下游方向水体 ON 浓度呈现显著下降，高阳平湖处水体 ON 浓度均值仅为 $0.124\pm0.055mg/L$，为澎溪河回水区各采样点最低。下游黄石镇、双江大桥、小江河口采样点同期水体 ON 浓度略有升高。

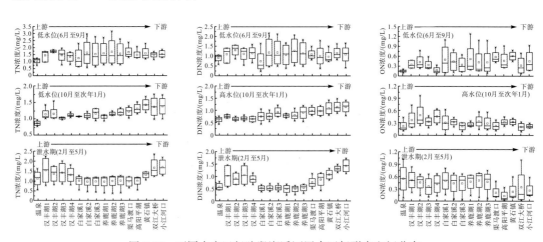

图 5-22 不同水库运行阶段澎溪河回水区氮形态空间分布

2. 典型采样点时间变化过程（2007 年 7 月至 2012 年 6 月）

为进一步掌握澎溪河回水区氮素时间变化过程，本书以高阳平湖、双江大桥采样点（表5-5）数据为基础，对 2007 年 7 月至 2012 年 6 月五个完整水文周年氮素逐月变化过程进行分析。其中 2007 年 7 月至 2009 年 6 月采样频次为每月两次，采样时间为每月上旬（10 日）、下旬（25 日），两次采样间隔控制在 11~15d；2009 年 9 月至 2012 年 6 月采样频率为每月 1 次，采样时间为每月上旬。高阳平湖与双江大桥水体 TN 浓度逐年分布和逐月变化见图 5-23 和图 5-24。第一个研究周年内（2007 年 7 月至 2008 年 6 月，以下以 "Y1" 表示），高阳平湖、双江大桥全部数据序列水体 TN 浓度均值为 $1.750\pm0.082mg/L$。该浓度值在第二个研究周年（2008 年 7 月至 2009 年 6 月，以下以 "Y2" 表示）与第三个研究周年（2009 年 7 月至 2010 年 6 月，以下以 "Y3" 表示）均有所下降，分别为 1.421±

0.035mg/L、1.308±0.113mg/L。第四个研究周年(2010年7月至2011年6月,以下以"Y4"表示)两处采样点全部数据序列水体TN浓度均值为1.321±0.074mg/L。第五个研究周年(2011年7月至2012年6月,以下以"Y5"表示),两处采样点全部数据序列水体TN浓度均值有所升高,为1.823±0.091mg/L。五个完整周年的研究期内,澎溪河回水区高阳平湖、双江大桥水体TN浓度总体并未呈现显著升高或降低的年际间变化趋势。

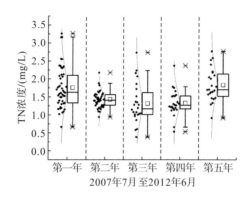

图5-23 澎溪河回水区高阳平湖、双江大桥水体TN浓度逐年变化

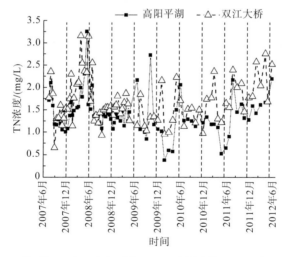

图5-24 澎溪河回水区高阳平湖、双江大桥水体TN浓度逐月变化

从分月统计结果(图5-25)上可以看出,年内3～6月为水体TN浓度相对较高的时期。澎溪河回水区水体TN浓度中位值均超过1.5mg/L,且获得的样本数月内变幅亦在全年中最为显著。澎溪河回水区TN水平在7月份开始逐渐下降,并在10～12月份维持在相对较低的水平,TN浓度中位值介于1.2～1.4mg/L,且月内变幅为全年最小。上述TN的逐月变化特征,同NH_4^+的逐月变化特点具有一定的相似性,即澎溪河水体的NH_4^+浓度亦在4～6月呈现出全年最高的水平。

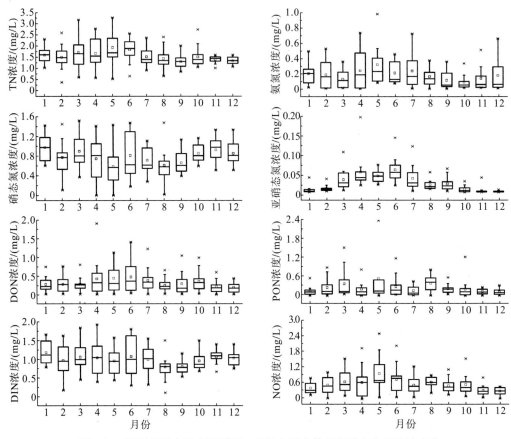

图 5-25　澎溪河回水区高阳平湖、双江大桥水体氮素形态分月统计变化

5.2.2　澎溪河回水区水体磷的时空变化过程

在关键生源要素的生物地球化学循环中，磷是沉积型循环的典型代表。磷是核酸、细胞膜和骨骼的主要成分，是生物不可缺少的重要元素。生物的代谢过程都需要磷的参与，是细胞内生化能量转化的载体。地壳中的磷灰石矿是地表磷循环的主要储备库。在风化作用与人类活动下，磷酸盐被植物摄取进入生物圈。在陆地生态系统中，磷进入植物体后在食物链中传递，最终随着动植物的死亡而回归土壤。受降雨径流过程等影响，陆地生态系统的磷进入河流、湖泊等天然水体，满足水生生物生长需求，并随着水文循环从地表迁移至大海，最终在大海深处沉积，形成相对稳定的磷酸盐矿床，直至地壳运动或其他作用(海鸟或人类活动等)使它们再次参加循环。

1. 各采样点空间分布特点(2010 年 6 月至 2011 年 5 月)

以 2010 年 6 月至 2011 年 5 月一个完整周年为例，澎溪河回水区总磷(TP)、溶解性活性磷(SRP)和颗粒态磷(PP)的空间分布见图 5-26。对 TP 的空间分布，可以看出相对于天然河道的背景断面(温泉)，入库后澎溪河回水区水体 TP 浓度显著升高，且在全年时间范围内的变化范围亦显著扩大。全年温泉断面 TP 平均值仅为 $0.034\pm0.006\text{mg/L}$，在澎溪河回水区内 15 个断面的全年平均值则为 0.087±0.004mg/L，入库后水体 TP 平均浓度约为入库背景断面(温泉)平均浓度的 2.6 倍。尽管入库后(汉丰湖以下水域)总体呈升高趋势，但自上游(汉丰湖水域)至下游(小江河口)，水体中 TP 浓度呈现出"U"形的变化特点，即在白家溪至养鹿河段，水体中 TP 浓度在全年统计尺度上出现谷值。该区段各采样点全年 TP 浓度为 0.055～0.065mg/L，低于上游开县汉丰湖水域和澎溪河回水区下游云阳县境内水域。

澎溪河回水区水体中 SRP 浓度的空间分布特点，与上述水体中 TP 浓度的空间分布特点相同。即相对于温泉的入库背景断面，入库后澎溪河回水区水体中 SRP 浓度显著升高，全年范围内的变化范围亦显著扩大，但自回水区上游至下游呈近似于"U"形的变化特点。尽管同入库背景断面(温泉)相比，澎溪河回水区水体中 PP 浓度显著升高，全年内变化范围显著扩大，但不同于前述 SRP、TP 两个指标，自回水区上游采样点至下游采样点，水体 PP 浓度的空间变化呈近似于"W"形的变化特征，开县汉丰湖水域、养鹿湖水域和下游双江大桥、小江河口水域水体中 PP 浓度含量较其他采样点略高。

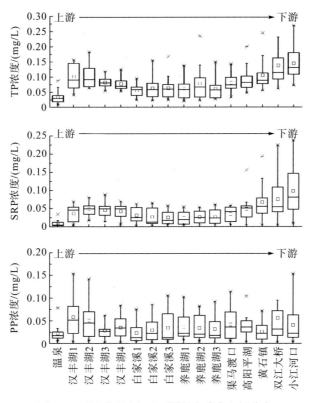

图 5-26　澎溪河回水区不同形态磷素空间分布

按照前述氮素的分类方式，对不同水库运行条件下(低水位、高水位、泄水期)的不同形态磷素空间分布进行分析，见图 5-27。低水位时期自澎溪河回水区上游采样点至下游水体 TP 浓度呈近似于"W"形的空间分布特点，峰值出现在汉丰湖水域、养鹿湖水域和小江河口，谷值出现在白家溪水域和高阳平湖水域。同期的水体 SRP 浓度、PP 浓度空间分布同 TP 浓度的分布大致相似。高水位时期，澎溪河回水区水体 TP 浓度空间分布总体呈现出自上游向下游递增的趋势，峰值出现在双江大桥。澎溪河回水区内水体 TP 浓度谷值出现白家溪、养鹿湖水域。高水位时期，SRP 的空间分布总体上同 TP 的空间分布相似，峰值依然出现在双江大桥、小江河口水域，自回水区上游至下游总体呈增加的趋势。高水位时期 PP 的空间分布，除在双江大桥处出现峰值外，其余采样点并未呈现规律性的空间分布特点。水库泄水期，澎溪河回水区水体 TP 浓度空间分布，大致呈同前述的"U"形分布特点，入库后汉丰湖水域水体 TP 浓度出现第一个峰值，后 TP 浓度沿下游方向逐渐下降，至养鹿湖水域为谷值，后在双江大桥、小江河口水域出现水体 TP 浓度的另一个峰值。泄水期澎溪河回水区水体 SRP 浓度空间变化与 TP 浓度的空间变化大致相同，但 PP 浓度的空间变化则呈总体沿下游方向下降的趋势。PP 浓度在汉丰湖水域出现峰值，在小江河口水域出现谷值。

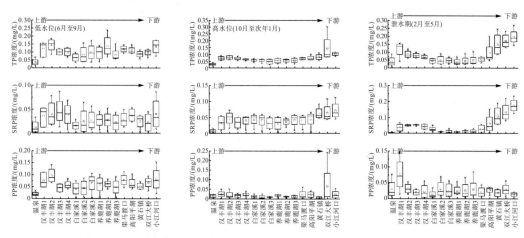

图 5-27　不同水库运行状态下澎溪河回水区水体 TP、SRP、PP 空间分布

2. 典型采样点时间变化过程（2007 年 7 月至 2012 年 6 月）

同 5.2.1 节，以双江大桥和高阳平湖两个采样点 2007 年 7 月至 2012 年 6 月五个完整周年的逐月变化为例对澎溪河回水区磷素时间变化过程进行分析。从图 5-28 中分析可以看出，自三峡水库 156m 实验性蓄水后，澎溪河回水区水体 TP 浓度呈较为明显的升高趋势。第一个完整周年内（2007 年 7 月至 2008 年 6 月），上述两个典型采样点水体 TP 浓度尽管出现过超过 0.2mg/L 的异常值，但从概率分布上，水体中 TP 浓度多集中分布于 0.1mg/L 以下，TP 浓度>0.1mg/L 的样本出现频次所占比重仅为 10%。而在第四个完整周年（2010 年 7 月至 2011 年 6 月）、第五个完整周年（2011 年 7 月至 2012 年 6 月），超过 50%的样本 TP 浓度均超过了 0.1mg/L。结合 SRP、PP 浓度及其在 TP 中相对丰度的分年统计结果（图 5-28）初步分析认为，自三峡水库 156m 实验性蓄水以来，澎溪河回水区水体 TP 浓度的升高，主要来自于水体中 SRP 浓度升高的贡献。上述推断的主要证据有以下两个方面。

（1）五年来，澎溪河回水区水体 SRP 浓度水平呈显著升高的趋势。水体 SRP 浓度超过 0.10mg/L 的概率水平和年内 SRP 的浓度峰值增加趋势明显。另外，SRP 在 TP 中所占比重亦从第一个完整周年时期（2007 年 7 月至 2008 年 6 月）约不到 20%，逐渐升高到

40%~50%。

（2）五年来，澎溪河回水区水体 PP 浓度并未呈显著的升高趋势，而出现了近似于"U"形的变化特征。第三个完整周年内（2009 年 7 月至 2010 年 6 月）澎溪河回水区水体 PP 浓度为上述 5 个完整周年期间的最低水平，年内平均水体 PP 浓度仅为 0.031 ± 0.008mg/L，且 PP 在水体 TP 中所占比重亦呈现"U"形的变化特点。而上述变化特征，同 TP 的逐年变化情况并不一致，亦不足以支持 TP 呈现总体上逐年递增的变化特点。

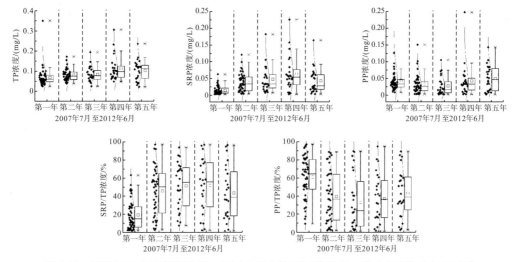

图 5-28　澎溪河回水区高阳平湖、双江大桥水体不同磷形态、相对丰度的分年度统计

从不同磷素的分月统计（图 5-29）可以看出，年内 TP 浓度峰值出现在 4 月、5 月，后逐渐下降，在 9 月水体平均 TP 浓度为 0.5~0.7mg/L。而随着 10 月份的水库蓄水，10月至 12 月澎溪河回水区水体 TP 浓度呈显著的升高趋势，而 2 月份水体中 TP 浓度略有下降。澎溪河回水区水体 SRP 浓度的逐月变化过程同上述 TP 浓度的逐月变化相似。澎溪河回水区水体 SRP 浓度在 4 月出现年内峰值，在已有的统计样本中，4 月水体 SRP 浓度变化范围亦为最大。全年 SRP 的谷值出现在汛期。7 月水体 SRP 浓度在全年最低，此后呈显著逐月升高的特点。同 SRP 浓度逐月变化不同，澎溪河回水区水体 PP 浓度则在汛期 7 月出现峰值，汛末 PP 浓度逐渐下降，并在 2 月澎溪河回水区水体 PP 浓度为全年最低水平。入春后，水体中 PP 浓度呈显著升高的趋势。

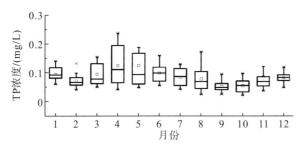

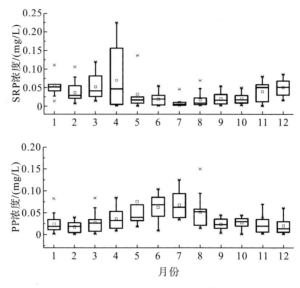

图 5-29   澎溪河回水区高阳平湖、双江大桥水体不同磷素分月统计结果

5.3   营养盐相对丰度变化及其对藻类生长的影响

5.3.1   关键生源要素的化学计量关系与限制性评价

关于营养物对藻类生长产生限制的说法，起源于对藻类细胞体的计量学研究。Redfield 提出理想状态下大洋中藻类细胞的化学分子式大致为 $C_{106}H_{263}O_{110}N_{16}P_1S_{0.7}Fe_{0.05}Si_{痕量}$ (Redfield，1958)。根据该化学分子式，Redfield 假设若藻类胞外各营养物的比例关系等于藻类细胞上述化学分子式，那么藻类细胞生长的营养物结构将较为理想。据此，摩尔比 $N/P=16$ 是藻类生长氮、磷平衡的临界状态，若藻类胞外 $N/P>16$（摩尔比），则对于藻类生长而言，藻类生境表征为磷限制状态，反之则受到氮的限制。Healey(1973)的大量研究进一步完善了藻类元素组成的相对比例关系（表 5-6），Hecky 等(1988)在此基础上通过对河流和海洋元素构成的比较研究，认为藻类群落在河流中更易于受到 P、Fe 和 Co 等元素的相对限制，而在海洋中则容易受到 P、N、Si、Fe、Zn、Cu、Mn、Co 等元素的限制。

表 5-6   海洋中氮、磷、硅等生源要素的限制性评价(Justić et al.，1995)

	氮限制	磷限制	硅限制
绝对限制	$DIN \leqslant 1 \ \mu mol/L(14 \ \mu g/L)$	$SRP \leqslant 0.1 \ \mu mol/L(3.1 \ \mu g/L)$	$DSi \leqslant 2 \ \mu mol/L(56.17 \ \mu g/L)$
相对限制（摩尔比）	$DIN/SRP<10$ 且 $DSi/DIN>1$	$DSi/SRP>22$ 且 $DIN/SRP>22$	$DSi/SRP<10$ 且 $DSi/DIN<1$
相对限制（质量比）	$DIN/SRP<4.5$ 且 $DSi/DIN>2$	$DSi/SRP>19.9$ 且 $DIN/SRP>9.9$	$DSi/SRP<9.0$ 且 $DSi/DIN<2$

由于藻种间生理、形态、生态上的差异，使不同藻种细胞化学计量式和最适生长的

氮、磷比例关系存在显著的差别，单一藻种细胞在不同生长阶段所需的胞外营养结构也各不相同。虽然 Schindler(1977) 和 Kilham 等(1988)的研究奠定了对淡水水体普遍受磷限制而大洋水体普遍受氮限制的基本认识，但如何更明确地评判不同水域藻类群落(初级生产力水平)受到何种营养物的限制，如何实现对营养物限制性程度的界定与量化及其对藻类群落的生态调控作用以提供更合理、有效的环境管理模式，是研究天然水环境氮、磷营养物限制的目的(Hecky et al.，1998)。

通过大量的野外观测和比较，湖沼学和海洋生态学的经验研究分别总结、归纳了两套评价水中氮、磷限制的方法。在湖沼学研究中，以 Smith(1982，1983)、Downing 等(1992)等为代表的经验学派通过对淡水环境中氮、磷相对丰度与 Chla 和藻类物种组成的比较分析，建立了经典的 TN/TP 学说。在海洋(海湾、大洋)生态学研究中，早期研究认为 DIN/SRP<10(摩尔比)是氮限制的阈值范围(Healey et al.，1979)，而 DIN/SRP>(20~30)(摩尔比)则是磷限制的表征(Healey，1979)。20 世纪 90 年代中期，Justić 等(1995)更明确了氮、磷等生源要素的限制性标准，提出海湾、近海生态系统中氮、磷、硅的绝对限制含量与相对限制含量之间的关系，更明晰了对海洋生态系统生源要素限制性的认识(表 5-6)。Guliford 等(2000)认为海洋中存在庞大、均质且相对稳定的无机营养库，能够形成持续的通量以供给藻类生长，因而多采用无机营养物含量作为营养状态评判标准，但淡水生态系统中无机营养物生物地化循环剧烈，并不适宜于评判营养物的相对限制关系，多采用营养物的总量形式(TN 或 TP)。在此基础上，Guliford 等(2000)对不同水生态系统的氮、磷相对关系进行了跨系统研究，提出了相对完善的天然水体氮、磷限制性标准：TN/TP<20(摩尔比，转换为质量比为 9.0)是氮限制的阈值，而当 TN/TP>50(摩尔比，转化为质量比为 22.6)时则更倾向于受到磷的限制。

由于水中无机营养物的现存量实际上是藻类群落在同期生长状态下未被完全摄取而剩余的胞外含量(Reynolds，2006)，同藻类生理过程存在必然联系。从藻类群落生态研究的角度，Redfield 假设和 Tilman 的资源竞争学说均是建立藻类生长对其胞外营养物相对丰度生态响应特征的基础之上，胞外环境无机营养物的变化是诱导群落演替的直接因素，而营养物的总量形式仅能反映生产力水平的长期趋势。从反映藻类生境特征的角度，本研究同时采用 Guliford 等(2000)的 TN/TP 限制性评价方法和 Justić 等(1995)的无机营养物限制评判标准对小江回水区营养物限制性特点进行分析探讨。

5.3.2　水库运行下澎溪河关键生源要素产汇特点

磷是核酸、细胞膜和骨骼合成不可缺少的重要元素，是细胞内能量转化的关键载体，在新陈代谢中能量循环全程均需磷的参与(Wetzel，2001)。而硅素则被认为是硅藻生长过程中用于合成其硅质外壳的主要原料(Wetzel，2001)，是硅藻必不可少的生源要素。作为沉积型循环的磷、硅元素，其在天然水体的循环过程一方面受到地表径流过程的干扰，同时在生物作用下(主要是藻类生长)发生改变。

研究假设，两次采样间隔期间水文(径流量)、气象(降雨)和水动力条件(水体滞留时间和库容)的变化将直接影响两次采样水中磷素含量及其形态变化过程。为能说明两次采样间隔期间水文、气象和水动力条件的变化特点，本研究对上述水文、气象和水动力指标进行了均化处理，采用两次采样间隔日均值并通过相关性分析探讨其对磷素输移转化过程的影响。以两次采样间隔日降水量（AveRain）为例，其计算公式为

$$\text{AveRain}=\frac{\text{两次采样间隔日降水量总和}}{\text{两次采样间隔天数}} \tag{5-1}$$

两次采样间隔的日均径流量（AveQ）、日均水体滞留时间（AveHRT）和回水区总库容（AveCap）日均值的计算公式同式（5-1）。各形态磷、硅与小江河口水位 Level、AveQ、AveRain、AveHRT、AveCap 的 Spearman 相关系数矩阵见表 5-7。表 5-8 则提供了影响磷、硅循环的环境要素同各形态磷素、硅素和水动力特征的相关系数。

表 5-7　各形态磷、硅素同小江回水区水文、气象和水动力条件的相关性矩阵

$n=235$	TP	SRP	PP	PP/SRP	DSi	Level	AveRain	AveQ	AveCap
TP	1.000								
SRP	0.386**	1.000							
PP	0.375**	−0.481**	1.000						
PP/SRP	—	−0.892**	0.797**	1.000					
DSi	—	0.189**	—	−0.173**	1.000				
Level	0.198**	0.705**	−0.429**	−0.666**	0.332**	1.000			
AveRain	—	−0.444**	0.406**	0.483**	—	−0.557**	1.000		
AveQ	—	−0.352**	0.308**	0.382**	—	−0.512**	0.932**	1.000	
AveCap	0.207**	0.708**	−0.468**	−0.689**	0.235**	0.943**	−0.599**	−0.508**	1.000
AveHRT	—	0.627**	−0.475**	−0.634**	0.161*	0.831**	−0.863**	−0.824**	0.852**

注：1）"＊＊"表示显著性水平为 0.01；2）"＊"表示显著性水平为 0.05；3）"—"表示无显著统计相关性

表 5-8　影响磷、硅循环的环境要素同磷、硅含量与水动力特征的相关系数

$n=235$	PIM	POM	TPM	PIM/TPM	Chla	CellD	BioM
TP							
SRP	−0.498**	−0.171**	−0.500**	−0.375**	−0.333**	−0.232**	−0.309**
PP	0.405**		0.397**	0.323**	0.218**	0.184**	0.241**
DSi	—	—	—	—	−0.322**	—	−0.280**
Level	−0.636**	−0.234**	−0.614**	−0.506**	−0.412**	−0.291**	−0.470**
AveQ	0.571**	0.391**	0.686**	0.379**	0.377**	0.492**	0.492**
AveRain	0.603**	0.347**	0.701**	0.420**	0.348**	0.459**	0.447**
AveHRT	−0.709**	−0.343**	−0.761**	−0.521**	−0.467**	−0.466**	−0.525**
AveCap	−0.652**	−0.249**	−0.638**	−0.507**	−0.373**	−0.296**	−0.416**

注：1）"＊＊"表示显著性水平为 0.01；2）"＊"表示显著性水平为 0.05；3）"—"表示无显著统计相关性

相关性分析结果发现（表 5-7），水库调蓄过程对研究区域磷形态改变的影响显著强于其对 TP 含量的影响。TP 同 Level 和 AveCap 呈较弱的显著正相关关系（表 5-8）。随着水位（Level）升高、库容（AveCap）加大和水体滞留时间（AveHRT）的延长，SRP 含量及其

在 TP 中所占比重显著增加，但 PP 含量及其相对丰度(PP/SRP)却显著下降(表 5-7)。同时，颗粒态物质含量及其相对比重亦随着水动力要素的改变和磷形态的变化而呈显著的变化趋势：PIM、TPM 与 PP 显著正相关，而 SRP 同 PIM、POM、TPM 显著负相关；PIM、TPM 同水动力要素的相关关系与 PP 相同。另一方面，在藻类生长作用下，小江回水区 SRP 和 DSi 同藻类丰度(Chla、CellD、BioM)均显著负相关，说明藻类生长对 SRP、DSi 的生物利用过程十分明显。而从水动力要素分析，流量增加、库容减少和水体滞留时间缩短同藻类生物量呈正相关关系。综上，研究认为，水库调蓄下小江回水区磷的输移、转化的季节性特点可归纳为以下三个基本过程。

(1)4~5 月起进入汛期，水库逐渐进入低水位运行状态，水体滞留时间显著缩短而使回水区在水动力条件上接近于天然河流。在水土流失强烈的流域背景下，以吸附于无机泥沙颗粒或同矿质颗粒相结合为主的 PP，受降雨、径流作用的影响，随着无机颗粒物一起输入水体，回水区过流型水体较强烈的搬运、输移作用使 PP 悬浮存在于水相中，成为 TP 的主要组成成分，曹承进等(2008)亦有相同研究结果。

(2)汛期结束后水库蓄水使得水位抬升的同时，径流量的下降在很大程度上延长了水体滞留时间，小江回水区从 9 月开始水动力特征接近于深水型湖泊，这为 TPM、PIM 和 PP 的沉积提供了稳定的水动力条件，使水相中 PP 含量及其相对丰度显著下降。对三峡库区悬移质泥沙同磷酸盐吸附解吸特性的研究表明(王晓青等，2007)，水温下降明显弱化了泥沙颗粒和底质对磷酸盐的吸附能力，这使得冬季蓄水期间小江回水区水体理化性质的改变将诱导淹没区底质和 PP 中 SRP 的溶出，水相中 SRP 含量与相对丰度在高水位运行期间显著增加。另外，与 156m 水位下的 2007 年冬季蓄水期相比，173m 水位的 2008 年冬季蓄水期水相中 SRP 含量及其所占比重显著高于 2007 年，说明水位抬升使淹没区域显著增加且水体滞留时间相对更长，更促进 PP 沉淀和 SRP 的溶出与释放。水中 DSi 含量均来自于矿质颗粒的溶出，其输移循环过程同 SRP 基本相同，但在硅藻水华发生期间，DSi 含量将下降。

(3)藻类生长季节与流域降雨、径流过程的同步性使得藻类生长在一定程度上对上述磷素相间分配和转化过程起到了正馈作用。一方面，入汛期间同时是藻类群落的生长季节，旺盛的生长能力加速了藻类细胞对 SRP 的摄取利用，极大地减少了水中 SRP 含量及其相对丰度；另一方面，汛后藻类群落同步进入非生长季节，生命活动能力的下降减弱了藻类生长对 SRP 的摄取利用，在一定程度上维持了小江回水区高水位状态下 SRP 的含量和相对丰度。这一部分的 SRP 很可能为冬末春初小江回水区藻类"疯长"提供极为丰厚的物质基础，而研究期间发现冬末春初小江回水区硅藻水华期间(2~3 月)出现 SRP 含量陡降的现象支持了这一推论。

氮素的生物地球化学循环属气体型，大气中普遍存在的氮气是氮素庞大而稳定的储存库(Odum，1981)。水体中氮素主要来源于陆源输入、大气沉降、地下水渗入、沉积层释放等(Wetzel，2001)，其在水相中循环的基本模式为(图 5-30)：DIN 在藻类或高等水生植物的光合作用下被同化成有机生命体中的 PON(蛋白质等)，进入水中食物网，在不同营养层级中从下至上逐级传递。随着生物体的衰减、死亡，碎屑中的 PON 在细菌等的作用下，分解成 DON(氨基酸、多肽、嘌呤、尿素等)，进而氨化成 NH_4^+-N，返回无机环境，并通过亚硝化、硝化、反硝化等作用在"三氮"（NH_4^+-N、NO_3^--N 和 NO_2^--N）间循环，反硝化产物 N_2（或 NO_x 等）则重返大气。在特殊条件下，具有固氮功能的细菌和蓝藻能直接利用大气中的氮气参与自身合成代谢过程，成为水相中氮素的重要来源。另外，部分 DON 物质（尿素等）在藻类繁盛期可以未经细菌降解而直接被藻类利用，使氮素循环过程缩短（Berman，2001）。研究期间各形态氮素同 TP、TN/TP 和 Chla 的相关性分析见表 5-9 和表 5-10。以下从两个方面对小江回水区氮循环特点进行分析。

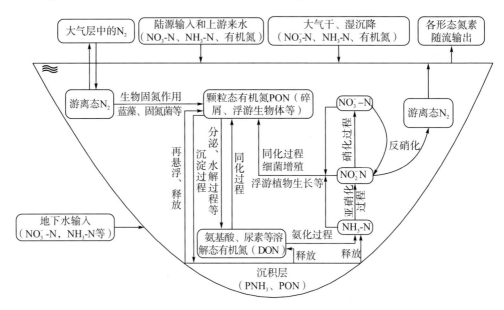

图 5-30　水相中不同氮素间的生物地球化学循环过程（据 Wetzel，2001，有修改）

1）氮素循环中氧化/还原状态及其特点

氮素形态中，NH_4^+-N 是还原态的氮素存在形式，而 NO_3^--N 则是氮的氧化态形式。Stumm 等（1996）认为湖泊营养水平的提高表现为水体从氧化环境向还原环境的转变。Quriós（2003）进一步提出还原态的 NH_4^+-N 相对增加和氧化态的 NO_3^--N 相对减少是上述转变的直接体现；浅水湖泊 TN/TP 同 NH_4^+/NO_3^- 显著负相关，且 TN/TP 下降和 NH_4^+/NO_3^- 升高是湖泊营养水平提高的关键标志。

研究期间，小江回水区 NO_3^--N 普遍占优，是氮素主要的赋存形态，说明小江回水区总体上处于较强的氧化环境且水体自净能力相对较强（Allan et al.，2001）。NH_4^+/NO_3^- 同 TN/TP、PP、PP/SRP 呈显著正相关关系（表 5-10），同 SRP、TP 则呈显著负相关关系，磷素相对丰度的下降和 PP 含量的增加将导致小江回水区更趋近于还原性环境状态。对水动力条件和 NH_4^+/NO_3^- 的相关关系分析亦表明，运行水位下降，水体停留时间的缩短与流量、降水量提高将促使小江回水区 NH_4^+-N 相对丰度显著增加，水体所表征出的还原性特点增强；相反地，在高水位运行状态下，水动力条件趋于稳定，无机氮形态更倾向于向 NO_3^--N 转化，NH_4^+/NO_3^- 显著降低。上述现象同郑丙辉等（2008）的研究结果一致，但同 Quriós（2003）所总结的浅水湖泊 TN/TP 与 NH_4^+/NO_3^- 的负相关关系有异。

表 5-9　各形态氮素、氮素相对丰度和藻类生物量指标间的相关关系矩阵

	NH$_4^+$-N	NO$_3^-$-N	NO$_2^-$-N	DIN	DON	PON	NH$_4^+$/NO$_3^-$	DON/PON	DIN/TON	TN	Chla
NH$_4^+$-N	1.000										
NO$_3^-$-N	—	1.000									
NO$_2^-$-N	0.220**	−0.155*	1.000								
DIN	0.476**	0.769**	—	1.000							
DON	−0.248**	—	0.147*	−0.213**	1.000						
PON	—	−0.207**	0.350**	—	−0.207**	1.000					
NH$_4^+$/NO$_3^-$	0.921**	−0.424**	0.228**	0.165*	−0.226**	0.150*	1.000				
DON/PON	−0.212**	0.162*	−0.147*	—	0.649**	−0.806**	−0.230**	1.000			
DIN/TON	0.285**	0.520**	−0.289**	0.664**	−0.565**	−0.462**	—	—	1.000		
TN	0.350**	0.430**	0.357**	0.601**	0.256**	0.349**	0.145*	—	—	1.000	
Chla	—	−0.388**	0.388**	−0.376**	—	0.431**	—	−0.179**	−0.500**	—	1.000
Biom	—	−0.287**	0.473**	−0.303**	0.188**	0.386**	—	—	−0.504**	—	0.806**

注：1)"＊＊"表示显著性水平为 0.01；2)"＊"表示显著性水平为 0.05；3)"—"表示无显著统计相关性；

表 5-10　各形态氮素、氮素相对丰度同不同形态磷素、TN/TP、水动力条件的相关关系矩阵

	NH$_4^+$-N	NO$_3^-$-N	NO$_2^-$-N	DIN	DON	PON	NH$_4^+$/NO$_3^-$	DON/PON	DIN/TON	TN
SRP	−0.390**	0.427**	−0.271**	0.170**	—	−0.260**	−0.489**	—	0.256**	—
PP	0.285**	—	0.305**	—	—	0.248**	0.235**	−0.159*	—	0.243**
DIN/SRP	0.540**	−0.197**	0.268**	—	—	0.212**	0.531**	—	—	0.203**
PP/SRP	0.387**	−0.280**	0.317**	—	—	0.296**	0.434**	−0.156*	−0.207**	0.135*
TP	—	0.472**	0.196**	0.395**	—	—	−0.180**	—	0.150*	0.371**
TN/TP	0.301**	−0.209**	—	—	—	0.218**	0.326**	—	−0.212**	0.212**
Level	−0.500**	0.444**	−0.464**	—	—	−0.330**	−0.603**	0.229**	0.229**	−0.130*
AveQ	0.137*	−0.206**	0.339**	—	—	0.246**	0.173**	−0.134*	−0.179**	—
AveRain	0.152*	−0.191**	0.318**	—	—	0.244**	0.181**	−0.152*	−0.159*	—
AveHRT	−0.346**	0.362**	−0.429**	—	—	−0.339**	−0.426**	0.237**	0.238**	—
AveCap	−0.429**	0.392**	−0.428**	—	—	−0.280**	−0.530**	0.218**	0.184**	—

注：1)"＊＊"表示显著性水平为 0.01；2)"＊"表示显著性水平为 0.05；3)"—"表示无显著统计相关性

2)氮的同化合成途径的辨识和循环潜势分析

在淡水水体中，TON 相对丰度的提高而 DIN 相对丰度的下降是氮素向有机态转移的标志，随着上述转移过程，其主要的合成途径为 NO$_3^-$-N→PON 和 NH$_4^+$-N→PON，同化合成的 PON 将首先作为藻类生物有机体进入食物网循环(Wetzel，2001)。研究期间，小江回水区 BioM、Chla 和 PON 呈较显著的正相关关系，而 DIN/TON 则同 BioM、Chla 显著负相关，这验证了上述观点。研究发现，小江回水区 NO$_3^-$-N 同 PON、Chla、

BioM 均呈显著的负相关关系，但 NH_4^+-N 同 PON、Chla、BioM 的相关关系却不显著。相比之下，总体上以 NO_3^--N→PON 为主的氮素合成过程可能更为显著。

通常情况下，未明显污染或贫营养的湖泊、河流中，水中氮素的代谢强度和周转速率相对较低，DON 在溶解态总氮（DTN）中所占比例一般为 40%～50%，DON/PON 比值为 5～10（Wetzel，2001；Willett et al.，2004）。在氮素受限的富营养化水体中，含量极低的氮素在抑制藻类生长的同时也在很大程度上限制了氮素通过内循环的途径再次被利用，因此 DON 在 TN 中所占比例甚至超过 50%（Wetzel，2001）。与此相反的是，在氮素相对丰足的条件下，氮素代谢强度的增加在刺激 PON 加速合成的同时，也刺激了细菌、藻类等生物群体对 DON 的消耗，DON 在 TN 中的比例下降（Willett et al.，2004），同时使 DON/PON 的比值也接近于 1，因此 Wetzel 等（2001）认为 DON/PON 比值将随水体营养水平的升高而降低。

研究发现，虽然两年研究期间小江回水区 DON/PON 均值为 2.84 ± 0.22，其在 DTN 中所占比重均值为 $(26.28 \pm 1.01)\%$，同其他湖泊的研究结果相比，说明在磷限制前提下 DON 代谢周转强度仍相对较大。由于 DON 的主要来源是 PON（图 5-30），而研究期间发现 DON 同 PON 显著负相关，表明研究期间小江回水区 PON→DON 的代谢途径仍较显著，而 DON 含量同 NH_4^+-N 的显著负相关关系在一定程度上支持了 DON→NH_4^+-N 的代谢过程是存在的且较明显。但由于 DON、DON/PON 同 TP 与各形态磷含量间的统计相关性，水动力条件的改变对 DON 并无显著的影响，研究认为 TP 对小江回水区氮分解代谢过程的影响仍不明晰。小江回水区 PON→DON→NH_4^+-N 代谢降解途径较明显且强度可能较高，这间接印证了成库初期上行控制效应（bottom-up）下细菌分解能力较强，这在国内外许多水库湖沼学研究中均有相类似的研究结果（Wetzel，2001；Jugnia et al.，2006；Santos；2006）。两年研究期内 DIN 含量及其相对比重变化并未呈现显著升高或降低趋势的情况下，NH_4^+-N 含量持续下降而 NO_3^--N 总体呈明显的升高趋势，且在冬季藻类非生长季节出现 NO_3^--N 积累，氮形态转化朝氧化态方向变化，该现象间接支持了上述推断。在这样的生产力格局下，局部时段内藻类生长的氮、磷无机盐将可能通过细菌分解而得到补充甚至积累，但该过程仍需进一步验证。

5.3.3 水库运行下澎溪河关键生源要素动态对藻类群落的影响

藻类生长对氮、磷营养物含量和形态改变的生态响应通常是评价营养物限制的重要判据。log-log 线性模型拟合结果发现 TN-BioM、TP-BioM 均呈微弱的正相关关系（图 5-31），但均不具有统计意义（$Sig. \geq 0.05$）。采用多元逐步线性回归的方法建立 TN-TP-BioM 的模型结果如下：

$$BioM = 29175.666 \lg(TN) - 9927.350 \lg(TN/TP) - 75129.030$$

$$(R^2 = 0.119, \ n = 235, \ Sig. \leq 0.01)$$

(5-2)

该回归模型具有显著统计意义，且预测模型的因变量组成（以 TN、TN/TP 为因变量）同 Smith（1982）的调查结果相同，但其拟合优度很低，且 Spearman 相关性分析结果认为，小江回水区 TN、TP 同藻类丰度并无显著的统计相关性（$Sig. \geq 0.05$），据此认为小江回水区藻类生长对氮、磷的生态响应特点十分模糊。若采用 DIN-SRP-BioM 和 $NO_3^--NH_4^+-SRP-BioM$ 的预测模型，多元回归结果分别为

$$lg(BioM)=-0.714lg(DIN)-0.268lg(SRP)-5.740$$
$$(R^2=0.141, \quad n=235, \quad Sig.\leqslant0.01) \tag{5-3}$$

$$lg(BioM)=-0.400lg(NO_3^-)-0.192lg(NH_4^+)-0.324lg(SRP)-5.213$$
$$(R^2=0.167, \quad n=235, \quad Sig.\leqslant0.01) \tag{5-4}$$

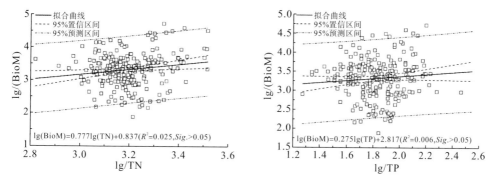

图 5-31　TN-BioM 和 TP-BioM 的 log-log 线性模型拟合曲线

注：TN、TP、Biom 单位均为 $\mu g/L$

　　为进一步分析小江回水区藻类生长对氮、磷营养物的生态响应特点，研究对不同生长状态下的藻类群落丰度同氮、磷营养物相互关系。根据 5.3.1 节藻类群落丰度的季节变化特点，研究以 2 月下旬开始出现硅藻"疯长"现象和 9 月下旬藻类群落丰度开始呈下降趋势为节点，将小江回水区藻类生长划分为 2 个状态：生长季节（2 月下旬～9 月上旬）和非生长季节（9 月下旬～次年 2 月上旬）。由于藻类生长季节时值低水位运行的汛期，水体滞留时间的改变使关键生源要素的输移、赋存形态发生很大变化，研究根据生长季节 AveHRT 的变化特点，进一步将生长季节期间划分为两种状态，AveHRT≥50d 和 AveHRT<50d。在上述 3 种生长状态下，藻类丰度、氮、磷营养物含量以及相关关系见图 5-32 和表 5-11。

表 5-11　不同生长状态藻类生物量、细胞密度同环境要素的相关系数

	非生长季节($n=100$)		生长季节 $HRT<50d$($n=80$)		生长季节 $HRT\geqslant50d$($n=55$)	
	BioM	Chla	BioM	Chla	BioM	Chla
TN	−0.317**	−0.352**	—	—	0.471**	0.346**
TP	−0.255*	−0.371**	—	−0.145*	—	—
TN/TP	—	0.305**	—	—	—	—
SRP	−0.253*	−0.381**	—	—	—	—
DSi	0.301**	—	−0.377**	−0.461**	—	—
NH_4^+-N	−0.451**	−0.247*	—	−0.277**	—	—
NO_3^--N	—	−0.403**	−0.271*	−0.239**	—	—
AveHRT	−0.414**	−0.403**	0.177**	0.221**	—	—

	非生长季节（$n=100$）		生长季节 $HRT<50d$（$n=80$）		生长季节 $HRT \geqslant 50d$（$n=55$）	
	BioM	Chla	BioM	Chla	BioM	Chla
AveCap	—	−0.334**	0.421**	0.393**	—	—
AveQ	0.537**	0.439**	—	—	—	—
AveRain	0.544**	0.339**	—	−0.229**	—	—

注：1）"＊＊"表示显著性检验水平 0.01；2）"＊"表示显著性检验水平为 0.05；3）"—"表示无显著相关性

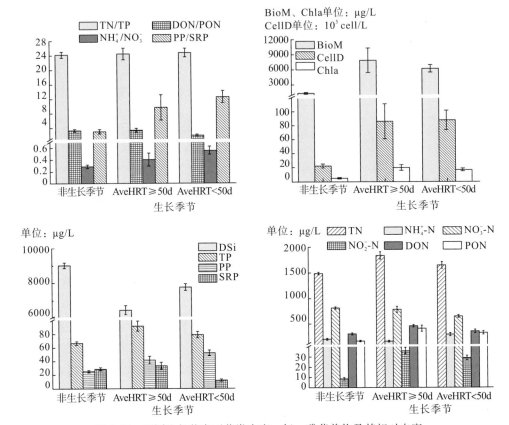

图 5-32　不同生长状态下藻类丰度、氮、磷营养物及其相对丰度

藻类非生长季节，其丰度显著低于生长季节的两个状态（One-way ANOVA，$Sig. \leqslant$ 0.01；下同）；虽然其 TN/TP 同生长季节并无显著差异，且相对较低（24.30±0.78），但 TN、TP 含量却显著低于生长季节。相关性分析发现，TN、TP 同 BioM、Chla 均呈弱的负相关关系，这明显有别于湖泊中的研究结果。作者认为，藻类的非生长季节与冬季蓄水期同期，水位升高、淹没区域的增加和水体滞留时间的延长在一定程度上促进了汛期颗粒态输移的氮、磷营养物在回水区沉淀以及消落带（淹没区）底质氮、磷等营养物的释放，非生长季节小江回水区 TP、TN、NO_3^--N、SRP 同 AveHRT、AveCap 呈较显著正相关关系（$r_{TP-AveHRT}=0.461$，$Sig. \leqslant 0.01$），而同 AveQ、AveRain 呈显著负相关关系（$r_{TP-AveQ}=-0.360$，$Sig. \leqslant 0.01$），这使得以 NO_3^--N、SRP 为主要赋存形态的 TN、TP 在两年研究期的冬季蓄水期间均呈升高的趋势（5.1.2 节和 5.1.3 节）。但同期非生长季

节藻类代谢活动随同期水温的降低而显著下降(6.4.2节)。TN、TP 在回水区积累、形态转化等过程与藻类生命活动能力下降同期出现,因而在藻类非生长季节 TN、TP 同 BioM 呈弱负相关。同期主要来自泥沙颗粒溶出的 DSi 同 BioM、Chla 呈显著正相关关系,亦进一步支持了上述在藻类非生长季节小江回水区营养物汇积的过程显著强于藻类生物利用过程的推断;该推断也间接而有力地说明在非生长季节藻类生长事实上受磷(或氮)的限制影响并不明显。

对非生长季节氮形态的分析发现,虽然非生长季节 NO_3^--N 显著高于生长季节,NH_4^+-N 显著偏低,非生长季节水体总体呈现较好的氧化性环境,但由于 NH_4^+-N 是藻类首先利用的氮素营养物形式,非生长季节藻类对 NH_4^+-N 选择性摄取利用的过程仍比较明显。DON 虽然在非生长季节仍相对较低,但 DON/PON 含量却显著高于生长季节,反映出期间氮循环强度可能显著低于生长季节,细菌活动能力在冬季高水位运行下进入静默状态可能是主要原因。

在藻类生长季节,AveHRT≥50d 状态下的藻类丰度显著高于 AveHRT<50d,但在上述两中状态下 TN/TP、TP 对藻类生长的影响并不显著(表 5-11)。相关性分析发现,当 AveHRT<50d 时,小江回水区 TN、TP 并未对 BioM、Chla 产生较显著的影响,但 AveHRT、AveCap 等水动力条件的改变对 BioM 影响显著(表 5-11)。虽然 AveHRT<50d 时 TN、TP 含量同 AveHRT≥50d 时并无显著统计差异,但该状态下不适的水动力条件却可能在很大程度上限制藻类生长(水体紊动程度过大改变藻类稳定的受光环境)。当 AveHRT≥50d 时,TN 同 BioM 呈显著正相关关系,虽然其 TN/TP(24.53±1.60)同 AveHRT<50d(24.85±1.17)无显著差异,结合同期易出现的固氮型蓝藻水华,研究认为在生长季节 AveHRT≥50d 为固氮型藻类生长提供了相对稳定的水动力条件,且较低水平的 TN/TP 和相对较高的 TN、TP 含量为固氮型蓝藻生长创造了丰足的物质基础,生物固氮的发生使得该状态下 TN 同 BioM 呈显著正相关关系。根据 Reynolds(1998)的观点:"当胞外可利用资源量超过了藻类生理生长限制的临界阈值(绝对限制值),藻类生长将都不受到资源绝对限制,种间的资源竞争程度及其对藻种演替的调控作用将大幅弱化",据此小江回水区 TP 含量对藻类产生限制的评价结果仍值得商榷。

主要参考文献

曹承进,秦延文,郑丙辉,等,2008. 三峡水库主要入库河流磷营养盐特征及其来源分析. 环境科学,29(2): 310-315.

Odum E P,1981. 生态学基础. 孙儒泳,等,译. 北京:人民教育出版社.

王晓青,李哲,吕平毓,等,2007. 三峡库区悬移质泥沙对磷污染物的吸附解吸特性. 长江流域资源与环境. 16 (1):31-36.

郑丙辉,曹承进,秦延文,等,2008. 三峡水库主要入库河流氮营养盐特征及其来源分析. 环境科学. 29(1):1-6.

Allan J D,Castillo M M,2007. Stream ecology:Structure and function of running waters. Berlin:Springer Press.

Berman T,2001. The role of DON and the effect of N:P ratios on occurrence of cyanobacterial blooms:Implications from the outgrowth of *Aphanizomenon* in Lake Kinneret. Limnology and Oceanography,46:443-447.

Santos M A D,Rosa L P,Sikar B,et al,2006. Gross greenhouse gas fluxes from hydro-power reservoir compared to thermo-power plants. Energy Policy,34:481-488.

Downing J A,McCauley E,1992. The nitrogen:phosphorus relationship in lakes. Limnology and Oceanography,

37: 936-945.

Guildford S J, Hecky R E, 2000. Total nitrogen, total phosphorus, and nutrient limitation in lakes and oceasn: Is there a common relationship?. Limnology and Oceanography, 45: 1213-1223.

Healey F P, 1973. Inorganic nutrient uptake and deficiency in algae. Critical Reviews in Microbiology, 3: 69-113.

Healey F P, Hendzel L L, 1979. Indicators of phosphorus and nitrogen deficiency in five algae in culture. Journal of the Fisheries Research Board of Canada, 36: 1364-1369.

Hecky R E, Kilham P, 1988. Nutrient limitation of phytoplankton in freshwater and marine environments: A review of recent evidence on the effects of enrichment. Limnology and Oceanography, 33: 796-822.

Jugnia B L, Richardot M, Debroas D, et al, 2006. Bacterial production in the recently flooded sep reservoir: diel changes in relation to dissolved carbohydrates and combined amino acids. Hydrobiologia, 563: 421-430.

Justić D, Rabalais N N. Turner R E, et al, 1995. Changes in nutrient structure of river-dominated coastal waters: stoichiometric nutrient balance and its consequences. Estuarine Coastal and Shelf Science, 40: 339-356.

Kilham P, Hecky R E, 1988. Comparative ecology of marine and freshwater phytoplankton. Limnology and Oceanography, 33: 776-795.

Quiroós R, 2003. The relationship between nitrate and ammonia concentrations in the pelagic zone of lakes. Limnetica, 22: 37-50.

Redfield A C, 1958. The biological control of chemical factors in the environment. American Scientist, 46: 205-221.

Reynolds C S, 1998. What factors influence the species composition of phytoplankton in lakes of different trophic status?. Hydrobiologia, 369: 11-26.

Reynolds C S, 2006. The Ecology of Phytoplankton. Cambridge: Cambridge University Press.

Schindler D W, 1977. Evolution of phosphorus limitation in lakes. Science, 195: 260-262.

Smith V H, 1982. The nitrogen and phosphorus dependence of algal biomass in lakes: An empirical and theoretical analysis. Limnology and Oceanography, 27: 1101-1112.

Smith V H, 1983. Low nitrogen to phosphorus ratios favor dominance by blue-green algae in lake phytoplankton. Science, 221: 669-671.

Stumm W, Morgan J, 1996. Aquatic Chemistry: Chemical Equlibria and Rates in Nature Waters. New York: John Wiley & Sons.

Wetzel R G, 2001. Limnology: Lake and River Ecosystems. Salt Lake: Academic Press.

Willett V B, Reynolds B A, Stevens P A, et al, 2004. Dissolved organic nitrogen regulation in freshwaters. Journal of Environmental Quality, 33: 201-209.

第6章　澎溪河藻类群落动态及其对生境的响应

藻类是悬浮生长于水中的低等植物。作为淡水水体的初级生产者，藻类的光合作用为淡水水体食物网的最初能量来源，支持整个淡水生态系统食物网的形成与发展。藻类群落的演替(community succession)被认为是生境改变诱导不同藻种间相互替代的一系列自发性过程的集合(Lewis，1978)。水华形成与衰亡过程是整个藻类群落演替中的一个阶段。认识藻类群落演替过程，更清晰地把握群落演替的时空特点是全面了解水华优势藻生长、繁盛、暴发等生态现象的前提。

本章从藻类群落丰度(现存量)、群落物种组成(结构)两个方面，在引入 Reynold 的藻类生长策略和功能分组学说基础上(Reynold et al.，2002；Reynold，2006)，对澎溪河回水区藻类群落演替进行总结分析，探讨水库运行下澎溪河回水区藻类群落演替同湖泊生态系统的异同。在前述营养物、水动力条件等分析基础上，从"生境变化驱动群落演替"的角度探讨水库运行下澎溪河藻类群落演替对生境变化的响应机制，分析水华形成的主要生态过程，深化对水库运行下澎溪河回水区富营养化与水华的科学认识。

6.1　三峡支流水华现象及其研究进展

6.1.1　成库后三峡库区支流水华特征概述

水华(algal bloom)通常描述的是在适宜环境条件下，某些藻种在藻类群落中显著占优，其生物量远超过其他藻种平均水平的现象(Oliver et al.，2002)。但迄今，水华并没有严格的学术定义，Wikipedia 将水华描述为 "*An algal bloom is a rapid increase or accumulation in the population of algae（typically microscopic）in a water system*"[1]。由于某种藻类的大量繁殖和疯长将威胁人们对水域的正常使用，在饮用水源地和景观娱乐水体，发生水华的界限通常被设定为叶绿素 a(Chla)含量超过 $10mg/m^3$ 或藻细胞密度大于20000 个/mL(Oliver et al.，2002)[2]。近年来对水华的理解倾向于描述具有上浮或运动机制的藻种(蓝藻等)在特定环境条件下大量上浮于水面、成片聚集最终形成浮渣(scum)的现象。由于这类水华通常导致水体感官恶化，水生生物窒息死亡并分泌大量藻毒素从而对饮用水安全造成威胁，亦被称为有害藻华(harmful algal blooms，HABs)(Anderson et al.，2008)。

自 2003 年三峡水库蓄水后，库区一些支流回水区出现了成库前从未有过的水华现象

---

① https://en.wikipedia.org/wiki/Algal_bloom.
② 关于水华现象的界定，作者倾向于认为，需要满足以下两个要素：a. 水柱中藻类生物量在短时间内(数周或数日内)显著升高，如 Chla≥$10mg/m^3$；b. 藻类群落中存在生物量(biomass)或生物体积(biovolume)显著占优或绝对占优的1 个或 2 个藻种(因细胞体积存在较大差异，故细胞密度不宜作为判别占优的指标)。

（图 6-1）。成库十多年来，三峡库区支流水华现象总体呈现以下三个方面的特点。

图 6-1　近年来澎溪河回水区水华现象

1）水华涉及支流面广，影响范围有扩大趋势

根据《长江三峡工程生态与环境监测公报》，2004～2013 年库区先后有 17 条支流发生水华，它们分别是大宁河、抱龙河、神女溪、草堂河、梅溪河、大溪河、澎溪河、朱衣河、三溪河、长滩河、苎溪河、汤溪河、壤渡河、墨溪河、磨刀溪、龙河、朗溪河以及长江干流部分库湾。自 2003 年以来，随着水位壅升、回水区面积加大，库区发生水华的支流数量呈递增的趋势，2004 年仅 4 条支流被报道出现水华现象，2005 年该数据迅速升高至 15 条，2009 年发生水华的支流数量达 17 条。十余年来，库区支流水华以澎溪河、汤溪河、磨刀溪、长滩河、梅溪河、大宁河、神龙溪和香溪河等支流的水华最为严重（表 6-1）。

不仅如此，支流水华空间范围亦呈现不同程度的逐年扩展趋势。2004 年，库区四条支流形成水华总长度约为 49km。2005 年，库区支流水华总长度超过 60km。2008 年，仅香溪河出现水华的河段就超过 25km，神龙溪出现水华河段超过 10km，长滩河水华长达 4km，磨刀溪水华长度超过 10km，保守估计全库区支流发生水华的河段至少为 100km。以澎溪河为例，2006 年，澎溪河水华主要集中在双江大桥以上、高阳镇代李子渡口以下河段，长度约 18km；2008 年，水华形成范围逐渐向上游延伸至开县白家溪至云阳养鹿河段，长度超过 30km；2009 年，水华发生范围进一步延伸至上游开县汉丰湖，长度近 90km，并呈现出自回水区末端开始依次向下游发展的特征。

表 6-1　三峡水库蓄水后发生水华的支流

年份	发生水华的支流	支流数量/条
2004	香溪河、大宁河、神女溪、抱龙河	4
2005	香溪河、抱龙河、大溪河、童庄河、吒溪河、大宁河、神女溪、磨刀溪、汤溪河、澎溪河、长滩河、梅溪河、朱衣河、草堂河、瀼渡河	15
2006	香溪河、青干河、大宁河、抱龙河、神女溪、澎溪河、汤溪河、磨刀溪、长滩河、草堂河、梅溪河、朱衣河、苎溪河、黄金河、汝溪河	15
2007	汝溪河、黄金河、澎溪河、磨刀溪、梅溪河、大宁河、香溪河	7
2008	香溪河、神农溪、大宁河、梅溪河、磨刀溪、澎溪河、苎溪河、瀼渡河、汝溪河、黄金河、渠溪河	11
2009	龙河、瀼渡河、苎溪河、澎溪河、磨刀溪、汤溪河、大溪河、朱衣河、梅溪河、草堂河、神女溪、抱龙河、大宁河、三溪河、神农溪、青干河、香溪河	17
2010	香溪河、童庄河、大宁河、梅溪河、磨刀溪、汤溪河、澎溪河、龙河、黄金河、东溪河、池溪河	11
2011	香溪河、吒溪河、童庄河、草堂河、梅溪河、长滩河、磨刀溪、澎溪河、汝溪河、龙河、黄金河、东溪河、珍溪河、渠溪河、池溪河	15
2012	瀼渡河、抱龙河、香溪河、吒溪河、童庄河、草堂河、梅溪河、御临河、苎溪河、龙溪河、澎溪河、大宁河、神农溪、汝溪河、龙河、黄金河、东溪河、珍溪河、黎香溪、青干河、渠溪河、池溪河	22
2013	抱龙河、香溪河、吒溪河、童庄河、草堂河、梅溪河、御临河、苎溪河、澎溪河、汤溪河、磨刀溪、长滩河、神农溪、汝溪河、黄金河、东溪河、珍溪河、黎香溪、青干河、渠溪河、池溪河	21

数据来源：长江三峡工程生态与环境监测公报(2005～2014)

2)水华频次、持续时间具有显著的不确定性

据不完全统计，2003 年累计发生典型水华 3 次；2004 年发生 16 次；2005 年 23 次；而 2006 年仅 2 月和 3 月就发生了 10 余次，累计 28 次；2007 年为 26 次；2008 年为 19次；2009 年为 8 次。2003～2009 年库区支流水华发生次数呈单峰型的变化特征(图 6-2)，2006～2007 年为支流水华集中出现的峰值年份。另据统计，2010 年库区支流水华发生次数超过 16 起，较 2009 年有升高。库区支流水华发生次数的逐年变化趋势具有不确定性。

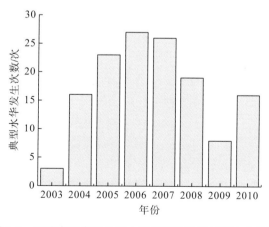

图 6-2　三峡库区支流典型水华暴发次数逐年不完全统计

　　从水华出现月份的分布来看，库区支流水华形成多集中在 3～10 月，春季和夏初为一年中水华形成最频繁季节。其中 3 月最多，2004～2009 年的 6 年中水华爆发次数达到 32 次，占总数的 40%；其次为 4 月、5 月和 6 月，各爆发水华 13 次、15 次和 9 次。比较典型的是 2005 年 3 月 28 日和 2009 年 6 月 5 日，两天分别有 7 条和 6 条河流同时爆发水华。水华形成时间与持续天数亦呈多样性特征。以位于三峡库区中段的澎溪河为例，澎溪河 2004 年和 2005 年水华主要发生于 3～4 月，持续时间为 2～3 天。2006 年，澎溪河水华自 3 月 9 日开始形成，持续 20 余天。2007 年，澎溪河 2 月末开始形成以硅藻(美丽星杆藻)为优势藻的水华，此后在 4 月出现大规模浮萍疯长的现象，5 月末至 6 月中旬出现蓝藻(水华鱼腥藻、水华束丝藻为优势种)水华现象。2008 年，澎溪河分别在 2 月、3 月、4～6 月、8 月发生数次水华现象，持续时间从 15 天到 50 天不等。2009～2010 年，澎溪河水华呈现新的特点，除冬季末期出现水华外，春夏之交易出现的蓝藻水华现象推迟至 8 月末出现，持续时间也有所缩短；9 月末易出现绿藻水华的现象。同澎溪河相比，坝首香溪河、峡谷中段大宁河水华形成时间、持续天数亦存在明显不同。

　　3)水华期间藻类生物量水平高、优势藻种多样

　　根据近几年的文献资料统计显示，三峡库区支流水华期间藻类细胞密度通常为 10^7～10^9，叶绿素 a(Chla)浓度从数十 μg/L 到数百 μg/L 不等。部分水华期间出现的水面浮渣以及在库区支流近岸区的成片聚集物，其 Chla 浓度达数千甚至数万 μg/L。同太湖、滇池水华期间藻类生物量相比，三峡库区支流水华期间藻类生物量水平不亚于太湖和滇池等富营养化湖泊的水华过程，与它们处于同一个数量级水平。2009 年三峡库区部分支流水华情况见表 6-2。

表 6-2　2009 年三峡库区部分支流水华情况统计(据邱光胜等，2011，有修改)

时间	支流名称	水华区水色	Chla 浓度/(μg/L)	藻类细胞密度/($\times 10^7$ cell/L)	藻类优势种群
2009 年 3 月	磨刀溪	深褐色	1100	3.8	甲藻
	澎溪河	褐色	160	1.0	甲藻、绿藻、蓝藻
	龙河	黑色	1200	9.6	甲藻
	瀼渡河	浅褐色	434	1.3	甲藻
	汤溪河	浅褐色	51	2.0	硅藻
	梅溪河	浅褐色墨绿色	310	4.3	隐藻
	香溪河	浅褐色	62	5.6	硅藻
2009 年 8 月	神农溪	绿色	2700	170	蓝藻
	苎溪河	褐色	110	1.7	隐藻
	汤溪河	褐色	130	8.1	隐藻
2009 年 10 月	磨刀溪	墨绿色	250	1.6	甲藻、绿藻
	青干河	褐色	66	1.8	隐藻

　　十余年来，三峡库区支流形成水华现象的优势藻种呈现多样化特征。早期水华主要

以甲藻、硅藻为主，形成水华的藻种包括多甲藻、拟多甲藻、小环藻、美丽星杆藻等。近年来，除了甲藻和硅藻外，绿藻（空球藻、实球藻）、隐藻和蓝藻（鱼腥藻、束丝藻、微囊藻等）形成的水华均有报道。各主要藻类门类中的水华种类几乎都可以在三峡水体中发现。库区支流水华藻类优势种总体上呈现出由河流型（硅藻、甲藻等）向湖泊型（绿藻、隐藻、蓝藻等）变化的趋势（况琪军等，2007），在香溪河、神农溪和澎溪河等主要支流甚至开始出现微囊藻、鱼腥藻、束丝藻等有毒、有害藻种大面积高密度生长的现象，对库区水质安全的潜在威胁不可忽视（表 6-3）。

表 6-3　近几年三峡库区支流的蓝藻水华概况

水华时间	支流名称	优势种	藻类细胞密度量级/(cell/L)
2005 年夏	香溪河	铜绿微囊藻	10^7
2006 年夏	澎溪河	束丝藻	10^7
2007 年 12 月至 2008 年 1 月	大宁河	铜绿微囊藻	10^8
2008 年夏	香溪河	铜绿微囊藻	10^9
2008 年夏	神龙溪	铜绿微囊藻	10^8
2009 年夏	香溪河	铜绿微囊藻	10^7
2009 年 6 月	神龙溪	鱼腥藻	10^7
2009 年 8 月	神龙溪	铜绿微囊藻	10^9
2009 年夏	袁水河	鱼腥藻	10^7

6.1.2　三峡支流富营养化与水华研究进展

三峡库区支流水华频繁发生同三峡蓄水后水文情势改变、营养与污染负荷增加有密切联系，并已成为当前三峡水库水环境的主要问题。以"三峡"＋"水华"或"三峡"＋"富营养化"为关键词，对 CNKI 平台历年收录文献进行检索，发现相关文献数量呈逐年增加趋势，在 2004～2006 年相关文献数量更是猛增。概念上，富营养化不同于水华。富营养化（eutrophication）是在营养物输入下水生生态系统生产力水平由低（贫营养）向高（富营养、超营养）逐渐转变的过程。富营养化的本质是水体自然老化在人类活动胁迫下的加速。在富营养状态下，水体初级生产力水平较高，当初级生产的主体是藻类时，容易导致水华现象。换句话说，水体富营养化是水生生态系统演化过程的特定状态，它在一定程度上为水华的产生创造了物质基础，但水体富营养化并不直接等同于水华，水华期间所表征的营养状态亦不等同于富营养化。

2010 年以后，CNKI 平台上关于三峡水华、富营养化的相关文献数量略有下降（图 6-3），但近年来有不少研究成果以英文论文形式发表在国外期刊。同时，国内著名湖沼学研究期刊——《湖泊科学》于 2012 年第二期出版了"三峡水库专辑"，对国内近年来三峡水环境与水生态研究进行了总结。因此，三峡库区支流水华问题依然是当前三峡水环境与水生态研究的热点。

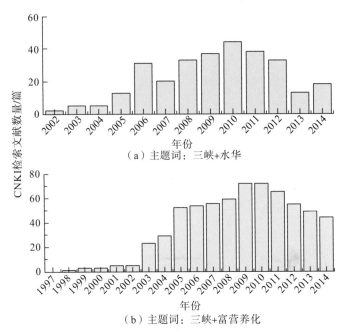

（a）主题词：三峡+水华

（b）主题词：三峡+富营养化

图 6-3　以"三峡"、"水华"、"富营养化"为关键词的 CNKI 文献检索结果

　　综合当前国内对三峡库区支流水华的报道，从三峡水库支流水华形成、营养状态评价到富营养化和水华的实地调查、野外观测、室内研究和数值模拟等方面均有涉及，大体上可划分为以下三个方面。

　　（1）以库区支流营养状态评价入手，分析库区 N、P 输入对水华的贡献。

　　成库后支流回水区 N、P 积累，水流变缓，水柱透光性增加等综合因素导致支流水体富营养化被普遍认为是诱发水华频繁发生的必要条件。

　　李崇明等（2003）较早地对三峡库区 39 个支流监测断面进行营养状态评价，认为库区绝大部分支流水体呈中—富营养状态的初步认识，库区相对较高的陆源污染负荷在很大程度上促进了支流水体营养状态的提高。张晟等（2008）认为 2004~2005 年库区 13 条支流回水区营养状态总体呈中—富营养状态，且丰水期＞平水期＞枯水期。邱光胜等（2008）对库区 10 条支流 2005 年营养状态普查结果同张晟等（2008）相似，认为 135m 蓄水期间库区支流春夏两季和坝首区支流营养状态相对较高。蔡庆华等（2012）比较了 2005、2009 和 2011 年库区 17 条支流与长江干流春季营养状态变化情况，认为支流与干流的富营养化趋势总体加重。

　　在此基础上，从 N、P 等营养物迁移转化的角度阐释蓄水后营养物同生物量的关系，是三峡库区支流水华和富营养化研究的重要方面。一方面，不少学者着重从 N、P 产汇及输入负荷入手，研究三峡库区及典型支流 N、P 输入负荷特征（库区点、面源污染等）及水体富营养化和水华的关联性（郑丙辉等，2006；许秋瑾等，2010）。另一方面，围绕 N、P 输入的关键界面和重要过程（消落带、干支流交汇及支流回水区倒灌、泥沙沉降等），亦有不少学者开展了相关研究，取得了丰富的基础资料和初步认识（富国，2005；胡刚等，2008）。

　　近年来，形成的主要观点可概括为：①上游污染输入和库区面源污染是三峡水库 N、

P 的主要来源，消落带在面源输入 N、P 源汇的转化关系中具有重要作用；②P 的迁移转化同水库泥沙沉降关系密切；③干流在蓄水过程中倒灌对支流回水区 N、P 含量变化具有显著影响。

（2）研究水动力同藻类生长、富营养化与水华形成的关联性，建立生长模型。

三峡水库富营养化和水华形成的另一个主流观点是水动力条件变化，即认为相较于成库前，成库后水流显著变缓，水体滞留时间延长是促进藻类生长的关键诱因。相较于干流，支流回水区受干流顶托和支流来水不足等影响，水体滞留时间显著长于干流，故支流富营养化与水华总体态势较干流严重。支持上述认识的主要研究包括：黄真理等较早地开展了三峡水库动态条件下的水环境容量研究，为三峡水库分区水环境管理提供了关键科学依据（黄真理等，2004）；富国从水体交换与滞留特性上分析了不同支流回水区富营养化的敏感性（富国，2005），其成果为郑丙辉等后续修正完善三峡支流营养状态评价方法提供了重要基础（郑丙辉等，2006；许秋瑾等，2010）；刘德富团队早期探讨了水流流速同藻类生长的相互关系（黄钰铃等，2008），后着重围绕香溪河回水区特有的分层异重流现象，研究了分层异重流对营养物迁移、富营养化与水华的贡献，并强调可通过水库调度破坏分层异重流以破坏水华形成（纪道斌等，2010）。

（3）以水华野外调查和原位监测为主要手段，分析水华形成过程与生态机制。

水华现象的生物主体是藻类，对藻类群落开展野外调查和原位试验，是三峡支流富营养化与水华研究的第三个重要方面。以中国科学院水生生物研究所胡征宇研究员和蔡庆华研究员为主的研究团队在三峡水库蓄水后开展了对藻类群落的长期监测，获得了三峡水库长时间序列的藻类群落动态信息，为揭示三峡蓄水以来水体富营养化趋势奠定了重要基础。在此基础上，他们着重以香溪河回水区为主要区域，重点探索水华过程藻类动态（昼夜变化、垂向分布与迁移等），并尝试从流域生态系统的角度探索三峡支流流域生态重建过程和生态调控技术（胡征宇等，2006；蔡庆华等，2012）。

上述研究在很大程度上丰富了三峡水库及其支流富营养化与水华的科学信息，为实现三峡水库水环境与水生态管理、水华预测预报与防控提供了重要参考和依据。然而，三峡水库支流富营养化与水华问题是在极短的时间尺度内发生和发展的，依然具有其自身的特殊性和复杂性。为此，笔者首先从藻类群落动态及其同生境变化的响应入手，即在前述章节明晰了水库运行下宏观水动力条件、水柱光热结构、营养物赋存形态与变化特点基础上，尝试验证"生境变化驱动藻类群落演替"的基本假设。

6.2 澎溪河回水区藻类群落动态

6.2.1 澎溪河回水区藻类物种调查与藻种名录

对 2007～2009 年澎溪河回水区藻类物种进行调查，通过镜检确定澎溪河回水区藻类物种组成。经镜检发现，研究期间澎溪河回水区共有藻类 8 门 116 属 291 种。其中，蓝藻门 19 属 45 种，绿藻门 59 属 135 种，硅藻门 25 属 78 种，甲藻门 4 属 7 种，隐藻门 2

属 4 种，裸藻门 5 属 18 种，黄藻门 1 属 3 种，金藻门 1 属 1 种。总体上，藻类物种组成以蓝藻、绿藻、硅藻为主，它们的藻种数之和约占澎溪河回水区藻类物种总数的89.7%。澎溪河回水区藻种名录见表 6-4。

表 6-4　澎溪河回水区藻种名录（2007～2009 年）

Cyanophyta（45 Species）

Aphanocapsa	A. banaresensis	Aphanothece	A. castagnei	Raphidiopsis	R. curvata
	A. elachista		A. clathrata		R. sinensia
	A. koordersii		A. saxicola	Aulosira	A. laxa
	A. rivularis	Merismopedia	M. minima	Oscillatoria	O. cortiama
Anabaena	A. azotica		M. punctata		O. fraca
	A. circinalis		M. tenuissima		O. princes
	A. flos-aquae	Aphanizomenon	A. flos-aquae		O. subcontorta
	A. oscillarioides	Cyanbium	C. parvum	Gomphosphaeria	G. aponina
	A. spiroides	Lyngbya	L. gardnari	Cylindrospermum	C. stagnale
Chroococcus	C. limneticus		L. perelegans	Synechococcus	S. elogatus
	C. minor		L. subconferv-oides	Microcystis	M. aeruginosa
	C. minutus	Leptolyngbya	L. foveolara		M. flos-aquae
	C. turgidus		L. valderiana		M. incerta
	C. varius	Phormidium	P. acutissimum		M. minutissima
Synechocystis	S. minuscule		P. tenue	Planktolyngbya	P. subtilis

Chlorophyta（135 species）

Pandorina	P. morum	Chlorella	C. ellipsoidea	Ankistrodesmus	A. angustus
Eudorina	E. elegans		C. vulgaris		A. convolutes
	E. echidna	Oocystis	O. borgei		A. falcatus
Chlamydomonas	C. globosa		O. lacustris	Schroederia	S. nitzschioides
	C. microsphaerella		O. parva		S. setigera
	C. orbicularis		O. solitaria		S. spiralis
	C. ovalis	Coelastrum	C. cambricum	Crucigenia	C. apiculata
	C. pertusa		C. microporum		C. fenestrate
	C. reinhadrtii		C. morus		C. lauterbornii
	C. stellata		C. proboscideum		C. quadrata
Pyramimonas	P. nanella		C. sphaericum		C. tetrapedia
Tetraselmis	T. cordiformis	Tetrastrum	T. elegans	Scenedesmus	S. abundans
Hirtusochloris	H. ellipsoida		T. glabrum		S. acuminatus

续表

Planktosphaeria	*P. gelatinosa*		*T. staurogeniaeforme*		*S. acutiformis*
Selenastrum	*S. gracile*	*Kirchneriella*	*K. contorta*		*S. arcuatus*
	S. minutum		*K. lunaris*		*S. armatus*
Closterium	*C. cynthia*		*K. obesa*		*S. bijuga*
	C. moniliforum	*Dictyosphaerium*	*D. ehrenbergianum*		*S. brasiliensis*
	C. venus		*D. pulchellum*		*S. dimorphus*
Chodatella	*C. ciliate*	*Provasolialla*	*P. parvula*		*S. jabaensis*
	C. longiseta		*P. sinica*		*S. obalternus*
	C. quadriseta	*Palmella*	*P. miniata*		*S. opoliensis*
	C. subsalsa	*Echinosphaerella*	*E. limnetica*		*S. quadricauda*
	C. wratislaviensis	*Westella*	*W. botryoides*		*S. serratus*
Aclinastrum	*A. fluviatile*	*Gloeotilopsis*	*G. planctonica*		*S. wuhanensis*
	A. hantzschii	*Nephrocytium*	*N. agardhianum*	*Cosmarium*	*C. depressum*
Tetrachlorella	*T. alternans*	*Tetraedron*	*T. caudatum*		*C. javanicum*
Treubaria	*T. crassispina*		*T. minimum*		*C. reniforme*
	T. triappendiculata		*T. planktonicum*		*C. pseudobroomei*
Pediastrum	*P. boryanum*		*T. regulare* var. *incus*	*Gonatozygon*	*G. monotaenium*
	P. biradiatum		*T. trigonum*	*Phacotus*	*P. lenticularis*
	P. duplex		*T. trigonum* var. *gracile*	*Dicloster*	*D. acuatus*
	P. integrum		*T. trilobulatum*	*Franceia*	*F. ovalis*
	P. simplex		*T. tumidulum*	*Westellopsis*	*W. linearis*
	P. tetras	*Quadrigula*	*Q. chodatii*	*Ulothrix*	*U. aequalis*
Quadricoccus	*Q. verrucosus*	*Gonium*	*G. formosum*	*Golenkinia*	*G. paucispina*
Carteria	*C. globulosa*		*G. pectorale*		*G. radiate*
	C. klebsii		*G. sociale*	*Tetradesmus*	*T. wisconsinenes*
	C. wuhanensis	*Spermatozopsis*	*S. exultans*	*Palmellococcus*	*P. miniatus*
Thorakomonas	*T. sabulosa*	*Desmatractum*	*D. indutum*	*Sphaerocystis*	*S. schroeteri*
Pteromonas	*P. aculeata*	*Sorastrum*	*S. spinulosum*	*Raphidonema*	*R. longiseta*
	P. angulosa	*Staurastrum*	*S. crenulatum*		*R. nivale*
	P. golenkiniana		*S. manfeldtii*	*Dimorphococcus*	*D. lunatus*
Gloeotila	*G. pelagica*		*S. tetracerum*	*Tetrallantos*	*T. lagerkeimii*
Sphaerellopsis	*S. gelatinosa*	*Micractinium*	*M. pusillum*	*Stichococcus*	*S. bacillaris*

Bacillariophyta (78 species)

续表

Diatoma	*D. hiemale*	*Fragilaria*	*F. brevistriata*	*Aulacoseira*	*A. varians*
	D. tenue		*F. capucina*		*A. granulata*
	D. vulgare		*F. construens*		*A. italica*
Nitzschia	*N. denticula*		*F. intermedia*		*A. islandica*
	N. fonticola		*F. pinnata*	*Cyclotella*	*C. bodanica*
	N. frustulum		*F. virescens*		*C. comensis*
	N. linearis		*F. vaucheriae*		*C. comta*
	N. palea		*F. ulna*		*C. hubeiana*
	N. sublinearis		*F. ulna* var. *acus*		*C. kuetzingiana*
	N. stagnorum	*Asterionella*	*A. formosa*		*C. meneghiniana*
Synedra	*S. amphicephala*	*Stephanodiscus*	*S. minutulus*		*C. operculata*
	S. tabulata		*S. neoastraea*		*C. stelligera*
Navicula	*N. anglica*	*Cymbella*	*C. aequalis*	*Gyrosigma*	*G. acuminatum*
	N. cari		*C. affinis*		*G. spencerii*
	N. cryptocephala		*C. amphicephala*	*Stauroneis*	*S. anceps*
	N. cuspidate		*C. austriaca*		*S. kriegeri*
	N. exigua		*C. cistula*	*Diploneis*	*D. elliptica*
	N. laevissima		*C. cymbiformis*		*D. ovalis*
	N. protracta		*C. perpusilla*	*Epithemia*	*E. argus*
	N. pupula		*C. parva*	*Gomphonema*	*G. acuminatum*
	N. subtilissima		*C. sinuata*		*G. olivaceum*
	N. viridula		*C. ventricosa*		*G. constrictum*
Pinnularia	*P. molaris*	*Mastogloia*	*M. smithii*	*Surirella*	*S. linearis*
	P. nobilis	*Attheya*	*A. zachariasi*	*Cocconeis*	*C. placentula*
Achnanthes	*A. biasolettiana*	*Neidium*	*N. iridis*	*Meridion*	*M. circulare*
	A. linearis	*Rhizosolenia*	*R. longiseta*	*Tabellaria*	*T. fenestrata*
Dinophyta（7 species）					
Ceratium	*C. hirundinella*	*Peridinium*	*P. bipes*	*Gymnodinium*	*G. aeruginosum*
Peridiniopsis	*P. elpatiewskyi*		*P. umbonatum*		
	P. cunningtonii		*P. pusillum*		
Cryptophyta（4 species）					
Cryptomonas	*C. erosa*	*Chroomonas*	*C. acuta*		
	C. ovata		*C. caudate*		
Euglenophyta（18 species）					

续表

Trachelomonas	T. armata	Euglena	E. geniculata	Phacus	P. hamatus
	T. lacustris		E. ehrenbergii		P. oscillans
	T. margaritifera		E. viridis	Strombomonas	S. schauinslandii
	T. abrupta		E. sanguine	Lepocinclis	L. autumnalis
	T. oblonga		E. pisciformis		
	T. granulata		E. acus		
	T. hispida		E. gracilis		
Xathophyta (3 species)					
Tribonema	T. affine				
	T. minus				
	T. ulothrichoides				
Chrysophyta (1 specie)					
Chrysamoeba	C. radians				

从镜检出现的频率上看，以属为单位，研究期间常见藻有(括号内为研究期间的出现频率)：隐藻(98.72%)、小环藻(98.30%)、小球藻(93.19%)、栅藻(86.38%)、衣藻(85.53%)、蓝隐藻(76.17%)、脆杆藻(70.64%)、针杆藻(70.21%)、弓形藻(68.94%)、直链藻(60.00%)、卵囊藻(59.57%)、鱼腥藻(53.62%)、纤维藻(52.34%)、裸藻(47.66%)、多甲藻(46.81%)、十字藻(44.68%)、角甲藻(42.98%)、囊裸藻(41.70%)、平裂藻(40.00%)和浮鞘丝藻(36.17%)等(图6-4)。出现频率在1%以下的罕见藻属有：双色藻、管链藻、被刺藻、棘球藻、四粒藻、群星藻、羽纹藻、胸膈藻、长蓖藻、卵形藻、鳞孔藻、集胞藻、鞘丝藻、束球藻、朴罗藻、双月藻、相似丝藻、拟配藻、胸板藻、缢带藻、棒形鼓藻、双形藻、拟球藻、微茫藻、双壁藻、窗纹藻、双菱藻、裸甲藻、陀螺藻等。部分藻类(如聚球藻、裂丝藻、金变形藻等)仅在定性样品中偶见，在定量样品中并未检出。

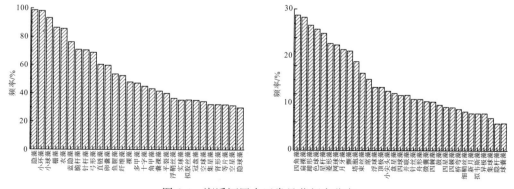

图6-4 澎溪河回水区常见藻频率分布

6.2.2　澎溪河回水区藻类生物量变化

衡量水体中藻类生物量的指标包括叶绿素 a(Chla)和细胞密度。在细胞密度基础上,根据细胞体积换算得来的藻类生物量(湿重)或者藻类生物体积(bio-volume)也常出现在相关研究文献中。在上述指标中,藻类细胞密度和生物量均与 Chla 有显著统计关系(图 6-5)。考虑到测试方法的简便性、有效性和结果的稳定性、可靠性,通常采用 Chla 为藻类生物量的测度。

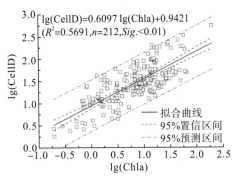
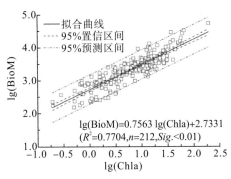

图 6-5　澎溪河回水区 Chla 同藻类细胞密度、藻类生物量统计模型(2007~2009 年)

注:CellD 单位为 10^5 cell/L;Chla、BioM 单位为 μg/L

前期调查中,结合真光层深度变化范围,认为表层 10m 范围内水柱是藻类主要分布的水层。为能反映整个水柱藻类生物量总体水平,分别对 0.5m、1m、2m、3m、5m、8m 和 10m 水层进行水样采集,现场混合均匀后获得表层 10m 水柱内的 Chla 平均浓度水平。在 2007~2012 年 5 个完整周年内,澎溪河回水区(高阳、双江)水柱 Chla 浓度均值为 12.75 ± 1.19 mg/m³,变化范围为 $0.39\sim118.49$ mg/m³,中位值为 7.21mg/m³。澎溪河回水区 Chla 浓度呈显著的时间变化特点。在 5 个完整周年内,澎溪河回水区藻类生物量总体呈略微升高的趋势,高阳和双江两个采样点年度 Chla 浓度均值从 2007 年度(2007 年 7 月至 2008 年 6 月)的 10.96 ± 2.09 mg/m³,逐渐增加到 2011 年度的 14.96 ± 3.56 mg/m³。其中,2010 年度(完成 175m 蓄水后的第一年)Chla 浓度年均值为研究期间最大(20.76 ± 5.65 mg/m³)。以 Chla=10mg/m³ 为水华可能发生的临界条件(Oliver et al.,2002),从图 6-6 可以看出,5 个完整周年内,澎溪河回水区 Chla≥10mg/m³ 的频次呈显著升高的趋势。从逐月变化上看,澎溪河回水区 Chla 浓度逐月变化同气温、光照季节性变化基本一致。其中,在 3 月、5 月和 8 月均出现 Chla 浓度的峰值,Chla 平均浓度超过 10mg/m³ 月份有 3 月、5 月、6 月、8 月和 9 月。

澎溪河回水区(高阳、双江)藻类垂向分布情况见图 6-7 和图 6-8。可以看出,澎溪河回水区(高阳、双江)在一个完整周年内通常易出现 3~4 次水华现象。Chla 在高水位运行的冬季维持在相对较低的浓度水平,表层水柱 Chla 浓度通常不超过 5mg/m³。冬末初春(2 月末至 3 月),澎溪河回水区 Chla 浓度开始出现较弱的分层现象,并形成全年的第一场水华(通常为硅藻),持续时间通常在 2~3 周,此期间水柱 Chla 浓度通常不超过

$80mg/m^3$，且主要分布于表层 5m 范围内，表层 5m 以下 Chla 浓度通常小于 $10mg/m^3$。但双江采样点处 2011 年冬末初春期间出现的水华现象，表层 Chla 浓度超过 $200mg/m^3$，垂向分层明显，12m 水深范围内 Chla 浓度均超过了 $40mg/m^3$，但在 12m 以下的水层，Chla 浓度迅速降低。此次水华，自 2 月初水华开始形成持续至 4 月中下旬，在澎溪河回水区水华现象中十分罕见。随着 3 月末至 4 月初澎溪河区域通常出现的"倒春寒"现象，澎溪河回水区水华在同期短暂消失，水柱 Chla 呈现弱分层或不分层的现象。从 4 月末开始至 6 月上旬为澎溪河水华集中出现时期，Chla 再次出现明显的垂向分层现象。2012 年同期，高阳平湖出现了较为严重的蓝藻水华，在同期调查中发现水柱两个水层深度(1m 和 5m)均出现了大量藻类生长的现象。但 2010 年同期(4 月下旬至 6 月上旬)在高阳平湖并未出现强度较大的水华现象，藻类生物量仅在 3 m 水深处出现峰值(Chla 浓度约为 $30mg/m^3$)。此外，在每年 8 月底至 9 月初期间易出现水华，藻类生物量主要集中出现在表层 5m 范围内，但此时水华现象相对较弱，表层 Chla 浓度通常不超过 $60mg/m^3$，持续时间也相对较短。

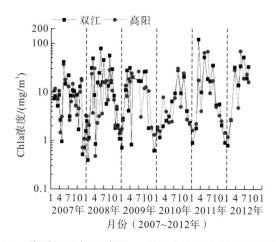

图 6-6　澎溪河回水区(高阳、双江)水柱 Chla 浓度逐月变化

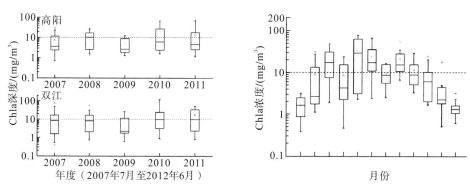

图 6-7　澎溪河回水区(高阳、双江)水柱 Chla 浓度逐年统计与分月统计(2007 年 7 月至 2012 年 6 月)

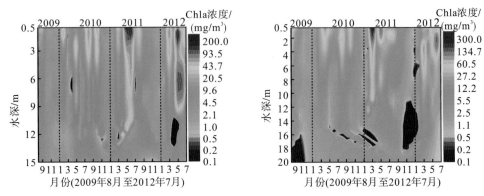

图 6-8　澎溪河回水区(高阳、双江)Chla 垂向分布动态

从空间变化上，以 2010 年 5 月至 2011 年 6 月一个完整周年监测结果为例，对澎溪河自入库背景断面(温泉)至小江河口各采样点 Chla 的沿程分布特点进行总结(图 6-9)，可以发现澎溪河 Chla 空间分布呈以下几方面的特点。

(1)入库背景断面(温泉)的 Chla 浓度全年均保持在相对较低的水平，年内最高的 Chla 浓度不超过 10mg/m³。

(2)入库后，在澎溪河变动回水区(开县汉丰湖至白家溪河段)，Chla 浓度出现逐渐升高的趋势；在变动回水区和常年回水区交接河段(养鹿湖)，水体 Chla 浓度出现显著下降的趋势。

(3)在常年回水区(养鹿至双江大桥段)，Chla 浓度总体有所回升，持续维持在相对较高的水平(Chla 年均值通常为 15～20mg/m³)，且下游采样点(黄石、双江)Chla 浓度年内分布的中位数均接近或超过了 10mg/m³，说明年内的藻类生物量总体水平有向下游升高的趋势。

(4)在小江河口处，受长江干流交换、稀释的影响，Chla 浓度显著下降。

总体上，澎溪河常年回水区 Chla 年均浓度略高于变动回水区，但从年内水华期间水柱 Chla 浓度的峰值上看，变动回水区略高于常年回水区。

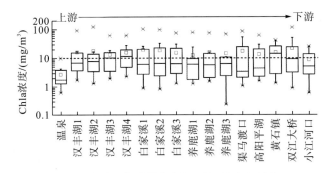

图 6-9　澎溪河各采样点水柱 Chla 浓度空间分布

6.2.3　澎溪河回水区藻类群落演替过程(2007~2009 年)

藻类群落结构通常反映为各次采样藻种(属)构成及其相对丰度的情况[①]。由于各次采样检出的藻种(属)构成差异较大、物种数量与出现频次各不相同，一般将藻种(属)归并至更高一级的分类单位(目或门)，但这样的归并可能在一定程度上掩盖了特定时期某些关键藻种(属)所反映出的生态特点。

以门为单位绘制研究期间各采样点的藻类群落相对丰度季节变化图(图 6-10~图 6-15)，金藻在定量样品中并未检出，黄藻仅检出 1 属(黄丝藻)且其出现频次很低(≤1%)，在藻类群落丰度中所占比重仅为 0.2%~0.5%，故图 6-10~图 6-14 中略去黄藻和金藻。以下着重分析不同时期藻种(属)组成差异与群落结构的季节特点。

2007 年 5 月上旬，渠马渡口处蓝藻大量出现，束丝藻和鱼腥藻在细胞密度(CellD)和藻类生物量(湿重，以下简写为"BioM")中所占比重之和分别达到 62.4% 和 60.5%，是绝对优势种，空星藻和浮球藻亦在该采样点藻类群落中占较大比重。高阳平湖及其下游采样点以空星藻、微囊藻和浮球藻为主要藻类，三者之和超过藻类细胞密度(以生物量计)的 60%，鱼腥藻和束丝藻在高阳平湖及其下游采样点均有检出，但相对丰度并不高。

2007 年 5 月中旬起，渠马渡口处蓝藻相对丰度较前期有下降的趋势，空星藻成为优势藻，但鱼腥藻在 CellD 和 BioM 中所占比重分别为 19.5% 和 21.7%。高阳平湖及其下游各采样点蓝藻相对丰度达到峰值且藻类群落结构差异不大，鱼腥藻是绝对优势藻种，其在 CellD 和 BioM 中所占比重均超过了 60%，部分采样点甚至超过 80%。以细胞密度计，次优的藻类有空星藻和束丝藻；以生物量计，次优的藻类有束丝藻和角甲藻等，但相对丰度均不超过 15%。

2007 年 6 月至 7 月上旬，随着水华的衰亡，蓝藻在各采样点处所占比重有所下降，各采样点优势藻相对丰度均未超过 25%(以生物量计)，各采样点间藻类群落组成差异不大，多以群体生存的绿藻为主，主要藻类包括栅藻、小球藻、小环藻、隐藻、直链藻、卵囊藻、集星藻、四星藻和弓形藻等，下游双江大桥和小江河口处囊裸藻和扁裸藻亦占较大比重。

2007 年 7 月中旬开始，以细胞密度计，渠马渡口和高阳平湖处平裂藻开始占优，相对丰度分别达 29.6% 和 17.6%，黄石镇及其下游采样点仍以卵囊藻、小球藻、隐藻、弓形藻等为主要的藻种。以生物量计，高阳平湖以隐藻、直链藻和脆杆藻为主要藻类，其余 4 个采样点相对类似，以囊裸藻、空星藻、直链藻和隐藻为主要藻种。

---

① 关于藻类优势度的评判，虽然采用藻种(属)的相对丰度评判其在样品中的相对占优程度，但限于不同水域藻类群落结构的差异，目前国际上仍无通用的标准对占优现象进行定量评价。参考相关研究，将本章可能用到的关于藻类(含功能组)占优描述的术语界定如下：a. 绝对占优(显著占优)，主要指某一藻种(属)在样品的总细胞密度或总生物量中的相对丰度超过 50%，且超过在样品相对丰度排序中位列第二的种(属)10% 以上(在总细胞密度或总生物量中的比重，下同)，相应的藻种(属)可称为"绝对优势种(属)"；b. 优势藻种(属)指在样品各藻种(属)细胞密度或生物量相对丰度排序中位列第一，且相对丰度超过位列第二的藻种(属)10% 以上，亦可称"某藻种(属)占优"；c. 次优藻种(属)指在样品各藻种(属)相对丰度排序中位列第二或第三，且在藻类细胞密度或生物量中的相对丰度超过 10%；d. 主要藻种指样品中某一些藻种(或属)，通常为 2~4 种)相对丰度之和超过样品藻类细胞密度或藻类生物量的 50%，或相对丰度均超过 10% 且在细胞密度或生物量相对丰度排序中位列前 5 位的藻种(属)，亦可称"以××藻、××藻、××藻为主"；e. 水华指 Chla 含量超过 10μg/L，且同期出现在藻类生物量中绝对占优的藻种(属)，不考虑在藻类细胞密度中绝对占优的情况。

2007年7月下旬，以细胞密度计，平裂藻已成为各采样点的优势藻，次优藻主要有卵囊、隐藻和栅藻等，但小江河口处同其上游4个采样点不同，其次优藻为微囊藻。以生物量计，渠马渡口和高阳平湖两处以束丝藻、囊裸藻、直链藻和隐藻为主要藻类；黄石镇以隐藻、扁裸藻和浮球藻为主要藻种；下游双江大桥以囊裸藻、空星藻和直链藻为主要藻类，小江河口以脆杆藻、空星藻、囊裸藻、隐藻和弓形藻为主要藻类，脆杆藻在BioM中相对丰度超过37%。

2007年8月，以细胞密度计，平裂藻在各采样点处一直保持优势，相对丰度为25%~45%，并持续至8月下旬。以生物量计，8月各采样点藻类群落构成相对稳定。渠马渡口以集星藻、盘星藻、脆杆藻和直链藻等为主要藻类。高阳平湖在8月上旬以集星藻和实球藻为主要藻类，下旬则以空星藻、囊裸藻和隐藻为主要藻类。黄石镇在8月上旬以空星藻、直链藻、隐藻为主要藻类，下旬则以实球藻、扁裸藻等为主要藻类。双江大桥处以空星藻、隐藻、囊裸藻和隐藻为主要藻类，小江河口处则以鱼腥藻和空星藻为主要藻类，这两处采样点的群落演替并不十分明显。

2007年9月，以细胞密度计，渠马渡口在9月上旬曾出现短期的微囊藻占优的现象，此后演替成以小球藻、小环藻、空球藻等为主要藻类的群落。高阳平湖延续了8月藻类群落的组成，但在9月下旬平裂藻逐渐消失后，以群体生长型绿藻为主。黄石镇、双江大桥和小江河口处以平裂藻、鱼腥藻和群体生长型绿藻为主，但上述两种蓝藻所占比重并不显著大于其他藻种。以生物量计，渠马渡口和高阳平湖处在9月上旬出现硅藻（直链藻）和裸藻（扁裸藻、囊裸藻）短期占优的现象，后演替成以空球藻、实球藻等群体生长型绿藻为主要藻种的群落。黄石镇及其下游采样点均以群体生长型绿藻为主。

2007年10月，以细胞密度计，5个采样点均出现了网球藻短期占优势的现象，且相对丰度从上游渠马渡口的60%~70%逐渐沿河下降至下游小江河口的35%~40%。以生物量计，角甲藻、网球藻和其他群体生长型绿藻是澎溪河回水区各采样点的主要藻类，裸藻和束丝藻等在双江大桥和小江河口亦占较大比重（10%以上）。

2007年11月，以细胞密度计，网球藻、栅藻、小球藻、实球藻和空球藻等绿藻是该时期各采样点的主要藻类，网球藻的优势较10月有所下降。11月上旬黄石镇及其下游采样点短期出现蓝藻（鱼腥藻、束丝藻）生长的现象并在CellD中占一定比重（10%左右），该现象在11月下旬消失。以生物量计，角甲藻、隐藻、裸藻和绿藻门中的常见藻类（实球藻、空球藻、栅藻和浮球藻等）是构成藻类群落的主要藻类，各采样点间差异不大。

2007年12月至2008年1月，冬季期间藻类群落构成相对稳定。以细胞密度计，小球藻、卵囊藻、蓝隐藻、栅藻和直链藻等是各采样点的主要藻类，但1月中下旬开始直链藻和小环藻等相对丰度增加。以生物量计，角甲藻所占比重相对较大，其相对丰度在1月中下旬开始下降，直链藻所占的相对丰度则逐渐升高。其他主要藻类还有小球藻、隐藻、裸藻和栅藻等。

2008年2月上旬，各采样点群落结构差异不大。以细胞密度计，小球藻、蓝隐藻、直链藻是主要藻类。以生物量计，扁裸藻、直链藻、角甲藻为主要藻类。从2月中旬开始，澎溪河回水区藻类群落演替为星杆藻绝对占优的群落结构（星杆藻在CellD和BioM中的相对丰度均超过50%），并出现"疯长"现象。同期直链藻、脆杆藻和卵囊藻等亦在群落中占较大比重。

2008 年 3 月上旬，以细胞密度计，星杆藻的相对丰度显著下降，但仍为渠马渡口、高阳平湖和小江河口主要藻类，黄石镇、双江大桥等采样点则以集星藻、栅藻、小环藻为主要藻类。以生物量计，渠马渡口和高阳平湖处以直链藻、角甲藻和小球藻等为主要藻类，黄石镇、双江大桥和小江河口处的主要藻类则为栅藻、小环藻、星杆藻和直链藻。

2008 年 3 月下旬，以细胞密度计，渠马渡口以群体生长型绿藻为主要藻类，高阳平湖和黄石镇分别以浮鞘丝藻和平裂藻为优势藻，相对丰度超过 50%。双江大桥和小江河口两处以星杆藻和直链藻为主要藻类，衣藻和栅藻等绿藻亦占较大比重。4 月上旬开始，渠马渡口以硅藻、群体生长型绿藻为主要藻类，但高阳平湖、黄石镇处则出现以鱼腥藻、微囊藻为主的群落结构，双江大桥、小江河口处仍以硅藻为主（直链藻、星杆藻、小环藻）。4 月中下旬起，澎溪河回水区蓝藻开始生长并占优，渠马渡口处以浮鞘丝藻为主，高阳平湖、黄石镇和双江大桥则均以鱼腥藻为优势藻，在 CellD 中的相对丰度超过 20%。小江河口处则以浮鞘丝藻和小环藻等为主要藻类。以生物量计，从 2008 年 3 月中旬开始，各采样点均出现多甲藻绝对占优的现象，并持续至 4 月中旬。4 月下旬，仅渠马渡口和高阳平湖多甲藻占较大优势，黄石镇与双江大桥处开始出现角甲藻水华的现象，相对丰度超过 60%。小江河口处仍以多甲藻、盘星藻和角甲藻等为主要藻类。

2008 年 5 月上旬，以细胞密度计，渠马渡口和高阳平湖以绿藻为主；黄石镇和双江大桥开始出现角甲藻占优现象，其在 CellD 中的相对丰度接近 30%；小江河口鱼腥藻和色球藻占优，但角甲藻所占比重亦较大（15.1%）。以生物量计，多甲藻、小环藻和隐藻是渠马渡口的主要藻类，在高阳平湖则为多甲藻和角甲藻共存。黄石镇及其下游采样点均为角甲藻绝对占优的群落结构，角甲藻在 BioM 中的相对丰度超过 96%。

2008 年 5 月下旬，以细胞密度计，渠马渡口以鱼腥藻为主，高阳平湖以群体生长型绿藻为主要藻类，但黄石镇及其下游采样点均出现色球藻绝对占优的现象，在 CellD 中相对丰度超过 70%。以生物量计，渠马渡口、高阳平湖均以多甲藻占优，小环藻亦占较大比重。但在黄石镇及其下游采样点，均为角甲藻绝对占优，相对丰度超过 96%。

2008 年 6 月上旬，以细胞密度计，渠马渡口和高阳平湖以平裂藻为优势藻，高阳平湖平裂藻相对丰度超过 75%。虽然平裂藻在黄石镇亦占一定比重（20% 左右），但黄石镇及其下游采样点仍以鱼腥藻为优势藻，在 CellD 中的相对丰度为 40%～50%。以生物量计，渠马渡口以多甲藻和直链藻为主要藻类，高阳平湖则以小环藻和弓形藻为主要藻类，藻类群落结构较前期发生生了显著的变化。黄石镇及其下游采样点则以角甲藻和鱼腥藻为优势藻，且角甲藻在黄石镇和双江大桥相对丰度均较低（约 50%），但在小江河口处相对丰度超过 87%。

2008 年 6 月中下旬起，以细胞密度计，各采样点藻类群落结构特征重现了 2007 年 7 月中下旬的特点，以平裂藻和群体生长型的绿藻为主要藻类，各采样点间群落结构特点差异不大。以生物量计，多甲藻、隐藻、角甲藻和小环藻是该时期渠马渡口处的主要藻类。高阳平湖在 6 月下旬至 7 月上旬以多甲藻、隐藻、小环藻和群体生长型绿藻为主要藻类，在 7 月下旬开始出现针杆藻占优的现象，同期的主要藻类还有隐藻和多甲藻。6 月下旬至 7 月上旬，黄石镇和双江大桥采样点均以隐藻和角甲藻为主要藻类，角甲藻在经历 5 月的水华过程后，相对丰度显著下降，而隐藻的相对丰度则明显升高，其他主要藻类为群体生长型的绿藻和小环藻。7月下旬，这两处采样点演替成以多甲藻、盘星藻、隐藻、角甲藻为主要藻类的群落。小江河口的藻类群落特征同其余采样点略有不同，隐藻、小环藻和盘星藻等的相对丰度在6月下旬下降，至7月中旬形成以多甲藻和角甲藻为主的藻类群落。

2008年8月上旬，以细胞密度计，平裂藻、浮鞘丝藻和颤藻等是渠马渡口的主要藻类，高阳平湖则以平裂藻、针杆藻和细鞘丝藻为主。黄石镇及其下游采样点以针杆藻和平裂藻为主，且针杆藻在群落中相对丰度自上游向下游逐渐升高。以生物量计，渠马渡口以隐藻、裸藻和直链藻为主要藻类。高阳平湖及其以下采样点则以针杆藻和多甲藻为主要藻类，且针杆藻的相对丰度沿程变化明显，小江河口处相对较高。

8月中旬，以细胞密度计，渠马渡口和高阳平湖处仍以平裂藻占优，相对丰度均超过50%。而以生物量计，小环藻、多甲藻和隐藻是优势藻，小环藻在BioM中的相对丰度超过38%。在黄石镇及其下游采样点则出现了针杆藻绝对占优的水华现象，其在CellD和BioM中的相对丰度均超过50%，期间针杆藻相对丰度的空间分布特征是从小江河口处沿上游至黄石镇处依次递减，其他主要藻类还有多甲藻和隐藻等。

2008年9月上旬，渠马渡口处藻类群落结构并未出现显著变化。以细胞密度计，高阳平湖处以浮鞘丝藻、浮球藻和衣藻等为主要藻类；以生物量计，则以多甲藻、直链藻和裸藻等为主要藻类。黄石镇处的针杆藻水华现象显著消退，以细胞密度计，隐杆藻、平裂藻和空球藻是其主要藻类；以生物量计，则以多甲藻和浮球藻为主。双江大桥和小江河口处虽仍以针杆藻为主要藻类，但其相对丰度已显著下降，浮鞘丝藻、隐杆藻和角甲藻等是双江大桥处的次优藻，而在小江河口，除针杆藻外，主要藻类还有细鞘丝藻、隐杆藻、席藻、直链藻和脆杆藻等。

2008年9月下旬，各采样点藻类群落结构基本相似。以细胞密度计，平裂藻和浮鞘丝藻占优，席藻、隐杆藻和细鞘丝藻等为次优藻；以生物量计，多甲藻成为各采样点的优势藻，相对丰度为35%~45%。其余的主要藻类还包括隐藻和角甲藻等。

2008年10月上旬，以细胞密度计，渠马渡口以隐藻和蓝隐藻为主要藻类，平裂藻和鱼腥藻在高阳平湖仍占优。黄石镇及其下游采样点的主要藻类为浮鞘丝藻、蓝隐藻、实球藻和鱼腥藻。以生物量计，隐藻是各采样点的优势藻，其相对丰度从渠马渡口的58.4%逐渐递减至小江河口的25.8%。小环藻、裸藻和鱼腥藻等是该时期的主要藻类。10月中下旬，以细胞密度计，浮鞘丝藻、小环藻、隐球藻和颤藻等成为各采样点的主要藻类，各采样点间差异不明显；以生物量计，则以小环藻为优势藻，相对丰度从渠马渡口的59.0%沿下游方向依次递减，至下游双江大桥和小江河口约为30%。

2008年11月上旬，以细胞密度计，除双江大桥采样点外（双江大桥处以球囊藻为优势藻），其余采样点以浮鞘丝藻、颤藻、小环藻和细鞘丝藻等为主要藻类；以生物量计，隐藻、多甲藻和角甲藻等是主要藻类，隐藻是优势藻，其在各采样点BioM中的相对丰度均超过35%，各采样点间藻类群落结构差异不大。11月下旬，隐藻仍占优势，各采样点隐藻相对丰度均超过40%，以细胞密度计，渠马渡口以空球藻等群体生长型绿藻为主，高阳平湖、黄石镇和双江大桥则以浮鞘丝藻为优势藻，其他的次优藻包括空球藻和细鞘丝藻等。小江河口的优势藻则为小环藻、隐藻和浮鞘丝藻。

2008 年 12 月上旬，渠马渡口处隐藻绝对占优，在 BioM 中所占的相对丰度为 83.3%，在 CellD 中所占相对丰度亦超过 30%。高阳平湖仍以隐藻为优势藻，其相对丰度低于渠马渡口处。黄石镇及其下游各采样点的藻类群落结构以浮鞘丝藻和小环藻为主，其他主要藻类还有隐藻和多甲藻等。12 月中下旬，渠马渡口主要藻类为浮鞘丝藻、隐藻和蓝隐藻，高阳平湖及其下游采样点的主要藻类则演替成以小环藻、隐藻和蓝隐藻为主要藻类的群落结构。以生物量计，隐藻和小环藻在各采样点普遍占优，基本趋势是从上游渠马渡口起沿程向下隐藻相对丰度递减，而小环藻相对丰度递增。

2009 年 1 月，无论是以细胞密度还是以生物量计，小环藻、隐藻和蓝隐藻都是构成各采样点藻类群落的主要藻类，各采样点间群落差异并不大，群落相对稳定，演替过程不显著。2009 年 2 月，澎溪河回水区各采样点总体的群落结构特点与 1 月相似，从 2 月上旬小江河口开始，在小环藻占优的情况下，星杆藻逐渐在藻类细胞密度中形成优势，并逐渐向上游发展，至 2 月下旬，高阳平湖星杆藻在 CellD 中所占比重已超过 50%，成为绝对优势，而其他各采样点则仍以小环藻占优。

2009 年 3 月上旬，高阳平湖出现以星杆藻为优势藻的"疯长"现象，在 CellD 和 BioM 中所占比重均超过了 70%。渠马渡口仍以小环藻和隐藻为主要优势藻，而黄石镇及其以下河段的主要藻类为小环藻、星杆藻和直链藻。3 月下旬，以细胞密度计，渠马渡口处微囊藻出现并占优；以生物量计，小环藻占优，微囊藻次优。高阳平湖的星杆藻水华现象略有消退，其余的主要藻类有直链藻、空球藻和小环藻等。黄石镇及其以下河段的优势藻为小环藻，次优藻有隐藻、塔胞藻和衣藻等。

2009 年 4 月，鱼腥藻形成绝对优势，各采样点鱼腥藻相对丰度均超过了 70%（4 月上旬小江河口除外），发生水华。4 月上旬鱼腥藻相对丰度从上游渠马渡口和高阳平湖开始依次向下游递减，小江河口处藻类群落构成仍以小环藻和蓝隐藻为主，未出现水华。从 4 月中下旬开始，下游小江河口和双江大桥处的鱼腥藻相对丰度显著高于上游渠马渡口处，小江河口鱼腥藻在 CellD 中所占比重甚至超过了 99%。同期，其他主要藻类还有微囊藻、隐球藻、小环藻、隐藻和角甲藻等。

综上，研究期间各采样点藻类群落季节演替的特点归纳为以下几个方面。

（1）以门为单位，各采样点藻类群落演替过程基本相同，春、夏季蓝藻和甲藻占优，而秋、冬季则以硅藻和隐藻占优。总体上，藻类群落构成以蓝藻、绿藻、硅藻和甲藻为主，四种藻之和约占细胞密度的（88.2±0.7）%（30.5%～99.9%）、占藻类生物量的（75.3±1.2）%（12.4%～99.8%）。虽然绿藻在研究期间并未出现水华，但其在全年各时期广泛存在，物种丰度在各藻门中最高。

（2）从 5 月至次年 5 月（1 个观测年内），优势藻季节演替大体为：鱼腥藻/群体生长型绿藻/角甲藻/微囊藻→平裂藻/隐藻/丝状蓝藻/小球藻/群体生长型绿藻/针杆藻/脆杆藻→裸藻/扁裸藻/小环藻/隐藻→多甲藻/直链藻/星杆藻→鱼腥藻/微囊藻/角甲藻。但两个观测年的重现性并不显著，如 2007 年和 2009 年的 4～5 月均出现了蓝藻水华的现象，而 2008 年同期则以角甲藻/多甲藻占优为主；2007 年秋季和 2008 年秋季的藻类群落结构特点显著不同，但在次年冬季末期出现的星杆藻"疯长"现象却相同；2007 年秋、冬隐藻相对丰度显著低于 2008 年同期。

（3）在冬末至初夏（2月下旬至6月上旬）和夏末至初秋（8月下旬至10月），两次采样间隔藻类群落结构差异较大，藻类生物量变化非常明显；在秋、冬季藻类群落结构则相对稳定。

（4）各采样点间藻类群落结构差异并不显著，季节演替过程基本一致，但在局部时段存在空间上的连续演替过程，如2008年6月开始，平裂藻优势度沿下游依次递增而鱼腥藻则沿下游方向逐渐递减；2008年8月针杆藻最先在下游形成优势，然后逐渐向上延伸至高阳平湖，在9月向下游方向逐渐消退；2007年5月和2009年4月间的蓝藻水华，其发生与发展亦同时空上的连续性密切相关（李哲等，2009）。

（5）研究期间共出现7次水华现象，分别为2007年5月鱼腥藻水华、2008年2月星杆藻水华、2008年3~4月多甲藻水华、2008年4~6月多甲藻/角甲藻水华、2008年8月针杆藻水华、2009年2~3月硅藻水华（高阳平湖为星杆藻，黄石镇及其下游为小环藻）和2009年4月下旬开始的鱼腥藻水华。其中，2~3月的硅藻水华和2007年、2009年4~5月的蓝藻水华现象具有重现性。

（6）结合野外观测经验，发生水华的敏感时段为：2~3月冬末初春、4~5月春末夏初和8~10月的夏末秋初时节。通常2~3月和8~10月的藻类水华持续时间较短，一般不超过20d；春末夏初的蓝藻（或甲藻）水华一般持续时间为25~50d，不超过75d。

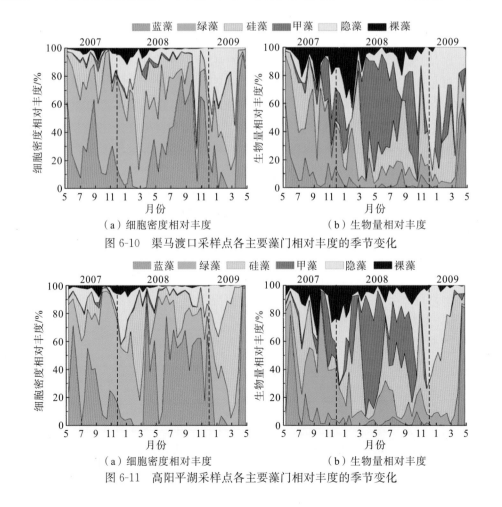

（a）细胞密度相对丰度　　　　　　　　（b）生物量相对丰度

图6-10　渠马渡口采样点各主要藻门相对丰度的季节变化

（a）细胞密度相对丰度　　　　　　　　（b）生物量相对丰度

图6-11　高阳平湖采样点各主要藻门相对丰度的季节变化

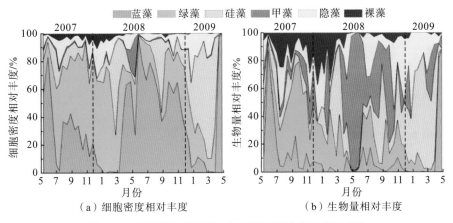

（a）细胞密度相对丰度　　　　　　　　（b）生物量相对丰度

图 6-12　黄石镇采样点各主要藻门相对丰度的季节变化

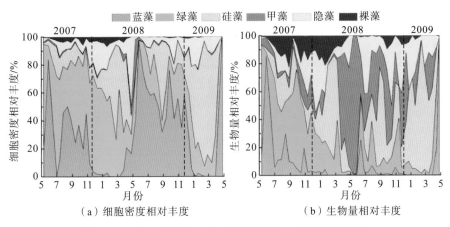

（a）细胞密度相对丰度　　　　　　　　（b）生物量相对丰度

图 6-13　双江大桥采样点各主要藻门相对丰度的季节变化

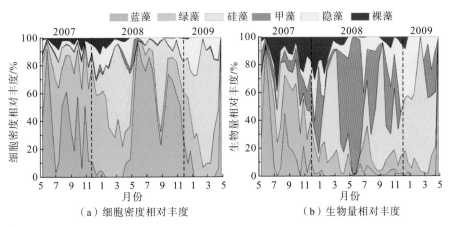

（a）细胞密度相对丰度　　　　　　　　（b）生物量相对丰度

图 6-14　小江河口采样点各主要藻门相对丰度的季节变化

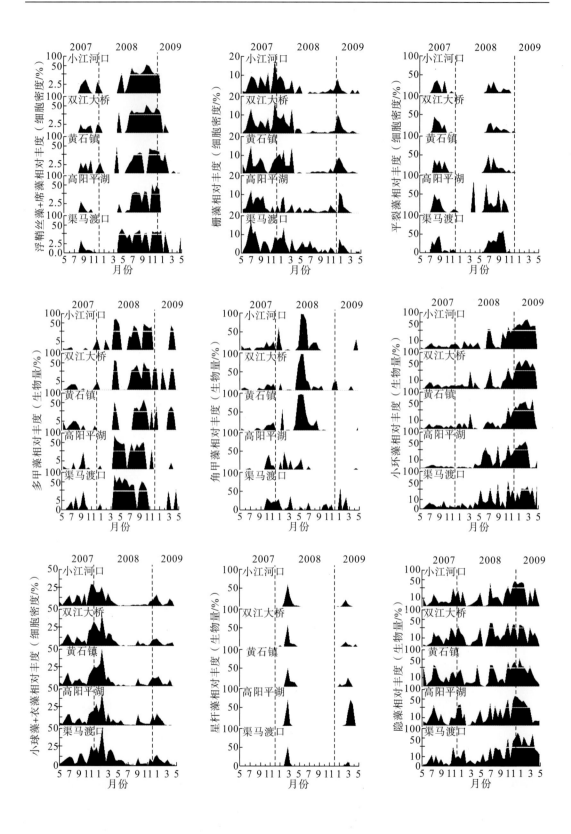

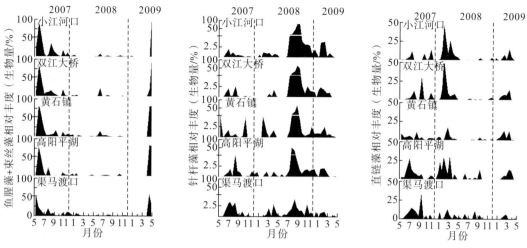

图 6-15　澎溪河回水区各采样点主要藻类的季节变化过程(2007～2009 年)

6.2.4　澎溪河回水区藻类群落多样性与演替速率(2007～2009 年)

物种多样性和演替是群落生态学研究中认知藻类群落结构的重要指标。物种多样性是指物种及其集合体的生物学多样性，其研究核心是物种多样性时空变化在各种尺度范围的格局、成因及其规律(周红章，2000)，通常包含三层含义(张金屯，2004)：①物种的丰度(richness)或多度(abundance)，即一个群落或生境中物种数目的多寡；②种的均匀度(evenness)或平衡性(equitability)，即一个群落或生境中全部种的个体数目的分配情况，反映群落物种组成的均匀程度；③种的总多样性(diversity)，即上述两层含义的综合，又称为种的不齐性(heterogeneity)。

在藻类生态学研究中，多采用 Margalef 丰富度指数 H_s(Margalef，1958)、Pielou 均匀度指数 E_s(Pielou，1998)和 Shannon-Weaver 多样性指数 H(简称 Sh-W 指数)(Shannon et al.，1949)作为反映藻类群落物种多样性上述三个方面特征的测度，计算式为

$$\begin{cases} H_s = (S-1)/\ln N \\ E_s = H/\ln S \\ H = -\sum (b_i/B) \cdot \log_2(b_i/B) \end{cases} \tag{6-1}$$

式中，S 为藻类物种数；b_i 为第 i 个物种的生物量；B 为藻类总生物量。

藻类群落的物种多样性是在特定生境条件下系统内群落对生物和非生物环境综合作用的外在反映，是其生态结构、功能多样性和复杂化程度的客观测度。

群落演替被界定为自然发生(autogenic)且可辨识(recognizable)的藻类物种间相互取代(substitution of species)的连续变化序列(Reynolds，2006)，是环境条件改变的结果，并同前期群落物种组成及其生态活动对环境条件改变的响应均有关系(张金屯，2004)。在生境稳定条件下，群落演替的结果通常是达到顶极群落(climax)。演替速率是群落结构改变潜势的客观测度。Lewis(1978)修正了 Jassby 等(1974)建立的群落演替速率计算方法，并在藻类群落生态研究中广泛采用，其计算式如下：

$$\sigma_s = \sum_{i=1}^{S} \frac{[b_{2i}/B_2 - b_{1i}/B_1]}{t_2 - t_1} \tag{6-2}$$

式中，B_2、B_1 分别为群落演替过程中两个时间状态（t_2、t_1）的藻类生物量；b_{2i}、b_{1i} 为上述相应状态下群落中第 i 个藻种的生物量。

目前，国内关于藻类群落生态特征（多样性、演替）的研究多停留在采用物种多样性对水质进行评价的层面，通过对表征物种多样性上述三层含义的特定指标的计算来分析水体污染程度的高低，通常认为物种多样性越大，群落稳定性越好，水质越好，反之亦然。但综合国外藻类群落生态学研究进展不难发现，藻类群落物种多样性及其变化过程（即群落演替）所反映出的生态信息已远超过其对水质污染程度的简单判别，主要有以下几方面。

(1)藻类群落的物种多样性同其生境能够提供的资源丰度和生境的多样性呈正相关关系，提供的资源越丰富，生境多样化程度越高，物种多样性越大。近年来，不少研究认为，同物种多样性相比，生态功能的多样性（functional diversity）更能反映出生境变化对群落结构的影响，功能多样化是生境多样化的直接响应结果（Weithoff，2003；Litchman et al.，2008）。

(2)在没有环境扰动的情况下（稳态），对资源的消耗将使种间竞争加剧，群落向着对环境胁迫耐受者有利的方向演替，群落物种多样性在竞争排他的作用下逐渐下降，群落最终达到稳定顶极状态（climax），演替速率降至最低（Reynolds et al.，1993）。

(3)环境扰动的存在（环境的异质性：营养物输入负荷改变、光照与气象条件变化和浮游动物摄食压力等）将干涉上述稳定的群落演替模式，R 型生长策略的藻种适应于临时资源丰富的环境而能够在短期占优，但亦可能受迫于环境扰动而被演替（Reynolds et al.，1993）。

(4)中等频次和强度的环境扰动（intermediate disturbance hypothesis）为群落内各种生态功能的藻提供了充足的生长机会（Reynolds，2006），生境多样化使得在该状态下物种多样性达到最大，群落演替速率可能较大。而当环境扰动加剧时，物种多样性将因生境条件的不稳定而减少。

根据式(6-1)和式(6-2)对研究期间物种的多样性（H_s、E_s 和 H）和演替速率（σ_s）进行计算。对各采样点间的上述多样性指数和演替速率进行方差分析发现，澎溪河回水区五个采样点间的 H_s、E_s、H 和 σ_s 均无显著统计差异，而五个采样点间的 H_s、E_s、H 和 σ_s 均显著正相关（$r \geqslant 0.60$，$Sig. \leqslant 0.01$），说明澎溪河回水区各采样点的 H_s、E_s、H 和 σ_s 的季节变化过程同步。基于上述的无差异性和同步性，本书着重分析 H_s、E_s、H 和 σ_s 的季节性特点（表 6-5、图 6-16 和图 6-17）。

表 6-5 澎溪河回水区藻类物种多样性和演替速率的季节变化

项目	参数	2007~2009 年	春季	夏季	秋季	冬季
	样本数	235	50	75	50	60
H_s	均值/(bits/ind)	2.64±0.05	2.14±0.09	3.03±0.08	3.05±0.07	2.23±0.06
	变幅/(bits/ind)	0.83~4.69	0.99~3.99	0.83~4.69	1.97~4.12	1.26~3.34
	Cv	0.277	0.305	0.232	0.155	0.219

项目	参数	2007~2009 年	春季	夏季	秋季	冬季
E_s	均值	0.86±0.02	0.67±0.04	0.88±0.03	0.97±0.03	0.91±0.03
	变幅	0.05~1.34	0.05~1.21	0.06~1.27	0.59~1.26	0.40~1.34
	Cv	0.326	0.463	0.319	0.190	0.274
H	均值/(bits/ind)	2.59±0.06	1.93±0.13	2.83±0.10	3.03±0.08	2.48±0.09
	变幅/(bits/ind)	0.13~4.15	0.13~3.57	0.16~3.98	1.73±4.15	1.13~3.78
	Cv	0.336	0.465	0.309	0.186	0.286
σ_s	均值/d^{-1}	0.066±0.002	0.071±0.005	0.062±0.003	0.073±0.003	0.059±0.004
	变幅/d^{-1}	0.001~0.170	0.004~0.170	0.001~0.125	0.029~0.132	0.016~0.135
	Cv	0.413	0.473	0.368	0.287	0.485

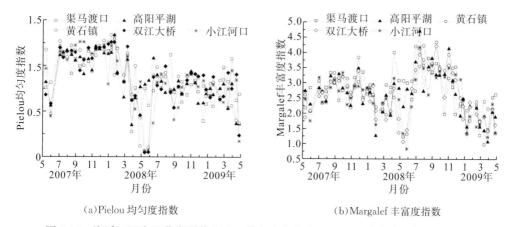

（a）Pielou 均匀度指数　　　　　　　　　（b）Margalef 丰富度指数

图 6-16　澎溪河回水区藻类群落 Pielou 均匀度指数和 Margalef 丰富度指数逐月变化

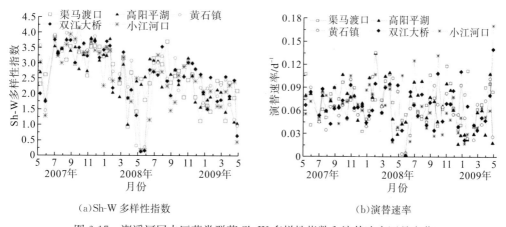

（a）Sh-W 多样性指数　　　　　　　　　　（b）演替速率

图 6-17　澎溪河回水区藻类群落 Sh-W 多样性指数和演替速率逐月变化

2007~2009 年，澎溪河回水区 H_s、E_s 和 H 的均值分别为 2.64±0.05，0.86±0.02 和 2.59±0.06，根据多样性对水质的评价标准（H_s：>5 为清洁、4~5 为寡污、3~4 为中污、≤3 为重污；E_s：≤0.3 为重污染、0.3~0.5 为中污染、0.5~0.8 为轻污染或无污染；H：0~1 为重污染、1~3 为中污染、>3 为轻污染或无污染），虽然丰富度指数显示澎溪河回水区多为中污—重污染状态，但从均匀度和多样性指数上分析，澎溪河回水区总体水质情况为中—轻污染。

澎溪河回水区藻类物种多样性呈剧烈的锯齿形波动特点，以 Sh-W 指数为例，物种多样性出现较明显谷值的时段分别为 2007 年 5 月下旬，2007 年 10 月上旬，2008 年 2 月上旬、3 月中旬、5 月、8 月下旬，这些时段同研究期间水华暴发时间基本一致。方差分析发现，春、冬季物种多样性程度显著低于夏、秋季节（$Sig.$≤0.01）。对两个观测年进行比较发现，Sh-W 指数和 Pielou 指数在研究期间均呈显著下降趋势，第二个观测年（2008 年 5 月至 2009 年 4 月）总体水平显著低于第一个观测年（2007 年 5 月至 2008 年 4 月）。虽然 Margalef 丰富度指数在第二个观测年的夏季显著超过前一个观测年，但其在入冬后（2008 年 12 月上旬起）的水平亦较前一个观测年同期偏低，说明 172m 蓄水后澎溪河回水区冬季物种丰富度较 2007 年同期 156m 蓄水后略有降低。

研究期间，藻类群落演替速率均值为 0.066±0.002d^{-1}，各采样点演替速率变化呈现剧烈波动的特点，方差分析发现，春、秋季节演替速率较夏、冬季节略高（$Sig.$≤0.05），同第一个观测年相比，第二个观测年的群落演替速率略低于第一个观测年，这同第二个观测年出现两次演替速率极低值的时期（2008 年 4~6 月、2008 年 12 月至 2009 年 1 月）有关。同湖泊的研究结果相比，澎溪河回水区藻类群落演替速率显著偏高，这可能与其生境的动态变化有密切关系。

6.3　藻类群落的生境选择学说与生态功能分组

6.3.1　藻类群落的生境选择学说

藻类群落的生境选择学说（the habitat-template approach for weighted opportunities selection）是英国著名藻类生态学家 Reynolds 较早提出的（Reynolds et al.，1998，2002，2006），它是以藻类形态、生理特性及其群落分布特点为基础发展起来的，是解释水体中藻类群落演替的重要途径。

生境选择学说立论依据主要包括对藻类群落生态两个方面的认识：①全球淡水藻类至少有 4000 余种，但其全球时空分布极不均衡，具有典型的地域和时域分布特征；②藻类在其适宜的环境大量生长、占优并非随机，其对环境条件的特定喜好决定了藻类物种分布。因此，对特定环境条件的喜好是藻类自身生理特性决定的，是永恒不变且可辨识和定量化的藻类自身属性（attributes），Reynolds 等（1985）称之为预适应性（pre-adaptations）。20 世纪 50~80 年代，大量的藻类生理学试验研究为藻种预适应性的系统总结奠定了坚实的基础，主要成果可归纳为以下几个方面。

（1）藻种细胞增殖速率和呼吸速率同其单体的比表面积 sv^{-1}（表面积 s/体积 v）存在显著的正相关关系，具有越大比表面积的藻种同胞外环境物质交换能力越强，新陈代谢能力也越强，其在理想状态下的最大细胞增殖速率越大，具有潜在的生长优势。

（2）绝大多数藻类细胞增殖速率同温度呈指数关系。不同藻种生长对温度的敏感程度和耐受程度各不相同，但 sv^{-1} 越小的藻类细胞，对温度的变化越敏感（Reynolds，1989）。

（3）天然水体中光照强弱的变化对藻类生理生长过程影响很大。不同藻种光合效率存在差异，光照持续时间和光/暗比例的变化直接影响了藻种光合/呼吸作用的变化，因而表征出来的表观生长速率（growth rate）差异很大。Reynolds（1989）引入了藻类形态的无量纲指标 msv^{-1}，是藻类细胞形态最大维度 m（细胞个体表面任意两点间距离的最大值，如圆球状细胞 $m=$ 直径 d）同比表面积 sv^{-1} 的乘积。msv^{-1} 反映藻类受光面的大小，其同藻种初始生长速率斜率 α_r 显著正相关，msv^{-1} 越大则对低光照条件的耐受性越强，其光合效率亦越强，在短时间内的净生产力水平越大。

（4）由于藻类细胞运动能量低于最小的紊流涡旋，随流输移的生长特征使得表水层的渗混程度和光照强度在水下的分布直接决定了藻种在混合层的生长。具有运动能力（一般个体较大且具有鞭毛）或上浮调节机制（如带有伪空胞的蓝藻）的藻种能够在相对稳定的水动力条件下寻找适宜生长的位置并获取最大的生长资源，而在不稳定的水动力条件下，光照条件的迅速转变使得光合效率较高的小型藻种在短时间内能够迅速生长（Huisman et al.，1999）。

（5）营养物含量对藻类生长影响主要表现为绝对限制性。大部分淡水藻类氮、磷、硅的绝对限制阈值范围为 DIN<（11～14）µg/L，SRP<（3～4）µg/L，DSi<（56～112）µg/L。天然水体中藻种的资源竞争多出现在持续低营养物浓度（接近于绝对限制）的贫营养状态下，而若氮、磷、硅等营养物浓度超过绝对限制的阈值范围，种间对胞外可用营养物的竞争并不显著（Reynolds，1986）。

Reynolds（1988）认为，藻种对能量利用、营养物摄取的生理特性同藻类形态、生长特性存在必然联系（即预适应性），这决定了其在栖息环境中的生长策略（growth and reproductive strategies），具有相似预适应性的藻种便可以在环境中共存生长，形成特定藻种集合（species-assemblages），并随着生境的变化而演替并呈现特定的生态模式（ecological patterns）。

Margalef（1978）的早期研究分别从营养物的可利用性和水动力混合扰动程度的梯度变化方面，对藻类生境及其同藻种生长策略进行了匹配，建立了藻种生长的 r 型和 K 型选择机制，$r \leftrightarrow K$ 的藻类演替过程是海洋藻类群落演替的基本模式，有以下三种。

（1）r 型（r-selected）：在理想的能量、物质供给的条件下，具有较快的生长增殖速率，能够在竞争中获胜而取代其他藻种直至达到顶极状态，如小球藻。

（2）K 型（K-selected）：不具有较大的比表面积，藻类单体相对较大，生长增殖速率相对较慢，但通常能够在能量或物质供给相对短缺的条件下，通过自身运动调节生长环境以满足生长需求，对环境条件的耐受性较强，如铜绿微囊藻。

Reynolds（1982）对 Marglef 研究成果进行了补充，增加了 w 型选择机制以进一步完善 $r \leftrightarrow K$ 演替模式。

（3）w 型（w-selected）：对能量输入（光照辐射）具有较高的耐受性，即能够在长期低光照条件下生长，也耐受于高光照条件可能存在的抑制作用，介于 r 型和 K 型之间，Reynolds 等（1983）将其界定为"w 型"。

在综合 Marglef（1978）、Grime（2006）等早期研究的基础上，Reynolds 系统地完善了藻类生长策略及其环境适应机制，形成了藻类生态学的 C-R-S 概念，其基本内容包含以下两个方面（Reynolds et al.，1983）。

1）从藻种生理生态特征角度

从藻种生理生态特征的角度，C-R-S 概念对不同藻种生长特性及其环境适应机制进行了筛分，划分为：竞争者（competitors，C 型）、杂生者（ruderals，R 型）、环境胁迫的耐受者（stress-tolerators，S 型）以及慢性环境胁迫的耐受者（chronic-stress tolerators，SS 型），其生理生态特征分别归纳为以下几点（Reynolds，2006）。

（1）C 型策略：竞争者。生理生长所需光照条件相对较低，在理想的能量、物质供给的条件下，具有较快的生长增殖速率和较低的沉降速率，部分具有运动功能，能在竞争中获胜而取代其他藻种直至达到顶极状态，属 r 型选择机制。生命形式为单细胞，单体大小 $10^{-1} \sim 10^3 \, \mu m^3$，$msv^{-1}$ 值为 6～30，r'_{20} 通常大于 0.9 d^{-1}，Q_{10}（温度增加 10℃藻种细胞增殖速率的增加倍数）通常小于 2.2，典型代表属有小球藻（*Chlorella*），衣藻（*Chlamydomonas*）等。

（2）R 型策略：调和、适应环境，但也受到一定限制。对能量输入（光照辐射）具有较高的耐受性，即能够长期在很低的光照条件下生长，也耐受于高光照条件，沉降速率有高有低，大多数为非运动型，属 w 型选择机制。生命形式为群体生存，某些为单细胞，单体大小 $10^3 \sim 10^5 \, \mu m^3$，$msv^{-1}$ 值为 15～1000，r'_{20} 通常大于 0.85d^{-1}；Q_{10} 通常为 2.0～3.5。典型代表属有星杆藻（*Asterionella*），浮生直链藻（*Aulacoseira*），湖生蓝丝藻（*Limnothrix*）和浮游蓝丝藻（*Planktothrix*）等。

（3）S 型策略：胁迫耐受者。不具有较大的比表面积，藻类单体相对较大，生长增殖速率相对较慢，但通常能够在能量或物质供给相对短缺的条件下，通过其他途径（藻类运动、生物固氮、分泌磷酸酶、噬菌作用等）获取生长所需的资源，对资源（物质、能量）发掘、获取能力强。绝大多数具有运动功能，某些藻种运动能力很强，沉降速率很低，可通过悬浮调节机制实现在垂直水层中的生长，属 K 型选择机制。生命形式多为群体生存，某些为单细胞，单体大小 $10^4 \sim 10^7 \, \mu m^3$，$msv^{-1}$ 值为 6～30，r'_{20} 通常小于 0.7d^{-1}；Q_{10} 通常为大于 2.8。典型代表属有微囊藻（*Microcystis*）、鱼腥藻（*Anabaena*）、胶刺藻（*Gloeotrichia*）、角甲藻（*Ceratium*）、多甲藻（*Peridinium*）等。

（4）SS 型策略：能耐受于长期的低营养环境条件，多为真核微型藻类（picoplankton）。广泛分布于贫营养的深水海区和湖泊，通常不具有运动功能，但沉降速率很低，细胞个体很小，易被滤食性生物捕食，属 K 型选择机制。生命形式均为单细胞，单体大小 $<4 \, \mu m^3$，msv^{-1} 值为 6～8，r'_{20} 大于 1.8d^{-1}，Q_{10} 在 2.0 左右。代表属有微型蓝藻和原绿藻属（*Prochlorococcus*）等。

2）从藻类栖息环境角度

从藻类栖息环境的角度，C-R-S 概念从藻类生境能量、物质供给的丰足/紧缺程度以及能量、物质供给的稳定性与扰动程度等两个方面，反映了藻类生境的能量和物质供给的梯度变化特点(图 6-18)。

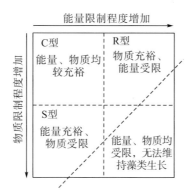

图 6-18　C-R-S 概念中的能量、物质供给梯度关系(Reynolds et al.，1998)

在 C-R-S 框架下，生境的能量、物质特征同藻类生长策略实现了初步的匹配。Reynolds 等进一步对藻类生长策略进行了细化，提出了藻类生态功能组(functional group)的概念(Reynolds et al.，2002；Kruk et al.，2002)，包含两层含义：①对某种生境完全适应的某类藻种较其他藻种更能适应该生境下的限制性条件；②表征为特定物质或能量限制的某个藻类生境可使适宜于该生境条件的藻类生态功能组占优。Reynold 将藻类生境特点着重表征为光照、水体混合(混合层深度)、温度、被掠食性、CO_2 浓度和营养物(浓度 N、P、Si)六个方面，将分属于不同功能组的藻种在上述六个方面要素影响下的藻类细胞增殖速率绘制成等值线玫瑰图，形成藻类生态功能组的栖息生境模板(habitat template，图 6-19)，反映不同生态功能组对环境条件的耐受性、敏感性特点。主要的藻类生态功能组在能量、物质梯度下的分布情况如图 6-20 所示。在完善对藻类生态功能组及其栖息生境特征的基础上，藻类生态功能分组在 2002 年的经典文献中基本成型(表 6-6)。Kruk 等对上述生态功能分类的科学性和有效性进行了直接验证(Kruk et al.，2002)。

表 6-6　藻类生态功能组(**Reynolds et al.，2002**)

组别	栖息环境	典型藻属/种代表	耐受条件	敏感条件
A	清澈，通常混合完全，贫营养的湖泊	*Urosolenia* *Cyclotella comensis*	营养物匮乏	pH 升高
B	垂直混合，中营养的中小型湖泊	*Aulacoseira subarctica* *Aulacoseira islandica*	光照匮乏	pH 升高、DSi 匮乏、分层
C	混合的、中小型富营养湖泊	*Asterionella formosa* *Aulacoseira ambigua* *Stephanodiscus rotula*	光照与 C 的匮乏	DSi 的大量消耗、分层
D	浅水、混浊程度大的水体，含河流	*Synedra acus* *Nitzschia spp.* *Stephanodiscus hantzschii*	流水冲刷	营养物匮乏
N	中营养的湖泊表水层	*Tabellaria* *Cosmarium* *Staurodesmus*	营养物匮乏	温度分层、pH 升高

续表

组别	栖息环境	典型藻属/种代表	耐受条件	敏感条件
P	富营养的湖泊表水层	*Fragilaria crotonensis* *Aulacoseria granulata* *Costerium aciculare* *Saturastrum pingue*	中等光照条件与 C 匮乏	温度分层、DSi 匮乏
T	深度大且混合完全的湖泊表水层	*Geminella* *Mougeotia* *Tribonema*	光照匮乏	营养物匮乏
S1	混浊的混合层	*Planktothrix agardhii* *Limnothrix redekei* *Pseudanaena*	高度光照匮乏条件	流水冲刷
S2	浅水、混浊的混合层	*Spirulina* *Arthrospira* *Raphidiopsis*	光照匮乏	流水冲刷
S_N	温暖的混合层	*Cylindrospermopsis* *Anabaena minutissima*	光照和 N 的匮乏	流水冲刷
Z	清澈的混合层	*Synechococcus* prokaryote picoplankton 原核微藻	低营养物浓度	光照匮乏、被摄食
X3	浅层、清澈的混合层	*Koliella* *Chrysoccccus* eukaryote picoplankon 真核微藻	较低的基质条件	混合程度、被摄食
X2	浅水中—富营养湖泊中的混合层	*Plagioselmis* *Chrysochromulina* *Monoraphidium*	温度分层	混合程度、滤食性动物摄食
X1	营养丰厚的浅水混合层	*Chlorella* *Ankyra* *Monoraphidium*	温度分层	营养物匮乏、滤食性动物摄食
Y	通常在营养物含量高的小型湖泊	*Cryptomonas*	低光照条件	噬菌生长
E	通常在小型贫营养、基质较低的湖泊或异养型池塘	*Dinobryon* *Mallomonas* （*Synura*）	低营养条件以混和营养型为主	CO_2 匮乏
F	清澈的湖泊表水层	群体生长型绿藻，如：*Botryococcus* *Pseudosphaerocystis* *Coenochloris* *Oocystis lacustris*	低营养物	高混浊度或 CO_2 匮乏（暂不明确）
G	短暂的、营养物丰富的水层	*Eudorina* *Volvox*	高光照条件	营养物匮乏
J	浅水、营养物丰富的湖泊、池塘和河流	*Pediastrum* *Coelastrum* *Scenedesmus* *Golenkinia*	（暂无）	光照下降
K	短暂的、营养物丰富的水层	*Aphanothece* *Aphanocapsa*	（暂无）	深层混合
H1	固氮型的念珠藻目典型生境	*Anabaena flos-aquae* *Aphanizomenon*	低 N、低 C 条件	混合、低光照、低 P
H2	大型中营养湖泊中的固氮型念珠藻目典型生境	*Anabaena lemmermanni* *Gloeotrichia echinulata*	低 N	混合、缺乏光照条件
U	夏季表水层	*Uroglena*	低营养物	CO_2 匮乏

续表

组别	栖息环境	典型藻属/种代表	耐受条件	敏感条件
L_O	中营养湖泊夏季表水层	*Peridinium* *Woronichinia* *Merismopedia*	营养物供给同光照条件可利用性相分离	时间延长或深度较大的混合层
L_M	富营养湖泊夏季表水层	*Ceratium* *Microcystis*	非常低的 C	混合、低的光照和分层
M	低纬度、小型富营养湖泊日变化下的混合层	*Microcystis* *Sphaerocayum*	强光照条件	流水冲刷、总光照较低
R	中营养分层湖泊变温层	*Planktothrix rubescens* *Planktothrix mougeotii*	低光照、强烈的	水层不稳定
V	富营养分层湖泊变温层	*Chromatium* *Chlorobium*	非常低的光照条件、营养物同光照条件分离程度深	水层不稳定
W1	有机质含量丰厚小池塘	*Euglenioids* *Synura* *Gonium*	高 BOD	摄食
W2	浅水中营养湖泊	*bottom-dwelling* *Trachelomonas*	暂不明晰	暂不明晰
Q	富含腐殖酸的小型湖泊	*Gonyostomum*	高色度	暂不明晰

注：限于篇幅考虑，本表不翻译藻类种、属名称

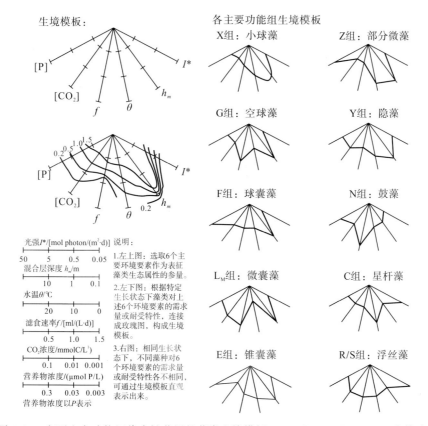

图 6-19　主要生态功能组代表性藻属的藻类生境模板（Reynolds et al.，1998，有修改）

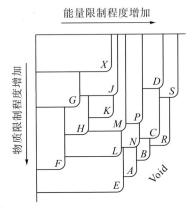

图 6-20　C-R-S 框架下主要功能组随能量、物质梯度变化的分布(Reynolds et al.，1998)

Reynold 的生境选择学说与后来发展的藻类生态功能分组是近二十年藻类群落生态学研究的重要理论成果(Reynolds et al.，2002)。在生境选择物种、物种适应生境的基本假设下，生境选择学说创新性地对 Linnaeus 创立的植物学分类系统进行生态学拓展，解决了藻类群落生态研究中的两个核心问题：①科学总结藻类自身生理生长特点(预适应性)和生态功能特性(生长策略)；②合理阐释藻类的栖息环境特点及其变化的环境机制，通过对藻类群落演替和生境变化过程的科学匹配揭示群落演替的生态响应原理，能回答天然水体中藻类共存、群落演替与多样性等许多关键问题，为藻类群落演替和生境变化的生态学研究提供了研究基础平台。

在 Reynolds 研究的基础上，围绕不同水域藻类群落生态功能分组和群落演替特点的生态学研究成为近五年内藻类学研究的新领域(Litchman et al.，2007；Edwards et al.，2013)。一方面，在野外调查的基础上通过总结藻类群落季节演替特点，寻找特定水域藻类生境的季节变化模式，查明藻类演替的生态响应特征和关键过程(Salmaso et al.，2015)；另一方面，在中等扰动假设(intermediate disturbance hypothesis)(Connell，1978)的前提下，围绕天然水域维持藻类大量共存(多样性)的生态机制，从物种多样性逐渐转向对生态功能多样性的关注，认为生态功能多样性是水域维持生态系统动态平衡的基础，生境变化诱导生态功能多样性下降往往是水华暴发的根源(Weithoff，2003)。最后，不少研究对生态功能组的分类系统进行了细化和补充，形成以下几个新的功能组(各组代表藻种见相关文献)。

(1)补充了周丛藻类($periphyton$)和底部附着藻类在水层中偶现的情况，形成 MP 组(Padisak et al.，2006)，主要生境为水动力频繁紊动，底质在悬浮、有机质丰富、混浊的浅水湖泊。

(2)为表征部分具有等径细胞形态的鼓藻生境(Souza et al.，2008)，增加了 N_A 组，主要生境特征为贫—中营养垂向混合不完全的低纬度水域。

(3)为反映河流、水库下游等流水系统和不稳定系统的藻类生境与群落特点，增加了 T_B、T_C、T_D、W_0 功能组(Borics et al.，2007)。其中 T_B 组主要生境特点为高度急流的流水系统；T_C 组的主要生境特征为沉水植物生长的富营养静水水域或极缓流水域；T_D 组的生境特征为沉水植物生长的中营养静水水域或极缓流水域；W_0 组的主要生境特征为有机质含量较高或水生生物腐化的高度污染河流或池塘。

（4）增加了 X_{Ph} 功能组（Padisak et al.，2009），反映的生境特点为钙含量较高且受光条件较好的小型（甚至是间歇式）的碱性湖泊。

（5）增加了 Z_{MX} 功能组（Callieri et al.，2006），反映的生境特点为亚高山地带（subalpine）深水贫营养湖泊。

Reynolds 的生境选择学说并不要求种间的竞争排他持续存在且决定藻类群落构成，其竞争理论并不用于预测何种藻类占优，仅提供能够在特定资源环境下适应生长的一系列候选藻种，它们具有相似预适应性（因为是藻类自身生理特征决定的）（Reynolds，2006）。环境条件的变化是选择上述候选藻种组成藻类集合且决定何种藻类占优的唯一决定性因素。因此，生境选择学说并不给出对藻类群落构成的具体预测结果，而是回答特定环境条件下哪种藻类群落更易于出现的问题（Reynolds et al.，2002）。

这种从藻类生境变化认识藻类群落演替的研究在某种意义上强调了藻类群落演替对环境条件变化的生态响应机制是由资源（能量和物质）供给改变造成的。另外，在群落演替预测的问题上，鉴于藻类群落自身的耗散结构和混沌特征，资源竞争理论对藻类群落演替的科学预测尚难以实现（Huisman et al.，2001）。与此相比，Reynolds 的藻类生境选择学说"折中"而合理可行地为藻类群落预测提供了新的方案。

6.3.2　澎溪河回水区的藻类功能分组（2007～2009 年）

根据镜检结果，按表 6-7 的分组和 Padisak 等后续的补充、扩展（Padisak et al.，2009），将研究期间检出的藻类群落归纳为 26 个生态功能组，分别为 A、B、C、D、F、G、H1、J、K、L_O、L_M、MP、N、P、R、S1、S_N、T、T_C、W1、W2、X1、X2、X_{Ph}、Y、Z。其中，常见的功能组为 B、Y、X1、J、F、X2、P、D、L_O、W1、H1、S1、MP、L_M、G、W2、K、C（图 6-21），R 和 Z 组在定量样品中均未检出，上述藻类功能组的代表性藻种和 C-R-S 生长策略见表 6-8。同各类型湖泊已有研究结果相比（Kruk et al.，2002；Reynolds，2006），澎溪河回水区藻类生态功能组组类型数（26 个组别）高于湖泊。

由于天然水体藻类物种（功能组的藻种组合）大量共存，评判藻类样品所表征的功能组状态仍尚未有统一的认识或执行标准，一般采用优势藻种（即最能够适应该种生境条件）所对应的功能组别作为表征该生境的藻类功能组（Reynolds et al.，2002），但 Dokulil 等（2003）的研究表明特定时期代表性的藻类功能组亦非单一功能组别，采用相对丰度占优的单一功能组表征样品的藻类生境并不合理。Kruk 等（2002）则将细胞体积（biovolume）相对丰度超过 5% 的藻种（认为存在优势）划入样品的功能组类别。但若对于物种均匀性较好的样品，其划分方法可能存在问题。本书将检出的藻种（属）进行功能组类别的划分，并按功能组别进行归并、排序，选择生物量显著占优或相对丰度超过 10% 以上的功能组组合作为该样品的代表性藻类功能组（表 6-8）。

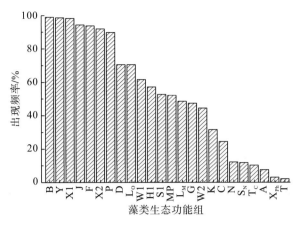

图 6-21　藻类生态功能组出现频率（2007～2009 年）

表 6-7　澎溪河回水区藻类生态功能组的代表性藻种（属）及其 C-R-S 生长策略

功能组	代表性藻种（属）	生长策略	功能组	代表性藻种（属）	生长策略
A	根管藻、长蓖藻	R	B	小环藻、冠盘藻	CR
C	星杆藻	R	D	针杆藻、菱形藻	R
F	卵囊藻、浮球藻、肾形藻	CS	G	实球藻、空球藻	CS
H1	鱼腥藻、束丝藻	CS	J	栅藻、集星藻、空星藻	CR
K	隐球藻、隐杆藻	CS	L_O	色球藻、平裂藻、多甲藻	S
L_M	角甲藻、微囊藻（共存）	S	MP	异极藻、辐节藻、舟形藻	CR
P	等片藻、脆杆藻、直链藻	R	S1	浮鞘丝藻、细鞘丝藻、席藻	R
S_N	小尖头藻	R	T	黄丝藻	R
T_C	针丝藻	R	W1	裸藻、扁裸藻	R/CS
W2	囊裸藻、陀螺藻	R/CS	X1	小球藻、弓形藻、纤维藻	C
X2	衣藻、塔胞藻、蓝隐藻	C	X_{Ph}	壳衣藻	C
Y	隐藻	CRS	N	鼓藻、平板藻	R

注：W1、W2 生长策略仍不明晰，Reynolds 认为其部分藻种为 CS 型（Reynolds，2006），但 Kruk 等认为其更偏向 R 型或 CR 型（Kruk et al.，2002）

表 6-8　澎溪河回水区各采样点代表性藻类功能组（以生物量计）的季节演替过程

时间	渠马渡口	高阳平湖	黄石镇	双江大桥	小江河口
2007 年 5 月	H1/F/J	J/F	J/Y/P/L_M	J/F/H1	J/H1/L_M/F
	J/H1/F/P	H1	H1	H1	H1
2007 年 6 月	J/P/Y/B	P/J/Y/F	J/H1/P	J	J/F/W2
2007 年 7 月	J/P/W2	Y/P/J	Y/J/W1/W2	J/Y/W2/H1	W2/J/W1/Y/P/B
	P/H1/W2/J/Y	H1/P/J/W2/Y	Y/F/J/W1/W2	J/P/W2/H1/Y	P/J

续表

时间	渠马渡口	高阳平湖	黄石镇	双江大桥	小江河口
2007 年 8 月	J/P	J/MP/G/P	J/P	J/H1/Y/W2/MP	H1/J
	J/W2	J/W2/Y	J/G/W1	J/W1/G/W2	J/H1
2007 年 9 月	P/W1/W2/L$_O$	W1/F/MP/J	J/H1/F/G	P/J/G	J/X1
	G/F	G/F/J	J/G/F/Y	G/F/J	J/G/F/MP
2007 年 10 月	L$_M$/F/G/J	L$_M$/F/J	J/F/G/L$_M$/W2	G/L$_M$/J/W2	L$_M$/W1/G/P
	F/L$_M$	L$_M$/F	F/L$_M$/Y/H1	Y/H1/F/L$_M$	F/W1/H1/G
2007 年 11 月	Y/L$_M$/X2/W2	W2/G/L$_M$	W1/Y/L$_M$	Y/W1/X2/G/P	Y/P/L$_M$
	L$_M$/J/W1/H1	G/W1/L$_M$	L$_M$/G/W1	J/L$_M$/G	L$_M$/J/Y/W1
2007 年 12 月	L$_M$/F/Y	Y/X2/W1/F	W1/J/Y/W2/X2	Y/X2/J/W1	W2/Y/X2
	L$_M$/W1	Y/X2/W1/P	W1/Y/X2/J	P/X2/Y/J	L$_M$
2008 年 1 月	W1/Y/P/W2/L$_M$	P/L$_M$/W1	W1/X2/B/J	L$_M$/Y/X2/J	L$_M$/Y/W1/P
	W1/Y/J	J/P/W1/Y	L$_M$/J	P/W1/J/X2	P/W1/B/J
2008 年 2 月	W1/X1/J	L$_M$/P	W1/X1/J	P/W1/X1	P/W1
	C/P	C	C/P	C/P	C/J/P
2008 年 3 月	L$_M$/W1/P	P/L$_M$/W1	J/B/C/P	J/B/C	P/C/J
	L$_O$	L$_O$	L$_O$/C/W1	L$_O$	L$_O$
2008 年 4 月	L$_O$/MP	L$_O$	Y/L$_M$/L$_O$/C	L$_O$	L$_O$
	L$_O$	L$_O$/Y/L$_M$	L$_M$	L$_M$/Y	L$_O$/Y/J
2008 年 5 月	L$_O$/B/Y	L$_O$/L$_M$/G	L$_M$	L$_M$	L$_M$
	L$_O$	L$_O$/B/G	L$_M$	L$_M$	L$_M$
2008 年 6 月	L$_O$/P	B/X1/P/W1	L$_M$/H1/X1	L$_M$/G/H1/Y	L$_M$
	L$_O$/Y/L$_M$	Y/B/G	Y/L$_M$/G	Y/L$_M$/G	Y/B/J
2008 年 7 月	L$_O$/B	L$_O$/B/J	Y/J/L$_M$/MP	Y/B/L$_O$	B/J/L$_M$
	L$_O$/Y/J	D/Y/L$_O$	L$_O$/J/Y/L$_M$	L$_O$/J/D/L$_M$/Y	L$_O$/L$_M$/D
2008 年 8 月	P/MP/Y/W1	L$_O$/D	D/L$_M$/L$_O$	L$_O$/D/Y	D/L$_M$/L$_O$/Y
	B/L$_O$/Y	B/L$_O$/Y	D/L$_O$	D/L$_O$	D
2008 年 9 月	L$_O$	L$_O$/P	L$_O$/F	D/L$_M$/Y	D/P
	L$_O$/L$_M$	L$_O$/Y/W1	L$_O$	L$_O$/Y	L$_O$/B/Y
2008 年 10 月	Y/L$_M$/L$_O$	Y/B	Y/L$_O$	Y/L$_O$/B	L$_O$/Y/B
	B	B/MP/J	B/F/Y/MP	B/L$_O$/F/Y	B/L$_O$/Y
2008 年 11 月	Y/L$_M$/B	Y/L$_O$/B	Y/L$_O$/B/MP	Y/F/B/J	Y/L$_O$/B
	Y/B/G	Y/B	Y/B	Y/L$_M$/L$_O$	Y/B
2008 年 12 月	Y	Y/B	B/L$_O$/Y	B/L$_M$/L$_O$	B/Y
	Y/B	Y/B	Y/B	B/Y	B/Y

续表

时间	渠马渡口	高阳平湖	黄石镇	双江大桥	小江河口
2009 年 1 月	L_M/Y	Y/B	B/Y	B/Y	B/Y
	Y/B	Y/B	B/Y	$B/L_O/Y$	B/Y/F
2009 年 2 月	$L_M/Y/B$	B/Y	B/Y/P	B/C	B/C
	$B/Y/L_O/C$	C/B/Y	$B/Y/C/L_O$	B/Y	B/Y
2009 年 3 月	Y/B	C/P	$L_O/B/Y/P/C$	$B/L_O/P/L_M/Y$	$L_O/B/P$
	$B/L_M/Y/G$	C/G/P	B/L_O	B/L_O	$B/Y/L_O/G$
2009 年 4 月	$H1/L_O/Y$	H1	H1	X1/B/H1	$B/L_M/X1$
	B/H1/Y	H1	$H1/L_M$	H1	H1

　　研究发现，$J/F/H1/P/L_O/L_M/B/Y/G/C$ 是澎溪河回水区主要代表性功能组，MP/D/X1/X2/W1/W2 等较常见且占较大比重。各采样点主要藻类生态功能组相对丰度的季节变化过程见图 6-22。

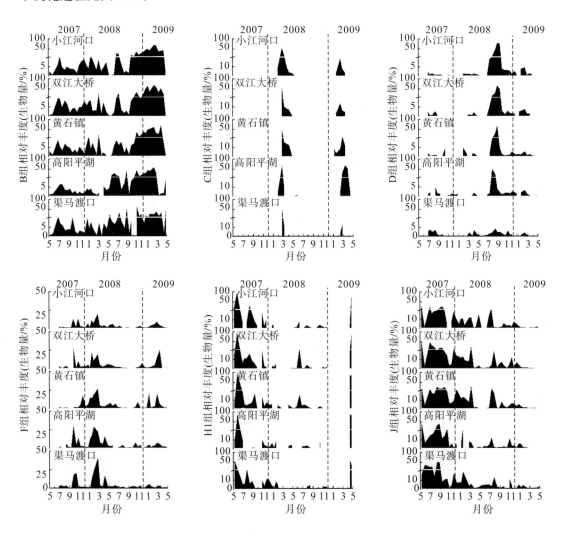

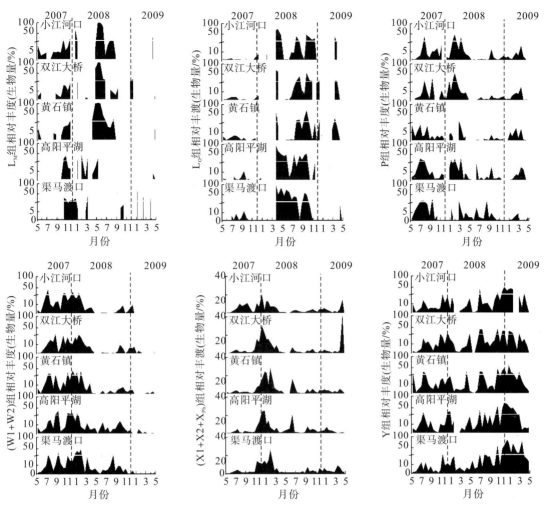

图 6-22　澎溪河回水区主要藻类生态功能组相对丰度的季节变化（以生物量计）

各采样点代表性藻类功能组的季节演替过程大体相同，H1/J/F 是 2007 年 5 月澎溪河回水区的代表性藻类功能组，2007 年主汛期后则以 J/P/Y/W2 为主要功能组。2007 年夏末、初秋，各采样点开始出现 G/F 的功能组组合形式，入秋后 L_M 亦成为主要的功能组，并与 W1/W2/Y/J/P/X2 形成 2007 年秋末、初冬时期的代表性功能组组合。2008 年 1 月，澎溪河回水区以 P/Y/W1/W2 为代表性藻类功能组，在 2 月下旬演替成 C/P 的组合形式。2008 年 3 月上旬，高阳平湖及其上游采样点以 L_M/W1/P 为功能组组合形式，在黄石镇及其下游则以 J/B/C 为主。2008 年 3 月下旬开始，上述空间差异不明显，以 L_O 为优势。2008 年 4 月开始，高阳平湖以上采样点以 L_O 为代表性功能组，黄石镇及其以下采样点则被 L_M 型的藻种所取代，并持续至 5 月下旬。2008 年入汛后，渠马渡口仍以 L_O 为主要的藻类功能组，但 P/Y/B 等亦占较大比重，高阳平湖则经历 6 月上旬短暂调整（期间代表性功能组为 B/X1/P/W1）后，在 2008 年 6 月下旬至 7 月形成以 L_O/Y/B/D 为代表性藻类功能组的组合形式。同期，黄石镇及其下游采样点代表性功能组则较为复杂，Y/J/L_M/L_O/B 等在各采样点均有出现，在 8 月均演替成以 D/Y/L_O/L_M 为主的功能组组合。2008 年 8 月下旬，上游高阳平湖和渠马渡口以 L_O/B/Y 为代表性藻类功能组，黄石镇及其下游以 D/L$_O$ 为代表性藻类功能组。入秋后，L$_O$/Y/L$_M$/B 是澎溪河回水区代表性的藻类功能组组合形式，并持续至冬季。2008 年 11 月开始，Y/B/L$_O$ 逐渐成为各采样点的代表性功能组，持续至 2009 年 2 月下旬形成 B/Y/C 为代表性的藻类功能组，但不同采样点亦有不同。2009 年 3 月，以 L$_O$/B/Y 为代表性藻类功能组，高阳平湖仍以 C/P 为主，2009 年 4 月，H1 成为期间各采样点的主要功能组。

对 2007 年 5 月至 2008 年 5 月各采样点藻类功能组的季节演替序列进行总结（表 6-9）。研究发现，各采样点功能组季节演替虽在局部时段存在代表性功能组的差别，但各采样点间藻类功能组的季节演替基本一致，这同 6.2 节群落结构的分析结果相同。两年观测期内代表性藻类功能组组成并未呈现较显著的季节重现性，第一观测年（2007 年 5 月至 2008 年 4 月）同第二观测年（2008 年 5 月至 2009 年 4 月）的季节演替序列有较大差别。但根据 C-R-S 概念对藻类生长策略的划分，研究期间藻类群落季节演替特征却呈现重现性，即从春季开始，S-CS 型生长策略的藻类占优（L$_O$、L$_M$、J、H1，见表 6-9），而在夏季汛期易出现 CR/CS 频繁交替的混生型藻类群落格局（L$_O$/D/B、J/P），在初秋时曾出现短暂的 S/CS 型藻种占优的现象（L$_O$、F、J），但从秋末开始逐渐向 R-CR 型生长策略的藻类群落演替（B/Y、W1/W2/P、C），而该群落结构在经历 2 月中旬至 3 月上旬冬末初春的短暂繁盛后于 3 月上中旬演替至 S-CS 型生长策略藻类占优的群落格局。

表 6-9　澎溪河回水区各采样点藻类群落生态功能组季节演替序列

采样点	2007 年 5 月……………………………………2008 年 4 月………………………………2009 年 4 月
渠马渡口	H1……J/P……G/F……L$_M$/Y/W1……C/P……L$_M$/L$_O$……L$_O$……Y……B……H1
高阳平湖	J…H1…P/J…G/F…L$_M$…W2/G…Y/X2…P…C…P/L$_M$……L$_O$…B/D/L$_O$……Y/B……C……H1
黄石镇	J…H1…J…Y……J/G/F……W1……C/P…J/L$_O$…Y/L$_M$…L$_M$…D/L$_O$…L$_O$…Y…B…B/L$_O$…H1
双江大桥	J…H1……J……G……Y……P…C/P…J/L$_O$…Y/L$_M$…L$_M$…Y…L$_O$/L$_O$…Y…B…B/L$_O$…H1
小江河口	J…H1…W2/J……J…L$_M$/F…P/W1…P…C…L$_O$…L$_M$…B/D/L$_O$…L$_O$…Y……B/Y……H1

在稳定的湖泊系统中，藻类群落在光热传递季节变化与营养物输入的交叠影响下将沿着一定的群落演替路径发生结构变化（图 6-23），以欧洲和北美的富营养深水分层湖泊为例，其宏观演替模式为：冬季 R 策略垂向分布藻种（星杆藻、脆杆藻）→冬末初春 C 策略衣藻、小球藻等/群体生长型 CS 策略的团藻→春季 S 策略的藻种（鱼腥藻）→RS 策略的鼓藻/R 策略的脆杆藻、直链藻等（Reynolds，2006）。同湖泊系统完善的 C-R-S 季节演替模式相比，澎溪河回水区藻类生长策略的季节演替过程并不完善，显然，其缺失了 C 型和 RS 型生长策略的藻种在群落中形成持续优势的明显时段，而仅在 2 月下旬至 3 月相对短的时间范围内从 R-CR 型策略藻种占优转变为 S-CS 型策略为主的群落格局，如 2008 年 2 月下旬演替速率经历一次峰值后在 3 月上旬形成 S-CS 型策略，2009 年 3 月中旬演替速率显著升高并使群落从 B/C 的 R-CR 型生长策略转变成 L$_O$ 的 S-CS 型策略。

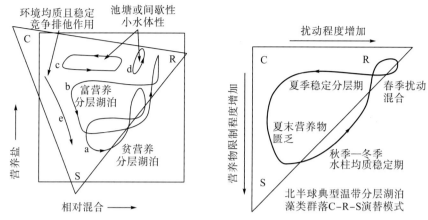

图6-23 不同类型湖泊藻类群落的C-R-S演替路径概念图(Reynolds,2006,有修改)

6.4 藻类群落演替的宏观生态模式与水华形成机制

藻类生境变化是诱导群落发生演替的重要原因。为进一步揭示藻类生境变化对群落演替的影响,借助于陆生生态系统普遍使用的梯度分析方法(典范对应分析原理),本节建立水库运行下澎溪河回水区藻类群落结构变化同前述各主要生境要素间的相互关系,并对藻类生态功能分组的适用性、有效性进行验证;在功能组-环境变量的CCA模型基础上,分析影响澎溪河回水区群落结构改变的主要环境因素,探讨环境变量的改变对群落结构影响的大小与潜在的生态过程;对研究期间发生的水华现象进行比较分析,探讨水华发生的可能诱因;通过对生境要素、群落丰度的聚类分析,划分群落演替和生境变迁的典型时段,总结水库运行初期澎溪河回水区藻类群落演替的宏观生态模式。

6.4.1 梯度分析的基本原理及其在藻类生态研究中的运用

梯度分析(gradient analysis),亦称为排序(ordination),是生态学的重要研究手段之一,其发源于陆生植被群落学的数量分析(Smilauer et al.,2014),基本原理是将物种排列在一定环境变量构成的向量空间,使其反映特定环境变量梯度变化下的物种分布情况,进而解释物种时空分布的定量规律及其与特定环境变量梯度变化的关系,阐释物种受迫于环境条件改变而产生的生态响应机制。根据物种(响应变量)和环境因素(解释变量)参与梯度分析的方式,可将梯度分析分为四类(Smilauer et al.,2014)。

(1)只有一个响应变量,而没有解释变量,即对单一物种的时空分布特点,仅能归纳其时空分布的统计特征(直方图、中值、加权平均等)。

(2)有一个或多个解释变量,仅分析一个响应变量,属于一般回归模型(general linear model)的范畴,即解释变量为因变量,响应变量为自变量,采用传统回归模型、方差分析、协方差分析等方法建立环境因素同物种间的相关关系。后在此基础上还发展了广义线性模型(generalized linear models,GLM)和广义叠加模型(generalized additive models,GAM)。

（3）有多个响应变量，而没有解释变量，那么不同响应变量交互下的时空分布规律可通过间接梯度分析（不受解释变量的影响）的非限制性（unconstrained）方法进行归纳总结，其核心是对物种样本数据进行合理降维，使在能够表征其时空分布的变化方向排列出来，常用方法有主成分分析（PCA）、对应分析（CA）、除趋对应分析（DCA）、非度量多维尺度分析（NMDS）等，亦可以用等级分类的方法（聚类分析）将物种的时空分布特征进行分类排序。

（4）有多个响应变量需要分析，解释变量为一个或多个，则可以通过直接梯度排序方法（即响应变量的梯度分析过程受到解释变量的限制）进行归纳总结。常用的方法有冗余分析（RDA）、典范对应分析（CCA）等。

必须指出，物种−环境变量的基本响应关系包括两种：①线性关系，某一物种随特定环境因子变化而呈单调的线性变化；②非线性关系，即某个物种生物量随环境因子增加而增加，当环境因子增加到某一程度时，物种生物量达到最大（即该物种的最适值，optimum），随后当环境因子继续增加时，物种生物量下降，Ter Braak 等将这类物种−环境响应关系统称为单峰模型（unimodal model）（Ter Braak et al.，1988），其中较著名的是高斯模型（gaussian model）。通常对于短的环境梯度（环境因素变化范围不大或物种分布范围较狭窄），线性模型拟合效果较好，而对于较长的环境梯度则单峰模型更优。根据上述基本关系，可将梯度分析划分为两大类（Smilauer et al.，2014），以线性关系为基础的梯度分析主要包括 PCA、RDA 等；以非线性关系为基础的梯度分析方法则包括 CA、DCA、CCA、NMDS 等。

计算机技术的发展使得各种各样的梯度分析以计算机软件的形式推陈出新，在植被研究和生态教学中起到非常重要的作用。Ter Braak 提出的典范对应分析（canonical correspondence analysis，CCA）是近 20 年来发展最迅速、最流行的环境梯度分析技术（Ter Braak et al.，1988）。CCA 是非线性的限制性梯度分析方法，亦称多元直接梯度分析法。

CCA 最早用于陆生植被的梯度分析（物种随样方在空间梯度上的变化）。1994 年以前，CCA 在水生态系统（淡水、海洋）中的运用多关注于该方法的适用性，随着 Ter Braak 等（1995）对其在水生态系统研究中进行系统化的阐述和评析，CCA 在水生态系统中的运用，尤其是对藻类群落生态特点的研究，逐渐广泛起来。迄今已有超过 2950 篇关于藻类生态学研究的文献运用了 CCA 方法（Google Academic 搜索结果）。在古湖沼学研究中，CCA 被用于反演、重建藻类群落对环境要素的响应机制和梯度关系，寻找湖泊环境的本底状态；在藻类生态学研究中，通过 CCA 建立环境要素变化对藻类群落组成改变的响应关系，研究藻类群落演替同生境变化的相互关系和潜在生态机制，分析物种对生境要素的喜好程度（Kruk et al.，2002）；验证藻类群落试验研究结果，评判物种对生境要素变化的敏感程度，分析特定生境要素改变对群落演替方向的影响（Borges et al.，2008）；研究藻类群落同浮游动物之间的摄食关系，在 CCA 基础上发现浮游动物对藻类物种选择性摄食的基本生态规律，建立浮游生物的食物网关系；建立不同营养状态下藻类群落构成差异的定量关系（Ke et al.，2008），在生态计量学基础上研究藻类生长—衰亡过程元素组成改变同环境元素变化的相互关系，完善氮、磷等营养物汇积和元素构成改变对湖泊富营养化的认识（Karimi et al.，2006）。近年来，藻类生境选择学说和生态功能组概念的提出进一步强化了藻类生境对物种选择和群落演替机制的影响。CCA 不仅用于验证生态功能分组的有效性和普适性(Kruk et al.，2002)，而且用于对藻类生长策略和生态属性进行归纳、总结和划分(Weithoff，2003)。同时，CCA 方法亦被用于扩展对单一藻种室内试验研究的结果，建立藻类形态、功能特征(morpho-functional)同生态预适应机制之间的定量关系，完善对藻类生境选择机理的认识(Weithoff，2003；Litchman et al.，2008)。

同大时空尺度的陆生生态系统不同，水域生态系统的生境变化频繁，环境要素对不同的物种生境（生态位）而言，既可能是均质的（homogeneous），又有异质性（heterogeneity）。物种自身在水动力条件下其时空分布规律所呈现的梯度关系亦很不明晰，阐释环境要素的梯度变化对物种的影响机制并不容易，CCA 关于物种−环境间相互关系的非线性假设较线性模型(RDA)更符合实际情况，其在淡水生态学研究中的迅速普及推动了该学科领域的迅速发展。

6.4.2　基于功能分组的生境变化−藻类群落演替梯度分析

遴选澎溪河回水区常见藻属(出现频率≥5%)作为藻类物种参与 CCA 分析，这些常见藻及其生态功能分组情况见表 6-10，包含了常见的 21 个藻类生态功能组。选择 NH_4^+-N（后文标示为 NH_4）、NO_3^--N（后文标示为 NO_3）、TN、SRP、PP、TP、DSi、TN/TP、DIN/SRP、TPM、太阳辐射(Radi)、SD、水温(Temp)、水位(Level)、水体滞留时间(AveHRT)、降水量(AveRain)和小江河口流量(AveQ)[①]等环境变量参与 CCA 分析。

表 6-10　CCA 分析中遴选的澎溪河回水区常见藻

名称	缩写	功能组	名称	缩写	功能组	名称	缩写	功能组
隐球藻	*Apha.*	K	弓形藻	*Schr.*	X1	拟韦斯藻	*Wesp.*	F
鱼腥藻	*Ana.*	H1	十字藻	*Cruci.*	J	球囊藻	*Scy.*	F
色球藻	*Chro.*	L_O	栅藻	*Scen.*	J	针丝藻	*Rap.*	T_C
微囊藻	*Mic.*	L_M	浮球藻	*Plas.*	F	等片藻	*Dia.*	P
隐杆藻	*Apht.*	K	月牙藻	*Sele.*	F	脆杆藻	*Frag.*	P
平裂藻	*Mer.*	L_O	新月藻	*Clos.*	P	直链藻	*Melo.*	P
浮鞘丝藻	*Plal.*	S1	顶极藻	*Chod.*	J	小环藻	*Cycl.*	B
束丝藻	*Aphz.*	H1	集星藻	*Acli.*	J	菱形藻	*Nitz.*	D
席藻	*Phor.*	T_C	蹄形藻	*Kirc.*	F	针杆藻	*Syna.*	D
细鞘丝藻	*Lepto.*	S1	网球藻	*Dic.*	F	星杆藻	*Astla.*	C
小尖头藻	*Raphi.*	S_N	集球藻	*Ech.*	X1	冠盘藻	*Sted.*	B
颤藻	*Osci.*	MP	拟胶丝藻	*Gloe.*	F	舟形藻	*Navi.*	MP

①　水位、水体滞留时间、降水量和小江河口流量均为两次采样的平均值。采样频率为每个月两次，采样间隔时间为 14~17d。

续表

名称	缩写	功能组	名称	缩写	功能组	名称	缩写	功能组
实球藻	*Pand.*	G	肾形藻	*Neph.*	F	桥弯藻	*Cymb.*	MP
空球藻	*Eudo.*	G	四角藻	*Tetd.*	J	异极藻	*Gomp.*	MP
衣藻	*Chlam.*	X2	鼓藻	*Cosm.*	N	四棘藻	*Atth.*	MP
小球藻	*Chlor.*	X1	四球藻	*Tetc.*	F	多甲藻	*Perid.*	L_O
卵囊藻	*Oocy.*	F	四棘藻	*Treu.*	F	角甲藻	*Cera.*	L_M
空星藻	*Coela.*	J	盘星藻	*Pedi.*	J	隐藻	*Crypt.*	Y
塔胞藻	*Pyra.*	X2	并联藻	*Quad.*	F	蓝隐藻	*Chrom.*	X2
纤维藻	*Anki.*	X1	盘藻	*Gon.*	W1	囊裸藻	*Trac.*	W2
裸藻	*Eugl.*	W1	扁裸藻	*Phac.*	W1			

研究目的在于建立生境要素季节变化同藻类群落演替的响应关系,考虑到各环境变量与藻类群落演替的季节变化过程基本一致,且部分环境变量具有全流域性,前期试算结果亦反映出五个采样点间环境要素、藻类群落丰度季节变化基本同步,为不失一般性,本书暂不考虑对五个采样点的上述关系进行分别探讨。研究选择五个采样点共235个物种-环境要素的数据组合样本,采用 CANOCO for Windows 4.51® 生态模型软件进行 CCA 分析。其中,尺度形式选择 Hill's type(focusing on inter-species distance),并利用 Monte-Carlo permutation(迭代计算次数为199次)检验 CCA 物种-环境变量模型的显著性和有效性(检验标准:$P \leqslant 0.01$)。得到研究期间澎溪河回水区常见藻相对丰度及所含的21个藻类生态功能组同上述环境变量间的 CCA 分析结果见表 6-11 和表 6-12,在 CANOCO® 中绘制的双序图(biplot)见图 6-24 和图 6-25。

表 6-11　62 种常见藻同环境变量的 CCA 统计分析结果

CCA 统计量	典范轴				总惯量
	1	2	3	4	
特征值	0.307	0.277	0.191	0.162	4.640
物种-环境相关性	0.826	0.777	0.719	0.653	
物种累积方差/%	6.6	12.6	16.7	20.2	
物种-环境关系累积方差/%	22.0	41.8	55.4	67.0	
典范坐标轴的总特征值					1.397
第 1 典范轴的 Monte-Carlo 检验结果	$F=15.303$		$P=0.0050 \leqslant 0.01$		
所有典范轴的 Monte-Carlo 检验结果	$F=5.169$		$P=0.0050 \leqslant 0.01$		

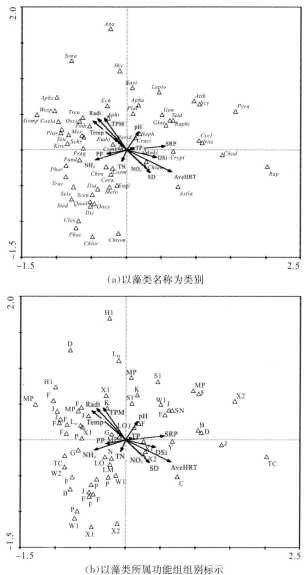

（a）以藻类名称为类别

（b）以藻类所属功能组组别标示

图 6-24   62 个常见藻同主要环境变量的 CCA 双序图

表 6-12   21 个常见藻类功能组同主要环境变量的 CCA 统计分析结果

CCA 统计量	典范轴				总惯量
	1	2	3	4	
特征值	0.271	0.216	0.178	0.146	3.316
物种－环境相关性	0.783	0.759	0.689	0.634	
物种累积方差/%	8.2	14.7	20.1	24.4	
物种－环境关系累积方差/%	24.2	43.5	59.4	72.5	
典范坐标轴的总特征值					1.119
第 1 典范轴的 Monte-Carlo 检验结果	$F=19.196$		$P=0.0050\leqslant0.01$		
所有典范轴的 Monte-Carlo 检验结果	$F=6.108$		$P=0.0050\leqslant0.01$		

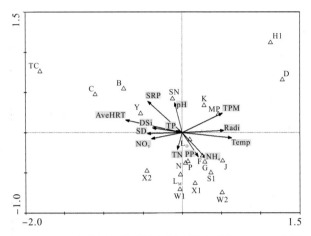

图 6-25　21 个常见藻类功能组同环境变量的 CCA 双序图

对常见藻－环境变量和功能组－环境变量 CCA 分析结果比较，发现以下几个现象：

（1）在常见藻－环境变量和功能组－环境变量 CCA 分析的 Monte-Carlo 检验结果中，二者 $P \leqslant 0.01$，F 值均较高，说明上述两个 CCA 分析均显著且有效。

（2）62 个常见藻－环境变量的总惯量（total inertia）、每个典范轴的特征值、物种－环境变量间的相关系数均高于 21 个功能组同环境变量的 CCA 分析结果；但其可解释的物种累积方差、物种－环境关系累积方差、Monte-Carlo 检验的 F 值等却显著偏低（表 6-11 和表 6-12），说明常见藻－环境变量对物种－环境相互关系的解释能力显著逊于功能组－环境变量的 CCA 模型。

（3）虽然两个 CCA 分析中环境变量所处的象限各不相同，但各环境变量间的相互关系并没有发生变化，Radi、TPM、Temp、AveQ 和 AveRain 等均在同一方向，而 NO$_3$、SD 相近，Level、AveHRT、SRP 和 DSi 等亦处于同一方向（图 6-24 和图 6-25）。

（4）图 6-25 中属于同一类藻类功能组的常见藻在双序图中集中出现位置大致相同，且各环境变量坐标轴之间的相对位置同图 6-24（b）的功能组－环境变量的相对位置基本一致。例如，T_C、C 组在图 6-24（b）和图 6-25 中均出现在 AveHRT、Level 延伸方向上，D、H1 均大致出现在 TPM 方向上；图 6-24（b）中 J、F 组集中出现在 Temp、TN 之间，与在图 6-25 中相对位置基本相同；在图 6-24（b）和图 6-25 中，P 组均较集中出现在 TN 和 PP 夹角方向。但也有一部分常见藻在图 6-24（b）中出现的位置并非同其所属功能组在图 6-24（b）中与环境变量的相对位置一致，如 MP 组的常见藻在图 6-24 中离散程度相对较大。

上述现象同 Kruk 等（2002）对 Rodo 湖常见藻－功能组－环境变量的 CCA 分析、比较研究结果一致，说明在对澎溪河回水区藻类群落同环境变量关系的解释中，Reynolds 等的藻类生态功能分组是有效且适用的（Reynolds et al.，2002），其对物种－环境关系的解释能力优于常见藻－环境变量的 CCA 模型。另外，大部分常见藻出现在图 6-25 中其所属功能组与环境变量的相对位置上，但并非全部。Kruk 等（2002）认为这与藻类生境选择学说的基本理论并不相悖。

藻类生态功能分组是对具有相同或相近预适应机制藻种的归纳、分类。从生境选择的角度，功能分组对预适应性的分类更有利于定量匹配其同环境变量的相互关系，有利于回答上述藻类共存-占优两个生态机制协同作用下"在何种环境条件下哪类藻种更可能出现并占优"的问题，但这样的分类也不可避免地失去一些藻种独有的生态特征信息，正如 Reynolds 指出的，功能分组仅能够提供特定状态下藻类占优的可能性。因此，在 CCA 分析结果中，同一功能组的大部分常见藻同环境变量的相对位置与该功能组同环境变量相对位置相同是客观合理的(Kruk et al.，2002)。由于藻类生态功能分组对物种-环境相互关系的解释能力优于藻种，研究认为藻类生态功能分组对澎溪河回水区藻类群落同环境变量关系的解释是有效的。据此，以下将着重围绕功能组-环境变量的 CCA 模型对澎溪河回水区藻类生境变化同群落演替的关系展开进一步探讨。

1. 环境变化对群落结构的影响

对前述 CCA 模型中的环境变量进行 Monte-Carlo permutation 检验，它们在 CCA 中的条件效应(conditional effects)和边际效应(marginal effects)见表 6-13。条件效应即在 CCA 中各环境变量交互作用下单一环境变量对物种结构的影响，以特征值 λ_A 表征；而边际效应即不考虑其余变量的交互作用下，单一环境变量对物种结构改变的影响，以特征值 λ_1 表征。

表 6-13　功能组-环境变量 CCA 模型中环境变量的条件效应和边际效应

条件效应(conditional effects)				边际效应(marginal effects)	
变量名称	λ_A	P	F	变量名称	λ_1
Level	0.2	0.005	15.13	Level	0.2
Temp	0.17	0.005	13.38	AveHRT	0.2
Radi	0.1	0.005	7.69	Temp	0.18
AveHRT	0.07	0.005	6.28	Radi	0.15
PP	0.07	0.005	5.91	SRP	0.12
TPM	0.07	0.005	6.27	AveRain	0.12
AveRain	0.08	0.005	6.37	TPM	0.11
TN	0.06	0.005	5.48	SD	0.11
SD	0.05	0.005	5.04	AveQ	0.11
DSi	0.05	0.005	4.27	DSi	0.1
NH_4^+	0.04	0.005	3.87	PP	0.1
AveQ	0.03	0.005	3.23	NH_4	0.09
NO_3^-	0.03	0.005	3.08	TN	0.08
TP	0.03	0.005	2.56	NO_3	0.07
<u>DIN/SRP</u>	<u>0.02</u>	<u>0.03</u>	<u>2.03</u>	DIN/SRP	0.06
<u>SRP</u>	<u>0.02</u>	<u>0.17</u>	<u>1.49</u>	TP	0.06
<u>TN/TP</u>	<u>0.01</u>	0.315	<u>1.15</u>	TN/TP	0.05
总特征值	1.12				

注：下划线表示环境变量 $P>0.01$

结合 CCA 分析中条件效应和边际效应的研究结果，上述环境变量根据其对澎溪河回水区藻类群落结构改变的影响可划分为以下四个大类。

（1）水动力要素：从边际效应上分析，Level、AveHRT 是影响物种结构的最关键要素，在 CCA 中 Level 解释了 16.6％的物种总方差。研究中另外选择的两个水动力环境变量为 AveRain 和 AveQ，它们在边际效应和条件效应中对群落结构影响并不及 Level 和 AveHRT，但 AveRain 对群落结构改变的贡献高于 AveQ。

（2）温度和季节变化与光热传递：Temp 和 Radi 对物种结构改变的解释能力在边际效应中排第二。

（3）水下光学传递特性（水体的混浊、清澈程度）：SD 是水下光学特性的最直接指标，TPM、PP 被认为是改变水下光学透射性能（SD）的最主要因素。在 CCA 分析中其对群落结构的影响基本处于第三层次。

（4）营养物浓度：虽然 PP 在条件效应中排序高于 TN，但前期研究发现其多以泥沙吸附形态为主，并最终通过物理化学途径转化为 SRP，藻类对 PP 直接利用的可能性并不大，因此仅将其考虑在对水下光学透射性能的影响中。除 PP 外，TN、NH_4 在各营养物浓度中对群落结构的改变影响最大。TN/TP、DIN/SRP 的 P 值均超过了 0.01 的显著性检验水平。同样的，在边际效应中它们对物种解释能力均最弱，它们在 CCA 模型中对物种结构的影响能力可忽略不计。另外，SRP 在边际效应中对物种结构的影响较大，但在条件效应中却处在不显著（$P > 0.01$）的范围内，说明其虽然能够解释一部分的物种方差，但在其他环境因素协同作用下对物种方差的影响很弱。

2. 藻类生态功能组对生境条件的总体响应特征

研究中所发现的功能组对环境变量的响应与表 6-6 所描述的该功能组的适宜生境特征和功能组耐受性、敏感性特点基本一致。例如，耐受于氮匮乏条件的 H1 最大响应量出现在 TN 浓度最低的区域（TN 浓度不足 $1400\,\mu g/L$），这说明氮含量的下降是诱发 H1 组在群落中相对占优的主要原因。C、B 组最大响应量所处的位置与它们耐受于低温、低光照辐射的生境条件一致。澎溪河回水区中 L_O 和 L_M 出现在暖温且营养物较为丰厚的生境条件，同表 6-6 的生境描述一致。D 对流水冲刷耐受性强，同 H1 一起在水位相对较低、水体滞留时间较短的生境条件下出现。T_C 在 CCA 模型中的最大响应量位于最高水位和最长水体滞留时间状态，这同 Borics 等（2007）总结的其适宜于在富营养化的静滞水体中生存的生境特点一致。

同时，藻类功能组的相对位置同它们 C-R-S 生长策略分布情况基本一致。沿着 K-S_N-B-C-T_C 的方向，多以 R 型生长策略为主；而沿着 MP-H1 方向，S 型生长策略占主导。图 6-25 中功能组聚集的区域（L_O、L_M、J、F、G、N、P、X1、X2、W1、W2），它们虽然分属于不同的 C-R-S 生长策略，但却交织混生在一起，该区域 C-R-S 生长策略的演化方向并不明晰。N、P 属 R 型生长策略，F、G 属 CS 型生长策略，它们的位置基本重叠，而对于同属 C 型生长策略的 X1、X2，它们在二维空间位置并不重叠。D 属 R 型生长策略，但在澎溪河回水区的观测结果中发现其同 H1 的 S 型生长策略方向一致，Kruk 等（2002）的研究亦发现 H1 和 D 对环境要素的实际响应相似。由于 Y 耐受于低光条件而喜好富营养湖泊(表 6-6),生长策略并不固定,C 型、R 型和 S 型均能表现,属于广谱适应型的藻种,结合 CCA 分析结果,研究认为澎溪河回水区 Y 组藻类更倾向于 CR-R 型生长策略,这与 Borges 等(2008)研究结果相同。

总体上,水库调蓄和光热条件的季节变化是调控澎溪河回水区藻类群落演替的关键因素,而藻类生态功能组对环境变量梯度变化的响应亦同其生长策略、预适应机制所表征的对生境喜好的特点一致。

同其他湖泊藻类群落同环境要素的 CCA 分析结果相比,研究中建立的 CCA 模型仍存在一定问题:Ke 等(2008)对太湖进行 CCA 研究,其物种-环境变量的相关系数超过 0.9,且第 1 典范轴和第 2 典范轴能够解释近 40%的物种累积方差;在 Kruk 等(2002)的研究中,虽然不到 25%的物种累积方差能够通过第 1 典范轴和第 2 典范轴解释,但其物种-环境变量的相关系数达到 0.9 以上。对澎溪河所建立的 CCA 模型虽然具有统计意义上的显著有效,但同上述相关研究结果相比,CCA 模型物种-环境关系方差的解释能力并不强,模型对群落结构改变的模拟效果并不很优。

由于 CCA 模型对物种-环境变量描述的优劣取决于所选择的环境变量对物种的"分离"能力,而图 6-24 延伸的二维向量空间中 L_O、L_M、J、F、G、N、P、X1、X2、W1、W2 相对集中地分布在相近区域,它们对所考察环境变量梯度变化的响应非常接近,因而 CCA 难以最大化地"分离"上述功能组对环境变量响应的差别。结合澎溪河回水区藻类群落演替和主要环境变量的变化过程,发现上述功能组均常见于低水位运行的暖季(4~9 月,表 6-6),虽然两个观测年间研究所考察的主要环境变量在同期差别并不显著,但同期的藻类群落结构存在显著差异,第 1 观测年的暖季以 J/F/G/X1/X2 等为主,而第 2 观测年则为 L_M/L_O 在相似生境条件下占优。水库低水位运行期间,水体滞留时间相对较短,澎溪河回水区平均水体滞留时间不超过 20d。在显著的纵向输移背景下,不同藻种可能随水流运移并同下游藻类混合,进而出现生物量增减的情况。但显然,机械性输移所导致的藻类群落混合在 CCA 中是无法体现出来的,也正是因此,可能在很大程度上导致前述 CCA 模型物种-环境变量相关系数对物种解释能力并不优。

3. 不同水库运行状态下藻类群落对生境变化的响应

将两年期间(2007 年 5 月至 2009 年 4 月)的水库运行状态划分为:145~150m、150~156m 和 156m 以上,分别代表低、中、高的三种水库运行状态,并对不同水位状态下的藻类功能组-环境变量进行 CCA 分析,CCA 分析过程中参数选取同前,结果见表 6-14~表 6-16,不同环境变量对 CCA 模型影响的条件效应和边际效应见表 6-17,三种水位下的 CCA 双序图见图 6-26。

表 6-14　145~150m 水位状态下藻类功能组同主要环境变量的 CCA 统计分析结果

CCA 统计量	典范轴				总惯量
	1	2	3	4	
特征值	0.312	0.307	0.219	0.149	2.527
物种-环境相关性	0.864	0.785	0.724	0.676	

续表

CCA 统计量	典范轴				总惯量
	1	2	3	4	
物种累积方差/%	12.3	24.5	33.2	39.1	
物种-环境关系累积方差/%	25.2	50.1	67.8	79.9	
典范坐标轴的总特征值					1.236
第 1 典范轴的 Monte-Carlo 检验结果	$F=10.707$		$P=0.0050 \leqslant 0.01$		
所有典范轴的 Monte-Carlo 检验结果	$F=4.041$		$P=0.0050 \leqslant 0.01$		

表 6-15　150～156m 水位状态下藻类功能组同主要环境变量的 CCA 统计分析结果

CCA 统计量	典范轴				总惯量
	1	2	3	4	
特征值	0.415	0.353	0.279	0.143	2.395
物种-环境相关性	0.875	0.874	0.834	0.817	
物种累积方差/%	17.3	32.1	43.7	49.7	
物种-环境关系累积方差/%	28.7	53.2	72.6	82.5	
典范坐标轴的总特征值					1.443
第 1 典范轴的 Monte-Carlo 检验结果	$F=12.785$		$P=0.0050 \leqslant 0.01$		
所有典范轴的 Monte-Carlo 检验结果	$F=5.140$		$P=0.0050 \leqslant 0.01$		

表 6-16　156m 以上水位状态下藻类功能组同主要环境变量的 CCA 统计分析结果

CCA 统计量	典范轴				总惯量
	1	2	3	4	
特征值	0.681	0.238	0.154	0.108	2.433
物种-环境相关性	0.954	0.800	0.837	0.822	
物种累积方差/%	28.0	37.8	44.1	48.5	
物种-环境关系累积方差/%	46.6	62.9	73.4	80.8	
典范坐标轴的总特征值					1.462
第 1 典范轴的 Monte-Carlo 检验结果	$F=17.863$		$P=0.0050 \leqslant 0.01$		
所有典范轴的 Monte-Carlo 检验结果	$F=3.847$		$P=0.0050 \leqslant 0.01$		

表 6-17　功能组-环境变量 CCA 模型中环境变量的条件效应和边际效应

145～150m				150～156m				156m 以上			
条件效应	λ_A	边际效应	λ_1	条件效应	λ_A	边际效应	λ_1	条件效应	λ_A	边际效应	λ_1
TPM	0.17	TPM	0.17	Temp	0.27	Temp	0.27	AveQ	0.46	AveQ	0.46
TP	0.16	NH_4	0.16	Radi	0.27	Radi	0.26	DSi	0.18	AveHRT	0.34

续表

145~150m				150~156m				156m 以上			
条件效应	λA	边际效应	λ1	条件效应	λA	边际效应	λ1	条件效应	λA	边际效应	λ1
AveHRT	0.13	AveHRT	0.15	Ef	0.12	Ef	0.25	AveHRT	0.15	Radi	0.31
NH4	0.13	DSi	0.14	TPM	0.17	Level	0.22	NO3	0.12	Temp	0.27
DSi	0.13	AveRain	0.12	Level	0.12	AveHRT	0.21	SD	0.13	AveRain	0.25
TN	0.08	PP	0.11	AveHRT	0.09	AveQ	0.19	Level	0.09	Level	0.24
SD	0.09	TN	0.11	DSi	0.06	TN	0.19	SRP	0.07	DSi	0.24
NO3	0.06	TP	0.1	TN	0.06	AveRain	0.19	Temp	0.05	NO3	0.2
TN/TP	0.04	SD	0.1	SD	0.06	TPM	0.16	Ef	0.03	SD	0.17
Radi	0.04	AveQ	0.09	TN/TP	0.03	SD	0.13	AveRain	0.03	TPM	0.09
AveQ	0.03	Level	0.09	PP	0.03	PP	0.13	TN/TP	0.03	PP	0.08
SRP	0.03	TN/TP	0.09	TP	0.03	SRP	0.11	TP	0.02	Ef	0.07
Temp	0.03	SRP	0.09	SRP	0.03	TP	0.1	TPM	0.02	SRP	0.07
DIN/SRP	0.03	Temp	0.06	NH4	0.02	DIN/SRP	0.09	TN	0.03	TN	0.07
Level	0.02	DIN/SRP	0.06	AveQ	0.02	DSi	0.09	NH4	0.02	NH4	0.06
AveRain	0.02	Ef	0.04	AveRain	0.03	NH4	0.07	PP	0.01	TP	0.05
Ef	0.03	Radi	0.04	DIN/SRP	0.02	NO3	0.06	Radi	0.01	DIN/SRP	0.05
PP	0.02	NO3	0.03	NO3	0.01	TN/TP	0.03	DIN/SRP	0.01	TN/TP	0.03
总特征值	1.236				1.443				1.462		

注：下划线表示环境变量 $P > 0.01$

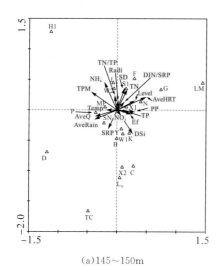

(a)145~150m

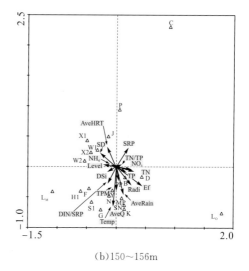

(b)150~156m

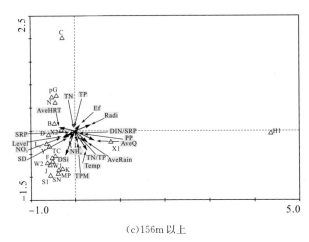

(c)156m 以上

图 6-26　145~150m、150~156m 和 156m 以上三种水位状态下藻类功能组－环境变量 CCA 分析双序图

研究发现，不同水位状态下藻类生态功能组－环境变量的 CCA 分析结果均有效、显著，且明显优于对研究期间全部环境样本的 CCA 分析。对各水位运行状态下 CCA 模型中环境变量的效应分析发现，不同水位状态下影响澎溪河回水区调控藻类群落结构变化的主要环境因素具有显著的差异，具体有以下几方面。

(1)145~150m 水位下，TPM、NH_4 和 AveHRT 是影响澎溪河回水区藻类群落结构的主要环境因素。虽然在条件效应中 TP 对 CCA 模型中物种方差的解释能力位列第二，但由于其在边际效应中对物种方差的解释能力甚微，参照文献(Smilauer et al.，2014)的判据，认为 TP 对群落结构的影响并不明显。

(2)150~156m 水位下，外部光、热的输入是调控澎溪河回水区藻类群落结构的主要环境因素。

(3)156m 以上水位下，CCA 模型中影响澎溪河回水区藻类群落结构的主要环境变量是 AveQ 和 AveHRT，虽然 DSi、NO_3 等营养物对群落结构的影响显著弱于上述水动力条件，但在条件效应中它们对 CCA 模型的影响亦较为显著。

在物种对环境变量的响应方面，145~150m 水位下，H1、W2、MP 和 J 对 NH_4、TPM 含量增加较为敏感；L_M、G、N、F、X1 和 S1 等则表现出更喜好于 AveHRT 相对较大的环境条件；D、T_C 和 S_N 等则对 AveRain 和 AveQ 改变的响应更为明显；Y、B、C、L_O 和 X2 等则青睐于 SRP 和 DSi 相对丰足的环境条件。150~156m 水位下，H1、L_M 和 F 等对于 Temp 和 TPM 等的增加较为敏感；AveHRT、Level、NH_4 和 SD 等则对 J、X1、X2、W2 和 W1 等的影响更为显著；Radi、Ef 和 AveQ 等则对 D、B、MP、S_N 和 K 等产生较大的影响。156m 以上水位状态下，DSi 和 NH_4 的增加对 L_O、Y、T_C、W1、W2、J、S_1、S_N、MP 和 K 等功能组具有较大影响；AveQ 的增加和 AveHRT 下降将可能促进 H1 相对丰度的提高；B、C、N、P 和 G 等则可能对 AveHRT 更为敏感。

6.4.3　澎溪河回水区水华成因分析

2007 年 5 月至 2009 年 4 月的两个完整周年内，澎溪河回水区出现 8 次水华。具体情况见表6-18和表 6-19。

表 6-18　2007～2009 年水华发生的时期与基本信息

编号	起止时间	持续天数	优势藻	相对丰度/%	功能组组别/%	功能组相对丰度
S1	2007 年 5 月中下旬	20	鱼腥藻	69.7±3.1	H1	81.0±5.7
W1	2008 年 2 月下旬	15	星杆藻	59.8±4.4	C	59.8±4.4
S2	2008 年 3 月下旬至 4 月上旬	20	多甲藻	69.4±9.8	L_O	69.9±10.0
S3	2008 年 4 月中旬至 6 月上旬	50	角甲藻	84.3±9.1	L_M	86.4±7.2
S4	2008 年 8 月下旬	20	针杆藻（渠马渡口除外）	70.2±3.1	D	70.2±3.1
W2-1	2009 年 2 月	35	小环藻（高阳平湖、双江大桥）	62.4±2.6	B	62.4±2.6
W2-2	2009 年 3 月	25	星杆藻（仅高阳平湖）	65.3±6.8	C	65.3±6.8
S5	2009 年 4 月	35	鱼腥藻	87.2±2.3	H1	87.2±2.3

注：优势藻相对丰度、功能组相对丰度均为各采样点均值，以生物量计

表 6-19　水华期间各主要环境变量均值

编号	S1	W1	S2	S3	S4	W2-1	W2-2	S5
Chla/(mg/m³)	21.7±3.4	25.7±1.9	34.4±9.8	48.2±14.7	48.5±7.2	16.4±3.0	16.9±0.9	21.5±1.9
BioM/(mg/L)	14430±2700	4470±453	11539±5186	29468±9496	12604±1710	2429±312	6455±1925	5261±705
Level/m	147.9±0.3	153.5	153.3±0.1	149.9±0.6	147.0	168.0±0.4	162.9±1.1	161.0±0.1
AveHRT/d	36.0±3.7	81.2	71.4±3.3	41.9±2.8	16.6	141.4±1.7	104.2±16.7	47.4±6.0
AveRain/mm	4.39±0.84	0.42	2.23±0.25	3.94±0.55	8.39	0.43±0.06	1.64±0.14	3.50±0.3
AveQ/(m³/s)	146.9±17.6	58.0	67.5±3.1	121.4±10.2	236.1	57.8±0.01	71.0±10.4	163.4±8.9
Radi W/m²	14.3±0.3	7.4	10.4±1.0	14.2±0.7	13.1	5.8±0.2	8.7±2.3	11.1±0.4
Temp/℃	25.5±0.8	10.8±0.1	17.1±0.5	24.2±0.7	26.9±0.5	12.4±0.3	14.9±2.0	20.2±0.2
SD/cm	124±12	158±9	103±17	89±10	63±3	200±4	215±25	152±12
TPM/(mg/L)	36.9±10.2	2.6±0.3	5.3±1.0	13.2±2.4	15.4±1.8	2.7±0.5	4.2±0.2	4.2±0.5
NH_4/(mg/L)	396±110	163±36	147±56	339±44	186±13	10±0.1	55±45	11±1
NO_3/(mg/L)	494±84	796±97	495±146	664±66	455±37	799±41	679±91	572±92
DIN/(mg/L)	927±74	988±120	673±188	1049±91	657±25	818±44	765±156	616±92
TN/(mg/L)	1544±130	1856±113	1862±111	2340±177	1257±64	1454±65	1397±246	1385±77
SRP/(mg/L)	9.6±2.4	26.2±1.3	12.5±3.5	4.8±1.1	11.6±1.2	39.7±9.3	39.3±7.6	34.3±16.0
TP/(mg/L)	67.6±8.2	55.4±2.7	73.2±13.9	125.5±22.0	42.8±2.8	76.5±11.3	70.2±14.3	77.8±17.3
TN/TP	25.5±3.5	33.4±0.9	29.2±6.6	21.6±2.1	29.6±1.8	20.4±2.5	20.0±0.6	21.6±4.0
DIN/SRP	145.4±32.8	37.4±3.1	83.3±35.3	328.2±67.9	58.3±6.2	24.2±4.6	19.4±0.2	59.8±27.1

1. 春末夏初的鱼腥藻(H1 组)水华现象(S1、S5)

研究期间澎溪河回水区发生了两次明显的鱼腥藻水华现象(S1、S5)，H1 组在藻类生物量中的相对丰度均超过了 75%。2007 年鱼腥藻在 4 月下旬的藻类定量样品中开始出现，后在 5 月上旬开始"疯长"并在 5 月中旬形成优势，受强降雨径流的影响，在 5 月下旬逐渐消退。2009 年鱼腥藻在 4 月上旬的藻类定量样品中开始出现，相对丰度不超过 10%，后在 4 月中旬"疯长"成为绝对优势。野外观测发现，在 10d 左右的时间内迅速形成优势并开始大范围聚集生长是两次鱼腥藻水华的共同特点。

鱼腥藻是含有异形胞的固氮型丝状蓝藻。生理上，鱼腥藻原核细胞的光合作用系统同真核细胞的其他藻种存在较大差异，其特有的藻胆素扩展了能被捕获用于光合作用的波长范围，其 I_k 值(饱和光合作用速率所需光强)远低于其他真核藻类，使得蓝藻在低光照或高浊度条件下较其他藻种具有明显的竞争优势(Oliver et al.，2002)。根据所在功能组 H1 的预适应性特征，其耐受于低氮的生境条件，对低磷浓度(磷限制)、弱光辐射等环境条件敏感，在富营养的分层或浅水湖泊中均能出现(Reynolds，2006)。

在 6.4.2 节梯度分析中，研究期间澎溪河回水区 H1 组最大响应量出现在 TN 梯度方向上的谷值区域，证实了其在澎溪河回水区的繁盛与同期的 TN 浓度相对较低有关，但 145~150m 水位下 H1 对其他环境变量的梯度响应与水位在 156m 以上状态并不完全相同。从藻类功能组演替路径分析(表 6-9 和表 6-10)，2007 年的鱼腥藻水华过程是从前期 J/F 群体生长型绿藻演替至 H1(J/F→H1→J/P)，同 Reynolds(2006)对浅水湖泊的 H1 演替路径相似。2009 年的鱼腥藻水华则从 C/B 直接演替至 H1(C/B→H1→L_M；2009 年 5~6 月以鱼腥藻、角甲藻和微囊藻共存为主，未在本书中反映)，与欧洲温带大型富营养湖泊(丹麦Esrum Sø)相同，Reynolds(2006)认为这是深水湖泊典型演替模式。

2007 年 5 月 H1(鱼腥藻)水华形成在一定程度上同 4 月上中旬的强降雨和径流过程有关。2007 年 5 月鱼腥藻水华期间，水库水位仅在 148 m 左右，强降雨径流 4 月中旬开始使澎溪河回水区 AveHRT 维持在 25~40 d。强降雨过程在很大程度上改变了氮、磷的相对关系(李哲等，2009)，并使得氮含量总体表现出相对匮乏的状态。2007 年 5 月上旬太阳辐射和温度升高为 H1 繁盛提供了充足的光热资源，前期降雨径流过程形成的 TPM 含量增加、水体混浊强烈地削减了水下光热传递深度，而可利用的能量指数 Ef 却升高。由于鱼腥藻等 H1 组藻种均具有伪空泡(gas vacuolated)，能够通过上浮机制改善自身受光热生长并耐受于低氮环境(Oliver et al.，2002)，在上述生境条件下迅速生长并形成优势。同时，在水华过程前后出现的代表性功能组(J、P)，它们喜好的栖息生境亦印证了上述强降雨径流形成的水体混浊、营养物相对丰足的生境条件同浅水湖泊近似(Reynolds，2006)。

2009 年 4 月鱼腥藻水华期间，澎溪河回水区水位约为 161m(2009 年 5 月下旬降至 152m 左右)，水体滞留时间为 47d，流量约 160m³/s，均显著高于 2007 年水华发生期。泥沙等悬浮颗粒物大部分在库尾(开县境内)沉淀从而使水中 TPM 含量显著低于 2007 年 5 月，但其氮相对匮乏程度更甚于 2007 年 5 月(TN/TP 更低，NH_4 接近于未检出限)。对深水湖泊蓝藻水华形成机制的大量研究发现，鱼腥藻等蓝藻均能够在冬季变温层休眠

(metalimnion)，并在温度垂直分布状态被打破时(真光层深度与混合层深度之比小于等于 1，即 $D_{eu}(\lambda_{PAR})/Z_{mix} \leqslant 1$)复苏上浮形成水华。据此推测，2009 年 4 月发生的蓝藻水华一方面同水温在 3 月出现显著跃升促进鱼腥藻复苏有关；另一方面春季流量短期升高使得水层内扰动加剧，垂向混合层与变温层间的相对关系发生改变，鱼腥藻在水力扰动作用下频繁进入弱光辐射(真光层深度较大而 Ef 相对较低)的混合层底部而迅速生长，基于其上浮机制和对低氮环境的耐受性而大量生长，形成水华。CCA 分析结果证实了该条件下 H1 对 AveQ 增加的响应甚为显著。

值得一提的是，2007 年 5 月期间鱼腥藻形成长丝状的藻类聚集体，在衰亡过程中形成大面积的蓝绿相间浮渣并伴有恶臭。而 2009 年 4 月的鱼腥藻水华，藻类聚集体多呈短杆状或短丝状，肉眼可见藻类丝状体与 2007 年 5 月水华期间存在显著差异。虽然镜检均发现期间的鱼腥藻多为水华鱼腥藻(*Anabaena flos-aquae*)、固氮鱼腥藻(*A. azotica*)和卷曲鱼腥藻(*A. circinalis*)，而 Oliver 等(2002)也曾有关于鱼腥藻聚集形态改变的相关报道，因此，其原因是否与上述不同环境下的鱼腥藻水华形成机制有关还值得进一步探究。

2. 2008 年多甲藻/角甲藻水华现象(S2、S3)

2008 年 3 月中下旬开始，澎溪河回水区出现了以多甲藻(L_O)和角甲藻(L_M)为主要藻种的甲藻水华。同 2007 年 5 月的鱼腥藻水华相比，2008 年春末夏初的多甲藻/角甲藻期间，水位状态近似相同，但 AveQ 和 AveRain 显著低于 2007 年同期，而 AveHRT 却显著偏高。在同期 Radi 和 Temp 差异不大的情况下，Ef 高于 2007 年 5 月。另外，TN/TP略高于 2007 年同期，2008 年春末夏初 TN 和 TP 含量亦明显高于 2007 年同期，TPM 则偏低。CCA 分析发现，在 145～150m 水位下 AveHRT 的延长、TPM 和 NH_4 的下降对 L_M 和 L_O 相对丰度的增加均具有促进作用。

与 2009 年 4 月的鱼腥藻水华相比，2009 年 4 月期间 TN 含量显著低于 2008 年 4～5月，这可能是诱发 H1 组藻种生长的原因。但笔者推测 2008 年同期发生 L_O/L_M 水华与水位状态和温度分层可能有一定关系。2008 年 4～5 月，水库水位低于 150m，同高水位库容相对较大而对温升的蓄热、纳温能力较强的特点相比，2008 年 4～5 月低水位状态对太阳辐射的响应更为敏感，表层水温迅速升高并诱导了温度分层现象。相比之下，2009 年4～5 月发生的鱼腥藻水华，水库水位为 152～161m，虽然太阳辐射强度基本相同，但水柱的温升并不明显。L_O、L_M 和 H1 的生长策略均为 S-CS 型，除对氮的耐受性外，H1 对光辐射改变较 L_O、L_M 敏感；而 L_M、L_O 较 H1 更喜好于高温的环境条件(Reynolds，2006)。研究中 CCA 的分析结果证实了 L_M、L_O 对水温升高的响应显著强于 H1。上述H1 和 L_O/L_M 生理特性使得在许多深水湖泊(日本琵琶湖、瑞典 Sjon Erken 和英格兰中北部中低湖群等)(Reynolds，2006)、水库(Becker et al.，2008)优势藻群落演替路径中 H1(春季)→L_M、L_O(夏季)的演替途径颇为常见。而澎溪河回水区 2009 年 4～6 月的群落演替过程印证了上述 H1→L_M、L_O 演替途径(2009 年 5 月下旬出现 L_M 占优的群落结构特点)。

L_O、L_M 的栖息生境均为湖泊表水层，耐受于低营养物和低碳条件，对混合、水动力扰动、冲刷和低光照条件较为敏感，且作为生长速率缓慢的 S 型生长策略藻种，L_M 个体较大，避开滤食性动物的捕食是其在藻类群落中占优的另一优势（Reynolds et al.，2002）。Reynolds 认为浅水湖泊高氮、磷条件下的水华多表征为微囊藻（M、L_M），深水湖泊和流水状态则多表征为角甲藻（L_M）（Reynolds，2006）。据此，2008 年 3～5 月出现严重 L_O、L_M 藻种水华现象的主要诱因可能包括以下三个方面。

（1）2008 年入春后澎溪河回水区未出现 2007 年 4 月初的强降雨径流过程，同期 AveHRT 显著延长而 TPM 含量的相对下降为 L_O、L_M 生长创造了充裕的光热条件（Hajnal et al.，2008）。

（2）营养物含量均相对丰足且未出现氮素匮乏的状态是 L_O、L_M 占优的必要条件。

（3）2008 年相对较低的水位使得在太阳辐射大致相同的情况下，同期水库水温升高更为迅速且温度分层更加明显，使适宜于高水温的 L_O、L_M 形成优势。

3. 冬末初春的星杆藻/小环藻水华现象（W1、W2-1、W2-2）

2008 年和 2009 年冬末初春均出现了星杆藻（C）/小环藻（B）水华现象，期间水体感官较好，但藻类群落丰度却相对较高，从 3 月中下旬开始，持续时间仅 20d 左右，便迅速消退。另外，在 2007 年 2 月期间亦发现同样的现象（本书未记载）。冬季高水位运行和枯水期来水量锐减的交叠影响下，水体滞留时间延长，172m 蓄水后接近 160d。相对稳定的动力条件，水层扰动较小，垂直温度呈弱分层或不分层状态，全水层接近于维持恒定的低温状态，较好的水体光学透射性能使得这一时期真光层深度较大。在同期无机营养物（SRP、DIN）充足的条件下，喜好于低温、辐射强度较低且垂直弱分层的生境条件（表 6-6）的 R 型策略 B、C 组硅藻易于在这样的条件下生长、占优（Reynolds，2006；Becker et al.，2008）。CCA 分析结果验证了 B、C 组对上述生境条件的响应特点。

事实上，冬末初春的硅藻绝对占优或水华在温带、亚热带深水湖泊颇为常见（Reynolds，2006；Borics et al.，2007）。根据野外观测经验以及同温带、亚热带深水湖泊、水库相关研究的比较，笔者推测，在澎溪河流域独特的冬暖春寒的气候背景下，冬末出现的气温短期回暖很可能是同期 B、C 在表层水体出现水华却又迅速消退的原因。一方面，冬末短期的气温回暖刺激小环藻、星杆藻等在温度适宜（不超过 15℃）的情况下生长，生物量增加。Munawar 等（1975）较早地确认了北美 Ontario 湖冬末初春近岸湖区冠盘藻（B）出现水华与局部升温有关。在 Michigan 湖（Stoermer，1968）、Baykal 湖（Likhoshway et al.，1996）、Erie 湖（Reynolds，2006）和巴西 Faxinal 水库（亚热带深水水库）（Becker et al.，2008）等有均报道短期升温诱导 B、C 组在冬末初春形成水华的现象。另一方面，在入春第一次径流过程形成前，高水位枯水期为研究区域内藻类生长创造了极稳定的深水环境，垂向上水动力扰动甚微，而风生流成为表层水体扰动、混合的关键。在这样的物理条件下［Reynolds（2006）称之为"calm period"］，绝大多数藻类经历入冬的非生长季节（呈休眠状态）下沉至深水低温区域，而喜好低温、低光照条件的 B、C 组硅藻能够生存于真光层底部和其适宜生长的温度范围内。冬末的气温回暖改变了深水水库垂向弱温分层的格局，表层升温最先达到 B、C 组能够迅速生长的温度范围，风生流扰动亦可能在很大程度上通过"卷吸"作用使 B、C 组藻种在表层聚集（Becker et al.，

2008)。由于澎溪河回水区初春第一次明显的降雨和径流过程一般发生在2月下旬至3月中旬，加之水库放水发电，水体滞留时间的显著改变(初春降雨、径流的产生和水位下降)加剧了垂向水层范围内的扰动，因而更多沉积于底部深水区域处于休眠状态的藻类在水动力过程的干扰下进入表层暖温区域并快速复苏生长，竞争优势迫使B、C组在经历短暂繁盛后又迅速消退。这也是2008年2月下旬C组的短暂水华和2009年B、C组水华持续至3月的原因。

从C-R-S生长策略上，B、C组生长策略属R-CR型，与常见水华优势藻的S-CS型生长策略相比，它们对环境胁迫作用的耐受性并不强，不易于在持续的环境胁迫下充分生长并占优，却多以"冗余者"的形式存在于藻类群落中，其在环境中占优并非因为在与其他藻种的竞争中更能够"忍耐"恶劣的环境条件(如氮、磷限制、光照强度等)，而更可能是由于其他生长策略的藻种(C、S、CS等)在特定的环境条件下"让渡出"生长机会使其占优。这也从另一个角度支持了上述B、C组水华的解释。

研究同时发现，B组的水华的带有长期潜伏性，从2008年入冬开始既已成为优势藻而"潜伏"至2009年2月出现水华；C组的水华更具有突发性，其在前期藻类样品中虽有检出但未形成显著优势，仅在2月下旬或3月上旬出现水华后又迅速消退，二者形成优势的机制是否有差异仍值得探讨。对SRP的摄取优势易使B、C组在该期间能够通过竞争形成优势，但作为广谱适应型藻种，Y组在初冬较B组占优，却未能形成绝对优势。受野外观测条件的限制，本研究暂未能对上述现象作更充分的回答。

4. 2008年夏末的针杆藻水华现象(S4)

2008年8月下旬出现短期的针杆藻(D)水华，在2009年8月野外调查中亦发现有类似的现象。同春末夏初的水华相比，8月下旬的针杆藻水华发生期间，AveHRT显著低于春末夏初，呈过流型水库特征，接近于天然河道。针杆藻在功能分组中属D组，属R型生长策略，喜好栖息于动力条件极不稳定的水体，包括河流和间歇性过水的浅水池塘，但其对营养物匮乏较为敏感(Hajnal et al.，2008)。研究期间，2008年8月下旬的生境条件正好满足D组的需求。与2007年同期出现的J组占优相比(表6-9)，虽然J的栖息生境亦被归为浅水的富营养池塘或河流，同D组类似，但从CCA结果中可以看出，D组相对于J在145 m水位下对流量和降水量的增加更加敏感。因此，在营养物相对丰足的条件下，澎溪河回水区夏季流量和降水量的增加使水体滞留时间迅速缩短且日变化剧烈，将有可能诱导D组占优并出现水华。

同2007年5月的鱼腥藻水华相比，虽然CCA结果中D、H1同主要环境变量的相对位置基本一致(图6-26)，说明在总体上水体混浊程度的提高弱化了光热条件在水下的传递，进而利于对低光照条件敏感的藻种(D、H1)生长，但2008年8月下旬发生的D组针杆藻水华的水体滞留时间却较2007年5月鱼腥藻水华期间显著缩短。CCA分析双序图(图6-26)亦说明了D对AveQ响应显著强于H1，这在很大程度上反映出R型策略作为"冗余者"更加耐受于频繁波动的短期生长环境，而S型策略更适宜于相对稳定的生长环境。

6.4.4　澎溪河回水区藻类群落季节演替的宏观生态模式

本节将通过对藻类生境要素进行聚类分析，将研究期间澎溪河回水区藻类生境划分为若干典型时段，建立水库运行下澎溪河回水区藻类群落演替的宏观生态模式。研究选择 NH_4、NO_3、SRP、PP、TN、TP、TPM、SD、Temp 等作为反映藻类宏观生境指标，在 SPSS® 平台上对研究期间回水区上述藻类生境要素（5 个采样点，共 235 个样本）进行分层聚类分析（hierarchical clustering）。研究假设上述各变量对藻类生长的贡献权重相等，以欧氏距离平方（squared euclidean distance）作为距离测度，聚类方法选择重心聚类法（centriod clustering）。聚类分析结果见表 6-20。

表 6-20　澎溪河回水区主要藻类生境要素聚类分析结果

类别	n	NH_4	NO_3	TN	SRP	PP	TP	Temp	SD	BioM
1	27	212±31	789±49	1807±141	12.9±1.7	71.2±12.5	102.6±13.8	23.8±0.2	102±14	13397±4889
2	71	312±28	600±26	1577±47	9.1±1.3	48.1±3.8	68.6±3.7	27.0±0.1	81±4	5232±637
3	6	257±44	329±108	1263±162	5.3±0.7	16.0±2.9	31.7±5.3	30.5±0.23	95±13	3244±250
4	35	130±25	776±44	1545±69	25.8±4.6	32.3±3.5	68.7±5.5	20.2±0.2	177±14	3350±796
5	30	170±22	863±59	1636±77	32.7±4.2	27.7±4.2	73.2±3.9	17.1±0.2	241±16	2814±929
6	46	166±30	893±40	1636±65	47.8±4.0	22.1±2.5	89.0±4.3	13.5±0.1	266±12	1904±320
7	19	279±49	784±50	1767±87	26.1±4.8	26.9±4.6	66.4±7.7	11.0±0.2	269±28	1686±444
8	1	3	599	1256	2.1	33.8	54.2	28.1	90	4419

研究期间，澎溪河回水区藻类生境要素可划分为 7 个不同子类，另出现 1 个孤点（类别 8），该孤点出现于 2008 年 7 月上旬双江大桥采样点处，见图 6-27。方差检验分析发现，上述各生境要素在不同子类间均呈极显著的统计差异（$Sig. \leqslant 0.01$），表明该聚类结果具有统计意义。不同采样点间各子类出现的时段基本一致，仅在局部时段存在微小差异（如小江河口采样点在 2007 年 8~9 月期间的子类分布与其他采样点略有不同），总体上各采样点不同子类的季节变化并无显著差异。根据上述子类划分，对 BioM、CellD、Chla 进行方差分析发现，不同子类间藻类群落丰度亦呈显著统计差异（$Sig. \leqslant 0.01$），表明上述子类划分对研究期间藻类群落丰度变化亦产生明显的影响。

结合水库运行过程和藻类群落演替特点以及 CCA 分析结果，基于上述聚类分析结果，从 4 月下旬开始对 1 个周年内的生境特点划分为以下 8 个代表性时段：（T1）4 月下旬至 5 月（或 6 月上旬）；（T2-1）6 月（或中旬）至 7 月下旬（或 8 月上旬）；（T2-2）8 月~9 月；（T3）10 月上旬；（T4）10 月下旬至 12 月上旬；（T5）12 月下旬至 2 月上旬；（T6）2 月下旬至 3 月上旬；（T7）3 月下旬至 4 月上旬。各代表性时段藻类生境变化和群落演替的宏观生态模式如下（图 6-28）。

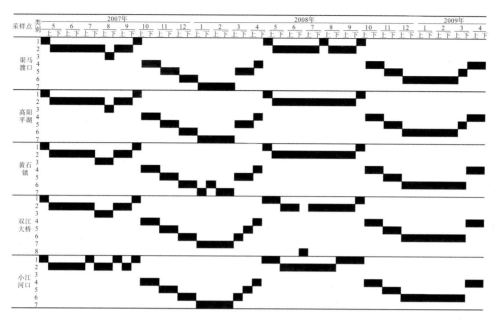

图 6-27　澎溪河回水区藻类生境要素的聚类分析结果

注：1)涂色横条表示相同类别的时段；2)月份下面的"上""下"分别表示该月上旬和下旬

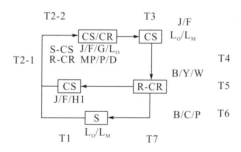

图 6-28　澎溪河回水区藻类群落演替的宏观生态模式

(1)T1：水体滞留时间约 50d，水温 20～25℃，太阳辐射充裕且气温回暖，属水华高发期。期间水华藻种以 CS-S 型策略为主，H1、L_O 和 L_M 在该时期混生的现象颇为常见，但出现某一种功能组绝对占优或水华同水位状态、水温、水文过程、水下光学特性和氮浓度存在密切联系。当初春出现强降雨使颗粒物浓度含量增加、水体混浊、真光层深度减少和径流量增加造成水下辐射强度相对较弱的光环境和低氮的生境条件时，易发生 H1组水华；若出现暖春、上游来水量下降、水体滞留时间相对延长、颗粒物浓度相对较低而水温和氮、磷等营养物相对较高时，易发生 L_M/L_O 组水华。水华持续时间 50d 左右，并与降雨、径流过程密切相关，一般在主汛期(6 月中旬)到来时逐渐消退。虽然 4 月下旬在生境聚类中同 5 月存在一定差异，但 4 月下旬藻类群落向水华优势种的演替已开始显现，因而将 4 月下旬归并在 T1 时段中。

(2)T2-1：主汛期间，降雨频繁、水温短时期略有下降，但总体上维持在 22～27℃，水体滞留时间下降至 15～30d，喜好于流水生境下(频繁波动的短期生长环境)的 R-CR 型策略藻种开始出现，形成同前期 S-CS 型策略藻种交替混生的群落格局，这同该时期水体滞留时间、颗粒物浓度的频繁变化不无关系。若期间水体颗粒物浓度相对较低，光照条件相对较优，易于出现 S-CS 型策略的群体生长型绿藻（J/F/G 等）；而若颗粒物浓度较高，水体混浊，耐受于低光照条件和流水生境的 R-CR 型硅藻、蓝藻将逐渐占优（MP/P/S_N 等）。一些广谱适应性藻种通常能够兼受于上述环境而成为代表（Y 组隐藻等）。在 IDH 假设下频繁环境扰动维持了物种（功能组）的多样性。

（3）T2-2：夏季伏旱期间，水体滞留时间维持在 15～35d，水温高达 30℃，水体热分层显现，短时降雨和径流过程将迅速打破分层状态。期间藻类群落以适合流水生境的 R-CR 型策略藻种为代表，CS/CR 混生的群落格局并没有太大变化。若期间水体滞留时间相对延长且波动变化并不显著，水体夏季热分层结构能够得到一定程度的维持，适宜于在夏季表水层生长的 S-CS 型策略藻种将成为优势（如 L_O/J/F/G）；若期间水体滞留时间显著缩短并发生剧烈改变（如 2008 年同期），将有可能诱导 R 型生长策略的藻种成为代表并迅速占优。三峡库区在 9 月上旬出现的短期降雨和温度骤降的独特气象过程，可能是诱导群落向 R-CR 型策略藻种转变的原因之一。

（4）T3：10 月上旬为汛期末期向秋季的过渡阶段，期间生境总体同 5 月上旬类似，水体滞留时间相对延长（40～60d），水温和太阳辐射强度虽易出现短期的回升，但较 T2-2 显著下降，群落结构顺承了 T2 期间的 CS/CR 型混生的群落特征，短期内可能出现 S-CS 型策略藻种占优的格局，物种（功能组）多样性较高，群落演替速率较大。研究推测，该时期更类似于水华发生的潜伏阶段，若 10 月下旬水库并未开始蓄水而仅维持在相同状态，将很可能诱导群落向 S-CS 型策略藻种演替并诱发特定藻种的绝对占优。2007 年同期曾出现网球藻（CS 型）短期"疯长"，而后在 11 月上旬（T4）迅速演替成鱼腥藻、束丝藻（CS 型）占优，该现象预示着上述推断可能存在。

（5）T4：水库蓄水初期，水体滞留时间在短时间内显著延长且出现大幅度波动，并随着水温和太阳辐射强度的下降，迫使藻类群落结构发生显著变化，在 T3 期间群落结构的基础上，R-CR 型策略藻种逐渐取代 S-CS 型策略藻种而成为期间的代表性藻类，同 156m（2007 年同期）蓄水状态相比，172m 蓄水期间（2008 年同期）该现象受水位抬升作用对两次采样间隔藻类群落从 S-CS 型策略向 R-CR 型演替的拉动效应更为明显。根据 IDH 假设，期间出现的水体滞留时间的大幅度波动并未导致物种多样性的下降，这同 IDH 假设相悖（Reynolds et al.，1993），但与 Hambright 等（2000）对调水型水库的研究结果一致，大幅度的生境变化对群落结构的影响仍值得进一步研究。

（6）T5：高水位冬季稳定期，水库高水位运行和枯水季节来水量的下降使水体滞留时间稳定并维持在较高水平，156m 水位下水体滞留时间为 80～100d，172m 水位下水体滞留时间延长至 140～160d。随着水温的持续下降，藻类群落丰度显著降低，群落结构从前期 CS/CR 混生或短暂 S-CS 策略占优的格局转向以 R-CR 型策略藻种为主的群落组成。期间水体滞留时间主要随径流量改变而发生变化，它与水温、太阳辐射等光热条件均是诱导群落出现演替的关键环境因素，但总体上，该时期生境相对稳定并使群落结构保持在相对稳定的水平，演替速率在 T4 后显著下降，并总体维持在相对较低的水平。

（7）T6：冬末初春时期，水体滞留时间依然保持相对稳定，但短期内太阳辐射强度增加和水温的逐渐回升将可能显著改变光热在水柱中的相对分布，而温升的快慢及其持续时间将决定温度弱分层程度的强弱，并可能在短时期内诱导 R-CR 型策略藻种出现水华，该现象是澎溪河回水区近三年观测中重现性较高的生态现象。

（8）T7：初春季节气温频繁骤升骤降与多降雨，水位随着水库放水而逐渐下降，流量可能受到初春暴雨的影响而出现激增，使得水体滞留时间异常剧烈地波动。同北半球温带深水湖泊中在该时期通常出现 RS 或 C 型策略藻类为主的群落格局相比，水库泄水发电与期间水文气象过程的协同作用将可能迫使藻类群落结构演替加速，即在相对短的时间内从冬季深水湖泊的藻类生境特点跨越至春季河流型或近似于浅水湖泊的藻类群落特征，迅速形成以 S-CS 型策略藻种为主的群落格局，并成为 T1 时期出现特定藻种水华的潜伏阶段。

6.5　澎溪河回水区藻类原位生长试验研究

6.5.1　基于藻类原位生长试验预测藻类群落演替与水华的总体思路

藻类原位生长试验是揭示藻类在特定水域中实际生长特征的重要手段。根据天然水域藻类生态过程与生长特征，国内外学者建立了不同的藻类原位生长速率的测定方法。由于藻类生长从微观到宏观可表现为细胞裂殖、植物体生长、群体生物量表观增减（净生长）等三个层面，目前常用的原位生长速率的测试方法可大致分为两个体系：①以藻类细胞生理活性或裂殖特征为基础推算的原位生长速率，如光合速率计算法、细胞分裂频率法等；②以藻类种群表观生物量（或细胞密度）增减（净生长）直接测试的表观原位生长速率测试方法，如原位培养法、流式细胞仪法等。

近年来，国外对藻类原位生长特性开展了大量研究。Westwood 在澳大利亚 Murry河中的试验发现，鱼腥藻原位表观生长速率随生境状态的变化而发生显著改变，持续 6天以上的稳定光热结构使鱼腥藻维持在相对较高的原位生长速率（$0.65d^{-1}$），而在昼夜间歇性的光热条件下其生长速率（$0.28d^{-1}$）则相对较低，这使得肉眼可见水华的形成时间具有明显差异（Westwood et al.，2004）。McCausland 研究了不同水下光热结构下蓝藻（鱼腥藻）增殖速率，发现鱼腥藻临界补偿光强为 $13\pm2\ \mu mol/(m^2 \cdot s)$，在不同光热作用下其细胞光合效率（Chla：C）差异明显（McCausland et al.，2005）。De Tezanos Pinto 等（2010）研究了鱼腥藻、束丝藻等对水下光热结构的生理响应特点，发现虽然束丝藻、鱼腥藻生长策略相同，并能在集群中共存占优，但在水华过程中由于其光合效率存在显著差异，使得水华不同阶段束丝藻、鱼腥藻在集群中的优势度差异明显。Yamamoto 等（2009）分析了三种微囊藻在不同季节的原位生长速率，发现相同光热结构下铜绿微囊藻较其他两种微囊藻（绿色微囊藻和惠氏微囊藻）具有较高的生长速率（$0.18\sim0.65d^{-1}$），使其在集群中占优。Stolte 等（2006）通过原位生长试验揭示不同类型蓝藻水华过程中藻种的生长策略与生态过程，认为有害蓝藻（鱼腥藻、微囊藻）水华的原位增殖速率较无害蓝藻低。

同国外相比，国内的相关研究相当有限。李坤阳等（2009）通过采样分析，调查了巢湖秋季全湖营养特征，并采用藻类生长潜力实验（AGP 实验）研究了秋季巢湖微囊藻的生长潜力，结果表明巢湖西半湖的富营养化程度高于东半湖；微囊藻的最大现存量及最大特定增长率与氮的相关性明显高于磷，秋季水体中氮的增加可能会显著提高秋季蓝藻水华的暴发程度。吴晓东等（2008）运用 FDC 法对太湖发生水华期间梅梁湾区域内蓝藻的原位生长速率进行了测定，结果表明梅梁湾微囊藻的细胞分裂频率有显著的日变化规律，即白天高、夜晚低，其中最大的细胞分裂频率在 20％左右，最小分裂频率在 5％左右；4个采样点的微囊藻日生长速率为 $0.19\sim0.37d^{-1}$，且生长速率随着微囊藻密度的上升而下降；另外，风速引起水体扰动的强弱和光强变化对藻类原位生长的影响较为明显。

不同藻种生理机能的差异以及藻种对环境自我调节不同，导致了不同藻种在各种生境状态下呈现迥异的生长特征。由于水华是淡水水体中特定优势浮游藻类短期持续生长并出现生物量大量积累的现象，其本质是藻种间运动、竞争、衰亡、被掠食等一系列复杂生态过程的结果，是藻类种群演替的一个阶段性表现。结合藻类生长策略与生境选择学说，通过原位生长速率预测藻类群落演替并预测水华，在理论上是可行的。其概念性框架包括以下几个方面（图 6-29）。

（1）对藻类群落演替而言，演替的表象是不同藻种生物量高低变化，本质是不同藻种对生境的适应及其生态响应。最适宜在所处生境中生长的藻种往往具有最高的表观生长速率（即生物量积累能力），进而能够在足够的时间内实现持续的生物量积累并最终形成优势或形成水华。因此，表观上藻类在群落中的优势度实质上是表观生长速率和生境持续性的数学函数。函数初始状态为藻类在种群中的优势度。获取特定藻类表观生长速率，同时掌握生境持续性与初始状态，可实现对不同藻种优势度的预测，进而判别种群演替趋势，最终预判水华是否形成。

（2）藻类群落演替，是基于藻类 C-R-S 生长策略和生态功能分组的演替。在特定生境下，每一个藻种均具有其特定的生长策略表型和生态功能分组。由于生长策略表型和生态功能分组同其对生境资源（物质、能量）的利用能力和自身生理生态的自适应能力密切相关，故藻类生境条件改变同基于生长策略表型和生态功能分组的藻类群落演替存在必然联系。借助于生长策略划分和生态功能分组，可辨识特定水域藻类群落演替与同期生境变化的规律性，并在此基础上进行预测。

（3）在识别初始状态下天然水域藻类群落生长策略和生态功能分组特征基础上，通过原位培养获得表观原位生长速率。藻类生境包括能量、物质供给的丰足/紧缺程度和能量、物质供给的稳定性等两个方面。物质供给主要表征为营养物（氮、磷、硅等）的可利用性，能量供给则主要反映为水动力条件下光照、温度条件的变化。在紊动程度较弱且水下光学透射性较强（水体较清澈）的条件下，藻类生境相对稳定，能量供给持续且充裕；而紊动程度相对较强且水体较混浊的条件下，藻类个体在混合层中随流输移，藻类细胞受光条件不稳定且持续时间很短，能量供给不足。进一步地，生境持续性为生境要素（物质、能量）在特定时间范围内的连续性和相似性，即在原位试验期间以及试验结束后藻类各生境要素不发生显著改变，若出现显著变化，则对藻类种群演替和水华形成预判的不确定性将显著增加。

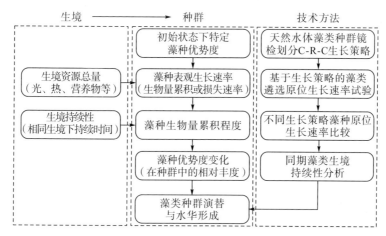

图 6-29　基于藻类原位生长试验对藻类群落演替和水华形成预判的总体思路

6.5.2　不同生长策略藻种的原位生长试验研究

1. 方法建立与试验方案

考虑到原位培养装置需具备较高的透光性和通透性，设计的两种培养装置分别为利用钢架支撑的圆柱形筛网笼(培养笼，图 6-32a)和侧壁四面交错开孔且开孔采用筛网覆盖的圆柱形有机玻璃桶(培养桶，图 6-32b)，二者直径 100mm，高 800mm(含保护高 300mm，即装置仅下部 500mm 放至水面以下)，容积为 4L，所采用的筛网(瑞士 Sefar® 筛网)孔径为 3μm，能够阻挡绝大多数藻类细胞的进出。

为明确两种装置的渗透性能，确定装置内外物质交换速率，对培养笼和培养桶分别进行了渗透性实验。第一步，将装置浸入装有 25L 蒸馏水的圆柱形水桶中，待装置内外水面一致后在装置内加入一定量的高浓度磷酸盐溶液使得装置内磷酸盐浓度为 1mM。第二步，采用磁力搅拌器在装置内部不断地搅拌，使得装置边壁相应线速度在 0.15m/s 左右。第三步，培养桶实验前 30min 每隔 10min 取一次样，此后每 30min 取一次样；培养笼则采样间隔为 10min。最后，测试装置内外磷酸盐浓度，直到装置内外浓度变化不超过 0.03mM(初始浓度的 3%)为止。

两种装置渗透性实验结果见图 6-31。结果发现，培养桶内外溶液浓度达到平衡约需要 300min，而培养笼只需要 120min。为进一步反映二者之间的区别，求取两个关于物质交换的特征参数(水流交换速率、交换半衰期)，以 $Y = Xe^{bt}$ (其中 X 是初始浓度，t 为时间)模型基础，对各装置浓度渗透实验结果进行数据拟合，模型参数求取结果见表 6-21，结果表明培养笼的交换速率明显高于培养桶，二者之间差异约为 3 倍。

为获得两种装置对光照强度的削减情况，采用照度计在阳光明媚的正午测定培养装置内外光强，计算削减率。计算获得培养桶的光削减率为 13.92%，培养笼为 19.49%，培养桶的透光性略优于培养笼。

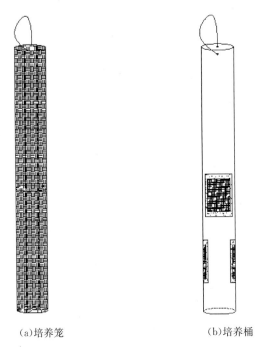

（a）培养笼　　　　　　　　　（b）培养桶

图 6-30　两种培养装置示意图

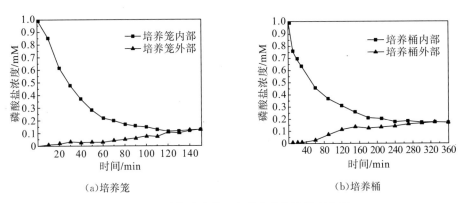

（a）培养笼　　　　　　　　　　　　　　（b）培养桶

图 6-31　原位试验装置内外磷酸盐浓度变化图

表 6-21　装置渗透性实验数据拟合及渗透参数计算结果

装置类型	X	b	R^2	交换速率/[mL/(cm² · h)]	$t_{1/2}$/h
培养笼	0.945	−0.018	0.956	1.954	0.640
培养桶	0.830	−0.006	0.922	0.651	1.920

　　为进一步确认试验装置的适用性，结合三峡水库坝前水位一个完整周年变化过程，将整个水库运行周期划分为三个阶段：①3 月至 6 月上旬，水库泄水期；②6 月至 9 月，低水位运行期；③10 月至次年 3 月，高水位运行期。在上述三个水库运行时期内，分别选取 2011 年 6 月 29 日至 2011 年 7 月 5 日（低水位）、2011 年 12 月 4 日至 2011 年 12 月 10 日（高水位）、2012 年 3 月 2 日至 2012 年 3 月 10 日（泄水期）开展原位生长速率研究。

　　实验水样采用表层湖水经 3 μm 网筛过滤（以去除湖水中的原有藻种和浮游动物的干

扰)后注入装置中作为初始培养液。培养对象选择近年澎溪河常见藻(表6-10),每种藻均采用上述两种装置分别进行单独培养(图6-31)。藻种购自中国科学院水生生物研究所(编号分别为:FACHB-1030、FACHB-1092、FACHB-978、FACHB-646、FACHB-472),经实验室扩大培养后接种进入培养装置进行试验。结合上述研究成果,选择该水域不同时期出现的典型优势藻种(表6-22)开展原位生长速率测试研究,试验结果见图6-32和图6-33。

表 6-22　原位培养所遴选的典型藻种及其在澎溪河繁盛的时期

代表性藻种(属)	生长策略	所代表时期
小环藻(*Cyclotellahebeiana*)	CR	冬末春初大量繁殖
鱼腥藻(*Anabaena flos-aquae*)	CS	春夏之交显著占优
微囊藻(*Microcystisaeruginosa*)	S	夏季大量生长
空球藻(*Eudorina sp.*)	CS	夏季显著占优
隐藻(*Cryptomonasovata*)	CRS	冬季大量生长

(a)培养笼　　　　　　　　　　　　　　　(b)培养桶

图 6-31　原位生长试验培养现场(2011 年 6 月 29 日)

绝大多数藻类种群增长符合指数增长模型:

$$N_t = N_0 e^{\mu t} \tag{6-3}$$

式中,N_t是t时刻藻类生物量;N_0是初始藻类生物量,本研究选择叶绿素 a(Chla)作为藻类生物量估算的测量指标;μ是比生长速率。

式(6-3)可进一步转换为

$$\mu = \frac{\ln\left(\dfrac{X_2}{X_1}\right)}{t} \tag{6-4}$$

式中,μ为藻类原位生长速率,d^{-1};X_i为i时刻的 Chla 浓度,mg/m^3;t为采样天数,d。

2. 水库运行下不同生长策略藻种原位生长速率

低水位阶段，培养期内各藻种原位生长速率均值分别为：小环藻 $0.128\pm0.006d^{-1}$；微囊藻$-0.380\pm0.019d^{-1}$；空球藻$-0.177\pm0.009d^{-1}$；鱼腥藻$-0.197\pm0.010d^{-1}$；隐藻 $0.210\pm0.010d^{-1}$。相同生长策略的实验藻种在研究期间比生长速率的变化过程相同，且研究期间平均生长速率的正负关系一致。在整个培养期内，代表 CR 型生长策略的小环藻和兼具 C、R、S 生长策略的隐藻，它们的原位生长速率总体呈逐渐下降的趋势，即在研究初期出现了生物量累积，从研究中期开始出现生物量下降；代表 CS 型生长策略的鱼腥藻和空球藻的原位生长速率则先增加后又有所下降，出现较显著增长的是在实验中期，而末期则出现了种群衰亡的趋势；代表 S 型生长策略的微囊藻的原位生长速率前期和中期为负，后期为正值。

高水位阶段，培养期内各藻种原位生长速率均值分别为：小环藻 $0.175\pm0.009d^{-1}$；微囊藻$-0.036\pm0.002d^{-1}$；空球藻 $0.326\pm0.016d^{-1}$；鱼腥藻$-0.020\pm0.001d^{-1}$；隐藻 $0.187\pm0.009d^{-1}$。在整个培养周期内，代表 CR 型生长策略的小环藻、代表 CS 型生长策略的空球藻以及兼具 C、R、S 生长策略的隐藻，它们的原位生长速率均为正值且总体呈逐渐上升的趋势，即在研究期间生物量一直在累积且以更快的速度不断增多；另外，同样代表 CS 型生长策略的鱼腥藻其原位生长速率则先增加后又有所下降，出现较显著增长的是在实验中期，而末期则出现了种群衰亡的趋势；代表 S 型生长策略的微囊藻的原位生长速率处于较低水平且其值持续地下降，衰亡现象明显。

水库泄水阶段，培养期内各藻种原位生长速率均值分别为：小环藻 $0.231\pm0.012d^{-1}$；微囊藻 $0.157\pm0.008d^{-1}$；空球藻 $0.281\pm0.014d^{-1}$；鱼腥藻$-0.009\pm0.001d^{-1}$；隐藻 $0.406\pm0.020d^{-1}$。代表 CR 型生长策略的小环藻、代表 CS 型生长策略的空球藻以及兼具 C、R、S 生长策略的隐藻，它们的原位生长速率均为正值且总体呈先上升后又下降的趋势。微囊藻的原位生长速率均为正值且呈逐渐上升的趋势，而鱼腥藻则仅在 D5~D7 出现了正值外，其他时段均为负值。

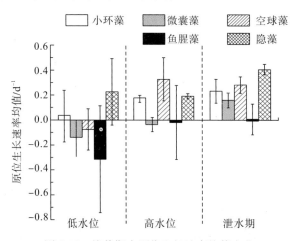

图 6-32 培养期内原位生长速率均值变化

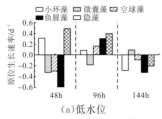 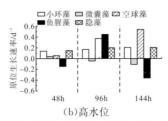 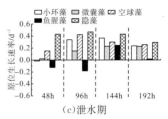

图 6-33　不同水库运行阶段培养期内原位生长速率变化

低水位培养期间,天气晴多阴少,无降雨。水温为 26.73~32.64℃,呈上升趋势,太阳辐射强度均值为 20.50±1.22MJ/(m²·d),日最大风速均值为 6.13±0.34m/s,水中 pH 呈上升趋势,变化范围为 8.70~9.70,真光层深度范围为 1.25~2.05m,水中 SRP 浓度相当低甚至不能检出,最大值仅为 4.35μg/L。P 素形态以颗粒态磷 PP 为主,TN 和 TP 浓度均值分别为 1640.38±154.58ug/L 和 118.40±22.78ug/L,变化过程基本一致。总颗粒态物质浓度范围为 6.67~22.27mg/L,均值为 15.50±2.47mg/L。Chla 浓度先降低后上升,均值为 58.0±16.1mg/m³。

高水位培养期间,天气阴转小雨,日降水量均值为 0.64±0.35mm,日最大风速均值为 4.77±0.73m/s,太阳光照辐射强度均值为 2.10±0.60MJ/(m²·d),水温变幅为 16.80~17.70℃,水中 pH 为 7.54~7.69,真光层深度均值为 5.57±0.33m,在 4.57~5.92m 之间。水体中总颗粒态物质浓度相对于低水位时期明显下降,均值仅为 3.95±0.75mg/L。PP 和 SRP 浓度均值分别为 7.98±2.41μg/L 和 22.88±8.52μg/L。TN/TP 有逐渐上升的趋势,变化范围为 23.03~141.57μg/L。试验期间水中磷素以溶解性磷酸盐为主。期间水体中 Chla 浓度先上升后下降,其均值仅为 2.94±0.36mg/m³。

泄水期培养期间,天气基本为阴,云层较厚有零星小雨。期间降水量日均值为 0.52±0.23mm,日最大风速均值为 5.82±0.51m/s,太阳辐射强度均值为 5.61±1.38 MJ/(m²·d),水温变幅为 11.10~12.10℃,水中 pH 在 7.70~8.00,真光层深度有逐渐下降的趋势,在 6.90~8.80m,均值为 8.02±0.25m,较高水位时期有明显增加。水体中总颗粒态物质均值仅为 2.12±0.16mg/L,其中 PP 浓度均值为 11.43±3.37μg/L。同时,此次试验中 SRP 浓度相对于高水位时期也有所增加,均值为 22.88±8.52μg/L。TN、TP 均值分别为:1206.96±8.16μg/L 和 64.18±8.24μg/L。TN/TP 变幅为 12.64~30.64μg/L。水体中磷素形态仍以 SRP 为主。水体中 Chla 浓度呈波动变化,其均值为 8.73±0.88mg/m³。

试验期间主要环境参量变化过程见图 6-34。

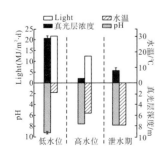 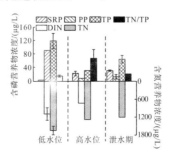 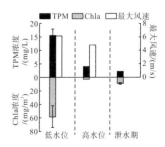

图 6-34　主要环境参量的变化过程

　　对水库不同运行时期典型优势藻与生境要素进行 RDA 直接梯度分析，结果发现（图 6-35），低水位时期，CS 型生长策略的鱼腥藻和空球藻处于同一象限，TN/TP 与最大风速增加对其原位生长速率具有促进作用，而 TN、TP、PP 和 SRP 对上述两种 CS 型生长策略藻种亦有影响。TPM、Tw 和 pH 增加对 S 型生长策略微囊藻的原位生长速率增加影响显著。而具有 R 型生长策略特征的小环藻（CR 型）和隐藻（CRS 型）则位于另一象限，DIN、Zeu 和 Light 的增加对其原位生长速率增加贡献显著。高水位时期，外部光热条件减弱，PP 浓度下降与最大风速增加可能是影响鱼腥藻生长速率的主要因素，TPM、DIN、pH 增加对隐藻、小环藻和空球藻原位生长速率均具有促进作用。而微囊藻原位生长速率变化则对 TN、TP、SRP、Tw 的增加响应敏感。泄水期，鱼腥藻原位生长速率的增加与 pH、TN/TP 增加密切相关，且亦同另一象限的 DIN、TP、Zeu、最大风速等因素有关。微囊藻原位生长速率改变主要同 pH、TPM 及另一象限的 SRP、TN 关系密切。小环藻、空球藻等的原位生长速率在该时期受到 Tw、PP、Light 等的影响更为显著，隐藻则主要对 TP、最大风速更为敏感。采用 Monte-Carlo 检验对模型中各生境变量的边际效应和条件效应进行分析可发现，低水位时期影响实验藻种原位生长速率的主要环境因素为 SRP 和 Tw；高水位时期，对实验藻种生长速率影响显著的环境变量主要为 PP 和最大风速；泄水期，对实验藻种生长速率影响显著的环境变量主要为 SRP、DIN、TN。

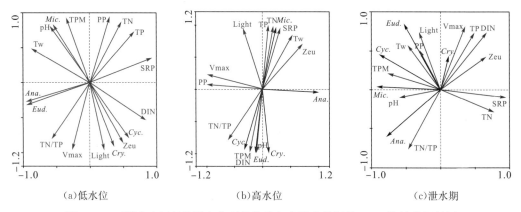

(a)低水位　　　　　　　　　(b)高水位　　　　　　　　　(c)泄水期

图 6-35　不同水库运行阶段各典型优势藻与生境变量间的 RDA 统计分析结果

注：图中 *Cyc.* 为小环藻；*Mic.* 为微囊藻；*Eud.* 为空球藻；*Ana.* 为鱼腥藻；*Cry.* 为隐藻

　　根据 Odum 的观点，生态演替（ecological succession）包含以下三个关键特征：①演替是群落发育的有秩序的、有方向、可预测的过程；②演替是以物理生境改变为基础的群落变化过程，物理生境改变决定了演替的形式、速率与极限状态；③稳定的生态系统中，演替将最终实现顶极，即在生态系统单位可用能流（energy flow）下维持最大生物量和物种之间的共生功能。演替的策略（strategy of succession）是在特定物理生境下，通过增加自我调控能力或内稳态能力，以保护生态系统内物种不受外界扰动（perturbation）的影响，进而实现生态系统自身功能最大化。

　　藻类群落演替表征为生境变化下不同藻种间相互取代的连续变化序列是自然发生且可辨识的。尽管藻类群落演替表现为不同藻种生物量的高低变化，但其本质则是不同藻种对生境的适应与响应(Odum，1969)。在不考虑特定水域藻类随流迁入迁出的情况下，最适宜于在所处生境中生长的藻种往往具有最高的生长速率，进而能够在足够的时间内实现持续的生物量积累并最终形成优势；不适宜于所处生境的藻种往往因其生长速率受到限制或抑制而难以在同一生境中具备生长优势，并最终被其他适生藻种演替(Reynolds，2006)。在上述逻辑中，表观上藻类在群落中的优势度实质上是种群表观生长速率(即种群生物量积累能力)和生境持续性的数学函数，函数边界为初始状态下藻类在种群中的优势度。种群表观生长速率是藻种在群落中占优或被淘汰的必要条件而生境持续性则是充分条件，种群表观生长速率和生境持续性共同决定了藻类群落演替的结果(Reynolds，2006)。故理论上，若能够获取特定藻类种群表观生长速率，同时掌握生境持续性与初始状态，便可实现对不同藻种优势度的预测，进而判别种群演替趋势。

在不考虑水柱中藻类随流迁入迁出的情况下，原位培养是明晰天然水域种群表观生长速率的一种有效途径。原位培养所获得的生长速率值及其在培养期间所发生的原位生长速率变化趋势，可以反映在所处宏观生境下特定生长策略藻种的实际生长特征，进而为预测种群演替趋势提供基础。

结合前述 RDA 分析结果可以看出，低水位时期，光热条件优越，营养盐丰足，倾向于 CR 型生长策略的小环藻和具有 CRS 型生长策略属性的隐藻均在此期间出现了正的生长速率特征，这可用于解释同期湖水中隐藻、小环藻为优势藻的现象。随着藻类大量生长，水体透光性能逐渐下降，溶解性磷浓度进一步降低，其速率的长期变化趋势则呈现出极显著的下降趋势，这体现了其作为杂生种(ruderals)在稳态生境条件下将逐渐失去优势的生态特征。而 S 型生长策略的微囊藻较其他藻种更能耐受资源的不足，通过悬浮生长机制等满足生长需求从而表现出长期生长趋势(Oliver et al.，2000)，因而在相对稳定的生境状态下最终达到顶级(climax)，即形成水华。

高水位时期，营养盐浓度相对丰足，光热条件较差，藻类生长受光热条件限制明显。具有低光照耐受性的 CR 型生长策略的小环藻和低温耐受性的 CS 型生长策略的空球藻以及兼具两者的 CRS 型生长策略的隐藻充分体现其作为杂生种在该生境条件下的优势，在一段时间内保持持续占优的趋势，而 S 型生长策略微囊藻也有一定的生物量累积，尽管该时期水柱中营养物含量颇丰，但是由于能量输入的进一步减弱而逐渐走向衰亡。

泄水时期，营养盐水平和光热条件介于低水位时期和高水位时期之间，这种有利生境在研究期间并未发生明显变化，具有低光照耐受性的 CR 型生长策略的小环藻和低温耐受性的 CS 型生长策略的空球藻以及兼具两者的 CRS 型生长策略的隐藻将在较长时间内保持优势，但上述优势随着营养盐水平和光热条件进一步提高的低水位时期的到来而破坏。具有较强胁迫耐受能力的 S 型生长策略微囊藻随着水库泄水水位持续下降而逐渐体现出优势，进而在春末夏初时节形成水华。

尽管如此，上述推论有限地适用于流动性并不显著的库湾水域。对于具有显著流动性的澎溪河干流，特定水库运行时期(如低水位运行期)藻类群落演替同时可能明显受到藻类随流迁入迁出的影响，原位生长速率测试仅可能有限反映本地藻种的生长潜势，故在具有显著流动性的水域环境中，基于原位生长的藻类群落演替模式仍然需要进一步探索。

3. 两种培养装置的适用性分析

原位生长速率是藻类在天然水域中实际生长特征的一种反映，虽然 Furnas 早在 1990 年以海洋藻类为对象对藻类原位生长测试方法、生长速率的实际表征等进行了系统综述（Furnas，1990），但如何建立有效、可信的科学手段客观准确地判断藻类在实际生境条件下的生长特征或生态行为依旧是未彻底解决的难点。对比三次实验中两种装置的测试结果可以发现以下几点。

(1) 两种装置所获得的藻类原位生长速率测试结果存在显著的线性正相关关系(图 6-36)，反映出在每个培养周期内所有实验藻种在两种装置内的变化趋势基本一致。

(2) 就水库低水位运行时期所测得的两种装置中各藻种原位生长速率(图 6-37)的变化趋势而言，培养笼中藻类生长速率的变化更平稳，规律更明显；而高水位运行时期和泄水期则恰恰相反(图 6-37)，表现为培养桶中藻类生长速率的变化更平稳，规律更明显。且培养桶中所测得的各藻生长速率普遍高于同一时间点培养笼内的结果，尤其是在泄水期，期间培养桶中各藻的生长速率不仅明显高于培养笼，且在试验后期两种装置中所有藻种的生长速率普遍呈现出下降的趋势，而培养笼的这种趋势更为明显。

(3) 对两种装置中每种藻在各个试验周期中的平均比生长速率以及最大比生长速率进行比较，在水库高水位运行期和泄水期，无论是平均比生长速率还是最大比生长速率，培养桶都普遍高于培养笼(图 6-37)；相反，在低水位时期，藻类的平均比生长速率和最大比生长速率则普遍是培养笼高于培养桶。

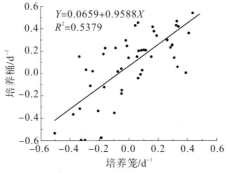

图 6-36　两种原位培养装置测试结果对比

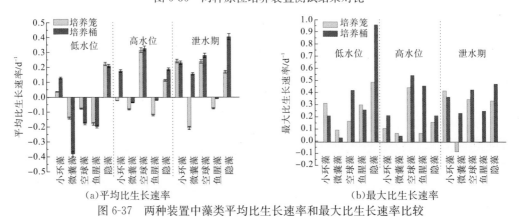

(a) 平均比生长速率　　　　　　　　　　(b) 最大比生长速率

图 6-37　两种装置中藻类平均比生长速率和最大比生长速率比较

上述现象说明，虽然两种原位培养装置均能够满足对天然水域藻类原位生长速率的测试要求，但原位培养装置的构造对藻类实际生长过程仍存在一定影响。从前述装置渗透性与透光性试验可以看出，对于培养桶而言，虽然其内外水体交换强度弱于培养笼，且其刚性结构特征也使得其内部生境难以完全捕捉到外部水动力扰动的影响，但培养桶在相同水深下的透光性优于培养笼；而对于培养笼而言，虽然其在相同水深条件下的透光性弱于培养桶，但其内外水体交换强度明显优于培养桶，且其半柔性的结构特征亦使得其内部生境更易捕捉到外部水动力扰动的影响。然而，本研究中采用的初始培养液为经 3 μm 网筛过滤后的水库水，并未去除掉水中可利用溶解性有机物，且三次试验期间湖水中营养盐浓度均未出现特别明显的骤增骤减的情况，加之两种装置都有较强的营养物质交换能力，因此认为两种装置均能满足装置内外营养盐的及时补充与交换。故进一步对比两种装置的适用性时应着重考虑研究期间光照条件以及水动力条件。

在一定范围内，随着光照强度的增加，藻类总光合作用速率直线上升，经过补偿点时光合作用与呼吸作用速率相等，随着光照强度继续上升，光合作用速率减慢并逐渐达到光饱和，之后速率不再增加。低水位时期该水域光照相对充足，高水位时期和泄水期水域光照条件较差。反馈到两种装置适用性上，低水位时期培养笼对于光照水平的削弱可能并不足以影响藻类原位培养，相反在高水位时期和泄水期前期光照条件可能并不十分充足的情况下，透光性较优的培养桶在一定程度上优于培养笼。另一方面，与藻类生长密切相关的水动力条件主要有流速、流态、流量、水体滞留时间及水体交换周期等，宏观水动力条件不仅影响藻类的时空分布，也可能对藻类生理产生一定影响。从这一角度来说，有明显水动力扰动的情况下，具有半柔性结构特征的培养笼中的藻类生长状态较培养桶更能够反映实际水域物理背景。

综合以上讨论，并结合各时期藻类生长速率结果对两种装置的适用性进行分析。

低水位时期，水域光照条件充足，培养笼相对较低的透光性并不能成为藻类生长受限的关键因素，相反其半柔性结构特征促使其内部藻类生长更佳，这一推论也为本研究中试验结果所证实，即表现为：低水位时期，相对于培养桶，培养笼中藻类生长速率的变化更平稳，规律更明显，藻类的平均比生长速率和最大比生长速率普遍高于培养桶。所以，在水库低水位运行时期，相对于培养桶，培养笼能够为藻类提供更接近于原位生境特征的生长环境。

高水位时期，回水区各河段间平均流速接近 0m/s，且两种装置在平台上的固定形式皆为软性连接，因此水域水动力扰动对于藻类生长的影响可忽略。同时，该时期光照条件较差，对藻类生长存在限制性作用，培养桶较优的透光性理应使得其内部藻类生长优于培养笼，这一推论也为试验结果所证实，即表现为：相对于培养笼，培养桶中藻类生长速率的变化更平稳，规律更明显，且培养桶中所测得的藻类生长速率普遍高于同一时间点培养笼内的结果，另外，其内部藻类平均比生长速率和最大比生长速率都普遍高于培养笼。所以，在水库高水位运行时期，相对于培养笼，培养桶能够为藻类提供更接近于原位生境特征的生长环境。

泄水期，水域光照条件及水动力条件均介于高水位时期和低水位时期之间，且两种环境因子均对藻类生长有影响。该时期的试验结果表现为：培养桶中藻类生长速率的变化更平稳，规律更明显。培养桶中各藻类的生长速率不仅明显高于培养笼，在试验后期两种装置中所有藻种的生长速率普遍呈下降的趋势，而培养笼的这种趋势更为明显，另外，其内部藻类的平均比生长速率和最大比生长速率都普遍高于培养笼。以上结果说明，在该时期水域光照条件及水动力条件均较弱的情况下，培养桶较优透光性能的优势明显超过培养笼较佳的水动力条件优势，使得其内部藻类的生长优于培养笼。所以，在水库泄水期，相对于培养笼，培养桶能够为藻类提供更接近于原位生境特征的生长环境。

两种原位培养装置均具有较高的适用性，但在不同的水库运行时期，两种装置的实用性不同，体现为：在光照充足、水动力条件较佳的水库低水位运行期，培养笼具有更高的适用性；相反，在光照条件较差、水动力影响不明显的高水位运行时期，培养桶具有更高的适用性；在光照条件相对较差、水动力相对较弱的水库泄水期，培养桶相对于培养笼更具有适用性。

4. 利用原位生长速率进行库区藻类产量的估算和水华的预测

原位生长速率不仅能够反映藻类对于特定生境的响应特征，其变化趋势也能对藻类群落结构的演替起指示性作用。生境特征的变化将影响藻类的生长，从而改变藻类在特定水域中的现存量（衰亡导致生物量的下降或者生长导致生物量的累积），当生境条件始终朝着有利于藻类生长方向变化或者维持在某一有利于藻类生长的生境条件下，藻类即表现出持续生长并有大量生物量累积，进而形成水华。假设在某个特定的时间段内，库区生境特征不发生变化或者其变化可以忽略，那么在该稳定生境条件下，特定水域中特定藻种将具有相对稳定的生长速率，这一生长速率将导致该藻种在这一特定时间段内有相对稳定的生物量累积，这一过程又势必会因为生境条件的持续稳定而导致库区水华的发生。

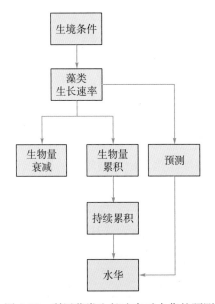

图 6-38　利用藻类生长速率对水华的预测

在某一稳定生境条件下，获得了特定水域现存的 n 种藻的平均生长速率 $\overline{\mu_1}$，$\overline{\mu_2}$，$\overline{\mu_3}$，$\cdots$，$\overline{\mu_n}$ 后，在原有藻类现存量 M 的基础上（其中每种优势藻所占比例依次是 P_1，P_2，P_3，$\cdots$，P_n），可预测在该生境条件不发生变化的前提下，此 n 种藻的生长将在多长时间 (t) 内持续累积达到水华阈值 Y。式(6-4)中已经给出了生物量同藻类比生长速率的关系，变换可得

$$Y = M \cdot P_1 \cdot 2^{\overline{\mu_1} t} + M \cdot P_2 \cdot 2^{\overline{\mu_2} t} + M \cdot P_3 \cdot 2^{\overline{\mu_3} t} + \cdots + M \cdot P_n \cdot 2^{\overline{\mu_n} t} \qquad (6\text{-}5)$$

对于水域中有 m 种藻显著占优的情况，式(6-5)可简化为

$$Y = M \cdot \sum_{i=1}^{m} P_i \cdot 2^{\overline{\mu_i} t} \qquad (6\text{-}6)$$

显然，在给定藻类水华生物量阈值(Y)的条件下，以上模型即成为以发生水华所需时间为未知参数(t)的一元多次方程，而一元多次方程的求解存在较大困难，且可能存在很多个解，因此，若要用作水华的预测，以上模型还有待进一步的简化与论证。相反，若是在给定生长周期(t)的前提下，可利用以上模型推算在特定水域生境条件下藻类在经历了该生长周期后的理论生物量水平(Y)。对于澎溪河而言，受水流流动的影响，特定时间特定水域藻类实际生物量的水平应当是由本地产量、上游流入量和下游流出量共同决定的，因此，通过模型计算获得的理论生物量水平与实际生物量水平之间的差值即可反映该水域藻类现存量主要是通过上游补给还是本地生产所得。

由前述分析可知，低水位时期，原位培养试验共进行了 7d，试验初期水体中藻类总生物量为 1664.63 μg/L，隐藻、小环藻以及裸藻(CS)显著占优，它们在藻类总生物量中所占比例依次为 28.62%、20.16% 和 19.21%；此外，鱼腥藻、空球藻和色球藻(S)也占据一定优势，它们在藻类总生物量中所占比例分别为 10.55%、6.15% 和 6.31%。本研究并未完全涵盖所有优势藻种，但从藻类生长策略的角度，具有相同生长策略的藻种假设在同一生境中表现出相同或相似的生长趋势，因而未测定的优势藻种的生长速率可以用已测得的相同生长策略藻种的生长速率替代。计算得到在该生境条件下，试验末期藻类理论生物量水平应为 2222.47 μg/L，而实验末期藻类实际总生物量为 471.56 μg/L，由此可见，低水位时期水流速度相对较高，藻类生物量向下游流失严重。

高水位时期，原位培养试验共进行了 7d，初期水体中藻类总细胞密度和总生物量为 1161.36 μg/L，小环藻、角甲藻(S)和隐藻显著占优，它们在藻类总生物量中所占比例依次为 33.99%、29.73% 和 23.95%。由此，计算得到在该生境条件下，试验末期藻类理论生物量水平应为 1984.87 μg/L，而试验末期藻类实际总生物量为 1215.70 μg/L，由此可见，即便是在水流速度十分低的高水位时期，藻类生物量也存在"流失"的现象，而这一现象可能是由水库随风速导致的藻类漂移。

泄水期，原位培养试验共进行了 9d，原位培养试验初期水体中藻类总生物量为 1322.23 μg/L，小环藻、隐藻和拟胶丝藻(C)显著占优，它们在藻类总生物量中所占比例依次为 40.46%、19.41% 和 19.34%；此外，次级占优的藻属有塔胞藻(C)和衣藻(C)，二者在藻类总生物量中所占比例分别为 7.47%、6.24%。可以看出，该时期出现了较多的 C 型生长策略藻种，而该类型藻种研究并未涉及，但从试验前后湖水中藻类定量鉴定结果可知，C 型藻种由试验初期部分占优转为试验后期未占优，因此暂且忽略这部分藻

种的生长，仅考虑已知生长速率藻种的生物量变化。计算得到在该生境条件下，试验末期藻类理论生物量水平应为 5491.039μg/L，而试验末期藻类实际总生物量为 1561.38μg/L，可以看出，泄水期藻类生物量流失最为严重，这可能有两部分原因：一方面，泄水期库区水位不断下降，下泄流量将导致库区藻类生物量的流失；另一方面，经历了低温、低光照条件的高水位时期后，上游藻类生物量存储并不充足，向下游的补给量也自然较低，从而使得泄水期藻类生物量总体表现为流失严重。

综上所述，藻类的生长速率可用于特定水域藻类本地产量的估算和库区水华的预测，对于库区生态管理实践具有十分重要的价值和意义。但是本研究对于利用藻类生长速率预测库区水华仅为理论探讨，若要切实将藻类生长速率用于水华的预测，其模型还有待进一步的简化与论证。而通过对三个时期藻类理论生物量水平的计算发现，在气温逐渐回暖、光照日益充足的泄水期，藻类生物量的累积最为迅速。另一方面，在流速相对较快的低水位和泄水期，高阳水域藻类生物量流失严重；而在水流速度较低的高水位时期，藻类生物量的流失相对较小，且引起藻类流失的主要原因可能是由风速导致的表层漂移。

6.5.3 流速对藻类生长影响的原位生态槽试验研究

水动力条件(流速、流量、水深、水位、水体滞留时间等)不仅影响了水柱中物质的传输与分布，而且影响了水体中藻类的垂直分布特征，决定了藻类受光生长的能量水平，是决定水华最终形成的物理因素。尽管目前已有不少研究发现特定流速范围对该水域藻类生长存在影响，但在"蓄清排浑"的水库运行方式下，藻类增殖同流速的定量关系及其在实际水体中的原位验证仍鲜有报道。为明确不同水库运行阶段藻类原位生长速率同流速大小的定量关系，为水库生态调度的流速条件提供基础，采用环形流速槽开展原位受控试验，分析不同水库运行阶段(高水位、低水位)下不同流速水平对流速槽中藻类生长的影响，分析该水域特定水库运行阶段"调度控藻"方案所需达到的流速条件。

整个实验装置设计在浮岛上，通过绳索牵引漂浮于试验水域。浮排尺寸为 6m×4m，中间通过金属支架连接。试验装置悬挂在支架上并浸于水中，共设计了三个环形流速槽(图 6-39～图 6-42)。流速试验槽整体装置由外筒、内筒、桨叶、电机及电机盒组成。内筒与外筒间组成内径 500mm、外径 1000mm、高度 2000mm 的封闭盛水空间。整个结构件采用 10mm 厚亚克力板材制成，内外筒采用一次成型加工，与底盖采用无缝熔接，以保证整个装置的强度。所涉的三个试验槽，两个可以通过普通电机和多级差速控制装置调整桨叶转速，以驱动水体在槽中往复流动并获得不同的流速梯度，另一个对照槽为静置水体，无流速调节功能。安装时，流速试验槽和对照槽上缘位于水面上 500mm，防止试验期间水体进入槽内。

原位试验时间分别选择在水库低水位阶段(2011 年 6 月底至 7 月初)和水库高水位阶段(2011 年 11 月底至 2011 年 12 月初)，分别代表了三峡水库澎溪河回水区两种典型的生境特征：①低水位阶段，为藻类生长季节，光热与营养物输入均满足藻类生长的基本需求，但该期为汛期，不稳定的水动力条件限制了藻类的生长；②高水位阶段，水位升高在一定程度上为藻类创造了相对稳定的水动力条件，但水温下降限制了藻类生长，使其逐渐进入冬季非生长季节，不少藻类因为活性下降而逐渐下沉。

原位实验根据前期该水域流速监测结果，确定三个流速的试验水平，分别为 0.1m/s、0.2m/s 和 0.3m/s，以静置且透明的对照槽和桶外高阳平湖库湾水体为对照。为确保试验结果可靠，每个流速试验水平均采用三个流速试验槽同步开展平行观测。试验的基本假设是在富营养条件下流速可能对藻类生长产生影响，故整个试验研究期间暂不考虑营养物限制或外源性营养物补充对藻类生物量的贡献。

图 6-39　生态槽及其固定浮台(2011 年 3 月 25 日)

图 6-40　部分安装现场与试验

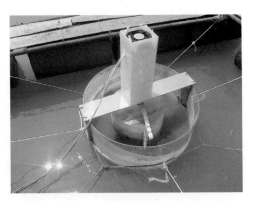

（a）对照槽　　　　　　　　　　　　　　　　　（b）高速槽

图 6-41　生态槽安装后

(a)平台　　　　　　　　　　　　　　　　(b)生态槽

图 6-42　环形生态槽平台全景

　　藻类群落结构(多样性和演替速率)对外界扰动响应显著的时段为 5～15d；另外，Reynolds(2006)研究表明淡水湖泊中藻类世代周期一般为 3～4d，世代周期两到三倍的时间间隔(6～16 天)易于反映藻类群落演替特征。故综合考虑选择试验周期为 7 天，每 24h 采样 1 次，采样时间控制在采样当天 9：30～12：00。为防止试验槽外表滋长水绵等附着性藻种产生遮光效应并对试验造成不利影响，试验前对试验槽外筒进行酸洗，试验期间每天下午对试验槽水下部分外表进行刷洗。藻类原位生长速率计算见 6.5.2 节。

　　低水位阶段，对照槽内水体 Chla 浓度变化相对较平缓，而流速试验槽中的藻类 Chla 浓度则呈现较显著的变化。比较结果可以看出，当流速水平为 0.3m/s 时，流速试验槽中藻类首先经历了迅速升高而后再迅速下降的大波动变化，藻类在试验 D2、D3 的 Chla 浓度最大可接近 70μg/L，而后在 D5 迅速下降至原位试验期间最低水平(11.3μg/L)，在 D6、D7 Chla 浓度逐步回升。流速水平为 0.2m/s 时，同对照槽相比，流速试验槽中藻类在 D4 达到峰值(50.8μg/L)，而后缓慢下降，其变化幅度显著小于 0.3m/s 的流速水平。在流速水平为 0.1m/s 时，前三天试验槽同对照槽中的 Chla 水平与变化趋势接近一致，而从 D4 开始 Chla 出现了较显著的增加，在 D5 达到峰值(72.4μg/L)，虽然 D6、D7 出现下降的趋势，但总体上流速试验槽 Chla 水平显著高于对照槽，上述趋势同高阳平湖中 Chla 的同期变化过程一致。

　　高水位阶段为藻类非生长季节。研究期间，对照槽和流速试验槽内的藻类变化均未呈现特征，但对照槽内 Chla 浓度变化同高阳平湖湖水呈显著的正相关关系($R^2=0.906$，$Sig. \leqslant 0.01$)。比较结果可以发现，在流速水平为 0.3m/s 时，流速试验槽中藻类 Chla 浓度水平基本保持平稳，甚至出现略微增长的趋势；但对照槽和高阳平湖湖水中的 Chla 则呈现显著下降的趋势，它们的 Chla 浓度在 D6、D7 降至最低。在流速水平为 0.2m/s 时，流速试验槽内藻类 Chla 浓度在 D3 出现第一个峰值(2.7μg/L)，此后略有下降而后略有升高。虽然对照槽和高阳平湖湖水中的 Chla 总体仍呈下降趋势，但该阶段 Chla 下降趋势显著弱于 0.3m/s 的流速水平。在流速水平为 0.1m/s 时，流速试验槽内藻类呈现出较显著的增长趋势，在 D2～D3 时增长较为明显，D4 后的变化趋势同高阳平湖湖水、对照槽基本一致。而高阳平湖湖水和对照槽内藻类在 D2 保持相对较高的水平后出现显著下降的趋势，在 D4 后逐渐回升。

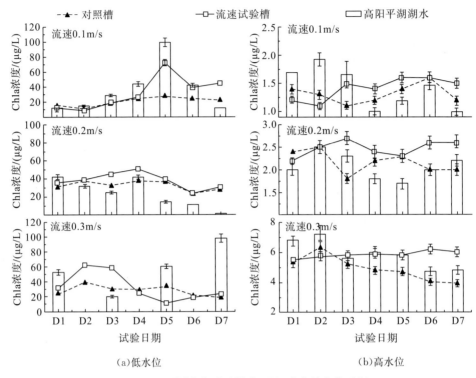

图 6-43   不同水位试验槽中 Chla 浓度的变化过程

研究期间，不同流速下的每日藻类原位生长速率的均值比较见图 6-44。比较分析可以看出，低水位阶段流速增加藻类比增长速率呈显著下降的趋势。随着试验流速水平从 0.1m/s 逐渐增加到 0.3m/s，流速试验槽中藻类生长速率从 0.26d^{-1} 逐渐下降到 -0.10d^{-1}，表现出指数变化的下降趋势。根据图 6-44 的结果，采用对数函数形式对流速水平和试验槽中藻类生长速率的变化进行拟合，拟合结果如下：

$$\begin{cases} \mu = 0.337\ln v - 0.532 (R^2 = 0965, Sig. \leqslant 0.01, 不扣除对照, 0.1 \leqslant v \leqslant 0.3) \\ \mu = 0.224\ln v - 0.337 (R^2 = 0.962, Sig. \leqslant 0.01, 扣除对照, 0.1 \leqslant v \leqslant 0.3) \end{cases}$$

$$(6\text{-}7)$$

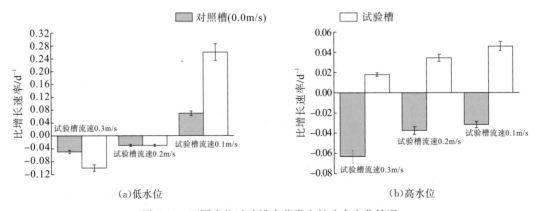

图 6-44   不同水位试验槽内藻类生长速率变化情况

式中，μ 为生长速率，d^{-1}；v 为流速，$\mathrm{m/s}$。

拟合结果说明，水库低水位运行条件下流速试验槽中藻类生长速率同流速水平呈对数函数关系，拟合结果显著且有效。该对数模型可以用于预测不同流速水平下藻类生长速率。

从高水位阶段生长速率的计算结果比较中可以看出，随着流速增加，藻类生长速率呈下降的趋势。随着试验流速从 $0.1\mathrm{m/s}$ 逐渐增加到 $0.3\mathrm{m/s}$，流速试验槽中藻类生长速率从 $0.046\mathrm{d}^{-1}$ 下降到 $0.018\mathrm{d}^{-1}$，表现出近似直线变化的下降趋势。根据图 6-44 所示结果，为同低水位的拟合模型相互匹配，采用对数函数形式对流速水平和流速试验槽中藻类生长速率的变化进行拟合，拟合结果如下：

$$\mu = 0.0246\ln v - 0.0091(R^2 = 0.938, Sig. \leqslant 0.01, 不扣除对照, 0.1 \leqslant v \leqslant 0.3)$$

$$(6-8)$$

式中，μ 为生长速率，d^{-1}；v 为流速，$\mathrm{m/s}$。

拟合结果显著且有效，该对数模型可以用于高水位下不同流速水平下藻类生长速率的预测。

1. 低水位时期流速对藻类生长的影响

原位培养下，槽内导致藻类生长的因素同槽外天然水体的区别主要是营养物和水动力条件不同，由于试验期间 TN 和 TP 相对丰足，水体呈现富营养化状态，故可认为 TN、TP 含量并不对藻类生长产生绝对限制，研究所获得的结果可用于反映水动力条件改变对澎溪河回水区藻类生长的影响。研究期间，流速试验槽、对照槽内 DO 的变化同 Chla 显著正相关（$R^2 = 0.623$，$Sig. \leqslant 0.01$），NH_4^+-N、NO_3^--N、SRP 等藻类主要利用的营养物日变化过程亦在很大程度上对 Chla 变化产生影响。NO_3^--N 和 SRP 处于低浓度水平（甚至无法检出）。流速试验槽中的 NO_3^--N 浓度呈现 $0.1\mathrm{m/s} > 0.2\mathrm{m/s} > 0.3\mathrm{m/s}$；TP 浓度呈现 $0.1\mathrm{m/s} > 0.3\mathrm{m/s} > 0.2\mathrm{m/s}$；$NH_4^+$-N 和 TN 浓度呈现 $0.3\mathrm{m/s} > 0.1\mathrm{m/s} > 0.2\mathrm{m/s}$。流速同槽中营养物浓度变化并没有必然联系。

同对照槽相比，流速自 $0.1\mathrm{m/s}$ 增加到 $0.3\mathrm{m/s}$ 时，试验周期内藻类生长速率呈现指数的下降趋势，说明流速升高至 $0.3\mathrm{m/s}$ 时将对藻类生长产生一定抑制。同湖水 Chla 的变化过程相比较进一步发现，当生态槽中流速位于中（$0.2\mathrm{m/s}$）、低流速（$0.1\mathrm{m/s}$）时，流速试验槽、对照槽中 Chla 的日变化过程总体上同高阳平湖湖水中的 Chla 变化一致；而当流速升高至 $0.3\mathrm{m/s}$ 时，流速试验槽中 Chla 的日变化过程同高阳平湖湖水中 Chla 日变化过程差异明显，且流速试验槽的波动幅度远高于对照槽，证实了前文关于在 $0.3\mathrm{m/s}$ 流速水平下藻类生长受到一定程度抑制的推断。

低流速水平下（$0.1\mathrm{m/s}$），试验槽中藻类生长优于对照槽；中流速水平下（$0.2\mathrm{m/s}$），试验槽中藻类生长速率同对照槽基本一致。这在一定程度上说明适宜的流速水平有利于藻类生长。小规模的水流扰动对藻类的生长和繁殖是有利的，对光照造成的波动小，不同流速条件下 K_d 值呈现 $0.3\mathrm{m/s} > 0.2\mathrm{m/s} > 0.1\mathrm{m/s}$，并不具有显著相关性（$Sig. > 0.05$），这可以增加藻细胞与周围介质的营养、代谢产物的交换速率，可使藻类不断得到新的营养物质供应，从而增加生产力和光合作用效率（郑丙辉等，2006；许秋瑾等，

2010)。除此之外，小规模的水流扰动可以使悬浮质中的一些氮、磷营养元素释放到水体中，使得水中的可利用的N、P浓度保持较高的水平（王丽平等，2012）。低水位阶段水体呈现富营养状态，营养物充足，所以认为水体扰动所影响的受光均匀程度可能是藻类生长的限制因子。对照槽为无流速静置水槽，虽然藻类生长所受到的光热条件和营养物水平同环境条件接近，但在无流速静置状态下藻类细胞将下沉，进而出现受光不足而生长放缓。镜检结果发现，研究期间藻类群落主要为无鞭毛、群体生长型绿藻（实球藻等），无自我调节的悬浮生长机制，故在试验期间可能出现下沉，生长放缓的现象。

2. 高水位时期流速对藻类生长的影响

相对静置的水柱使活性下降的藻类细胞逐渐下沉，表层水柱 Chla 呈逐渐下降的趋势。此时流速的增加将可能在一定程度上促进水柱扰动，成为维持藻类在上层水体受光生长的主要因素。在这样的情况下流速介入有助于藻类生长，故在适宜的流速条件下藻类生长速率呈升高的趋势（生长速率为正）。但随着流速的加大（如 0.3m/s），藻类受光生长程度减缓，在此条件下藻类生长速率显著下降，仍然维持正值。对试验槽营养物同步跟踪观测结果发现，不同流速条件下 TN、TP、SRP 浓度呈现 0.3m/s>0.1m/s>0.2m/s；NO_3^--N 和 NH_4^+-N 浓度呈现 0.3m/s>0.2m/s>0.1m/s。0.3m/s 流速促进槽中营养物浓度的升高。不同流速条件下的 K_d 值呈现显著性差异（$Sig.\leq 0.01$），水体扰动所影响的受光均匀程度仍可能是藻类生长的限制因子。

故在冬季高水位蓄水阶段，若采用调节流速、流量的方法抑制藻类生长的难度相对较大。虽然目前从水体流速与藻类生长的定量研究中得到了经验公式，但对流速与藻类之间的定量关系描述仍尚待完善。为更好地描述和量化流速变化对藻类生长的外部环境和自身发展的影响，下一阶段有待从机理层面研究流速对藻类的影响和作用。

主要参考文献

蔡庆华，孙志禹，2012. 三峡水库水环境与水生态研究的进展与展望. 湖泊科学，24(2)：169-177.

富国，2005. 湖库富营养化敏感分级水动力概率参数研究. 环境科学研究，18(6)：80-84.

胡刚，王里奥，袁辉，等，2008. 三峡库区消落带下部区域土壤氮磷释放规律模拟实验研究. 长江流域资源与环境，17(5)：780-784.

胡征宇，蔡庆华，2006. 三峡水库蓄水前后水生态系统动态的初步研究. 水生生物学报，30(1)：1-6.

黄钰铃，刘德富，陈明曦，2008. 不同流速下水华生消的模拟. 应用生态学报，19(10)：2293-2298.

黄真理，李玉梁，李锦秀，等，2004. 三峡水库水环境容量计算. 水利学报，3：7-14.

纪道斌，刘德富，杨正健，等，2010. 汛末蓄水期香溪河库湾倒灌异重流现象及其对水华的影响. 水利学报，41(6)：691-696.

况琪军，周广杰，胡征宇，2007. 三峡库区藻类种群结构与密度变化及其与氮磷浓度的相关性分析. 长江流域资源与环境，16(2)：231-235.

李崇明，阚平，张晟，2003. 三峡库区次级河流富营养化防治研究. 重庆市环境科学研究院.

李坤阳，储昭升，金相灿，等，2009. 巢湖水体藻类生长潜力研究. 农业环境科学学报，28(10)：2124-2131.

李哲，方芳，郭劲松，等，2009. 三峡小江回水区段 2007 年春季水华与营养盐特征. 湖泊科学，21(1)：36-44.

邱光胜，胡圣，叶丹，等，2011. 三峡库区支流富营养化及水华现状研究. 长江流域资源与环境，20(3)：311-316.

邱光胜，涂敏，叶丹，等，2008. 三峡库区支流富营养化状况普查. 人民长江，39(13)：1-4.

王丽平，郑丙辉，张佳磊，等，2012. 三峡水库蓄水后对支流大宁河富营养化特征及水动力的影响. 湖泊科学，24

（2）：232-237.

吴晓东，孔繁翔，2008. 水华期间太湖梅梁湾微囊藻原位生长速率的测定. 中国环境科学，28(6)：552-555.

许秋瑾，郑丙辉，朱延忠，等，2010. 三峡水库支流营养状态评价方法. 中国环境科学，30(4)：453-457.

张金屯，2004. 数量生态学. 北京：科学出版社.

张晟，李崇明，付永川，等，2008. 三峡水库成库后支流库湾营养状态及营养盐输出. 环境科学，29(1)：7-12.

郑丙辉，张远，富国，等，2006. 三峡水库营养状态评价标准研究. 环境科学学报，6：1022-1030.

周红章，2000. 物种与物种多样性. 生物多样性，8(2)：215-226.

Anderson D M, Burkholder J M, Cochlan W P, et al, 2008. Harmful algal blooms and eutrophication: examining linkages from selected coastal regions of the United States. Harmful Algae, 8(1)：39-53.

Becker V, Huszar V L M, Naselli-Flores L, et al, 2008. Phytoplankton equilibrium phases during thermal stratification in a deep subtropical reservoir. Freshwater Biology, 53(5)：952-963.

Borges P A F, Train S, Rodrigues L C, 2008. Spatial and temporal variation of phytoplankton in two subtropical Brazilian reservoirs. Hydrobiologia, 607：63-74.

Borics G, Varbiro G, Grigorszky E, et al, 2007. A new evaluation technique of potamoplankton for the assessment of the ecological status of rivers. Large Rivers, 17(3-4)：465-486.

Callieri C, Caravati E, Morabito G, et al, 2006. The unicellular freshwater cyanobacterium Synechococcus and mixotrophic flagellates: evidence for a functional association in an oligotrophic, subalpine lake. Freshwater Biology, 51(2)：263-273.

Connel J, 1978. Diversity in trophical rain forests and coral reefs. Science, 199：1304-1310.

DeTezanos Pinto P, Litchman E, 2010. Eco-physiological responses of nitrogen-fixing cyanobacteria to light. Hydrobiologia, 639(1)：63-68.

Dokulil M, Teubner K, 2003. Steady state phytoplankton assemblages during thermal stratification in deep alpine lakes. Do they occur? Hydrobiologia, 502：65-72.

Edwards K F, Litchman E, Klausmeier C A, 2013, Functional traits explain phytoplankton community structure and seasonal dynamics in a marine ecosystem. Ecology Letters, 16(1)：56-63.

Furnas M J, 1990. In situ growth rates of marine phytoplankton: approaches to measurement, community and species growth rates. Journal of Plankton Research, 12(6)：1117-1151.

Grime J P, 2006. Plant Strategies, Vegetation Processes, and Ecosystem Properties. Hoboken: John Wiley & Sons.

Hajnal E, Padisak J, 2008. Analysis of long-term ecological status of Lake Balaton based on the ALMOBAL phytoplankton database. Hydrobiologia, 599：227-237.

Hambright K D, Zohary T, 2000. Phytoplankton species diversity control through competitive exclusion and physical disturbances. Limnology and Oceanography, 45：110-122.

Huisman J E F, van Oostveen P, Weissing F J, 1999. Critical depth and critical turbulence: Two different mechanisms for the development of phytoplankton blooms. Limnology and Oceanography, 44(7)：1781-1787.

Huisman J, Weissing F J, 2001. Fundamental unpredictability in multispecies competition. American Naturalist, 157(5)：488-494.

Jassby A D, Goldman C R, 1974. Quantitative measure of succession rate and its application to phytoplankton of lakes. American Naturalist, 108(963)：688-693.

Karimi R, Folt C L, 2006. Beyond macronutrients: element variability and multielement stoichiometry in freshwater invertebrates. Ecology Letters, 9(12)：1273-1283.

Ke Z, Xie P, Guo L, 2008. Controlling factors of spring-summer phytoplankton succession in Lake Taihu (Meiliang Bay, China). Hydrobiologia, 607：41-49.

Kruk C, Mazzeo N, Lacerot G, et al, 2002. Classification schemes for phytoplankton: a local validation of a functional approach to the analysis of species temporal replacement. Journal of Plankton Research, 24(9)：901-912.

Lewis J W M, 1978. Analysis of succession in a tropical phytoplankton community and a new measure of succession rate. American Naturalist, 112(984): 401-414.

Likhoshway Y V, Kuzmina A Y, Potyemkina T G, et al, 1996. The distribution of diatoms near a thermal bar in Lake Baikal. Journal of Great Lakes Research, 22(1): 5-14.

Litchman E, Klausmeier C A, Schofield O M, et al, 2007. The role of functional traits and trade-offs in structuring phytoplankton communities: scaling from cellular to ecosystem level. Ecology Letters, 10(12): 1170-1181.

Litchman E, Klausmeier C A, 2008. Trait-based community ecology of phytoplankton. Annual Review of Ecology Evolution and Systematics, 39: 615-639.

Margalef R, 1958. Temporal Succession and Spatial Heterogeneity in Phytoplankton. California: University of California press.

Margalef R, 1978. Life-forms of phytoplankton as survival alternatives in an unstable environment. Oceanologica Acta, 1(4): 493-509.

McCausland M A, Thompson P A, Blackburn S I, 2005. Ecophysiological influence of light and mixing on Anabaena circinalis (Nostocales, Cyanobacteria). European Journal of Phycology, 40(1): 9-20.

Munawar M, Munawar I, 1975. Some observations on the growth of diatoms in Lake Ontario with emphasis on Melosira binderana Kuetz during thermal bar conditions. Archiv für Hydrobiologie, 75(4): 409-499.

Odum E P. 1969. The strategy of ecosystem development. Science, 164: 262-270.

Oliver R L, Ganf G G, 2000. Freshwater Blooms//The Ecology of Cyanobacteria. NL: Kluwer Academic Publisher.

Padisak J, Borics G, Grigorszky I, et al, 2006. Use of phytoplankton assemblages for monitoring ecological status of lakes within the Water Framework Directive: the assemblage index. Hydrobiologia, 553: 1-14.

Padisak J, Crossetti L O, Naselli-Flores L, 2009. Use and misuse in the application of the phytoplankton functional classification: a critical review with updates. Hydrobiologia, 621: 1-19.

Pielou E C, 1998. Ecological Diversity. New York: John Wiley and Sons.

Reynolds C S, Harris G P, Gouldney D N, 1985. Comparison of carbon-specific growth-rates and rates of cellular increase of phytoplankton in large limnetic enclosures. Journal of Plankton Research, 7(6): 791-820.

Reynolds C S, Huszar V, Kruk C, et al, 2002. Towards a functional classification of the freshwater phytoplankton. Journal of plankton research, 24(5): 417-428.

Reynolds C S, Jaworski G H M, Roscoe J V, et al, 1998. Responses of the phytoplankton to a deliberate attempt to raise the trophic status of an acidic, oligotrophic mountain lake. Hydrobiologia, 370: 127-131.

Reynolds C S, Padisak J, Sommer U, 1993. Intermediate disturbance in the ecology of phytoplankton and the maintenance of species diversity: a synthesis. Hydrobiologia, 249(1-3): 183-188.

Reynolds C S, Wiseman S W, Godfrey B M, et al, 1983. Some effects of artificial mixing on the dynamics of phytoplankton populations in large limnetic enclosures. Journal of Plankton Research, 5(2): 203-234.

Reynolds C S, 1982. Phytoplankton periodicity: its motivation, mechanisms and manipulation. Annual Report, 50: 60-75.

Reynolds C S, 1986. Experimental manipulations of the phytoplankton periodicity in large limnetic enclosures in blelham tarn, english lake district. Hydrobiologia, 138: 43-64.

Reynolds C S, 1988. Functional morphology and the adaptive strategies of freshwater plankton//Growth and Reproductive Strategies of Freshwater Phytoplankton. Cambridge: Cambridge University Press.

Reynolds C S, 1989. Physical determinants of phytoplankton succession //Plankton Ecology: Succession in Plankton Communities. Berlin: Springer Berlin Heidelberg

Reynolds C S, 2006. The Ecology of Phytoplankton. Cambridge: Cambridge University Press.

Salmaso N, Naselli-Flores L, Padisak J, 2015. Functional classifications and their application in phytoplankton ecology. Freshwater Biology, 60(4): 603-619.

Shannon C E, Weaver W, 1949. The Mathematical Theory of Communication. Illinois : University of Illinois Press.

Smilauer P, Leps J, 2014. Multivariate Analysis of Ecological Data using CANOCO5. Cambridge : Cambridge

University Press.

Souza M B G, Barros C F A, Barbosa F, et al, 2008. Role of atelomixis in replacement of phytoplankton assemblages in Dom Helvecio Lake, South-East Brazil. Hydrobiologia, 607: 211-224.

Stoermer E F, 1968. Near-shore phytoplankton populations in the Grand Haven, Michigan, vicinity during thermal bar conditions//Proceedings of the 11th Conference on Great Lakes Research. International Association for Great Lakes Research.

Stolte W, Garces E, 2006. Ecological aspects of harmful algal in situ population growth rates. Ecology of Harmful Algae, 189: 139-152.

Ter Braak C J F, Prentice I C, 1988. A theory of gradient analysis. Advances in Ecological Research, 18: 93-138.

Ter Braak C J F, Verdonschot P F M, 1995. Canonical correspondence-analysis and related multivariate methods in aquatic ecology. Aquatic Sciences, 57(3): 255-289.

Weithoff G, 2003. The concepts of 'plant functional types' and 'functional diversity' in lake phytoplankton-a new understanding of phytoplankton ecology?. Freshwater Biology, 48(9): 1669-1675.

Westwood K J, Ganf G G, 2004. Effect of mixing patterns and light dose on growth of Anabaena circinalis in a turbid, lowland river. River Research and Applications, 20(2): 115-126.

Yamamoto Y, Tsukada H, 2009. Measurement of in situ specific growth rates of microcystis (cyanobacteria) from the frequency of dividing cells. Journal of Phycology, 45(5): 1003-1009.

第7章　澎溪河水-气界面 CO_2、CH_4 通量研究

近年来，温室气体排放与全球气候变化引起了人们越来越多的关注。温室气体源汇通量与碳循环在水库生态学研究领域亦成为研究的热点。这不仅由于水库生态系统本身的独特性，而且作为人类社会改造自然的重要产品，水库修建、蓄水、运行及其综合效益发挥(发电、航运等)均带有显著的碳足迹(carbon footprint)，更影响到对水库修建运行的重要产品——水力发电清洁能源属性的客观认识。

本章着重总结、回顾在科技部、中国长江三峡集团公司支持下，围绕三峡水库澎溪河水库温室气体通量开展监测、分析与研究获得的主要成果，并为后续研究提出方向规划。

7.1　水库温室气体通量研究简述

筑坝蓄水不可避免地淹没土地，导致淹没区域内土壤有机质和陆生植被死亡残体等发酵、降解，最终以 CO_2、CH_4、N_2O、N_2、H_2 和 H_2S 等气体形式释放进入大气。尽管该现象早在 20 世纪六七十年代的早期水库生态学研究中便被报道，但直到 20 世纪 90 年代人们才逐渐意识到它们对全球气候可能的潜在影响，并开始关注水库的温室气体效应。Oud (1993)、Rudd 等(1993)分别报道了水库修建将可能导致区域 CO_2、CH_4 释放通量增加具有潜在温室气体效应。以 Fearnside、Rosa 等为首的巴西生态学家，开展了关于森林砍伐与土地利用变化对热带雨林地区温室气体源汇通量影响的相关研究，发现筑坝蓄水将可能导致大量受淹植被与土壤有机质转化为 CO_2、CH_4 等温室气体释放进入大气，并借此质疑水电的清洁能源属性(Fearnside，1995，1997，2002，2006；Rosa et al.，1994，1995，1996，2003，2006)。随着相关研究的推进，水库温室气体效应问题成为近 20 年来全球碳循环与气候变化研究领域关注的热点之一(Giles，2006)。关于水库温室气体效应"特殊性碳淹没"的个案研究(如巴西的 Tucurui 水电站(Fearnside，2001，2002)、法属圭亚那 Petit Saut 水电站(Abril et al.，2005；Delmas et al.，2001；Galy-Lacaux et al.，1996))成为一些国际组织(如 International River Networks 等)质疑水电绿色属性和清洁能源属性的重要证据(McCully，2006)，"水力发电的温室气体效应远强烈于相同当量火电"等观点在相当长一段时间内被广为引用。

随着研究的深入，全球范围内水库温室气体释放水平的轮廓逐渐清晰起来。在加拿大、美国、法属圭亚那和巴西等国家的案例研究，提供了全球不同气候带下水库温室气体的总通量特征与收支关系。Barros 等(2011)通过系统比较分析，获取了水库温室气体总通量水平的总体范围，认为水库成库时间(库龄)以及所处气候带是影响全球水库温室气体总通量水平的关键。Louis 等(2000)认为在不同因素综合作用下，水库温室气体效应

差异明显，且在有限数据条件下实现对水力发电温室气体效应的判断仍相对困难。虽然"修建水库→土地淹没→有机质降解→温室气体释放"的基本科学逻辑获得广泛认同，但"筑坝蓄水→水域生态系统重建→流域碳源汇格局改变"的另一逻辑却未深入剖析并科学建立，关于筑坝蓄水活动本身的温室气体净通量水平仍未能有明晰的回答，而关于水库修建的"碳足迹"和水电工程全生命周期下的碳评估更没有明确科学准确地计量（Hertwich et al.，2013，2015）。

综合该领域近 20 年的研究历程，大致可划分为以下三个阶段。

第一阶段（1993～1997 年）：以 Fearnside 论文《Greenhouse-gas emissions from Amazonian hydroelectric reservoirs：the example of Brazil's Tucurui Dam as compared to fossil fuel alternatives》（Fearnside，1997）为标志。

以 Oud（1993）和 Rudd 等（1993）首次报道的水库潜在温室气体效应为起点，该领域研究自 20 世纪 90 年代初开始逐渐开展起来。但事实上，早在 20 世纪 80 年代，巴西自然保护学家 Fearnside 对 Balbina、Tucurui 等亚马孙流域热带水库温室气体释放通量进行了理论推演，认为上述发电水库温室气体释放强度远强于同等当量水平的化石燃料电厂，其中 1987 年蓄水的 Balbina 水库在 1990 年碳排放因子超过同等发电水平的火电厂 20 倍以上。不仅如此，Fearnside 以 Tucurui 水库为例，分析了长时间效应对水库温室气体释放通量的影响，认为最初 10 年的蓄水时间内，Tucurui 水库温室气体效应水平约是同等当量火电站的 3～4 倍，而在 100 年的时间尺度下，Tucurui 水库温室气体效应水平亦较同等当量火电站高出约 15%（Fearnside，1997）。这些研究成果成为该时期水库温室气体研究的标志。由此引发的国际社会对水电温室气体负面效应巨大担忧，在很大程度上强烈冲击了人们对水电清洁能源属性的传统认识，影响了不少国家和国际组织对水电发展策略的制定。

与此同时，加拿大 Hydro-Qubec 亦对水库温室气体开展了早期的观测研究。同巴西人不同的是，加拿大人并不急于强调水库温室气体通量释放强度同其他能源形势的比较，而更侧重于强调水库温室气体监测方法的建立（Duchemin et al.，1995），并同国际原子能机构（IAEA）合作，对包含水电能源（以加拿大寒带发电水库为基础）在内的不同能源形式的温室气体释放因子进行初步评估，获得了对水电能源温室气体效应认识的最初轮廓，认为水电与火电相比仍有较显著的温室气体减排效应，见表 7-1（Tremblay et al.，2005）。

表 7-1　基于全能源链的各种能源形式温室气体排放因子（**Tremblay et al.，2005**）

能源形式	温室气体排放因子/$[gCO_{2equiv.}/(kWh)]$
煤（褐煤、硬煤）	940～1340
石油	690～890
天然气、液化气	650～770
核能	8～27
太阳能	81～260
风能	16～120
水电	4～18

续表

能源形式	温室气体排放因子/$[gCO_{2equiv.}/(kWh)]$
寒带水库(La Grande 9 个水库群)*	约 33
寒带水库平均值*	约 15
热带水库(Petit Saut)*	约 455(总)/约 327(净)
热带水库(巴西 9 个水库)*	6～2000(平均值：约 160)

注："*"为 Tremblay 等在 2005 年的后续补充

第二阶段（1997～2008 年）：以《Nature》的报道《Methane quashes green credentials of hydropower》（Giles，2006）和 IPCC 第四次评估报告为标志。

一方面，自 1996 年起，Rosa 等同 Fearnside 展开了持续了 10 年的激烈学术争论（Rosa et al.，1996，2004，2006）。双方争议焦点是热带水库温室气体效应的计量方案及不确定性。Rosa 认为，Fearnside 的理论推演夸大了有限的研究成果，将最不利条件下的水库释放（如淹没植物降解、过坝下泄等）外延至 Tucurui 水库温室气体计量中，获得了不科学的研究结论（Rosa et al.，2006）。Dos Santos 等认为能量密度（单位淹没土地下的装机容量）较高的水电站其温室气体减排效益明显，而能量密度较低的水电厂其总排放通量甚至远高于相同当量的火电厂（Dos Santos et al.，2006）。2006 年《Nature》的报道或许是对 Fearnside 与 Rosa 长达 10 年学术争议的重要总结，认为缺乏充分的研究数据支撑仍是解析水电温室气体效应的重要障碍（Giles，2006）。2006 年后，Fearnside 陆续发表了政策性或评论性文章，从热带雨林碳汇消失和巴西水电发展政策的弊端等角度，对热带水库温室气体排放进行分析讨论（Fearnside，2013，2014，2015）。

另一方面，Delmas、Galy-Lacaus 研究小组等对 Petit Saut 热带水库温室气体效应开展了长期跟踪观测，基本理清了该水库温室气体释放的长期特征与碳的降解、释放动态关系，提出了水库 CO_2、CH_4 随时间释放的经验估算模型，成为水库温室气体效应系统研究的经典范例（Galy-Lacaux et al.，1996；Delmas et al.，2001；Abril et al.，2005；Guerin et al.，2008a；Kissinger et al.，2013）。Duchemin、Tremblay、Louis 等围绕加拿大、美国寒温带水库温室气体通量特征开展了大面调查与横向比较研究（Duchemin et al.，1999，2006；Tremblay et al.，2004）；同加拿大 Environnement Illimite 公司合作，通过监测方法比较（静态箱法与薄边界层法等）、研发与改进，构建水库温室气体监测技术体系（Demarty et al.，2009）；以 La Grande 水库群为范例，开展了水库温室气体通量模型的研究工作。Tremblay 等在 2005 年出版的《Greenhouse Gas Emissions Fluxes and Processes：Hydroelectric Reservoirs and Natural Environments》一书中对水库温室气体效应各层面研究进行了系统总结（Tremblay et al.，2005）。

上述研究成果为国际社会明晰水库温室气体效应提供了较丰富的成果，促进了国际社会对水电清洁能源属性的科学认识。2006 年联合国教科文组织 UNESCO 在巴黎峰会上对水库温室气体效应问题形成了较统一的认识。2007 年 IPCC 第四次气候变化评估报告对水电温室气体效应做出了确定性的判断：即在明确水电能源为可再生清洁能源属性的同时，强调了水库温室气体效应的潜在影响以及水库碳计量的不确定性（Edenhofer et al.，2011）。而限于不同区域水库温室气体释放背景的巨大差异，《联合国气候变化框架公约》(UNFCCC)仍将大型水力发电项目排除在清洁能源发展机制(CDM)之外。

第三阶段（2008 年至今）：以 UNESCO/IHA 水库温室气体项目启动及《GHG Measurement Guidelines for Freshwater Reservoirs》颁布为标志。

2008 年以后，国际上对水库温室气体效应关注的热度并未呈现下降的趋势。围绕水库温室气体产汇机理和碳收支的深入研究是这一时期的研究重点。Guerin 对 Petit Saut 水库底层厌氧状态下 CH_4 和氮氧化物等产汇机制等进行了探讨，为深入探索水库温室气体碳收支特征和净通量奠定了基础(Guerin et al.，2007，2008a，b)。随着水库监测方法的逐步改进和完善，需要统一的、客观理性的水库温室气体效应计量体系以评估全球水电行业温室气体效应已成为普遍共识。在 UNESCO 和 IHA 联合资助下，国际水文计划第七期(IHP-VII)增加了水库温室气体研究项目，旨在通过为期 5 年(2008～2012 年)的研究，形成一套系统完善的水库温室气体监测技术体系、计量模型与评估方法，为水库温室气体效应评估提供技术依据和指导，其重要成果《GHG Measurement Guidelines for Freshwater Reservoirs》于 2010 年正式出版(Goldenfum，2010)。

虽然目前水电清洁能源属性已经得到国际社会的广泛认同(Edenhofer et al.，2011)，全球范围内不同气候带水库温室气体总通量水平的监测研究积累了大量的科学数据与研究经验，气候带与库龄是影响水库温室气体总通量水平的关键，但水电碳排放不为零的事实仍提醒人们需要进一步科学解析筑坝蓄水过程的温室气体效应。在大量前期积累基础上，尝试对筑坝蓄水过程的温室气体净通量强度的计量、评估是近 1～2 年来水库温室气体研究的关键(Teodoru et al.，2012)，也是未来水库温室气体研究的总体趋势。同时，这在一定程度上也是对 Fearnside、Rosa 学术争议的理性回归。

7.2　水库温室气体监测技术与方法

7.2.1　水库温室气体产汇路径与监测

筑坝蓄水过程的温室气体效应同水库修建后水域生态系统的碳循环特征密切相关。水库水域生态系统中碳的基本生物地球化学模式见图 7-1。

对于水库生态系统而言，其碳的来源主要有以下几种(图 7-1)：①水库蓄水后淹没大量储存在植被和土壤中的碳(以有机碳为主)；②从上游或陆源汇入到水库中的有机物(含来自于自然农田生态系统或城市和工业排放的污水)；③水库中生长和死亡的浮游植物和水生生物；④生长于消落带的植被被淹没；⑤流域内受侵蚀土壤所带来的碳(Goldenfum，2010)。

水库中碳的迁移转化路径则主要包括以下几个方面(图 7-1)：①水库生态系统生产与呼吸过程，即水相中无机碳在光合作用下被初级生产者(浮游植物)转化为有机碳并经由食物网传递转化，最终以碎屑形式和呼吸产物 CO_2 释放入水；②水库有机碳在细菌作用下降解成无机碳；③在水体内 CO_2 分压(pCO_2)和大气中 CO_2 分压的相互平衡作用下，水−气界面 CO_2 发生频繁交换过程；④水库生态系统中以碎屑(颗粒态有机物)形态存在的碳随流输移，并在合适的水动力条件下沉淀至库底；⑤厌氧状态下有机态碳转化为CH_4并在适宜条件下释放出来；⑥水库碳随同水库下泄过程进入下游，部分碳因压力、水温等条件剧变以"消气"形式释放出来（Goldenfum，2010）。

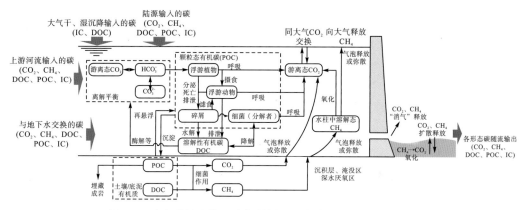

图 7-1　水库碳的生物地球化学循环基本模式（李哲等，2012）

从上述分析可以看出，影响水库温室气体产生的因素众多，大体上包含以下六个方面。

(1)水库淹没区域的土壤类型与植被情况。

筑坝蓄水将形成新的淹没区。原有地表中土壤有机质含量、植被覆盖等情况决定了水库淹没区域的碳储量，是水库温室气体形成的重要部分。水库温室气体释放通量在很大程度上依赖于水库淹没区域的碳储量。不仅如此，在土壤有机质含量较高、植被覆盖较密的区域，淹没后由于细菌消耗大量溶解氧，导致水库底层局部出现厌氧情况，易诱发CH_4形成与释放。

(2)水库库龄。

水库蓄水后，水中不稳定有机物的分解造成大量温室气体排放进入大气。水库成库时间(库龄)是影响水库温室气体释放的另一重要因素。Delams 等报道了法属圭亚那 Petit Saut 水库温室气体释放通量随库龄的变化过程(Delmas et al.，2001；Abril et al.，2005)，认为水库温室气体释放总通量将在蓄水后 2~3 年内达到峰值，此后呈震荡形指数下降趋势。有研究认为，大量可降解的不稳定碳在蓄水后首先被微生物利用、降解，是高强度通量在成库初期形成的主要原因(Abril et al.，2013)。而水库温室气体通量水平达到同区域天然水体所需要的时间通常认为是 10~15 年(图 7-2)。

(3)水库物理形态。

水库物理形态包括水库库型、水深等物理边界条件。一方面，水库物理形态决定了水库水域生态系统发育与健全的程度。河道型水库在成库后依然保持近似于河流的水动力特征，其生源要素的纵向输移特性和生产力水平受水库水动力条件的影响明显。枝状型水库水域面积相对较大，生源要素宏观上表现为垂向迁移的特征，风生流对水库水动力条件影响明显，生产力水平和生态系统发育更接近于天然湖泊。另一方面，水库物理形态也在很大程度上影响了水库温室气体的形成过程。通常在深水环境下，静水压力的

存在使得 CH_4 气泡难以形成，温室气体主要通过扩散的方式进行释放；在浅水环境下，CH_4 气泡可以在被氧化前到达水面而释放，是温室气体重要的释放形式。

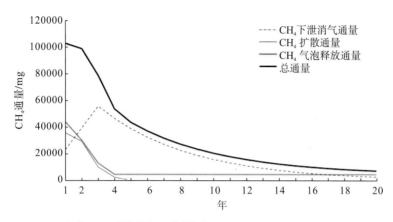

图 7-2　Petit Saut 水库 CH_4 通量长期变化估测（Abril et al.，2005；Tremblay et al.，2005）

（4）水库的地球化学背景与生物因素。

地球化学背景决定了成库前水库区域碳的本底情况。生物因素的影响主要体现在两个方面：①在自养状态下，水体中植物的光合初级生产大于呼吸消耗，碳被固定，导致水体中 CO_2 分压降低，使得水库吸收大气中的 CO_2；②在异养状态下，呼吸作用较强，CO_2 分压增加，大于大气中的 CO_2 分压，从而水体中的 CO_2 释放到大气中。同样，水体中的水生生物（含细菌类）量的变化也会导致 CH_4 产生情况的改变。在各种理化作用中，水体真光层深度、pH、碱度、TOC、DOC、叶绿素含量、浮游生物量等都将对水库温室气体通量水平产生重要影响。

（5）流域气候气象条件。

流域气候气象条件（温度、气压、风速、辐照等）将极大影响不同水库区域主要生源要素的生物地球化学循环过程。气候条件不仅是生态系统发育与完善的重要因素，决定了生态系统能量输入与传递的关系，而且，气候气象条件也影响水体的理化特征，调节水体中温室气体分压同大气分压之间的平衡关系，并改变水面的扰动状态，进而影响水库温室气体释放通量大小。

（6）其他因素影响。

水库修建运行会受到水库管理者的调控影响，梯级调度、防洪、发电、航运、灌溉等人为因素的作用将在一定程度上改变水库的物理、化学、生物因素，影响水库的温室气体排放。如何有效地通过人为控制减少水库的温室气体排放应是今后水库温室气体研究的重要方向，特别是在一些生态脆弱区显得更为重要。修建水库过程中，不同国家采取的环境策略也不一致。例如，在巴西等南美热带国家，修建水库通常不在建坝前做清库工作，蓄水后导致淹没区原本丰茂的植被被淹没，而且很多是平原型水库，其水深相对较浅，为 CH_4、CO_2 大量释放提供了很好的条件。

7.2.2 水-气界面温室气体通量监测技术现状

长期以来，人们根据地表系统温室气体(CO_2、CH_4、N_2O)通量的基本特征和近地层大气中气体传输机制发展了各种温室气体通量监测方法，主要包括模型估算法(化学计量法)、通量箱法、微气象法和遥感反演法等，并延伸发展了十余种界面温室气体监测方法(表7-2)。其中，模型估计法的原理是根据不同相间(水-气)气体成分的浓度梯度并运用Fick定律来估算通量；通量箱法则通过原位搜集一定空间范围内的温室气体浓度，分析其随时间的变化率(静态箱)或浓度差异(动态箱)来计算被罩界面待测气体的交换通量；微气象法是根据测量近地层的湍流状况和微量气体的浓度变化得到有关地表温室气体排放通量信息；遥感反演法则通过遥感数据建立地表温室气体潜在释放源同影响要素间的定量模型进行反演估测。

表 7-2 水库温室气体通量主要监测方法及基本原理(李哲，2011)

	通量监测方法	原理及方法
模型估算法	水化学平衡法	利用酸碱平衡滴定测试水中 CO_2 浓度，进而估算水-气界面 CO_2 通量
	气提法	利用磷酸酸化水样，使水中 CO_2 过饱和，并利用高纯氮气将其从水体提取出来，测试水中 CO_2 浓度并估算界面通量
	顶空平衡法	利用水-气交换平衡器(鼓泡式、层流式、喷淋式等)使水体内气体浓度与进样气体浓度达到平衡，测量进样气体浓度值估算水中气体浓度值并估算界面通量
	水气分离法	利用脱气膜或其他水气分离设备，将水体中的气体分离出来，测试水中气体含量并估算界面通量
通量箱法	密闭式静态箱	用容积和地面积都已知的化学性质稳定的箱体，插入地面或罩在底座上，每隔一段时间对箱内待测气体的浓度测量，根据浓度随时间的变化率来计算被罩地面待测气体通量
	密闭式动态箱	密闭箱内气体以一定的流速被抽出采样箱，经过气体分析仪测试后，再返回到采样箱中。根据气体浓度随时间的变化来计算通量
	开放式动态箱	空气从箱一侧的进气口进入箱内，从箱的另一侧出口流出。土壤表面与大气交换的气体通量可通过气流进、出口处的浓度差、流速和箱覆盖面积等参数算出
微气象法	涡度相关法	涡度相关法通过测定大气中湍流运动所产生的风速脉动和物理量脉动，在满足常通量层三个假设条件下，求算能量和物质通量
	松弛涡度累积法	要求以与垂直风速大小成比例的速率将上风方和下风方的气体样品收集在两个气袋中，后在理想的实验室条件下进行气体的浓度测定，求得通量
	空气动力学方法	通过测定群落上部两个高度的气体浓度，依据边界层的气体、热量与动量传输系数的相似原理，间接计算气体通量
	能量平衡法	假定生态系统的能量输入与输出是平衡的，利用能量平衡与气体通量的关系评价生态系统与大气间的气体通量
其他	土壤浓度廊线法	假设土壤水平方向浓度均一，则土壤-大气间的气体交换通量可以通过测定土壤剖面不同深度的目标气体浓度来计算
	气泡收集法	将一漏斗状的收集器放置于水体面，收集从底层释放上来的气泡，最后用色谱分析求得通量
	碱吸收法	在静态箱内放置碱液，一定时间后通过标定碱液吸收的 CO_2 来计算这一时间段内土壤呼吸量的方法
	遥感反演法	各种遥感卫片对地表各相关变量进行图像解析，定量建立各地表环境变量的模型，估算温室气体释放水平并进行模型校正

模型估算法一般只适用于水－气界面的通量估算，较为简便，且多在现场对样品直接进行分析处理，减少了环境改变对气体分析的影响。但由于其核心是借助于 Fick 定律进行水－气界面通量估算，不仅需要准确测量水体中痕量气体的分压（浓度），而且界面气体传质系数及其影响因素（风浪、行船搅动等）亦对温室气体通量估测产生重要影响。近 20 年来，由于易受离子强度的影响，在一些高盐、高硬度水中测试真实值和气体分压值可能存在较大差别，因此人们开始引入水－气平衡器，力图通过充分实现水－气界面的气体溶解平衡以测量原水样中溶解的痕量气体，据此研发了喷淋式、层流式和鼓泡式等多种水气平衡装置。虽然该方法大大提高了测量的准确度，但其携带不便且操作繁杂，影响了其应用的范围。近 5 年来，加拿大研发了干/湿盒体（Dry Box/Wet Box）气体交换平衡装置（Demarty et al.，2009），集成了水气平衡方法的各种测试装置，并便携化。2008 年有研究将水处理工艺中的脱气膜引入顶空平衡法中，气体脱除率达到 99% 以上，是目前水库温室气体通量观测的前沿技术。

通量箱法花费低、操作方便、灵敏度高，是水库温室气体监测的常用方法。但通量箱体对观测对象有扰动，箱内外存在一定压力差、温度差等，改变了被测表面空气的自然湍流状况，可能对界面与大气间微量气体交换产生影响，使测试结果与实际情况存在一定偏离。从静态箱到动态箱的发展在一定程度上克服了上述问题，但动态箱本身亦具有一定缺陷，一方面，动态箱箱体平衡流量将干扰界面气体传输，另一方面，在气体排放通量较低的情况下，箱体的出口和入口处的被测气体浓度差别很小，因而要求有很高的测量精度，否则会导致较大的测量误差。近年来，人们开始将动态箱与静态箱相互结合，在箱内配置一非色散红外分析仪使气体在仪器与箱之间循环流动，达到监测与气体流动的双重目的，具有测定时间短、受观测对象的干扰小、气体混合均匀、精确度高等特点。

和通量箱法相比，微气象法是一种开放式的测量方法，多用于陆生生境温室气体的测量研究，其主要特点为：①所测气体通量值是较大空间范围内（一般为 100~1000m）的平均值，减少了密闭系统采样带来的误差；②测量装置一般位于被测区域的下风方向处，试验装置及观测活动基本不会干扰被测区域的自然环境状况；③观测持续时间较长，能得到被测区域微气象要素的时间变化，获得被测气体交换特征。但由于空气运动是多维的，观测的垂直涡度通量可能偏离真正的净交换，要求下垫面相对均匀。目前该方法着重针对非理想下垫面（真实下垫面）CO_2 通量和水热通量的计算研究，而地形起伏引起的平流和夜间 CO_2 通量计算等问题还有待于进一步深入研究，这将是今后工作的重点。

7.2.3　三峡水库温室气体通量监测方案的总体设计

三峡水库是典型的河谷型水库。结合三峡水库的调度运行方式与水库物理形态特征，三峡水库宏观湖沼学特点可大致归纳为以下两个方面。

1）流态空间差异明显

三峡水库属峡谷河道型水库，蓄水后受回水顶托影响，时空差异性明显。从流态上分析，三峡干流流态总体上仍呈过流型水体（overflow），在靠近坝区呈现湖泊型特征，在水库中段呈过渡型水体(transition)。而支流由于来水量较小,受回水顶托的影响明显,大多数支流流态呈过渡型,在局部库湾或河汊处水体更新交换十分缓慢,呈湖泊型。

2)纵向输移与垂向混合交叠

三峡水库属于暖单季回水型水库,其年内一般出现一次温度变化导致的水体垂向对流混合,即夏季增温,水柱出现水温层化,秋季表层水温下降导致对流,冬季水柱混合趋于均匀。随着水库调蓄和天然径流过程的耦合,诱导了纵向输移与垂向传递的交叠,迫使三峡水库在物质传递、水柱能量输送上具有其典型的独特性。一方面,夏季洪峰过程迫使其纵向输移特征明显,水柱分层容易被径流打破而形成混合状态;冬季枯水期高水位运行状态下,水库接近于深水湖泊,垂向混合特点明显。另一方面,在过渡型的季节条件下,例如春季水库泄水期间,气候回暖导致稳定的弱温分层现象明显。

在上述特征影响下,三峡水库温室气体通量特征可能呈现出时空上的显著异质性,即在空间上,不同水域温室气体产汇机制、通量强度差异明显;在时间上,随着水库调度运行与季节变化,温室气体通量强度特征也将有所改变。

根据上述分析,三峡水库水-气界面温室气体监测方案的总体设计思路如下。

(1)综合考虑三峡库区在地貌、地球化学背景、土壤与植被类型等方面的空间差异,结合水库调度运行下水文水动力条件的空间分布特点,划分典型空间区段分别开展监测研究。

(2)充分考虑三峡水库天然径流过程与水库调蓄过程的叠加效应,以逐月跟踪观测为主,典型时段的高密度连续观测为辅,实现对逐月变化和昼夜变化两个时间尺度下温室气体通量特征的认识。

(3)明确以坝前175m水位线为空间边界的水库温室气体监测范围,在175m水位以下,针对三峡水库独特调度运行方式下温室气体产汇过程,对水-气界面、消落带土-气界面、过坝下泄水消气过程、坝下影响区释放等开展跟踪观测。

在大空间尺度上,将三峡水库干、支流温室气体监测分为9个空间区段,并设置上、下游干、支流天然河段断面进行跟踪观测(图7-3),相应的环境特点见表7-3。

表7-3 三峡水库温室气体通量监测总体方案

编号	空间区段	采样点位(含典型消落区)	温室气体产汇与环境特点
1	过坝下泄区 (干流)	三斗坪大坝下泄区	过坝下泄水剧烈的扰动翻滚作用以及深层出水造成过饱和气体大量释放
2	库首段:坝区 (干流)	坝区秭归县处	地貌上为扬子江淮地台(秭归盆地),气候气象条件接近于长江中下游地区
3	奉节至巴东段 (干流)	干流巫山站	大巴山区的高山峡谷水域,喀斯特地貌特征,高山对峙,下有流水,垂直气流扩散独特,可能存在大气逆温层现象
4	长寿至云阳段 (干流)	干流忠县站,忠县石宝寨 (干流消落区)	库中段,四川盆地东部的川东丘陵区,为三峡水库腹心地带,冬季温和,少见冰雪,紫色土为主要土壤,农业耕种强度大
5	库尾段:重庆 主城段(干流)	干流寸滩站	库尾段,受上游来水和主城排污影响明显,且仅在冬季高水位下受淹,夏季为天然河道,物理背景同长寿至云阳过渡区迥异

续表

编号	空间区段	采样点位(含典型消落区)	温室气体产汇与环境特点
6	香溪河(典型支流)	兴山县(含消落区)、香溪镇	三峡坝区段最大的支流,受大坝调蓄影响明显,上游磷矿丰富
7	大宁河(典型支流)	巫山大昌镇、巫山双龙镇(支流消落区)	水库中段高山峡谷地形、喀斯特岩溶的地貌背景,旅游风景区污染程度相对较小
8	澎溪河(典型支流)	云阳双江镇、云阳高阳镇、开县汉丰湖、开县白家溪(支流消落区)	三峡中段最大的支流,消落区总面积最大(占总面积的16.17%),移民人口最多,农业耕种强度较大
9	龙溪河(长寿)(典型支流)	长寿西家岩	城镇化进程十分迅速,城镇群农业面源污染明显

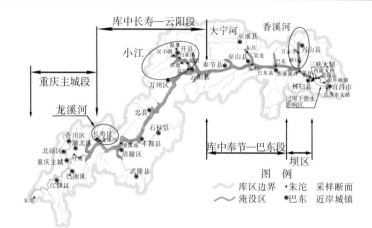

图 7-3　三峡水库温室气体监测空间分区与采样断面设置示意图

设置的天然河道对照断面有(图 7-3):①长江干流入库对照断面——重庆江津朱沱水文站;②支流入库对照断面——重庆开县温泉水文站;③三峡坝下出库对照断面——湖北宜昌水文站。

在每个空间区域内布设 1~2 个采样断面。各采样断面采样点根据现场水域环境、水文要素、水质状况等实际情况,力求以最低的采样频次,取得最有时间代表性的样品。根据目前国际通用的水库温室气体野外监测时间频率,常规采样频率为每月 1 次,采样时间定于每月上中旬完成。另外,为进一步掌握三峡水库温室气体昼夜变化特点,在每季度选择典型日开展 24h 连续定位跟踪观测。

结合国际上水库温室气体监测的相关研究进展以及 UNESCO/IHA《淡水水库温室气体监测导则》(Goldenfum,2010),对三峡水库温室气体监测的指标体系确定为以下几个大类。

(1)气体通量指标:CO₂、CH₄气体通量,包括水–气界面扩散通量与以气泡形式释放的通量。

(2)水柱中气体含量指标:水柱中溶解性 CO_2、CH_4含量。

(3)水质指标:叶绿素浓度(Chla)、悬浮物浓度(SS)、溶解氧(DO)、pH 值、水温、ORP、电导率、碱度、总碳(TC)及其形态(IC、OC)、总氮(TN)及其主要形态、总磷(TP)及其主要形态、硅及其主要形态、污染物浓度(COD、BOD)、颗粒态有机物

(POM)和溶解性有机物(DOM)等。

(4)环境气象指标：气温、风速、风向、气压、降水量、辐射(总辐射、净辐射)和水下光合作用有效辐射(PAR)等。

(5)水文水动力指标：径流量、水位、流速、下泄水量和水深等。

(6)流域背景情况与陆域生态系统特征调查：调查流域背景情况，包括水库流域边界内的地理、地貌、库岸特征、水文气象、水库淹没状况、消落带变化、消落带植被情况、流域地球化学背景和流域内大气温室气体背景浓度等。

7.2.4 水库温室气体通量主要监测方法的改进、比较与适用性

1. 适宜于三峡支流水体特征的水−气界面静态箱法改进

箱法原是测量陆地生态系统温室气体排放通量应用最广泛的方法，90年代中期被借鉴到水−气界面温室气体排放当中。采用 Livingston 等(1995)对箱法技术的分类，将箱法分为三种类型：密闭式静态箱(closed static chamber)、密闭式动态箱(closed dynamic chamber)和开放式动态箱(open dynamic chamber)。密闭式静态箱和密闭式动态箱是根据箱内气体浓度随时间的变化率来计算被罩地面待测气体的排放通量，也称为非稳态箱；开放式动态箱则是通过箱入口和出口处气体浓度差异来计算待测气体的排放通量，称为稳态箱。对箱内气体的检测手段有很多种，如碱液吸收法、气相色谱法、非色散红外气体分析仪等。目前静态箱主要应用于水−气界面碳通量的测量，而动态箱主要应用于土−气界面。

1)密闭式静态箱

密闭式静态箱是一种原理简单、操作方便的水−气界面气体通量观测方法。它通过在水体表面放置一个顶部密封的箱体，箱体底部中通，收集表层水体以扩散方式排放的二氧化碳和甲烷等待测气体，每隔一段时间测量箱体中待测气体的浓度，根据浓度随时间的变化率来计算被覆盖水域待测气体的排放通量。

传统的静态箱法是通过现场采集箱内空气样本，然后利用气相色谱仪测定样本中待测气体的浓度。静态箱−气相色谱法气体排放通量的计算公式如下：

$$Flux = \frac{斜率 \times P \times F1 \times F2 \times 体积}{SP \times R \times (273.15 + T) \times 表面积} \tag{7-1}$$

式中，$Flux$ 为温室气体扩散通量，$mg/(m^2 \cdot h)$；斜率为时间−浓度关系图中的斜率，$\mu atm/min$ 或 ppm/s；P 为监测时的大气环境压力，kPa；$F1$ 为 ppm 到 $\mu g/m^3$ 的转换系数；$F2$ 为分钟到小时的转换系数；体积为浮箱内套入的空气体积，m^3；SP 为标准大气压，$101.325kPa$；表面积为箱体所覆盖的水面面积，m^2；T 为监测时箱内的温度，℃。

静态箱−气相色谱法的优点是能同时分析气体样本中的多种成分，如可同时分析 CO_2、CH_4 和 N_2O，分析精度高，结果准确可靠，已在水生及陆地生态系统温室气体排放通量测定中得到广泛的应用。但静态箱−气相色谱法通常只能获得点的通量数据，且劳动强度大，分析成本较高，不适宜开展大区域、长期的观测；同时由于传统方法采用手动操作可能导致人为误差，以及将所收集气体样本送实验室进行色谱分析的过程中，气体样本成分可能发生变化，都将导致最终计算得到的通量结果产生误差。为解决这些问题，

出现了静态箱与在线气体分析技术相结合的方法，即所谓的密闭式动态箱通量观测法。

2）密闭式动态箱

密闭式动态箱实际上是静态箱－气相色谱法的一种改良，也称为气流循环式静态箱，排放通量也是通过计算箱内浓度随时间的变化率来确定的，是目前流行的水体碳通量测量方法。通常密闭式动态箱系统由气体分析仪、气体收集箱、气泵以及流量控制器组成。箱内气体以一定的流速被抽出采样箱，气体经过气体分析仪分析后，再返回到采样箱中，如此往复循环数次，根据气体浓度随时间的变化来计算通量。密闭式动态箱一般使用响应快速的非色散红外气体分析仪测量箱内气体浓度。整个罩箱时间可以小于 5min，能获取几十个数据点。目前国际上应用最广泛的是 Picarro 和 LGR 公司生产的非色散红外分析仪，仪器内置泵、自动流量控制及水分干燥管，便携式一体化设计，高精度和高重现率，使其成为目前最为广泛采用的两种仪器。

目前，国内对水－气界面气体扩散通量的监测所采用的静态箱大多为圆柱形不锈钢筒（图 7-4），底部安装充满空气的橡胶垫，使其能漂浮在水面上。内置小型风扇使箱内气体混合均匀。这种构造从 20 世纪 90 年代初诞生以来，广泛应用于湖泊、水库及河流温室气体（CO_2、CH_4、N_2O）通量的观测中，但该箱体在使用中一直存在许多不足之处：①箱体沉重，超过 10kg，体积较大，携带不便，不太适合野外多点位观测工作；②箱体内部气体混合不够均匀，虽然内置风扇具有一定的混合效果，但由于箱体呈圆柱形且高度过高（50cm），即使安装风扇也无法将箱内气体混合均匀，箱体底部接近水面的部分气体浓度仍比上部要高；③箱体体积较大，因此采样时间较长，进而受环境因素干扰较大，使用该静态箱采集气体一般需要 40min 甚至 1h，其间环境要素的改变会严重影响水－气界面气体通量，从而对观测的准确度造成影响；④箱体未安置隔热材料，当阳光直射放置在水面上方的箱体时，箱内温度的升高会严重干扰气体扩散通量；⑤野外条件下，箱体长期浸在水面上，其钢体焊接部位容易生锈腐蚀，从而影响箱体的密闭性。

图 7-4　通用静态箱

针对现有水-气界面静态箱的上述不足,根据 IHA《淡水水库温室气体监测导则》(Goldenfum,2010)推荐的温室气体静态箱尺寸(箱体内空间高度约为水面上 15cm,底面积为 0.2m²,体积约为 30L),设计了一种改进型静态箱(图 7-5),该箱体不仅构造简单、携带轻巧、操作方便,而且箱内空气混合均匀、现场采集时间短,特别适用于多位点、多时段的水-气界面气体扩散通量的观测。改进静态箱的技术方案是:

(1)采用聚乙烯塑料材质作为箱结构主体,代替不锈钢。聚乙烯材质物理化学性质稳定,在野外条件下,即使长期浸泡在水中也不会腐蚀,其材质重量也轻,使得携带及采样点之间的转移非常方便。

(2)长方体、圆角及低高度的结构设计,使箱内空气在内置风扇的带动下混合均匀,保证了每次气体采集的准确性和可靠性。

(3)与水面接触面积大,是通用的圆柱形静态箱的两倍,而箱体体积只有目前静态箱体的 1/2。大的底表面积使得气体样品采集更具有代表性,符合目前国际主流思想;而相对小的气体收集室又使得每次采集样品的时间缩短,由目前 40~60min 缩短到 10~20min,使多断面、多时段的水-气界面观测成为可能;并且相对小的箱体增加了气体采集的灵敏度。

(4)为了减少太阳直射导致箱内气温增加对水-气界面气体通量造成的影响,采取了两项技术措施:①采用泡沫吹塑纸贴于箱体外表面,共贴三层,以隔绝箱外气温对箱体的热传输影响;②最外层加以锡箔反光材料,以降低太阳的直射干扰。试验表明,该方案能有效防止箱体内部气温的升高,在没有太阳直射的条件下,采样周期(20min 内)温度上升/下降不高于 1℃;在有阳光直射条件下,箱内气体升高幅度也大大小于同等条件下的静态箱(大箱)。

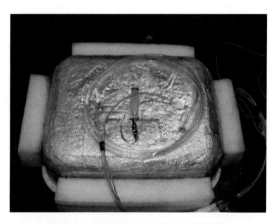

图 7-5 改进后的水-气界面静态箱

为对静态箱改进的结果进行比较,将两种箱体共同应用于 2010 年 5 月重庆万州境内长江主干流水-气界面 CO_2 通量的观测中。对比实验同选取两个采样点,分别位于长江主航道的左右两侧(RS12,RS14),距岸边>100m。采样前先开起风扇 2~3min,使采样箱内充满空气,然后倒置于水面上。采气前 10s 再开启风扇,使箱内气体混合均匀。两种箱体的测试时间均为 20min。新型静态箱每隔 5min 用针筒抽取采样箱内气体 100mL,并注入铝箔采气袋后保存,该断面共取 5 次,整个采气过程为 20min;通用静态箱则沿用目前国内各高校、科研院所通常采用的测试方案，每隔 10min 抽取一次，共取 3 次，整个采气过程也为 20min。气体样品带回实验室用气相色谱仪分析箱内 CO_2 的浓度变化，结果见图 7-6(传统通用静态箱)和图 7-7(改进型静态箱)。

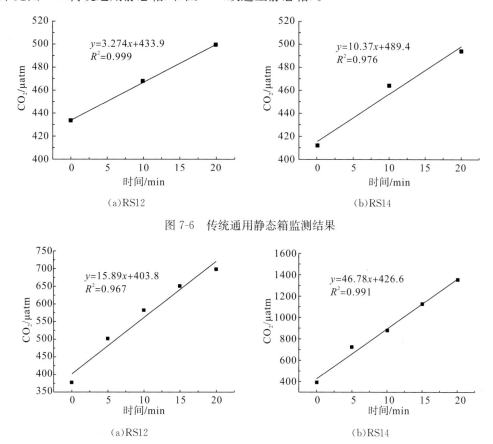

图 7-6　传统通用静态箱监测结果

图 7-7　改进型静态箱监测结果

从图 7-6 和图 7-7 可以看出，用改进型静态箱采集、观测得到的 CO_2 浓度随时间变化的相关性很好，两断面 R^2 值分别达到了 0.967 和 0.991，大于目前国际普遍采用的相关性下限($R^2 = 0.9$)。根据浓度梯度计算得到的扩散通量结果见表 7-4。

表 7-4　两种箱体 CO_2 扩散通量结果对比

断面	箱体	CO_2浓度梯度/(μatm/min)	箱体体积/m^3	CO_2 通量/[mmol/($m^2 \cdot$ h)]
RS12	传统通用静态箱	3.27	0.0389	4.39
	改进型静态箱	15.89	0.0142	3.87
RS14	传统通用静态箱	10.37	0.0389	13.87
	改进型静态箱	46.78	0.0142	11.01

可见改进型静态箱与传统通用静态箱观测得到的通量结果在同一数量级，并且相差不大，且对于同一断面，改进型通量箱可以在相同的时间内增加采集气体的次数，大大提高了数据稳定性。因此，改进型静态箱可以用于水体表面气体扩散通量的观测。

2. 模型估算法同静态箱法比较以及它们在三峡水库典型支流的适用性分析

模型估算是根据空气和水体内气体成分的浓度梯度并运用 Fick 定律来进行的（Macintyre et al.，1995）。

$$Flux = k_x (C_{water} - C_{air})$$ (7-2)

式中，$Flux$ 为温室气体（CO_2、CH_4 及 N_2O）扩散通量，$mmol/(m^2 \cdot d)$；C_{water} 为气体在水中的浓度，$mmol/L$；C_{air} 为现场温度及压力下温室气体在水中的饱和浓度，$mmol/L$；k_x 为气体交换系数，cm/h。

迄今为止，有两个模型对 k_x 进行估算。第一种是薄边界层模型（TBL），它假定气体转移是由水表面的薄边界层控制的，且气体通过薄边界层转移是以分子速度进行的，水-气界面（边界层的上表面）的浓度与大气中气体浓度形成溶解平衡。第二种是表面更新模型（SRM），此模型假定水面漩涡可取代水表面薄层，且取代速度取决于水的被搅动程度。这两种方法均根据风速来确定 k_x 系数，但对 TBL 模型而言，风通过确定边界层的厚度来确定 k_x 系数。对 SRM 模型而言，通过提高水的搅动程度来确定 k_x 系数。实际上这两个模型唯一的不同是，分子量不同的气体 k_x 之间的联系稍有不同，考虑到根据风速估算边界层厚度具有一定的不确定性，因此即使两模型之间存在这个不同点，但其对观测结果影响不大。因此，目前世界范围内对 k_x 系数的确定绝大多数研究者仍采用的是1989 年 Jahne 等（1989）的经验模型。

$$k_{CO_2} = k_{600} (600^{0.67}) (Sc^{0.67})^{-1}$$ (7-3)

式中，k_{600} 为六氟化硫（SF_6）气体的交换系数，cm/h。

对于湖泊及水库生态系统，以下三种经验公式最为常用（Macintyre et al.，1995；Cole et al.，1998；Crusius et al.，2003）：

$$k_{600} = 2.07 + 0.215 \times U_{10}^{1.7}$$ (7-4)

$$k_{600} = 0.45 \times U_{10}^{1.64}$$ (7-5)

$$k_{600} = 1.68 + 0.228 \times U_{10}^{1.64}$$ (7-6)

Sc 为 t℃下 CO_2、CH_4 及 N_2O 的 Schmidt 常数，对淡水而言按式（7-7）～式（7-9）进行计算（Wanninkhof，1992）：

$$Sc(CO_2) = 1911.1 - 118.11t + 3.4527t^2 - 0.04132t^3$$ (7-7)

$$Sc(CH_4) = 1897.8 - 114.28t + 3.2902t^2 - 0.03906t^3$$ (7-8)

$$Sc(N_2O) = 2055.6 - 137.11t + 4.3173t^2 - 0.05435t^3$$ (7-9)

U_{10} 为水面上方 10m 风速，m/s。通常现场监测所得的水体上方风速 U_1 可用下式进行转换：

$$U_{10} = 1.22 \times U_1$$ (7-10)

通常 CO_2 和 CH_4 气体可以通过 TDX-01 碳分子筛柱分离，经甲烷转化器转化，最后用 FID 检测器检验。对于 N_2O 气体可以用 Porapak Q 柱分离，经 ECD 检测器检验。监测得到的温室气体在大气中的分压乘以亨利系数，便可以得到现场温度及压力下大气中温室气体在水中的饱和浓度。

$$C_{water} = K_0 \times p(Gas)$$ (7-11)

式中，K_0为亨利系数，即气体溶解度，mol/(L·atm)；p(Gas)为当前水温下的气体分压，μatm。

不同气体亨利系数可用式(7-12)～式(7-14)计算(Weiss，1974；Lide，2004)：

$$\ln K_0(CO_2) = -58.0931 + 90.5069 \times \left(\frac{100}{T_k}\right) + 22.294 \times \ln\left(\frac{T_k}{100}\right) +$$
$$s \times \left[0.02776 - 0.025888 \times \left(\frac{T_k}{100}\right) + 0.0050578 \times \left(\frac{T_k}{100}\right)^2\right] \quad (7\text{-}12)$$

$$\ln K_0(CH_4) = -115.6477 + \frac{155.5756}{(T_k/100)} + 65.2553 \times \ln\left(\frac{T_k}{100}\right) - 6.1698 \times \ln\left(\frac{T_k}{100}\right) \quad (7\text{-}13)$$

$$\ln K_0(N_2O) = -60.7464 + \frac{88.8280}{(T_k/100)} + 21.2531 \times \ln\left(\frac{T_k}{100}\right) \quad (7\text{-}14)$$

式中，T_k为水体绝对温度，K；s为盐度，ppb，在淡水系数中该值可为0。

对于 CH_4 和 N_2O 来说，上式得到的结果再乘以系数 $\frac{1000g/L}{18.0g/mol}$ 便可转换成 mol/(L·atm)。而水体中气体浓度的确定则相对复杂，目前常用的有两种方法，一种为水化学平衡法，另一种为顶空平衡法。前者只适用于 CO_2，而后者则适用于所有温室气体。

1)水化学平衡法

水化学平衡法是指通过测定水样中 DIC 浓度或碱度(HCO_3^- + CO_3^{2-} 两者的浓度之和)、pH 及水温求得水样中 CO_2 浓度(图7-8)。

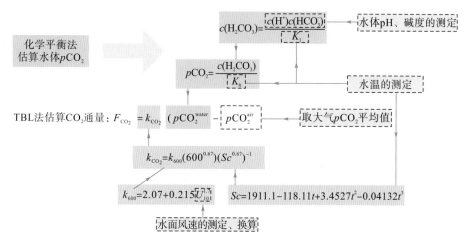

图7-8　模型估算法(以水化学平衡为基础)计算示意

水体中溶解无机碳(DIC)由 CO_2、H_2CO_3、HCO_3^- 和 CO_3^{2-} 组成，平衡时各组分在水溶液中的浓度主要与 pH、水温和水中离子强度(I)有关。假设淡水系统中离子强度 $I = 1$，根据 CO_2 在水溶液中的碳酸平衡原理式(7-15)，计算水溶液中 CO_2 浓度。

$$CO_2 + H_2O \leftrightarrow H_2CO_3 \longleftrightarrow H^+ + HCO_3^- \leftrightarrow 2H^+ + CO_3^{2-} \quad (7\text{-}15)$$

$$c(CO_2)_{water} = \frac{c(H^+) \times c(HCO_3^-)}{K_1} \quad (7\text{-}16)$$

$$c(CO_2)_{water} = \frac{DIC}{1 + \dfrac{K_1}{c(H^+)} + \dfrac{K_1 \times K_2}{c(H^+)^2}} \tag{7-17}$$

式中，$c(CO_2)_{water}$ 为水中 CO_2 浓度，mmol/L；K_1、K_2 为平衡常数；$c(H^+)$ 和 $c(HCO_3^-)$ 分别为水中 H^+ 和 HCO_3^- 浓度，mmol/L；DIC 为水中溶解性无机碳浓度，mmol/L。

通常 K_1、K_2 可由下式计算得出：

$$pK_1 = -6320.813/T_k - 19.568224 \cdot \ln T_k + 126.34048 \tag{7-18}$$

$$pK_2 = -5143.692/T_k - 14.613358 \cdot \ln T_k + 90.18333 \tag{7-19}$$

对于一些矿物质含量较多的水体，有时需要考虑 Ca^{2+} 的影响，此时水体中 CO_2 浓度的计算公式变为

$$c(CO_2)_{water} = \frac{DIC}{1 + \dfrac{K_1}{c(H^+)} + \dfrac{K_1 \times K_2}{c(H^+)^2} + \dfrac{c(Ca^{2+}) \times K_1 \times K_2}{c(H^+) \times K_4} + \dfrac{c(Ca^{2+}) \times K_1}{c(H^+) \times K_3}} \tag{7-20}$$

式中，$c(Ca^{2+})$ 为水中 Ca^{2+} 浓度，mmol/L；K_3、K_4 为 $CaHCO_3^+$ 及 $CaCO_3$ 的平衡常数。

以水化学平衡为基础的模型估算法计算过程如图 7-8 所示，但是由于受到水体离子强度的影响，目前应用水化学平衡法计算得到的水中气体分压值与真实值之间的相差较大，特别是一些高盐度高硬度的水体。其他离子对水体碳酸平衡的干扰不仅在离子强度方面，同时还影响了碳酸盐的电离平衡常数以及亨利常数。

2）顶空平衡法

20 世纪 90 年代人们开始将水-气平衡原理引入到水体痕量气体分压的测量中，开发出了顶空平衡法。其原理是在装有水样和初始惰性气体的密封玻璃瓶中，通过剧烈摇晃使水体内气体浓度与上方空气中气体浓度达到平衡，通过测量上方空气中气体的浓度值而得到平衡前水体待测气体的分压的一种方法。其计算公式如下：

$$p(Gas) = \frac{(p_{final} \times K_{0equilibrium}) + \dfrac{HS}{S} \times \dfrac{p_{final} \, p_{initial}}{V_m}}{K_{0sample}} \tag{7-21}$$

式中，$p(Gas)$ 为待测水样中气体分压，μatm；$p_{initial}$ 和 p_{final} 分别为平衡前、后瓶内上方空气中待测气体分压，μatm；HS/S 为瓶内气体与水体体积比；$K_{0sample}$ 和 $K_{0equilibrium}$ 分别为采样时及样品分析前瓶内水温条件下对应的待测气体溶解度，可用式（7-12）~式（7-14）计算；V_m 为气体的摩尔体积，mol/L，可通过式（7-22）计算。

$$V_m = 1 \times 0.082057 \times (273.15 + T) \times \frac{101.325}{P} \tag{7-22}$$

式中，T 为采样时的水温，℃；P 为采样时的大气压力，kPa。

由于顶空平衡法可采用气相色谱或非色散红外传感器（NDIR）分析，所以精度较水化学平衡法高，但是样品需做前期处理并带回实验室分析。无论是化学分析法还是顶空平衡法，所测得的结果之间相关性很好，而水化学平衡法比顶空平衡法所得到的 CO_2 浓度高 65%。

Duchemin 等早在 1999 年就对模型计算法及静态箱法观测 CO_2 通量的差异进行了分

析，他指出在低风速条件下，静态箱法测得的通量是模型计算法的 2 倍以上；且在深水区，模型计算法会高估风速的影响，而在浅水区当风速较低时，模型计算法又会低估通量的大小，文章最后提出，大面积水域不适合采用模型计算法（Duchemin et al.，1999）。2008 年 Soumis 等进一步就两种方法观测通量差异的原因进行了研究，指出采用模型计算法能较好地反映昼夜水体碳收支情况，而采用静态箱法观测时，由于受到箱内热对流传输的影响，白天箱内气温高、水温低，热传输导致箱内气温的下降，白天会高估 39%～149% 的 CO_2 的排放；而夜间箱内气温低、水温高，导致静态箱低估了 18%～57% 的 CO_2 排放（Soumis et al.，2008）。2010 年 Vachon 等通过对静态箱内外表层水体扰动强度的研究，提出箱内表层水体扰动的增大可能是造成静态箱观测结果偏大的原因，且随风速的增加，这一人为干扰因素的影响会减弱（Vachon et al.，2010）。

本书采用作者团队改进型静态箱所测得的 CO_2 通量数据（2010 年 6 月至 2011 年 5 月），对三峡库区 TBL 模型估算法和静态箱法的测试结果进行比较，探索适用于三峡库区的 CO_2 通量观测方法。

为了表征使用模型估算法（以下简称 TBL）监测所得的 CO_2 通量与对应的使用静态箱法所得的 CO_2 通量之间的差异，引入比值 α，具体计算式为：

$$\alpha = F_{\text{静态箱}} / F_{\text{TBL}} \tag{7-23}$$

式中，$F_{\text{静态箱}}$ 为静态箱法监测得到的 CO_2 通量（以下简称"静态箱通量"），$mmol/(m^2 \cdot h)$；F_{TBL} 为 TBL 估算法监测得到的 CO_2 通量（以下简称"TBL 通量"），$mmol/(m^2 \cdot h)$。

研究期间，TBL 通量均值为 $0.59 \pm 0.85 mmol/(m^2 \cdot h)$，静态箱通量均值为 $1.70 \pm 2.54 mmol/(m^2 \cdot h)$。静态箱通量同 TBL 通量具有显著的正相关关系，Spearman 相关性系数为 $0.783（P \leqslant 0.01）$，所获数据的线性拟合结果见图 7-9，两种方法所获通量结果具有较好的一致性。总体上，静态箱通量结果高于 TBL 通量，静态箱通量与 TBL 通量的比值 α 范围为 $0.24～23.96$，均值为 4.02 ± 0.33，中位值为 2.97，频次分布见图 7-10。可以看出 α 主要分布在 1～4，较为集中，当 α 大于 8 之后只有个别特例出现。

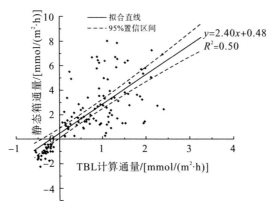

图 7-9 TBL 估算法与静态箱法的通量比较

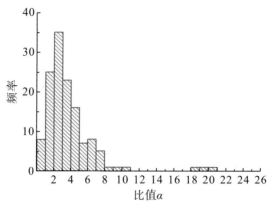

图 7-10　α 值频次分布图

　　为分析两种方法所获通量数据的离散性，以 TBL 通量作为参考值，按其通量分为 <0mmol/(m²·h)、0~1mmol/(m²·h)和>1mmol/(m²·h)三个区间，分别计算上述不同区间内静态箱通量、TBL 通量数据序列的变异系数(Cv 值)和它们 Cv 值之间的比值 (图 7-11)。分析发现，随着 TBL 通量增加，TBL 通量 Cv 值呈先增加后减小的特征。 TBL 通量的 Cv 值在 0~1mmol/(m²·h)最大，在>1mmol/(m²·h)的范围内最小。静态箱通量 Cv 值变化亦呈现出先增加后减少的特征，静态箱通量 Cv 值在 0~1mmol/(m²·h)最大，在<0mmol/(m²·h)的范围内最小。静态箱通量数据序列离散性在所有区间内均显著大于 TBL 通量数据序列(二者 Cv 值的比值大于 1，见图 7-11)，二者差异随着 TBL 通量增加而增大。

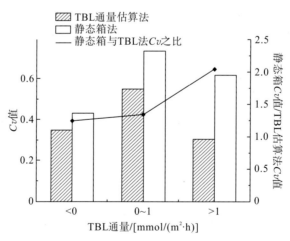

图 7-11　TBL 估算法与静态箱法的 Cv 值以及 Cv 值之比

　　经过换算后的 10 米风速(U_{10})范围为 0~5m/s，将 α 值按 U_{10} 风速的大小分为 <1m/s、1~3m/s 和>3m/s 三组，通过非参数检验法进行显著性检验(图 7-12)，发现风速对 α 值影响显著($P<0.05$)，随着风速增大，α 值呈显著下降的趋势。

　　当 $U_{10}<1$m/s 时，α 值为 4.82±2.95，变化范围为 0.24~20.61，α 值的分布较为分散；U_{10} 在 1~3m/s 时，α 值为 4.17±2.12，最大不超过 13.2；当 $U_{10}>3$m/s 时，α 平均

值为 2.32±0.90，变化范围为 0.68~3.73，分布较为集中。

研究期间，现场表层水气温差为-13.73~5.27℃，将其按<-2℃、-2~0℃和>0℃分为三组，检验结果表明，水气温差会对 α 造成较显著的影响（$P<0.05$），α 值随着水气温差的升高而变小，其值从4.91逐渐降低到3.25，并且 α 值的分布也趋于集中。

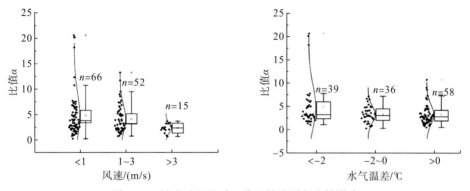

图 7-12　风速及温差对两种通量监测方法的影响

将澎溪河流域各采样点现场水深按<10m、10~30m 和>30m 分为三组，分析结果表明，水深会对 α 值造成显著的影响（$P<0.01$），α 值随水深的增加而呈减小的趋势。当水深<10m 时，α 均值为 4.93±5.39，变化范围为 0.46~20.61，同前述结果相似，该区间内 α 值分布亦极不均匀；当水深在 10~30m 时，α 值有所减小，均值为 4.36±1.92，变化范围为 1.44~9.50；当水深>30m 时，α 值明显变小且更集中，变化范围为 0.54~4.96，且大部分 α 值在 1~3，均值为 2.71±1.17。以各采样点所代表的水域面积为基础，对总体样本划分为<500m²、500~1000m² 和>1000m² 三组。分析结果表明，不同水域面积内 α 值的差异性并不具有统计关系（$P>0.05$）。

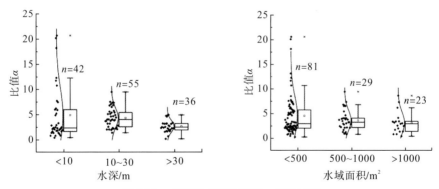

图 7-13　水深及水域面积对 α 值的影响

采用静态箱法和 TBL 估算法对水-气界面温室气体通量开展监测是目前水体温室气体监测研究普遍采用的监测方法。但目前亦难以有统一、明确的标准方法对水-气界面静态箱法、TBL 估算法分别进行标定与误差分析，对它们监测结果间进行数据拟合目前还有很多困难。三峡水库为峡谷河道型水库，在相对狭窄的峡谷河段，风场峡谷效应显著，表现为风力变化大，瞬时风速可能极大，易出现涡旋风和升降气流。同时，峡谷河道型水库水域局部时期亦可能具有显著流动性，水域表层水体扰动对两种方法亦有明显影响。

从前述分析可以看出，尽管两种方法所获取的通量数据显著正相关，但静态箱所获取的通量数据离散性（变异系数）显著高于 TBL 估算法，而 TBL 估算法所获取的通量结果总体上相对稳定。且 α 分布主要集中在 1~4，只有极个别值在 8 以上。

在所遴选的 4 个环境参量中，瞬时风速、水气温差、采样点水深均对 α 值影响显著，总体趋势是随着上述环境参量增加，两种方法差异逐渐减少，离散性亦逐渐降低，说明在风速加大、水气温差变大、水深增加的环境条件下，静态箱法和 TBL 估算法所获的结果趋于一致。但在风速相对较小、水气温差相对较小的环境条件下，α 值离散性较大，不确定度较高，两种方法可比性相对较差。依据前述观点，其原因可能与静态箱自身密闭效应对通量监测产生干扰有关，该干扰容易减弱气体的空间变化，造成了很多的不确定因素，包括扰动水体而改变了 CO_2 浓度梯度、空气压力梯度、物质流动等，而 TBL 估算法本身并不受这些因素干扰的影响。从方法的稳定性角度，在峡谷河道型水库水体温室气体监测中，TBL 估算法可能更为适宜，图 7-11 中 TBL 估算法与静态箱法各自的 Cv 值趋势以及它们 Cv 值之比的趋势可以支撑这个观点。但由于 TBL 估算法自身也受到监测参量的影响，一些参量监测（如 pH、风速等）对 TBL 估算法结果影响显著，特别是当 pH 小于 7.5 时，运用 TBL 估算法对 CO_2 通量进行估算，上述影响不可忽略。

7.3　澎溪河温室气体通量时空特征与影响因素

7.3.1　澎溪河温室气体通量监测方案

如 7.2 节所述，根据澎溪河温室气体的产汇特征及库区气候、气象和流域背景特征，在空间上对澎溪河从上游温泉至下游河口共设 7 个采样点，分别为开县温泉（入库断面）、开县汉丰湖、开县白家溪（含消落带）、云阳养鹿湖、高阳平湖、黄石镇和双江大桥（图 7-14）。

1）澎溪河上游温泉—开县段（2 个断面）

位于开县境内的温泉—开县段，总长约 20km，共布置两个采样断面（图 7-15a、b），其中温泉 1 个（N31°20′1.3″，E108°30′48.8″），该河段为东河干流天然入库河段，采样点设置于温泉水文站下，高程约 190m，不受三峡蓄水影响，常年水深保持在 1~2m 之间，控制 24% 流域面积，该断面作为研究澎溪河水质特征的背景值。开县采样点位于开县城区下游，澎溪河两条支流（东河、南河）的汇合处，调节坝上游（N31°11′7.6″，E108°27′21.2″），该断面 165m 水位以下为河道特征，水流速较大；坝前蓄水到 165m 以上后，大面积河岸滩地被淹没，形成开阔的水域，水域面积 6km² 以上。

2）澎溪河中游白家溪—养鹿段（2 个断面）

位于开县和云阳边境的白家溪—养鹿段，总长约 10km，共布置两个采样断面（图 7-15c、d），白家溪段 1 个（N31°7′49.0″，E108°33′37.6″），养鹿段 1 个（N31°5′7.7″，

E108°33′47.6″)。其中，白家溪采样断面位于白家溪湿地自然保护区内，145m 水位时，大面积消落带裸露，土地利用历史为水稻田、宅基地等。养鹿段采样断面布置在养鹿湖中。与开县断面类似，坝前 160m 以上水位时，该段具有平湖特征。白家溪—养鹿段蓄水期最大水深为 15m，夏季低水位运行期最大水深不足 10m。

　　3)澎溪河下游高阳—双江段(3 个断面)

　　位于云阳境内的高阳—双江段，总长约 40km，共布置两个采样断面(图 7-15e、f)，分别为高阳平湖(N31°5′48.2″，E108°40′20.1″)、双江大桥下(N30°56′51.1″，E108°41′37.5″)。高阳断面地势平坦，蓄水前为河岸滩地或平坝，蓄水后变成了永久淹没区或消落带，形成水域面积 5~6km²，平均水深不到 20m 的平湖，即高阳平湖。当 145m 水位时，这里的平均水深不足 10m，水域面积 3~4km² 在物理特征上可近似于浅水湖泊；而在冬季蓄水期其最大水深增加至 30m，类似于深水湖泊。双江断面位于云阳县城区上游，断面河道较宽，大约 400m，冬季蓄水期最大水深大于 70m，夏季 145m 水位运行期水深约 40m。考虑版面问题，图 7-15 不增加采样点实景图。

　　采样每月一次，于月中旬(10~15 日左右)对上述采样点进行温室气体监测，同步跟踪观测相应环境指标。与此同时，每年 2 月、5 月、8 月和 11 月在澎溪河回水区高阳平湖水域开展 24h 连续跟踪观测，以期获取特定季节与水库运行状态下的温室气体通量昼夜变化特征。

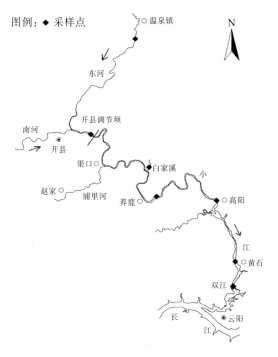

图 7-14　澎溪河温室气体监测布点图(2010 年 6 月至 2011 年 5 月)

(a)温泉　　　　　　　　　　　　　　　　(b)开县调节坝前

(c)白家溪　　　　　　　　　　　　　　　　(d)养鹿

(e)高阳平湖　　　　　　　　　　　　　　　(f)双江大桥

图 7-15　澎溪河部分采样点冬季实景图

7.3.2　澎溪河温室气体通量时空特点

1. 澎溪河水-气界面温室气体通量的空间分布

研究期间(2010 年 6 月至 2011 年 5 月),澎溪河各采样点 CO_2、CH_4 的扩散通量的季节变化见图 7-16。

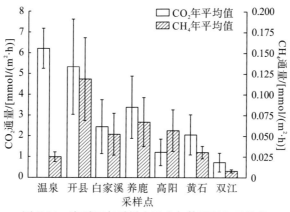

图 7-16　澎溪河各采样点温室气体通量年平均值

澎溪河 CO_2 扩散通量沿程变化显著。温泉段的年平均通量值最高，全年平均 $6.23\pm$
$0.97mmol/(m^2 \cdot h)$，最低为双江的 $0.71\pm0.45mmol/(m^2 \cdot h)$，上游通量值是下游的近
10 倍。如表 7-5 所示，开县调节坝之上（上游）的年平均通量值都在 $5.0mmol/(m^2 \cdot h)$ 以
上，白家溪—养鹿段（中游）则为 $2\sim3.5mmol/(m^2 \cdot h)$，而自高阳以下的永久回水区（下
游）CO_2 通量值基本都小于 $2.0mmol/(m^2 \cdot h)$。

表 7-5　澎溪河各采样点 2010 年 6 月至 2011 年 5 月数据统计表

	采样点	温泉	开县	白家溪	养鹿	高阳	黄石	双江
CO_2	均值/[mmol/(m²·h)]	6.23 ± 0.97	5.33 ± 1.83	2.45 ± 1.30	3.39 ± 1.49	1.2 ± 0.67	2.06 ± 0.96	0.71 ± 0.45
	范围/[mmol/(m²·h)]	$0.84\sim11.73$	$-0.43\sim21.54$	$-1.52\sim13.87$	$-1.68\sim12.50$	$-1.53\sim5.36$	$-1.40\sim6.59$	$-2.24\sim2.58$
	Cv	0.516	1.140	1.761	1.461	1.847	1.545	2.121
CH_4	均值/[mmol/(m²·h)]	0.025 ± 0.006	0.118 ± 0.05	0.052 ± 0.026	0.067 ± 0.03	0.056 ± 0.024	0.030 ± 0.0074	0.0074 ± 0.0017
	范围/[mmol/(m²·h)]	$0.0061\sim0.071$	$0.0039\sim0.53$	$0.0020\sim0.30$	$0.0012\sim0.26$	$0.0053\sim0.24$	$0.0034\sim0.071$	$0.0027\sim0.02$
	Cv	0.785	1.332	1.627	1.483	1.437	0.821	0.751

从 Cv 值看，最上游的温泉虽然年平均通量值最高，但是变化幅度最小，Cv 值为
0.516。年平均通量值最小的双江断面，其 Cv 值是流域最大，为 2.121。各采样点（除温
泉）或多或少都会受到三峡季节性蓄水的影响，Cv 值都在 1.0 以上，而温泉接近天然河
道，几乎不受三峡调蓄的影响，这是其和下游各断面差异的主要原因。

在整体上看，各点年平均 CO_2 通量值呈规律地波动下降的趋势。从开县之后，白家
溪 CO_2 通量值骤降 54.0%，而进入云阳境内（养鹿），CO_2 通量值又明显升高（相对白家溪
升高 38.4%），在之后的高阳又显著下降（相对养鹿下降 64.6%）。继续往下游的黄石、
双江都呈相同的变化，相对前一个断面，变化分别达到了 71.7% 和 65.4%。这种有规律
的波动下降趋势的纵向变化特征将在 7.4 节中讨论。

澎溪河 CH_4 年平均通量整体在沿程也显示出明显的递变现象（除了白家溪断面偏小
外）。温泉采样点 CH_4 产量较低，因此 CH_4 扩散通量也较低。而开县 CH_4 通量显著高于
流域其他采样点，该采样点的 CH_4 年平均通量值达到了 $0.118\pm0.05mmol/(m^2 \cdot h)$，且
变化幅度较大，Cv 值为 1.332。这可能同开县汉丰湖（高水位运行期）的湖库特点有关。

开县之后的白家溪 CH_4 通量显著下降 56.0%，为 $0.052\pm0.026mmol/(m^2 \cdot h)$，但其年内变幅为全流域最大，$Cv$ 为 1.627。从养鹿断面一直到双江断面，CH_4 通量呈现较好的递减规律。其中，同样有湖库特点的高阳采样点，其 CH_4 年平均通量没有像开县汉丰湖出现明显的高值，但是其季节性变化同样较为显著，Cv 值也达到了 1.437。下游双江断面拥有最小的 CH_4 年通量值 $0.0074\pm0.0017\ mmol/(m^2 \cdot h)$ 以及最小的 Cv 值 0.751。

2. 澎溪河水−气界面温室气体通量逐月变化特征

各采样点中，仅温泉点的 CO_2 通量值全年都为正值，是向大气释放 CO_2 的"源"。开县（汉丰湖）仅 10 月出现 CO_2 通量负值。澎溪河回水区中下游的各采样点随着季节变化呈现"源↔汇"季节性转化的显著特征。

为更进一步分析澎溪河水−气界面温室气体通量的逐月变化特征，本研究根据三峡水库调度过程特点，将全年分为三个时间区段，分别为：①低水位运行期：6 月至 9 月；②高水位运行期：10 月至次年 1 月；③泄水期：次年 2 月至 5 月。澎溪河各采样点逐月 CO_2、CH_4 通量变化情况见图 7-17 和图 7-18。

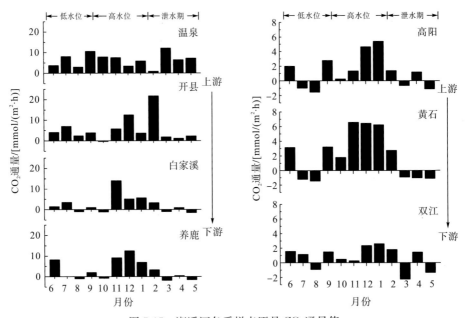

图 7-17　澎溪河各采样点逐月 CO_2 通量值

低水位运行期的 7、8 两月，澎溪河流域水−气界面 CO_2 通量在全年处于较低水平，开县以下各采样点大部分水体水−气界面 CO_2 通量为负值，呈现"汇"的特征。此现象尤以 8 月最为明显，该月自温泉开始到双江，澎溪河回水区各采样点 CO_2 通量分别为 $2.68mmol/(m^2 \cdot h)$、$2.22mmol/(m^2 \cdot h)$、$-0.87mmol/(m^2 \cdot h)$、$-0.92mmol/(m^2 \cdot h)$、$-1.53mmol/(m^2 \cdot h)$、$-1.40mmol/(m^2 \cdot h)$ 和 $-0.90\ mmol/(m^2 \cdot h)$。

低水位运行初期的 6 月和末期的 9 月初，为强降雨频繁发生期，地表径流和降雨携带的大量过饱和 CO_2 造成澎溪河表层水体为大气碳源，上游温泉在 9 月达到 $10mmol/(m^2 \cdot h)$，中游的养鹿在 6 月达到 $8.10mmol/(m^2 \cdot h)$，而下游的三个采样点通

量为 $1.45\sim3.13$mmol/($m^2 \cdot h$)。该时期各采样点的 CO_2 扩散通量都高于全年平均值。

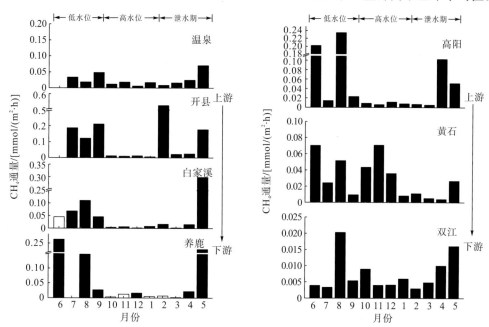

图 7-18　澎溪河各采样点逐月 CH_4 通量值

高水位运行初期的 10 月，时常发生秋季水华(硅藻、绿藻)，降低了水—气界面的 CO_2 扩散通量(温泉除外)，如高阳和双江采样点仅为 0.21mmol/($m^2 \cdot h$)和0.46mmol/($m^2 \cdot h$)，而开县、白家溪、养鹿 CO_2 通量甚至出现负值，呈现大气 CO_2 "汇"的特征。而在中期的 11 月至次年 1 月，库区蓄水淹没的大量陆生植物在细菌的分解作用下释放 CO_2；另外，夏季积累在底层水体的高浓度 CO_2，在蓄水过程"翻塘"(主要水质理化参数在水柱垂向上完全混合，表现出底层"翻"至上层的现象)现象的带动下，使得 CO_2 均匀分布在整个水体中；加之冬季浮游植物生长受限，CO_2 的吸收量降低；新淹没的消落带土壤和植被溶出有机质被细菌降解。四者共同作用导致高水位运行期水—气界面 CO_2 通量大幅增加，并达到年最大值。11 月至 1 月各采样点平均 CO_2 通量分别为：温泉 5.43 ± 1.44mmol/($m^2 \cdot h$)，开县 7.14 ± 3.28mmol/($m^2 \cdot h$)，白家溪8.13 ± 3.52mmol/($m^2 \cdot h$)，养鹿 9.48 ± 1.99mmol/($m^2 \cdot h$)，高阳 3.75 ± 1.52mmol/($m^2 \cdot h$)，黄石 6.44 ± 0.11mmol/($m^2 \cdot h$)，双江 1.73 ± 0.91mmol/($m^2 \cdot h$)。

水库泄水期(2 月)，适逢春季藻类开始大量繁殖，整个流域 CO_2 通量骤减(温泉除外)，同时澎溪河下游发生两次春季水华更是导致水体中 CO_2 通量为负。3 月各采样点(开县以下)水—气界面 CO_2 通量分别为 -1.09mmol/($m^2 \cdot h$)、-1.68mmol/($m^2 \cdot h$)、-0.65mmol/($m^2 \cdot h$)、-0.93mmol/($m^2 \cdot h$)和-2.24mmol/($m^2 \cdot h$)。4 月除黄石外，其余采样点无明显藻类疯长现象，水体 CO_2 的通量特征由"汇"转变成"源"；5 月藻类再次大量增殖(高阳至双江采样点发生了鱼腥藻水华)，澎溪河(开县以下)水—气界面再次由碳源转变成碳汇。源汇的频繁转换是这一时期澎溪河回水区 CO_2 通量的主要特征。

澎溪河 CH_4 的水—气界面扩散通量的季节变化特征同 CO_2 并不相同。低水位运行期澎溪河各采样点 CH_4 的通量明显大于高水位运行期，且水体各时期均为大气 CH_4 的源。

水深越浅，由底层产生的CH_4通量就越大，开县汉丰湖和高阳的浅水湖泊特征是造成采样点夏季CH_4扩散通量显著高于其他采样点的主要原因，两处分别高达0.21 mmol/($m^2 \cdot$ h)和0.24mmol/($m^2 \cdot$ h)。

高水位运行期，水深增加，各采样点水-气界面的CH_4扩散通量达到年最小值。11月至1月各采样点平均CH_4扩散通量分别为：温泉0.013 ± 0.0032mmol/($m^2 \cdot$ h)，开县0.0084 ± 0.0020mmol/($m^2 \cdot$ h)，白家溪0.0050 ± 0.0013mmol/($m^2 \cdot$ h)，养鹿0.0083 ± 0.0037mmol/($m^2 \cdot$ h)，高阳0.0086 ± 0.0012mmol/($m^2 \cdot$ h)，双江0.0056 ± 0.0014mmol/($m^2 \cdot$ h)。与上述采样点略有差异的是黄石采样点，该采样点在此时期的CH_4平均通量值为0.039 ± 0.015mmol/($m^2 \cdot$ h)，略高于其全年平均值(10、11和12月CH_4通量值较高)。

水库泄水期，各采样点水深降低，水温升高，全流域CH_4扩散通量值增大。而流域中上游断面对于水深的变化可能更为敏感，CH_4通量值突然显著上升，除了温泉采样点为天然河道，水体自净能力相对较好，底质有机质缺乏，CH_4产量低外，开县、白家溪、养鹿在5月的CH_4通量分别骤增到0.18mmol/($m^2 \cdot$ h)、0.30mmol/($m^2 \cdot$ h)和0.23mmol/($m^2 \cdot$ h)，比前一个月的通量值大一个数量级。下游的高阳、黄石和双江三个点的增幅则相对较小，其中双江断面在泄水期的数月内显示出有规律的递增现象(图7-18)。下游三个采样点的CH_4扩散通量水平介于低水位运行期和高水位运行期之间。

3. 澎溪河水-气界面温室气体通量的昼夜变化

根据三峡水库不同运行状态下澎溪河回水区水动力学特点，作者团队分别在低水位运行期的8月、高水位运行期的11月(2010年)和泄水期的2月和5月(2011年)对回水区高阳采样点水-气界面静态箱通量进行了24h昼夜跟踪观测。观测时间为早上8：00至次日凌晨6：00，每两小时监测一次。

采用2h等间隔采样，积分后得全天日总通量的计算式为

$$F_t = \sum F_{hi} \times 2 \qquad (7\text{-}24)$$

式中，F_t为日总通量，mmol/($m^2 \cdot$ d)；F_h为每次采样获得的时通量，mmol/($m^2 \cdot$ h)；i为具体采样时间，共12个样本。

无论是日通量还是时通量，正通量表示为水体向大气释放气体，即为"源"；负通量表示水体从大气中吸收气体，即为"汇"。

在此基础上，引入时通量对日总通量的贡献率α，具体计算式为

$$\alpha = \begin{cases} 2F_{hi}/F_t & (F_t > 0) \\ 2F_{hi}/(-F_t) & (F_t < 0) \end{cases} \qquad (7\text{-}25)$$

根据式(7-25)，贡献率α表征的是时通量对日总释放通量("源"通量)的贡献率，α为正表明对"源"有贡献，α为负表明对"汇"有贡献。

2010年8月和11月，2011年2月和5月四次采样的CO_2日总通量值分别为：-8.34mmol/($m^2 \cdot$ d)、73.94mmol/($m^2 \cdot$ d)、28.13mmol/($m^2 \cdot$ d)和-20.12mmol/($m^2 \cdot$ d)；相应的CH_4日总通量值分别为：2.22mmol/($m^2 \cdot$ d)、0.11mmol/($m^2 \cdot$ d)、

0.32mmol/(m²·d)和 7.16mmol/(m²·d)。四次昼夜采样 CO₂ 时通量数据序列变化范围为－1.62~4.87mmol/(m²·d)，CH₄ 时通量数据序列变化范围为 0.002~2.41mmol/(m²·d)。CO₂、CH₄ 时通量昼夜变化过程见图 7-19，时通量对日总通量的贡献率 α 的变化过程见图 7-20。

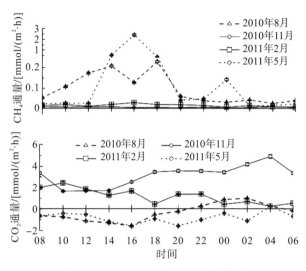

图 7-19　CO₂、CH₄ 通量时变化情况

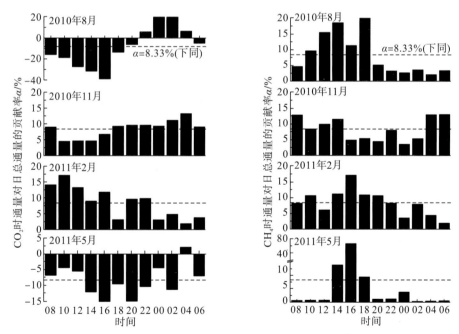

图 7-20　时通量对日总通量贡献率 α 的时变过程

低水位运行期(8 月和 5 月)，CO₂ 时通量的变化呈现"源"、"汇"转化的特征。其中，2010 年 8 月份日总通量为负值，全天总体为"汇"，在 21 时左右出现"汇"→"源"的转变，并在凌晨 5 时左右出现"源"→"汇"的转变。2011 年 5 月份日总通量亦为负，且强于 8 月，其"汇"→"源"的转化时间出现在凌晨 2 时左右，但迅速地在凌晨 4 时

左右出现"源"→"汇"的转变。高水位运行期(2010年11月、2011年2月)，CO_2通量总体呈现为"源"，全天均为释放通量，蓄水初期(2010年11月)的"源"通量显著高于高水位末期(2011年2月)的"源"通量。

时变化上，低水位运行期，全天CO_2通量的峰值通常出现在16时左右，其中8月时通量峰值为-1.62mmol/($m^2 \cdot$ h)。尽管5月份的CO_2通量峰值-1.60mmol/($m^2 \cdot$ h)出现在晚上20时，但其16时的通量亦较大，为-1.58mmol/($m^2 \cdot$ h)，其贡献率α为-15.72%，仅次于20时的-15.95%。高水位运行期，11月CO_2通量昼夜变化相对平稳，峰值出现在凌晨4时左右，α为13.19%。2月CO_2通量昼夜变化整体呈现下降的趋势，峰值出现在上午10时左右，α为17.07%。

全年CH_4均呈现出"源"的通量特征，且低水位期间的通量水平显著高于高水位期间。不仅如此，低水位运行期间(2010年8月和2011年5月)的时通量的变幅显著强烈于高水位运行期。研究期间，2010年8月高阳平湖水域CH_4通量峰值出现在18时左右，α为20.48%，时通量数据序列的变异系数达到0.794。2011年5月CH_4通量峰值出现在16时左右，α达到67.36%，Cv达到2.289，该现象具有突发性，可能同观测期间静态箱内出现气泡短时持续释放有关。高水位运行期间，2010年11月时通量的峰值出现在凌晨4时至8时左右，α均超过12%；2011年2月时通量峰值出现在16时，α达到17.14%，其时变化过程同2010年11月并不相同。

为方便选取最佳观测时刻，将全天α的平均值作虚线于图7-20中。可以看出，不同水库运行期高阳水域气体通量日均值出现的时间并不相同，且同一时期CO_2、CH_4日均值出现的时段也不一致。根据不同采样时期CO_2、CH_4的时变化特征，作出以下初步判断。

(1)CO_2日均值出现时间：2010年8月约为17时和7时；2010年11月约为9时和17时；2011年2月约为17日；2011年5月约为13时和23时。

(2)CH_4日均值出现时间：2010年8月约为9时和19时；2010年11月约为15时和3时；2011年2月约为13时和21时；2011年5月约为13时和19时。

进一步研究发现，CO_2、CH_4全年数据序列呈显著的负相关关系，$r_{CO_2\text{-}CH_4}=-0.794$(Spearman相关系数，$Sig. \leqslant 0.01$)，拟合结果见图7-21，近似呈指数递减规律，表明研究水域CO_2、CH_4通量过程并不具有同步性，二者在水生生态系统中产汇过程及其调控机制在全年均呈现出较显著的差异。

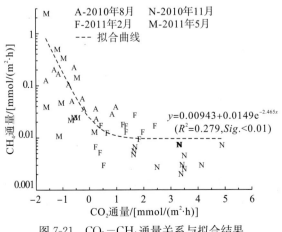

图7-21　CO_2-CH_4通量关系与拟合结果

7.3.3　澎溪河典型库湾气泡释放通量和消落带土－气温室气体通量

1. 典型库湾气泡释放通量

气泡是自然水体内各种气态物质向大气传输的两种主要方式之一（另一种方式为扩散）（Louis et al.，2000）。天然水域中，形成于水底（河底、湖底）的气态物质（如 CO_2、CH_4、H_2S 等）在特定的物理化学条件下聚集成微小气泡黏附在水底的土壤或底泥颗粒表面，并在适宜条件下（如水力扰动、温度升高等）从底质土壤颗粒表面脱附，在上升过程中逐渐聚集形成较大气泡，到达水面后破裂，所携带气体释放进入大气。水体中气泡的形成、上升与释放过程十分复杂，不仅同水体底泥有机质元素组成、含量、所处的酸碱与氧化还原环境、水下地形条件、底质孔隙率高低等方面密切相关，也易受到产气水域静水压力、水流速度与方向、水生生物活动的影响。同时，水面的气象条件（如气压、温度、风速等）亦显著干扰气泡释放过程（Duchemin et al.，1995；Kelly et al.，1997）。根据已有野外研究经验，水温较高且底泥有机质含量较丰富、水深较浅（≤10m）的缓流水域易形成并出现气泡释放现象（Goldenfum，2010）。尽管如此，同气体在水－气界面间相对均质的扩散交换相比，天然水域中气泡形成、上浮与释放的时间、空间等均具有明显的异质性和不确定性。

野外监测水－气界面气体交换通常采用浮箱法（静态箱），但浮箱法难以满足气泡释放通量的监测要求。浮箱法通过监测箱体内气体定长时间的变化斜率推求气体扩散通量，气泡瞬时释放将导致气体浓度出现瞬时脉冲式陡增，严重干扰浮箱内的稳态环境。即便是存在连续气泡释放使浮箱内气体浓度同时间呈线性关系，但在气泡释放与水－气界面间气体扩散交换同步的情况下，浮箱法所获结果依然难以明晰二者大小和实际贡献。不仅如此，由于气泡释放的时间、空间通常无法准确预测，在有限时间内（如数十分钟）使用浮箱监测气泡通量的方案难于实现。

前期研究已充分掌握了三峡水库温室气体扩散通量特征，但对其气泡释放通量并不明确。国外有研究发现，在亚热带或热带的浅水水库中，气泡释放的温室气体可占水库温室气体释放总量的 10%～86%（Dos Santos et al.，2006）。尽管三峡水库是典型的峡谷河道型水库，具有较优的流动性和较少的淹没面积，加之其成库前系统的清库工作，在物质基础和宏观条件上，出现温室气体大面积气泡释放的可能性较低，但在对三峡水库或其局部水域进行碳路径核算与计量中，气泡释放过程依然不可忽略。

根据 IHA《淡水水库温室气体监测导则》（Goldenfum，2010），国际上常用的方法是使用圆锥形倒置漏斗状的气泡收集装置，垂直布设于水面下，收集装置顶端开孔，连接到充满水且固定在装置顶端的气体收集器上（通常为小型针筒或集气瓶）。一定持续时间内，水底产生气泡进入漏斗并逐渐汇集至顶端的气体收集器中，通过监测所收集气泡体积和浓度计算漏斗收集面积范围内的气泡通量（图 7-22）。在实际使用中易出现以下问题。

（1）倒置漏斗通常采用软性 PVC/PU 材质帆布缝制而成，易产生褶皱，易使气泡在褶皱部位局部黏附、累积，阻滞其迅速汇聚至顶层的气体收集器中；长期放置容易使其内外壁出现附着性藻类或真菌的生长，干扰了气泡沿装置内壁向上汇集，且不易清洗；静水压力易使软性材质出现干瘪、变形，影响装置收集和取气。

（2）传统方法是将前述装置用锚固定于水底，在水面设置浮标。该方法仅适宜于静水条件，当出现水位较大涨落时（水库调蓄时），易出现装置跑位或淹没浮标而出现无法收集等情况，当出现流速较大时（洪峰通过时），则易出现装置"翻斗"等现象。

图 7-22　国外常用气泡收集装置及其配置（Goldenfum，2010）

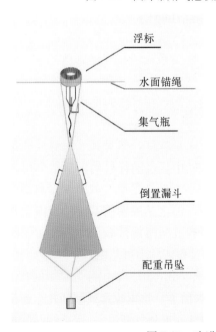

图 7-23　改进的气泡收集装置示意图

针对上述问题，作者团队改进了目前常用的气泡收集与监测方法（图 7-23）。所采用的倒置漏斗由金属薄皮材料（马口铁）制作，在接缝处进行焊接密封，敞口部为镀锌钢圈包裹在金属薄皮材料内。倒置漏斗顶部设有开口向下的集气瓶和浮标，集气瓶通过瓶口的瓶塞设有进气管和排水管，进气管穿过瓶塞进入集气瓶底部，另一端用导气软管（硅胶管）同倒置漏斗顶部焊接的管状连接头紧密相连，并同倒置漏斗内部相通。倒置漏斗内壁、镀锌钢圈外表面和管状连接头内壁均有高分子涂层防锈。倒置漏斗敞口部外缘对称焊有用于固定连接配重吊坠的绳子的钢扣，倒置漏斗顶部外缘对称焊有用于固定连接浮标的绳子的钢扣，在倒置漏斗外壁上对称焊有把手。

野外作业中，将改进的水下气泡收集装置安放于预选的水域中，浮标系于水面锚绳上，倒置漏斗在配重吊坠作用下淹没于水中，水面锚绳一端固定于岸边，另一端固定于航道浮标或对岸。根据实际气泡收集的需要，水下气泡收集装置可以有若干套，分别通过各自的浮标系于水面锚绳上。在预先设定的监测周期完毕后，仅需将集气瓶在水下旋盖密封后自然取出，然后测量集气瓶内气体收集的体积和气体浓度。

本研究选择澎溪河高阳平湖李家坝库湾（图 7-24）开展气泡通量监测，前期调查发现，该水域淹没前曾为大面积旱地和经果林，有机质含量丰富，野外观测发现，自入春开始局部水域和库湾存在气泡释放现象。监测时间为 2012 年 3 月至 8 月，采样周期为每月一次，于当月下旬采样，每次采样持续一周。

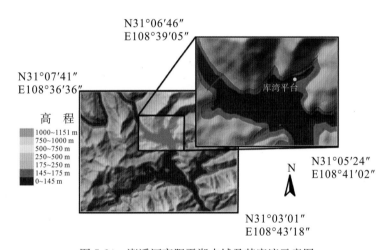

图 7-24　澎溪河高阳平湖水域及其库湾示意图

根据前述设计，改进的倒置漏斗敞口直径为 750mm，高为 1000mm，集气瓶容积 2L，倒置漏斗敞口部分设置有配重 10kg 吊坠。水面锚绳一端固定于岸边 175m 水位线以上，另一端固定于位于库湾湖心的野外实验平台（平台处水下高程约为 138m）。四个气泡收集装置由浅至深地栓于水面锚绳下方（图 7-25），装置下部敞口处水深约 1.5m。2012 年 3 月，监测初期坝前水位 165m 时，四个常规采样点（以下简称"常规点"）所在处垂向对应水深分别为 3m、5m、8m 和 10m。随着坝前水位下降至 145m，每月开展监测前预先调整四个常规点所处水平位置，确保其所在处对应水深自近岸处往湖心依次递增。另外，2012 年 5 月野外监测期间，发现临近湖心实验平台处出现超量气泡释放现象，故在该处增加气泡收集装置进行气泡收集监测。倒置漏斗装置设置方式同前。

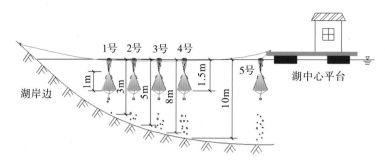

图 7-25　高阳平湖库湾气泡收集装置布置示意图

　　气泡收集期间，为避免收集气泡过多而重新溶于水中，采气时间间隔为 24h 并在现场完成气泡体积测定。收集的气体用针筒注入铝箔采气袋保存，48h 内使用 Agilent GC 7820 气相色谱仪完成 CH_4 和 CO_2 气泡浓度分析测试。

　　气泡释放通量计算公式如下（Goldenfum，2010）：

$$F_b = \frac{C \times V}{1000 \times S \times T} \tag{7-26}$$

式中，F_b 为气泡释放通量，$\mu mol/(m^2 \cdot d)$；C 为气泡浓度，$\mu mol/L$；V 为气泡收集的体积，m^3；S 为倒置漏斗底面积，m^2；T 为采样间隔时间，d；1000 为单位换算系数。

　　为进一步比较气泡释放通量与水－气界面间扩散通量的差别，于相同水域开展了浮箱法监测，所使用浮箱监测装置与方法见参考文献（Goldenfum，2010）。为确保浮箱法监测结果为水－气界面间扩散通量，避免同区域气泡释放对浮箱法的干扰，采取以下两个方面技术措施。

　　(1)现场观察水面气泡释放情况，确保在无明显气泡释放的状态下，浮箱法全程采气时间为 10min，采样间隔 2min，每个采样点共取气 6 次。采样时用针筒抽取采样箱内气体 100mL，注入铝箔采气袋后保存。

　　(2)浮箱法通过测定气样浓度变化斜率来计算水－气界面的气体交换通量，要求气体浓度变化的线性相关系数 R^2 均大于 0.95，以确保浮箱收集气体过程中无气泡释放干扰。

　　2012 年 3 月至 8 月，四个常规点累积收集气泡 12.1L，逐月变化见图 7-26。3 月至 5 月常规点气泡收集总体积处于较低水平，分别为 1150.4mL、530.2mL 和 1290.0mL，其中 4 月为研究期间最低值。进入 6 月后，气泡释放量突然增加，收集体积在 6、7 月间出现峰值，均超过 4000mL，8 月气泡收集体积有所下降，气泡收集总体积仅为 774.4mL。以变异系数（Cv 值）作为评价数据间离散程度的指标，各常规点逐月数据序列的变异系数（Cv 值）逐月增加趋势明显，峰值出现在 8 月，Cv 值达 1.55，各常规点间空间差异有显著增加的趋势。各常规点气泡收集总体积数据序列的方差分析显示，各常规点气泡收集体积并无显著的空间差异（显著性水平 $Sig. = 0.07 > 0.05$），大体上 1 号至 3 号常规点气泡收集体积随水深变深而逐渐下降（图 7-27），但水深较深的 4 号点在研究期间（3 月至 8 月）气泡收集体积日均值为 $235.1 \pm 61.1mL$，高于前述 3 个常规点，其变化范围为 $62.4 \sim 3405.0mL$，变幅亦在各常规点中最大。

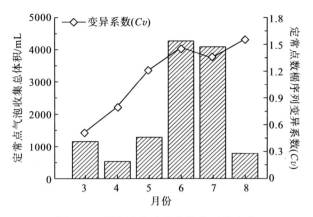

图 7-26 常规点气泡收集体积逐月变化

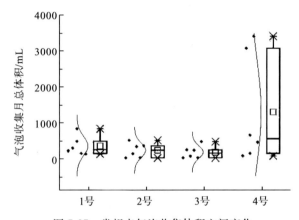

图 7-27 常规点气泡收集体积空间变化

研究期间，所收集气泡中 CH_4 浓度变化范围为 $0\sim33224.6\ \mu mol/L$，CO_2 浓度变化范围为 $0\sim2055.4\ \mu mol/L$，变幅较大。各常规点 CO_2、CH_4 浓度亦具有显著的时空变化特征。逐月 CO_2、CH_4 浓度均值(图 7-28)可以看出，CH_4 逐月变化特征同前述气泡收集体积接近，5 月和 6 月气泡中的 CH_4 浓度达到峰值，期间气泡 CH_4 峰值浓度均超过 $18000\ \mu mol/L$；在 7 月和 8 月期间，气泡中 CH_4 浓度迅速下降，变化范围仅为 $5.3\sim4767.2\ \mu mol/L$。CO_2 逐月浓度变化同 CH_4 浓度变化有显著差别。尽管气泡 CO_2 浓度峰值亦出现在 6 月，期间各常规点 CO_2 浓度均值为 $750.7\pm103.1\ \mu mol/L$，但从 3 月至 5 月，气泡内 CO_2 浓度则呈显著下降趋势。3 月常规点 CO_2 浓度均值达 $622.4\pm153.1\ \mu mol/L$，变化范围为 $81.8\sim2055.4\ \mu mol/L$，5 月常规点 CO_2 浓度均值则显著下降至 $174.5\pm27.4\ \mu mol/L$。7 月期间，气泡 CO_2 浓度亦显著下降，至 8 月常规点 CO_2 浓度均值仅为 $4.9\pm2.2\ \mu mol/L$。各常规点间数据序列见图 7-29。方差分析结果显示，常规点间 CH_4 浓度存在显著差异(显著性水平 $Sig.=0.038\leqslant0.05$)，CO_2 浓度空间差异无统计意义($Sig.=0.138>0.05$)。其中，2 号和 3 号常规点气泡 CH_4 浓度显著高于 4 号点。

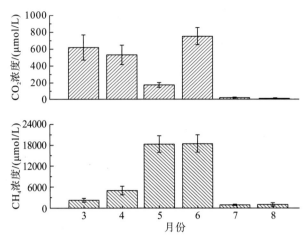

图 7-28　常规点气泡 CH_4、CO_2 浓度逐月变化

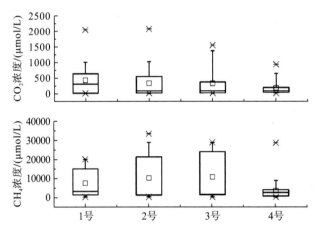

图 7-29　常规点气泡 CH_4、CO_2 浓度空间变化

根据前述气泡收集体积与 CO_2、CH_4 浓度，结合装置尺寸大小，气泡释放通量结果见图 7-30，相应统计结果见表 7-6。研究期间，该水域 CH_4 气泡通量均值为 $363.9 \pm 152.7\,\mu mol/(m^2 \cdot d)$，变化范围为 $0.01 \sim 17951.9\,\mu mol/(m^2 \cdot d)$，最大值出现在 2012 年 6 月 4 号常规点；CO_2 气泡通量均值为 $11.1 \pm 1.7\,\mu mol/(m^2 \cdot d)$，变化范围为 $0 \sim 119.1\,\mu mol/(m^2 \cdot d)$，最大值出现在 2012 年 6 月 2 号常规点。CH_4 气泡通量显著高于 CO_2 气泡通量。对全部数据序列的 Spearman 相关性分析发现，CH_4 气泡通量与 CO_2 气泡通量呈显著正相关关系（$r_{CH_4\text{-}CO_2} = 0.796$，$Sig. \leqslant 0.01$），说明二者释放过程具有同步性。

对各常规点的方差分析发现，常规点间 CH_4 通量空间差异性并不显著（$Sig. = 0.638 > 0.05$）；各常规点 CO_2 通量空间差异亦无统计意义（$Sig. = 0.835 > 0.05$）。不同月份间的气泡释放通量的方差分析发现，CH_4 和 CO_2 的逐月气泡释放通量均存在较为显著的差异（$Sig. \leqslant 0.01$）。在时间序列上，除 1 号常规点 CH_4、CO_2 气泡通量在 5 月出现峰值外，其余各常规点 CH_4、CO_2 通量均在 6 月出现峰值。2 号和 3 号常规点 CH_4 气泡通量变化过程一致，CH_4 通量 5 月略有下降，6 月出现峰值后迅速下降；2 号和 3 号常规点 CO_2 气泡通量变化过程亦有相似性，3 月至 5 月显著下降，6 月出现峰值后迅速下降。上述变化特

征同 CO_2 浓度逐月变化过程相似。4 号常规点 8 月 CH_4 气泡通量较 7 月显著升高，同上述 2 号和 3 号常规点时间变化有所不同。

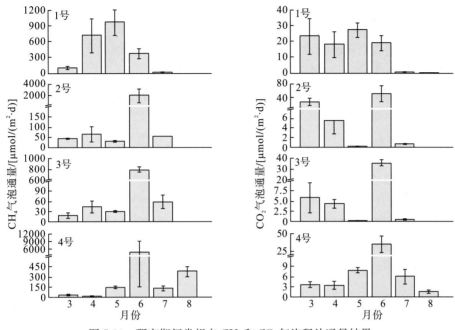

图 7-30　研究期间常规点 CH_4 和 CO_2 气泡释放通量结果

表 7-6　常规点 CH_4 和 CO_2 气泡释放通量逐月统计结果

月份	CH_4 通量/$[\mu mol/(m^2 \cdot d)]$		CO_2 通量/$[\mu mol/(m^2 \cdot d)]$	
	均值	变化范围	均值	变化范围
3 月	49.3±9.5	3.83~206.7	15.3±4.3	0.35~89.4
4 月	155.0±76.5	0.13~1229.1	7.9±2.5	0.18~39.1
5 月	294.7±97.6	0.84~1630.4	8.8±2.5	0.09~40.3
6 月	1948.2±1130.6	46.17~17951.9	35.0±6.6	0.90~119.1
7 月	67.2±14.4	12.69~306.2	2.2±0.8	0.06~17.3
8 月	95.6±45.2	0.01~447.9	0.4±0.2	0.00~2.1

另外，2012 年 5 月野外研究发现，湖心野外试验平台附近出现超量气泡释放，故在该处增加 5 号倒置漏斗装置，该点位研究持续至 8 月。研究结果发现，5 月末 3 天监测期内，气泡收集总体积达 8437.5mL，期间 CH_4 浓度为 14062.8$\mu mol/L$，CO_2 浓度为 484.1$\mu mol/L$；该处 5 月气泡释放 CH_4 通量达 22392.9$\mu mol/(m^2 \cdot d)$，CO_2 释放通量达 769.1$\mu mol/(m^2 \cdot d)$，分别是同期前述 4 个常规点均值的 76 倍和 87 倍。6 月、7 月该采样点存在微量气泡释放现象，同 5 月相比显著减少。6 月 CH_4、CO_2 通量仅分别为 3527.4$\mu mol/(m^2 \cdot d)$ 和 6.2$\mu mol/(m^2 \cdot d)$，7 月分别为 73.5$\mu mol/(m^2 \cdot d)$ 和 3.2$\mu mol/(m^2 \cdot d)$，较 6 月显著下降。但在 8 月监测期间，该处又出现气泡超量释放现象，4 天监测期内气泡收集总体积达 7060.0mL，期间 CH_4、CO_2 浓度分别为 13504.4$\mu mol/L$ 和 7.2$\mu mol/L$，相应的 CH_4、CO_2 气泡释放通量分别达 13366.1$\mu mol/(m^2 \cdot d)$ 和 7.4$\mu mol/(m^2 \cdot d)$，

分别是同期前述 4 个常规点均值的 140 倍和 18 倍。

作为三峡水库支流库湾水域气泡释放研究的初步尝试，结果证明水域气泡释放过程具有显著的时空异质性和不确定性特点，这与影响气泡形成、上浮与释放全程环境因素的复杂性密切相关。结合同期水文水动力特征和其他环境特点，从以下三个方面对该水域气泡释放特点进行初步探讨。

1）同水温和水文水动力特征的关联性

已有研究认为，在有机质丰富的浅层缓流水体，水温升高是导致气泡形成并释放的根本原因。研究水域气温自 3 月中旬首次突破 20℃，3 月下旬水温亦超过 15℃，气泡开始形成并释放。早期（3 月和 4 月）气泡释放主要集中于近岸水深较浅的 1 号和 2 号常规点，气泡释放通量高于水深相对较大的 3 号和 4 号采样点。5 月，水深最浅的 1 号常规点气泡释放通量为各采样点中最高。这同前述的基本认识相吻合。在研究中期（5 月和 6 月），相对较深的 4 号点气泡释放强度显著增加，甚至在更深的湖心处出现了超量释放现象（5 号）。可能的影响因素有：①入汛前水位在该时期已经降至 145m 最低水位，静水压力减少有利于底部积累的气泡集中释放；②同期水温已升至 25℃；③研究同期，1 号和 2 号点附近的近岸消落带和浅层淹没区的土壤有机质含量仅为 8.39±0.51g/kg，而库湾湖心处底泥有机质含量则高达 20.23±0.76g/kg，近岸带有机质含量不足湖心处的 50%，上述三个方面因素可能共同导致了研究中期出现的气泡释放峰值。7 月为主汛期，水体流动剧烈，库湾水位陡涨陡落，故尽管 7 月水温进一步升高，但水文水动力特征可能不利于气泡形成与释放。而进入 8 月伏旱期后，径流量下降为气泡释放创造了稳定的缓流环境。湖心处（4 号和 5 号）再次形成大量气泡并释放出水面。

2）与同水域水-气界面扩散通量的比较

研究期间，采用浮箱法对水-气界面间 CH_4、CO_2 扩散通量进行同步监测，结果见图 7-31。四个常规点 CH_4 气泡释放通量值约为同期 CH_4 扩散通量的 0%~1893.9%，均值为（42.3±16.5）%。在超量释放情况下，5 号采样点 CH_4 气泡释放通量为同水域 CH_4 扩散通量的（592.7±13.7）%（5 月），（6270.5±390.0）%（8 月）。CO_2 扩散通量因水生生态系统光合/呼吸过程而出现"源"—"汇"交替，但无论是"源"还是"汇"，CO_2 扩散通量绝对值的量级显著大于气泡释放通量。四个常规点 CO_2 气泡释放通量仅占同期扩散

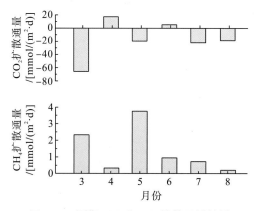

图 7-31　同期 CH_4 和 CO_2 扩散通量结果

通量绝对值的 0‰～21.74‰，均值为(1.04±0.24)‰。在超量释放情况下，CO_2 气泡释放通量亦仅为同期扩散通量绝对值的(40.33±0.93)‰(5 月)。上述差异同 CH_4、CO_2 在水中溶解度有关，也同生物可利用性相关，这进一步说明在三峡水库支流库湾水域中，CH_4 的气泡释放强度与扩散强度总体上是相当的，而在局部时期气泡释放通量将可能高于扩散通量，故 CH_4 的气泡释放通量在支流库湾水域不可忽视。

2. 消落带土－气界面温室气体通量监测

澎溪河是三峡库区支流中消落带面积最大的支流，其消落带总面积近 $57km^2$，约占库区消落带总面积的 15%。主要的消落带包括：开县县城(汉丰湖)消落带、厚坝消落带、渠口—铺溪消落带、白家溪消落带和养鹿消落带等。

白家溪和养鹿消落带采样点位于澎溪河回水区中游，白家溪采样点(N31°7′49.0″，E108°33′37.6″)位于白家溪湿地自然保护区内(图 7-32a)，养鹿采样点(N31°5′7.7″，E108°33′47.6″)位于养鹿镇船码头下游 2km 左右处(图 7-32b)，在坝前 145m 水位时，上述两个区域大面积消落带裸露；而当坝前 160m 以上水位时，消落带被水淹没，形成大面积的平湖水域。

(a)白家溪　　　　　　　　　　　　　　　　(b)养鹿湖

图 7-32　消落带落干后照片

由于上述消落带受淹后水域温室气体通量特征已在 7.3 节介绍，故本节着重对消落带落干期间(2010 年 6 月至 9 月)土－气界面温室气体通量特征及区域消落带主要土壤理化指标特征进行分析。

结合"十一五"水体污染控制与治理科技重大专项课题"三峡水库消落带生态保护与水环境治理关键技术研究与示范"(2009ZX07104－003)，于 2010 年 4 月(消落带初露)、7 月(主汛期)和 9 月中旬(汛末)，即从消落带初露到再次受淹前一个完整落干期间，对白家溪和养鹿段消落带的土壤进行采样及分析，并以此作为研究土－气界面温室气体通量的背景资料。

研究期间，白家溪、养鹿消落带土壤的理化指标(pH、氧化还原电位 Eh、体积含水率和温度)现场测试结果见图 7-33。土壤温度与体积含水率是决定土壤透气性、氧化还原电位(Eh)、pH、微生物活性以及温室气体扩散速率等的关键参量。研究期间，该区域 4 月消落带土壤温度为 20.5℃，7 月和 9 月分别为 29.7 和 28.21℃。7 月和 9 月的土壤体积含水率分别达到 56.1% 和 45.4%，比 4 月的 33.3% 高，这与夏季多雨的气候特征直接相关。

pH 同土壤有机质的合成和分解、土壤微生物的活动、根系的生长发育等都密切相关。土壤微生物活性的最适 pH 一般为 6~8，超出这个范围时，微生物活性会显著降低，从而使得温室气体的排放大幅度减少。研究区域土壤 pH 较为稳定，变化幅度相对较小，范围为 6.98~7.08，是适宜微生物生长的 pH 范围。

土壤氧化还原电位(Eh)是反映土壤通透性和供氧状况的重要理化指标，影响 CO_2、N_2O 的排放以及 CH_4 的吸收氧化。研究期间发现，4 月土壤 Eh 为 5.12mV，7 月和 9 月 Eh 都为负值，分别为 -1.9mV 和 -3.9mV，说明消落带土壤自 4 月初露后呈氧化态，而逐渐在 7 月至 9 月向还原态过渡。

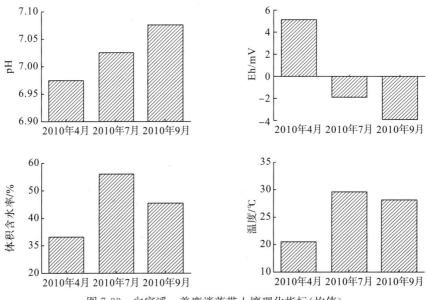

图 7-33　白家溪、养鹿消落带土壤理化指标(均值)

研究期间，白家溪、养鹿消落带土壤主要成分(全氮、全磷、有机质)测试分析结果见图 7-34。研究发现，4 月至 9 月白家溪、养鹿消落带土壤有机质呈现显著的递增趋势，三个月的有机质含量分别为 10.18mg/g、12.72mg/g 和 13.37mg/g；而研究区域土壤的全氮含量则相对稳定，三个月的全氮含量分别为 1.17mg/g、1.31mg/g 和 1.07mg/g；全磷含量的范围为 0.60~0.68mg/g，略有递减。

于 2010 年 6 月至 9 月消落带落干期对澎溪河白家溪、养鹿段消落带的土-气界面温室气体通量水平进行了监测。测试区域地块类型包括裸露河滩的沙地(图 7-35a)、旱地(图 7-35b)、(枯)草地(图 7-35c)、水稻田(图 7-35d)等，样品采集区域高程分布于 145~160m。

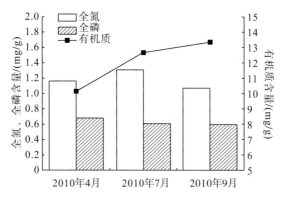

图 7-34　土壤全氮、全磷与有机质的测试分析结果(均值)

(a)沙地

(b)旱地

(c)(枯)草地

(d)水稻田

图 7-35　白家溪、养鹿消落带采样点照片

　　由于对白家溪、养鹿消落带的采样时间均安排在每月上旬(8 日),根据澎溪河径流特征与坝前水位变化情况,对消落带采样所涉及的 4 个月份中,6、7 月份为主汛期之前消落带陆域环境条件相对稳定的时期;8、9 月份 145~155m 的消落带陆域频繁受到洪峰过程的影响,该时期近岸沙地不易取样,未能提供相关测试数据。6 月至 9 月研究区域消落带温室气体通量变化过程(均值)见图 7-36。而不同土地类型消落带温室气体通量特征的变化情况见表 7-7。

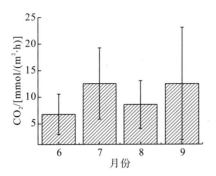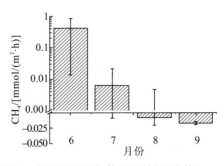

图 7-36　研究期间澎溪河白家溪、养鹿消落带土-气界面温室气体通量特征（均值）

表 7-7　研究期间澎溪河白家溪、养鹿消落带温室气体通量监测结果

月份	采样点	土地特征	采样点高程估测/m	CO_2 通量 /[mmol/($m^2 \cdot h$)]	CH_4 通量 /[mmol/($m^2 \cdot h$)]
	白家溪 01	水稻田	155~160	13.88	0.026
6	养鹿湖 01	沙地	145~150	0.90	0.0017
	养鹿湖 02	草地	150~155	5.37	1.26
	白家溪 01	水稻田	155~160	10.37	0.0020
7	白家溪 02	近岸沙地	145~150	2.23	0.034
	养鹿湖 02	草地	155~150	24.73	−0.017
	白家溪 01	旱地	155~160	17.28	−0.0054
8	白家溪 02	枯草地	145~150	5.66	0.013
	养鹿湖 02	草地	155~150	2.62	−0.031
	白家溪 01	旱地	155~160	33.57	−0.016
9	白家溪 02	枯草地	145~150	2.19	−0.021
	养鹿湖 02	草地	155~150	1.68	−0.014

　　6 月澎溪河白家溪、养鹿消落带 CO_2 通量均值为 6.72±3.81mmol/($m^2 \cdot h$)，该时期近岸沙质土地有机质含量相对较低，故 CO_2 通量维持在相对较低的水平，而水稻田（白家溪 01）的 CO_2 通量仍较高。7 月研究区域 CO_2 通量均值为 12.45±6.58mmol/($m^2 \cdot h$)，较 6 月显著升高。不同类型土地 CO_2 通量均为正值，呈现出"源"的特征。其中，近岸沙地的 CO_2 释放通量最低，平均值为 1.57±0.94 mmol/($m^2 \cdot h$)，而水稻田达到 12.13±2.48 mmol/($m^2 \cdot h$)，草地为 15.05±13.69 mmol/($m^2 \cdot h$)。2010 年 8、9 月各土壤仍然表现为 CO_2 的"源"，草地平均释放 CO_2 通量最低，为 2.15±0.66mmol/($m^2 \cdot h$)；枯草地其次，为 3.92±2.46mmol/($m^2 \cdot h$)；旱地则最高，为 25.43±11.52mmol/($m^2 \cdot h$)。总体上，同 7 月相比，消落带 CO_2 通量在 8 月略有下降而在 9 月则出现回升，这可能同径流（洪峰）和降雨过程有一定关系。

　　研究期间，CH_4 的通量则呈较为明显的递减规律。6 月份，养鹿湖草地消落带出现了 CH_4 的局部峰值，达到 1.26mmol/($m^2 \cdot h$)，使得 6 月研究区域消落带温室气体 CH_4 通量均值达到 0.43±0.41mmol/($m^2 \cdot h$)。若剔除该峰值的影响，6 月澎溪河白家溪、养鹿

消落带 CH_4 通量均值为 0.14 ± 0.12 mmol/($m^2 \cdot h$)，高于 7 月研究区域消落带 CH_4 通量的均值 0.0062 ± 0.015 mmol/($m^2 \cdot h$)。7 月开始，养鹿湖消落带采样点出现了 CH_4 通量负值的情况，即存在土壤吸收 CH_4 的现象。该现象在 8 月至 9 月逐渐明显，使得 8 月研究区域土壤 CH_4 通量均值为 -0.0079 ± 0.013 mmol/($m^2 \cdot h$)，9 月的均值为 -0.017 ± 0.002 mmol/($m^2 \cdot h$)，呈显著的递减趋势。就不同土地类型而言，研究期间澎溪河白家溪、养鹿消落带草地的 CH_4 吸收通量最大为 8 月，达到 -0.031 mmol/($m^2 \cdot h$)，旱地最大吸收通量值为 9 月的 -0.016 mmol/($m^2 \cdot h$)，枯草地 9 月也能达到 -0.021 mmol/($m^2 \cdot h$)。

综合前述分析可以看出，虽然澎溪河白家溪、养鹿不同土地类型消落带通量水平差异较大，并未呈现较为显著的规律性特点，但结合第 5 章土壤理化性质的宏观特点，可以看出该区域消落带温室气体通量水平总体呈现以下特征。

(1)研究期间(2010 年 6 月至 9 月)白家溪、养鹿 CO_2 通量均值为 10.04 ± 3.03 mmol/($m^2 \cdot h$)，CH_4 通量均值为 0.102 ± 0.105 mmol/($m^2 \cdot h$)。比 Chen 等在该区域的前期研究结果(仅 CH_4)要低。但由于 Chen 等研究主要集中于消落带刚初露时期(newly created mashes)，与本研究中 6 月份初露时期研究结果水平相比，二者差异不大(Chen et al.，1996)。

(2)在一个较为完整的消落带落干期(6 月至 9 月)，总体上 CO_2 的通量水平同土壤中有机质含量变化较为密切，反映了土壤细菌的呼吸水平。这表现在横向上沙地有机质含量较低，其 CO_2 通量水平较低，而草地或旱地的有机质含量较高，故 CO_2 通量水平相对较高；在纵向上随着植被恢复，消落带初级生产力水平升高，在一定程度上促进了土壤有机质含量的增加，使得 CO_2 释放通量的总体趋势有所增加。

(3)土壤吸收 CH_4 是陆地生态系统的自然过程，IPCC 估计全球土壤对 CH_4 吸收总量为 30Tg/a。在现有的研究中，普遍认为土壤中好气微生物消耗大气中的 CH_4 是陆地生态系统中最大的甲烷汇。影响土壤吸收 CH_4 的主要因素包括：土壤渗透性、pH、扩散能力、氧气含量、温度和含水量等物理化学特征以及土壤耕作措施。已有研究表明，pH 升高有利于 CH_4 吸收，而农业耕作与施肥不利于土壤吸收 CH_4，CH_4 吸收率同土壤水分含量呈负相关关系。不仅如此，不同植被生长对土壤吸收 CH_4 具有刺激或延缓的作用，通常不同土地利用类型下，土壤对 CH_4 吸收强度顺序为：林地 $\geqslant$ 草地 $\geqslant$ 可耕地。

研究期间出现的 CH_4 通量源汇转化及其吸收通量递增趋势的现象，且吸收通量的范围 $(-0.0308) \sim (-0.0054)$ mmol/($m^2 \cdot h$) 在一定程度上同消落带在落干期间植被恢复和土壤理化性质改变密切相关。由于时间有限，本研究暂未能对消落带土壤吸收 CH_4 机制进行更深入解析，但结合理化性质变化与采样经验，推测上述现象的成因是：消落带退耕后，其甲烷氧化菌的活性得到恢复，加之在落干与曝晒过程中土壤透气性增强，使得消落带土壤对大气中 CH_4 吸收潜势增强，同时消落带植被恢复在一定程度上刺激了 CH_4 "汇"的作用。更明晰的机制有待于下一步更系统的实验设计与更深入的研究。

7.4　水库运行下澎溪河温室气体通量估算

水库温室气体总通量估算是明确水库温室气体实际释放量的重要基础，是评价水库温室气体效应的关键。在现有以定位跟踪观测为基础的水库温室气体效应监测体系下，实现对水库温室气体通量的估算需在时间上和空间上对现有点状瞬时观测数据进行科学外推。联合国教科文组织(UNESCO)和国际水电协会(IHA)2010年颁布的《淡水水库温室气体监测导则》中提供了通量估算的总体思路(Goldenfum，2010)，但其操作性不强，如何在时间上对日通量数据进行外推、如何确定采样点数能够代表的水域面积并未有明确、可行的方法，不同水库所适用的通量估算方法也仍有待实践与验证。

三峡水库尽管具有相对较小的淹没面积，建库前通过有效的清库工作极大减少了所淹没的有机质总量，建库后保持的相对较优的水动力条件有利于促进CH_4氧化。这些特征有利于减少整个水库温室气体释放，但对水域面积超过$1000km^2$的三峡水库，如何科学估算其大面总通量水平仍有待深入研究。

在三峡水库"蓄清排浑"的调度方案下，水库$145\sim175m$的动态调蓄和天然径流过程将迫使水库末端区域呈现天然河道和水库交替的变动状态，水库边界将随着回水区空间范围变化而改变。在此影响下，澎溪河回水区末段(开县汉丰湖至云阳养鹿段)在三峡水库夏季低水位运行期间呈天然河道特征，而在冬季高水位期间近岸消落区被淹而成为水库一部分。因此，为定量估算澎溪河回水区温室气体通量，需确定三峡水库调度运行下澎溪河回水区(水库水域)的空间边界范围及其水域面积，确定水库空间范围内所涵盖的采样点，以实现对采样点监测数据的外延估算。

采用澎溪河30m数字高程提取(数据源：ASTER-GDEM V2)，并结合遥感影像数据(数据源：Landsat TM/ETM)修正，确定坝前175m水位澎溪河回水区水域面积约为$92km^2$，坝前145m水位时约为$22.5km^2$，以5m水位等间隔提取$145\sim175m$共7个点的实际水域面积，以指数模型拟合坝前水位$145\sim175m$澎溪河水域面积同水位的统计关系，拟合结果见图7-37。结合研究期间(2010年6月至2011年5月)坝前水位日变化过程(图7-38)和澎溪河回水区一维水动力模型，推算并获取研究期间澎溪河水域面积的变化。根据上述空间分析结果，确定典型时段澎溪河回水区(水库边界内)所包含的采样点，见表7-8。

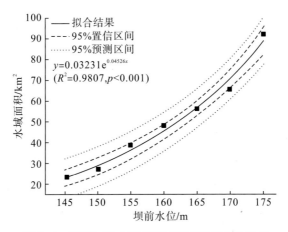

图7-37 澎溪河回水区水域面积同坝前水位关系

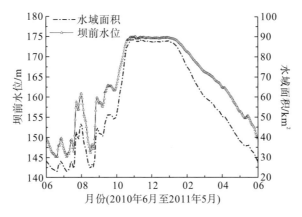

图 7-38　研究期间水位变化情况与澎溪河回水区水域面积变化过程

表 7-8　典型时段澎溪河回水区(水库边界)所涵盖采样点情况

年份	典型时段 (天数)	平均水位/m (变化范围)	平均水域面积/km² (变化范围)	所涵盖的采样点名称 (自上游起)
2010	6 月下旬至 9 月中旬 (93)	153.46±0.62 (145.13~162.93)	34.79±0.98 (23.02~51.50)	养鹿、高阳、 黄石、双江
	9 月下旬至 1 月上旬 (112)	172.59±0.39 (161.64~175.00)	81.00±1.21 (48.59~88.97)	开县、白家溪、养鹿、 高阳、黄石、双江
2011	1 月中旬至 3 月下旬 (80)	168.28±0.38 (162.72~174.21)	66.40±1.16 (51.02~85.82)	开县、白家溪、养鹿、 高阳、黄石、双江
	4 月上旬至 6 月中旬 (80)	154.63±0.59 (145.14~162.46)	36.37±0.94 (23.02~50.43)	白家溪、养鹿、高阳、 黄石、双江

1. 瞬时监测结果在时间上的外延

对点状瞬时监测数据在时间上外延是将每月的瞬时监测值外延至全天日通量,并以全天日通量为代表反映采样当月通量水平进而求得全年总通量值。假设采样频次为每月 1 次,采样时间为采样日 t 当日 h 时($h=1\sim24$),在 h 时采集的水库温室气体时通量强度为 F_{th},F_{th} 在全天日总通量 F_t 中所占比重为 α(%),故以 F_{th} 外推 F_t 的计算方法为

$$F_t = \frac{F_{th}}{\alpha} \tag{7-27}$$

理论上,α 是 h 的函数[$\alpha = \alpha(h)$],即为时通量对日总通量的贡献率,需根据采样当日温室气体通量昼夜变化特征获取。限于人力物力条件,对每个采样点逐月开展昼夜观测并不现实。故本研究考虑进行以下概化:假定全年逐月观测中存在特定典型时期,该时期内澎溪河水生生态系统具有一定的相似性,使得该时期内各采样点温室气体昼夜变化过程相近,因此,可在该时期内选择某一典型日对代表性采样点温室气体昼夜通量过程进行观测,获取当天不同时段的 α 值,并以此对典型时期内其他月份、其他采样点的日通量进行估算。

为此,本研究在前期大量研究积累基础上,综合水库调度运行特征、气候气象特征和浮游植物演替等水生态过程,将澎溪河回水区水生态特征定性划分为四个时段,即

A 时段：6 月下旬至 9 月中旬   B 时段：9 月下旬至 1 月上旬

C 时段：1 月中旬至 3 月下旬   D 时段：4 月上旬至 6 月中旬

通过在上述典型时段中的 2010 年 8 月和 11 月，2011 年 2 月和 5 月分别在澎溪河高阳平湖采样点开展四次昼夜连续跟踪观测，获取了 α 的昼夜动态信息，据此对逐月监测中的日通量值进行外延。各采样点在不同时段内时通量对日通量的贡献率 α 见表 7-9。

表 7-9   各采样点时通量对日总通量的贡献率 α （单位：%）

典型时段	温泉		开县		白家溪		养鹿		高阳		黄石		双江	
	CO_2	CH_4	CO_2	CH_4	CO_2	CH_4	CO_2	CH_4	CO_2	CH_4	CO_2	CH_4	CO_2	CH_4
A	—	—	—	—	—	—	−27.38	15.47	−18.32	9.51	−31.63	18.57	−38.78	11.32
B	—	—	6.74	4.86	4.57	11.41	4.49	9.91	4.41	8.42	4.57	11.41	6.74	4.86
C	—	—	11.76	17.14	8.90	11.17	13.11	6.02	17.07	10.62	8.90	11.17	11.76	17.14
D	—	—	—	—	−11.93	13.89	−5.45	0.67	−4.37	0.68	−11.93	13.89	−15.72	67.36

注："—"表示不在水库水域范围内，不予考虑，下同

2. 定位监测结果在空间上的外延

空间上对点状数据进行外延的核心是确定采样点所能代表的回水区水域面积，并赋予其权重，以加权计算获得整个回水区（水库边界范围内）的总通量值。本研究提出两种方法对澎溪河各采样点所能代表的水域面积进行划分。

1）水下地形划分法

水下地形划分法认为采样点所处河段因河道地形具有相似性，使其在水域形态、水文水动力条件和水生态过程等方面均具有相近特征。故结合河道地形特征和野外考察经验，对所选择采样点上下游具有相似性的河段进行划分，确定该采样点所能代表的河段长度及其对应的水域面积。

以 1∶2000 澎溪河水下地形图为基础对各采样点所控制的区域进行划分，划分结果如下。

（1）双江控制区域：澎溪河河口至上游牛栏溪处（现沪蓉高速云阳澎溪河大桥处）河段。为澎溪河回水区下游入江段，河道断面放宽，深泓处高程小于 110m，水流较缓且易受长江干流回灌顶托等影响，水力条件复杂。

（2）黄石控制区域：澎溪河下游牛栏溪至上游代李子高阳大桥处，为"V"形峡谷顺直河道，深泓处高程 110~120m，水力条件单一。

（3）高阳控制区域：代李子高阳大桥至上游澎溪河电站大桥处受淹后形成的开阔湖盆水域，过水型湖泊，水域面积 5~6km²，深泓处高程 120~130m。

（4）养鹿控制区域：澎溪河电站大桥经渠马镇至上游白家溪出口之间的"V"形峡谷河段，深泓处高程 130~140m。

（5）白家溪控制区域：澎溪河白家溪至上游渠口之间的河段，除渠口处小部分河段为"V"形峡谷河段外，其余均为大面积河谷平坝型消落区（白家溪、铺溪等），高程为 140~160m，是澎溪河回水区消落区集中的区域之一。

(6)开县控制区:蓄水后在开县县城附近至厚坝之间形成的一大片消落区,面积超过 $10km^2$,高程为 $160\sim170m$。

在不同时段内上述采样点所代表的澎溪河回水区水域面积比例见表 7-10。

表 7-10　基于水下地形划分法的不同时段各采样点所代表水域面积比例　（单位:%）

时段	开县	白家溪	养鹿	高阳	黄石	双江
A	—	—	34.36	23.22	23.63	18.79
B	15.9	20.23	21.37	16.59	14.44	11.47
C	8.6	14.55	22.38	18.63	18.61	17.23
D	—	19.39	28.48	17.31	21.18	13.64

2)环境因素控制法

环境因素控制法认为水域生态系统中温室气体产汇过程受水质理化特征影响显著,不同采样点间水质理化特征的空间差异是导致采样点间温室气体通量存在差别的原因。故可采用超标倍数赋权的方法,将不同采样点间环境因素权值归一化,确定不同采样点水域温室气体通量水平所占权重,进而计算每个采样点所代表的水域面积。计算公式为

$$\omega_i = \sum_{j=1}^{m} \frac{x_{ji}}{s_{ji}} \Big/ \sum_{j=1}^{m} \sum_{i=1}^{n} \frac{x_{ji}}{s_{ji}} \tag{7-28}$$

式中,ω_i 为每月各采样点 i(共 n 个)水面面积控制权重值;s_{ji} 为每月所选择的水质理化指标 j(共 m 个)的标准值,本研究中以算术平均值代替;x_{ji} 为每月各采样点各理化指标实际观测值。

由于不同温室气体产汇机制存在差异,对其通量产生影响的环境因素各不相同,故对于不同温室气体而言,环境因素控制法所计算获得的水面面积控制权重值亦有差别。初步研究发现,澎溪河回水区 CO_2 通量的主要影响因素是 pH 和 Chla,而水温可能是 CH_4 通量的主要影响因素。故以各采样点 pH 和 Chla 均值为标准,计算采样点 CO_2 通量的水面面积控制权重;以水温均值为标准,计算采样点 CH_4 通量的水面面积控制权重。计算结果见表 7-11 和表 7-12。

表 7-11　基于环境因素控制法的各采样点 CO_2 通量水面面积控制权重　（单位:%）

时间	所属时段	开县	白家溪	养鹿	高阳	黄石	双江
2010 年 6 月	D	—	16.51	15.58	15.11	18.96	33.84
2010 年 7 月	A	—	—	12.98	24.92	37.53	24.57
2010 年 8 月	A	—	—	30.29	23.33	26.00	20.38
2010 年 9 月	A	—	—	22.40	20.41	30.30	26.90
2010 年 10 月	B	20.43	14.58	19.36	16.24	12.32	17.07
2010 年 11 月	B	22.85	13.84	13.15	13.80	17.01	19.35
2010 年 12 月	B	16.54	11.26	14.00	22.98	19.09	16.13
2011 年 1 月	C	38.21	12.27	12.39	13.37	12.14	11.61
2011 年 2 月	C	34.13	16.40	17.16	11.62	10.32	10.37

续表

时间	所属时段	开县	白家溪	养鹿	高阳	黄石	双江
2011 年 3 月	C	9.00	11.09	9.96	11.70	14.10	44.14
2011 年 4 月	D	—	13.53	12.41	13.38	44.17	16.51
2011 年 5 月	D	—	12.22	12.60	35.35	14.14	25.69

表 7-12 基于环境因素控制法的各采样点 CH_4 通量水面面积控制权重 （单位：%）

时间	所属时段	开县	白家溪	养鹿	高阳	黄石	双江
2010 年 6 月	D	—	17.04	17.31	20.81	23.05	21.79
2010 年 7 月	A	—	—	23.87	25.69	25.87	24.57
2010 年 8 月	A	—	—	24.56	25.96	24.26	25.22
2010 年 9 月	A	—	—	25.44	24.66	24.95	24.95
2010 年 10 月	B	16.80	17.49	16.94	16.46	16.05	16.26
2010 年 11 月	B	16.43	16.90	16.98	16.43	16.67	16.59
2010 年 12 月	B	16.78	16.00	16.29	17.26	16.88	16.78
2011 年 1 月	C	15.02	17.00	16.75	16.50	17.36	17.36
2011 年 2 月	C	13.60	15.71	16.92	17.37	17.37	19.03
2011 年 3 月	C	14.82	16.31	16.56	15.94	17.93	18.43
2011 年 4 月	D	—	19.27	19.15	20.90	20.40	20.28
2011 年 5 月	D	—	20.42	20.72	20.72	19.29	18.84

研究期间，澎溪河各采样点 CO_2 和 CH_4 监测结果见表 7-13。全年各采样点 CO_2 通量算术平均值为 $3.05 \pm 0.46 mmol/(m^2 \cdot h)$，变化范围为 $-2.24 \sim 21.54 mmol/(m^2 \cdot h)$；$CH_4$ 通量均值为 $0.0501 \pm 0.0096 mmol/(m^2 \cdot h)$，变化范围为 $0.0012 \sim 0.5251 mmol/(m^2 \cdot h)$。各采样点逐月变化特征见 7.3 节。

表 7-13 各采样点 CO_2、CH_4 时通量监测统计结果

采样点	CO_2 时通量/$[mmol/(m^2 \cdot h)]$		CH_4 时通量/$[mmol/(m^2 \cdot h)]$	
	均值	变化范围	均值	变化范围
温泉	6.23 ± 0.93	$0.84 \sim 11.73$	0.0245 ± 0.0058	$0.0061 \sim 0.0705$
开县	5.33 ± 1.75	$-0.43 \sim 21.54$	0.1184 ± 0.0476	$0.0039 \sim 0.5251$
白家溪	2.45 ± 1.25	$-1.52 \sim 13.87$	0.0521 ± 0.0245	$0.0020 \sim 0.2996$
养鹿	3.39 ± 1.49	$-1.69 \sim 12.50$	0.0665 ± 0.0297	$0.0012 \sim 0.2628$
高阳	1.20 ± 0.64	$-1.53 \sim 5.36$	0.0564 ± 0.0233	$0.0053 \sim 0.2352$
黄石	2.06 ± 0.92	$-1.40 \sim 6.59$	0.0299 ± 0.0071	$0.0035 \sim 0.0707$
双江	0.71 ± 0.44	$-2.24 \sim 2.58$	0.0074 ± 0.0016	$0.0028 \sim 0.0203$

根据 24h 高阳平湖 CO_2、CH_4 通量的观测结果（7.3 节），采用表 7-9 的时通量对日通量贡献率 α 进行估算，采用式（7-27）对不同典型时段水库范围内各采样点日通量进行估算，各采样点的统计结果见表 7-14。

表 7-14　各采样点 CO_2、CH_4 日通量统计结果

采样点	CO_2 日通量/[mmol/(m^2·d)]		CH_4 日通量/[mmol/(m^2·d)]	
	均值	变化范围	均值	变化范围
开县	81.13±34.45	−6.38~183.64	0.6370±0.4863	0.0225~3.0634
白家溪	52.18±34.51	−23.03~303.55	0.3270±0.2309	0.0178~2.1567
养鹿	31.81±31.69	−148.54~278.30	6.6606±4.0927	0.0194~39.22
高阳	10.51±10.77	−45.16~104.34	4.6516±2.6322	0.0498~29.70
黄石	33.80±16.46	−26.32~144.19	0.2255±0.0566	0.0249~0.6192
双江	4.11±4.31	−19.01~34.99	0.0601±0.0176	0.0057~0.1830

以采样当月平均水域面积为基础，对澎溪河每月回水区水域内 CO_2、CH_4 总通量进行估算，两种方法估算结果见表 7-15。根据逐月估算结果，以水下地形划分法为基础，澎溪河全年 CO_2、CH_4 总通量分别为 40060.5t 和 540.9t；以环境因素控制法为基础，澎溪河全年 CO_2、CH_4 总通量分别为 39073.0t 和 467.2t。

表 7-15　澎溪河回水区逐月 CO_2、CH_4 通量统计结果

时间	当月水域面积均值/km^2	水下地形划分法		环境要素控制法	
		CO_2 通量/t	CH_4 通量/t	CO_2 通量/t	CH_4 通量/t
2010 年 6 月	25.65	−2008.8	203.0	−1362.4	161.8
2010 年 7 月	31.06	−123.6	8.1	13.3	6.1
2010 年 8 月	33.93	211.4	16.9	212.1	16.6
2010 年 9 月	47.60	−575.1	3.1	−555.7	2.9
2010 年 10 月	76.00	−182.5	5.4	−93.5	5.9
2010 年 11 月	87.84	16643.5	7.2	13505.3	7.7
2010 年 12 月	87.57	18220.6	6.5	16520.0	6.8
2011 年 1 月	82.57	5203.8	2.4	4613.5	2.3
2011 年 2 月	67.23	2995.6	10.5	6471.4	14.9
2011 年 3 月	56.06	−713.6	1.1	−889.3	1.3
2011 年 4 月	45.33	−450.0	77.4	−192.6	82.6
2011 年 5 月	34.58	839.3	199.3	831.0	158.2
全年合计		40060.5	540.9	39073.0	467.2

3. 时空外推与总通量估算存在的问题和不确定性

在时通量到日通量的外推中，根据前述假定，研究使用了高阳平湖采样点全年四次24h昼夜连续观测结果作为依据，将各采样点瞬时通量数据外推至全天通量值。该方案虽基于有限条件下的优化，但其局限性不可回避。一方面，以高阳平湖采样点的昼夜过程(α)估算其他采样点的日通量，使澎溪河各采样点的昼夜过程被"同质化"，并可能影响各采样点逐月监测序列的变化特征。为判别上述影响是否存在，研究通过相关性分析发现，各采样点的逐月日通量估算结果同它们瞬时通量的实际监测结果保持较优的统计相关性(Spearman相关系数$r \geq 0.7$，$p \leq 0.05$)，说明本研究所采用的日通量估算方案在一定程度上保持了瞬时监测数据的逐月变化特征，即便是经过高阳平湖通量全年四次昼夜过程的"复制"，各采样点日通量的全年逐月变化过程未有统计意义上的显著改变，故在现有条件下上述方案可能是有效、可行的选择。尽管如此，上述影响仍难以消除，在有限采样点条件下，如何实现优化将是后续研究工作的重点。另一方面，所划分的典型时断虽基于前期研究积累，但仍需进一步验证和修正。由于整个水库生态系统依然处于快速发育与演化阶段，典型时段划分是否具有普适性和可推广性依然值得进一步深入研究。

在采样点日通量监测数据的空间外延方面，尽管环境因素控制法计算所得CO_2、CH_4全年总通量结果小于水下地形划分法，但两种方法估算结果无显著统计差异，年通量相对误差(以水下地形划分法为基础)：CO_2仅相差2.47%，CH_4相差13.63%。进一步地，两种方法估算的逐月通量数据序列之间具有较优的线性相关性，两种方法间CO_2逐月通量序列的Spearman相关系数$r = 0.993(p \leq 0.01)$；CH_4逐月通量序列的Spearman相关系数$r = 0.979(p \leq 0.01)$，说明两种方法之间具有较好的统一性和可比性，对澎溪河回水区水域CO_2、CH_4进行空间外延基本可行。

从具体操作实践上，两种方法各有特点。水下地形划分法主要依靠河道地形特征和现场调查经验，其原理简单、计算方便，但在划分采样点所反映的不同水域时具有较大的主观性。而环境因素控制法主要依赖于同水库温室气体产汇最为相关的几个环境因子，通过归一化处理对不同采样点赋权。尽管该方法相对于水下地形划分法具有一定的数据基础，较为客观，且参数选择可根据实际研究情况调整和修正，相对较为灵活，但该方法需基于前期充分研究积累，筛选和比较密切相关的环境参量，计算相对复杂。此外，为实现温室气体通量归一化而选取的环境参量标准值仍需探讨。

在对澎溪河回水区水域全年CO_2、CH_4通量进行估算的基础上，计算全年澎溪河回水区水域CO_2、CH_4的平均通量强度。2010年6月至2011年5月，澎溪河回水区全年平均水域面积为56.25km²。以环境要素控制法为参考，CO_2全年平均释放强度为43.26mmol/(m²·d)，CH_4全年平均释放强度为1.42mmol/(m²·d)。以Barros等对全球水库温室气体排放情况统计结果为参照(图7-39)，澎溪河回水区水域CO_2释放通量略高于Barros等所收集的181个数据样本的平均值，在数据序列中处于中等偏高的水平；CH_4释放通量则远远小于Barros等140个数据样本的平均值，在数据序列中总体处于中等水平(Barros et al.，2011)。

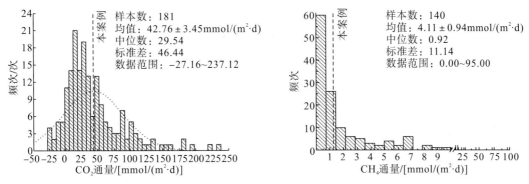

图 7-39　澎溪河回水区水域 CO_2、CH_4 年平均释放强度同全球水库序列的比较

7.5　澎溪河水体二氧化碳分压变化及其影响因素

如前述，水柱中的二氧化碳分压（pCO_2）是水库生态系统碳产汇与碳循环的重要状态变量，也是决定水－气界面 CO_2 通量的关键。为阐释三峡水库运行下澎溪河水体 pCO_2 变化及其主要调控机制，探索澎溪河碳循环特征，笔者梳理了 2009 年 5 月至 2010 年 5 月（以下简称"研究期间"）的 pCO_2 变化，分析同期主要环境要素的变化关系，阐释水库运行下水体碳循环主要特点。

1. pCO_2 的逐月变化过程

2009 年 5 月至 2010 年 5 月，澎溪河回水区水体 pCO_2 逐月变化过程见图 7-40。低水位运行期间，高阳至河口断面水体 pCO_2 分层现象显著，并在 7、8 两月表现的尤为明显，表层 2～3m 以上水体由于浮游植物强烈的光合作用影响，水体 pCO_2 均低于大气平均水平（7 月河口采样点除外）。其中 7 月高阳至河口表层 0.5 水体 pCO_2 分别为 316 μatm、229 μatm、300 μatm 和 978 μatm，8 月分别为 30 μatm、55 μatm、26 μatm 和 46 μatm。3m 以下水体由于光照强度减弱，呼吸作用占主导，使得水体 pCO_2 迅速上升。除高阳采样点外，其余三个采样点水体 pCO_2 在 10m 水深下，上升趋势逐渐减缓，并在底部附近达到最大值。仅在 7、8 月的双江采样点及 7 月的黄石采样点底层 15～30m 会出现短期 pCO_2 降低的趋势，推测可能由于水体底部暗流或长江水回灌所致。研究期间各采样点水体观测到的最大 pCO_2 分别为 7 月 1760 μatm、3970 μatm、2294 μatm 及 2504 μatm，8 月 1119 μatm、1726 μatm、1155 μatm 及 1906 μatm。6 月和 9 月两月表层水体 pCO_2 高于大气水平，甚至有可能高于底层水体，如 9 月的高阳采样点。研究期间水体 pCO_2 分层较弱或无明显分层现象，结合同期的气象数据，推测其可能受降雨及径流所携带大量土壤过饱和 CO_2 输入水体影响所致。

高水位研究期间，除 10 月高阳及双江采样点出现弱分层现象外，其余时期各采样点水体均不分层。10 月由于气温回升、光照充足，加之 9 月降水后大量营养盐流入澎溪河水体，使回水区的高阳和双江采样点发生秋季水华，其 Chla 浓度分别高达 38.9 μg/L 和 44.7 μg/L。因此高阳、双江采样点水柱 pCO_2 分布现象类似于低水位运行期的 7 月和 8 月两月，即表层 3m 以上水体 pCO_2 均低于大气平均值，其中 0.5m 水层分别为 47 μatm

和133μatm，而3m后则迅速上升，直至底部最大值为止。11月至次年2月，澎溪河回水区各采样点水体 pCO_2 没有明显分层现象，且各采样点水体 pCO_2 变化不大，总体平均值为 $1422\pm166\mu atm$。

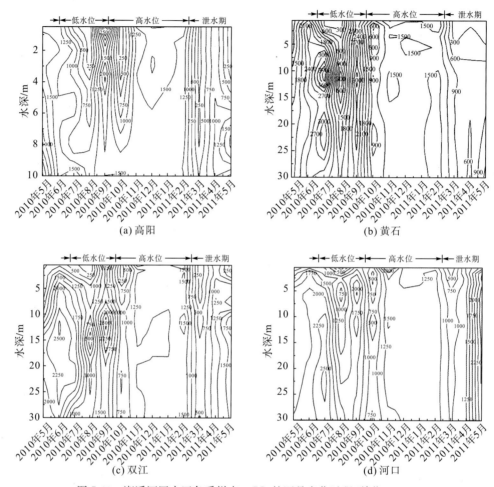

(a) 高阳　　　　　　　　　　(b) 黄石

(c) 双江　　　　　　　　　　(d) 河口

图 7-40　澎溪河回水区各采样点 pCO_2 的逐月变化过程（单位：μatm）

水库泄水期处于气温回暖时期，水力停留时间较长，易于浮游植物生长，是水华发生的敏感时期，故每年的3月至5月底澎溪河回水区监测采样点会发生几次较大规模的水华。2011年3月回水区高阳至河口采样点发生水华，其中高阳和黄石段面为硅藻水华，Chla浓度分别为28.9μg/L和44.7μg/L；双江和河口段面为小环藻水华，Chla浓度分别为286.1μg/L和41.2μg/L。由于水华的暴发，使得表层水体光合作用显著，pCO_2 均低于大气水平，分别为178μatm、60μatm、23μatm和272μatm。另外，水体 pCO_2 的分层现象与高水位运行时期相比也较明显，与低水位运行期分布特征相似，在底层附近达到最大值。4月回水区水华现象消失，细菌分解死亡浮游植物以及减弱的光合作用使得各采样点水体 pCO_2 分布又回到类似于高水位时期特征，水体 pCO_2 分层现象消失；5月高阳至双江采样点再一次暴发水华，三个采样点水体 pCO_2 分层现象明显，表层0.5m pCO_2 分别为43μatm、70μatm和67μatm，底层最大值分别为1823μatm、1300μatm

和 1722 µatm。河口采样点无表层浮游植物疯长现象，水体 pCO_2 不体现分层特征。

2. 不同水库运行状态下澎溪河回水区 pCO_2 的昼夜变化

分别在低水位运行期的 8 月、高水位运行期的 11 月和 2 月以及泄水期的 5 月对回水区高阳采样点水体 pCO_2 的昼夜变化过程开展 24h 跟踪观测。其中 8 月和 5 月监测水深为 0.5m、1m、2m、3m、5m、8m 和 10m，2 月的监测水深增加 15m 和 20m，11 月延伸至 30m。各运行期 24h 水体 pCO_2 昼夜变化特征见图 7-41。

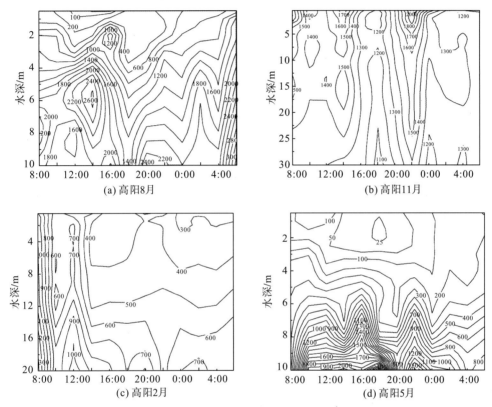

图 7-41 澎溪河回水区高阳平湖 pCO_2 的昼夜变化过程（单位：µatm）

低水位运行期的 8 月，澎溪河高阳采样点水体 pCO_2 昼夜分层现象明显，表层与底层水体 pCO_2 相差近 40 倍，从表层的 <50 µatm 到底层的 >2000 µatm。表层水体 pCO_2 在中午 12：00 至下午 16：00 较低，且均小于 100 µatm，最小值出现在下午 16：00，为 39 µatm。早上 8：00 至晚上 20：00，表层 0.5m 水体 pCO_2 均低于大气平均水平。8 月份观测的当日，由于下午 18：00 出现了强降雨，一方面受降雨的影响，可能携带的大量饱和 CO_2 雨水且气压有所改变；另一方面浮游植物光合固碳强度在光照影响下趋于减弱。22：00 后表层水体 pCO_2 上升，并超过大气平均水平。次日凌晨 6：00 表层水体 pCO_2 达到一天中最大值 848 µatm。随水深增加，高阳 8 月水体 pCO_2 逐渐增大，且 3m 以下均大于大气分压值。底层附近水体 pCO_2 最大但昼夜变化不明显，基本保持在 2000 µatm 左右。

在高水位运行期的 11 月，上、下两层水体 pCO_2 相差不大，且表层水体 pCO_2 略高于底层。由于此期间正处于温度较低，光照较弱的初冬季节，浮游植物的生长在一定程度上受到限制，24h 表层 0.5m 水体 pCO_2 均大于大气平均水平，其范围在 1100～2100 μatm。白天 10：00 至 16：00 水体 pCO_2 平均值（1398 μatm）略低于夜间 18：00 至 6：00（平均值 1531 μatm）。底层水体 pCO_2 的变化范围较小，大约在 1100～1300 μatm。

高水位运行期的 2 月，上下两层水体 pCO_2 分层与 11 月相比要明显一些，下层水体 pCO_2 比表层高 1.5 至 2 倍。由于 2 月 24h 观测期间日照较充足，故表层 0.5m 水体 pCO_2 昼夜变化明显，由早上 8：00 的 1010 μatm 下降至下午 18：00 的 298 μatm，即水体 CO_2 浓度由过饱和下降至欠饱和。之后由于光合作用停止，表层 pCO_2 略有上升，0：00 之后，虽然仍为夜间，但表层水体 CO_2 浓度仍欠饱和，其具体原因有待进一步研究证实。2 月水体 pCO_2 随水深亦逐渐增加，但上升趋势缓慢，底部附近 pCO_2 最大，且与 11 月相似，其昼夜变化不大。

在 5 月泄水期的 24h 观测中，正值高阳水华暴发期。由于高密度藻类的生长代谢作用，昼夜观测期间，表层水体 pCO_2 均低于大气平均水平，其值在 27 μatm～200 μatm 之间。期间最低值出现在下午 18：00，最大值出现在次日早上 6：00。夜间表层 CO_2 浓度与昼间相比略有上升，但仍未过饱和。整个水层昼夜 pCO_2 分层明显，上下水层最大相差近 100 倍。底层附近水体 pCO_2 24h 变化也较大，由 8：00 的 604 μatm 上升至 18：00 的 2600 μatm，后又逐渐下降至次日 0：00 的 880 μatm。

3. 主要水质理化指标的同期逐月变化

2010 年 5 月至 2011 年 5 月，对澎溪河回水区现场水质理化指标进行跟踪观测分析，观测内容包括水体温度、pH、DO、Chla 及真光层深度。

1）水温分层

高阳至河口采样点水体温度的季节变化过程见图 7-42。低水位运行期的 6 至 8 月，澎溪河回水区水温分层现象明显。6 月，澎溪河 0.5～1m 水层范围为混合层，水温下降不明显；1～3m 之间出现温跃，水温下降大于 1℃/m；3m 以下下降迅速变缓，且在底层附近达到最低值。6 月高阳至河口采样点表层水温与底层水温分别相差 3.2℃、5.8℃、3.4℃和 2.4℃。7 月可能受暴雨径流及水层扰动的影响，澎溪河水体混合层深度有所增加，其中高阳上升至 1m，黄石和河口采样点升至 2m，而双江采样点混合层深度为 3m 附近。8 月各采样点混合层深度降低，只在表层水 0.5m 附近，而温跃层深度则大幅增加，出现在 0.5～5m 之间，之后在稳定层，水温下降缓慢并最终趋于稳定，期间澎溪河上下两层水体水温最大差异为 9℃。9 月观测期间，澎溪河水体没有明显的热分层现象，整个水体水温介于 23.5～25.5℃之间。高水位运行期，整个澎溪河水体没有热分层现象，上下两层水温相差不足 1.5℃。各月平均水温分别为：10 月 23.2±0.5℃；11 月 20.8±0.5℃；12 月 17.2±0.4℃；1 月 13.8±0.2℃；2 月 11.3±0.5℃。水库泄水初期的 3、4 月份，澎溪河个别采样点会出现深度在 1m 左右的温跃层，如发生小环藻水华的 3 月黄石和双江采样点，其温跃层分别出现在 1～2m 和 0.5～1m。而其余时期，水体水温分布与高水位运行期相似，无热分层现象，上下两层水温相差仅约 1℃。水库泄水后期的 5 月，除河口采样点外，澎溪河水体出现较弱的热分层现象，其中，高阳和黄石的温跃层大概出现在 5~8m，而双江的温跃层在 2~5m 水层较为明显。

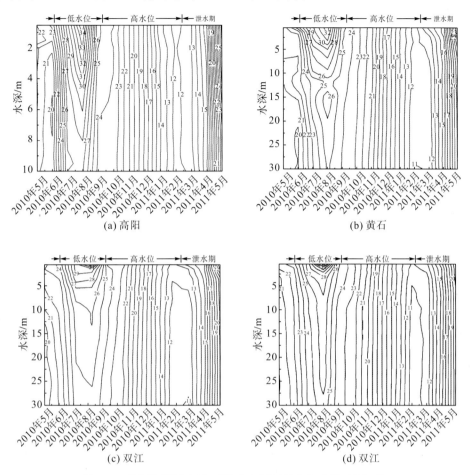

图 7-42　澎溪河回水区各采样点水温逐月变化过程（单位：℃）

2）pH

高阳至河口采样点水体 pH 的季节变化过程见图 7-43。低水位运行期的 7 月和 8 月两月，藻类的光合作用吸收水体中溶解性 CO_2，导致水体中 pH 上升，从图 7-43 中可以看出，期间表层水体 pH 很高，尤其是 8 月，各采样点表层 pH>9.0，最大为双江采样点，高达 9.30。随着水深的增加，光照强度减弱，光合作用的降低以及呼吸作用产生的 CO_2 使 pH 在上述水体温跃层中迅速下降，从表层的>9.0 下降到 5m 水体的 8.1 左右。在稳定层中 pH 下降趋势减缓，并在底部沉积物附近达到最小值。另外，黄石和双江采样点在 15m 以下 pH 有缓慢上升的趋势，这可能是长江干流水从澎溪河底部回灌有关。7 月和 8 月两月研究期间，上、下两层水体 pH 最大相差约 1.9。低水位运行初期的 6 月，上、下两层水体 pH 相差不大，表层 1m 以上水体 pH 略高于底层，而 3m 以下水体 pH 趋于稳定。在低水位运行末期，澎溪河上下两层水体 pH 差异不明显，甚至出现表层水体 pH 略低于底层的现象，例如 9 月的高阳和双江采样点。

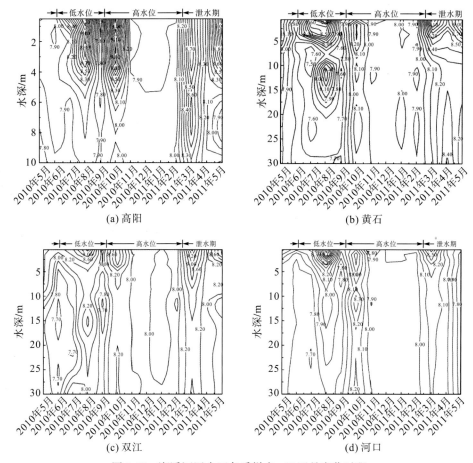

图 7-43　澎溪河回水区各采样点 pH 逐月变化过程

　　在高水位运行初期的 10 月份，由于气温的回暖以及日照充足，澎溪河发生秋季水华，其中以高阳和双江采样点尤为明显。水华的暴发导致水体 pH 再一次分层，高阳和双江两采样点 3m 以上水体 pH>8.9，高阳的表层 1m 水层甚至高达 9.28。此后，在高水位运行中期及末期的 11 月至次年 2 月，澎溪河水体 pH 无明显分层现象，上、下两层水体 pH 相差 0.1 左右，且表层水体 pH 略低于底层。

　　3 至 6 月初的水库泄水期，澎溪河水体发生春季水华，水华的发生再一次造成水体 pH 的分层，如 3 月的高阳至河口采样点及 5 月的高阳至双江采样点，分别发生了不同藻种、不同程度的水华现象。其中 3 月的双江采样点，表层 0.5m 水体 pH 甚至高达 9.47。而在无水华现象的 4 月，澎溪河水体 pH 分层不明显甚至不分层。

　　3）溶解氧（DO）

　　从图 7-44 中可以看出，澎溪河水体 DO 的季节变化与 pH 基本一致。藻类的生长使得在低水位运行期的 7 月和 8 月两月，高水位运行初期的 10 月以及水华暴发期的 3 月和 5 月两月，表层水体 DO 过饱和，其值大部分出现在 10~16mg/L，3 月双江的表层 0.5m 水体 DO 甚至高达 20.7mg/L。由于夏季细菌强烈的呼吸作用，导致高阳和黄石 5m 以下水体 DO 仅维持在 1.0mg/L 左右，高阳沉积物附近甚至处于缺氧状态，为底部 CH_4 的产生提供了良好的环境，另外，强烈的呼吸作用也导致低水位运行期各采样点底层水体 DO

普遍低于其他时期。与 pH 变化特征相似，高水位运行期的 11 至次年 2 月，澎溪河各采样点水体 DO 不分层，期间整个水体 DO 浓度保持在同时期水温对应的饱和溶解氧附近，且表层水体 DO 略低于底层。

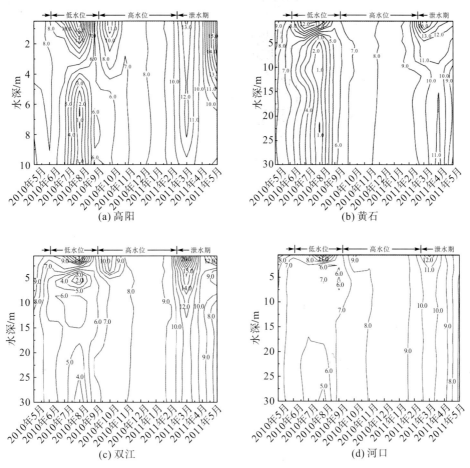

图 7-44　澎溪河回水区各采样点 DO 逐月变化过程(单位：mg/L)

4)碱度(TA)

水体中碱度是指水中 HCO_3^-、CO_3^{2-} 以及 OH^- 中和酸能力的强度，对于自然淡水体来说，其 OH^- 浓度通常很低，因此可以忽略不计。澎溪河水体 TA 的季节变化特征如图 7-45 所示。

可见，澎溪河水体 TA 的季节变化与 pH 以及 pCO_2 有着明显的相似性，即在水库水位运行期以及泄水期的水华暴发阶段，表层 TA 浓度较低，甚至低于 30mg/L(CaO)，TA 分层现象较明显，这主要是因为藻类光合作用在吸收水体中 C、N、P 的同时会降低水体中的 TA。而在高水位运行期，整个水层 TA 浓度上下变化不大，其值在 55~62mg/L(CaO)。

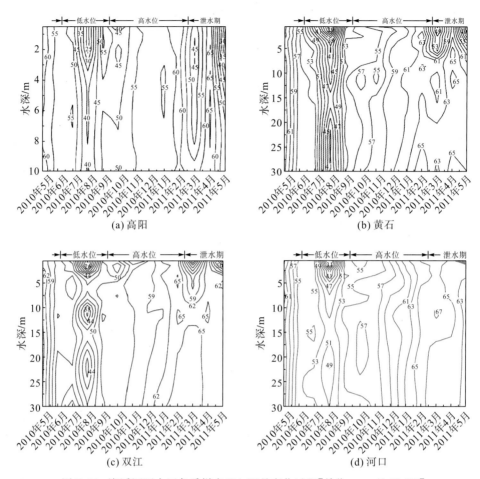

图 7-45　澎溪河回水区各采样点 TA 逐月变化过程［单位：mg/L(CaO)］

5) 叶绿素 a(Chla)

水体中的 Chla 浓度是浮游植物现存量的重要指标，其分布反映水体中浮游植物的丰度及其变化规律，浮游植物通过 Chla 将水体中的溶解无机碳转化成有机碳，一方面通过减小水体中 CO_2 分压，是直接驱动大气中 CO_2 进入水体的溶解度泵；另一方面通过食物链传递，启动了碳从表层向深层转移的生物泵。因此 Chla 浓度是反应水－气界面 CO_2 通量的重要指标。澎溪河水体 Chla 的季节变化特征见图 7-46。

由于浮游植物主要生长在水体真光层范围内，故本书对澎溪河高阳至河口 0～10m 水体的 Chla 浓度进行了观测研究。研究发现，浮游植物主要生长在 3m 以上水体，且在低水位运行期、高水位运行初期的 10 月以及水库泄水期的 3 月和 5 月两月生长较为旺盛，其光合作用使得 3m 以上水层的 pH 和 DO 上升，而 $p\mathrm{CO_2}$ 则欠饱和(见前述)。尤其是在泄水期的 3 至 5 月，回水区较长的水力停留时间、充足的营养盐和回暖的气温，使得浮游植物量每年在这个时候达到峰值，如 2011 年 3 月双江采样点发生的小环藻水华，其 Chla 浓度高达 286.1μg/L，5 月高阳采样点发生的鱼腥藻水华 Chla 浓度也高达 162.7μg/L。而在高水位运行期以及强暴雨过后的 6 月和 9 月两月，低温及过高的水流速度不适合浮游植物的生长，因此水体 Chla 浓度较低，尤其是高水位运行期的 11 月至次年 2 月，水体平均 Chla 浓度仅为 $2.1\pm1.2\,\mu g/L$。

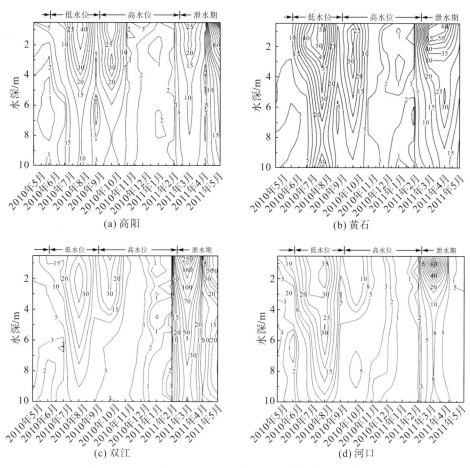

图 7-46　澎溪河回水区各采样点 Chla 逐月变化过程(单位：$\mu g/L$)

6)真光层深度(Eu)

真光层是藻类进行光合作用的重要场所和栖息地。澎溪河回水区真光层深度的季节变化见图 7-47。

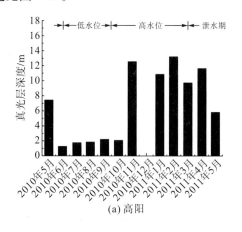

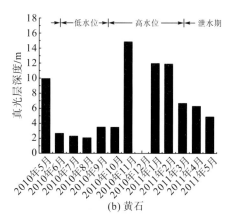

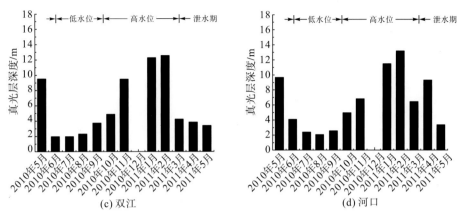

(c) 双江　　　　　　　　　　　　　　(d) 河口

图 7-47　澎溪河回水区各采样点真光层逐月变化过程

注：缺失 2010 年 12 月数据

　　低水位运行期，地表径流携带大量土壤颗粒性物质流入回水区，而此时较短的水力停留时间，使得泥沙沉积作用较小、水体浑浊度较高，故 6 至 9 月真光层深度较低，平均只有 2.4±0.75m；高水位运行期，地表径流较小，且在此期间水力停留时间的大幅增加，增加了水库的沉淀效应，因此回水区真光层平均深度提高至 10m 左右。水库泄水期水力滞留时间和地表径流量正好处于低/高水位运行期之间，故真光层平均深度为 7.0±2.7m。

　　7) 主要气象要素

　　2010 年 5 月至 2011 年 5 月，对澎溪河回水区主要气象参量进行统计，包括气温、降水量及风速。其中气温为现场仪器实测值，降水量和风速为气象站监测数据。其季节变化特征见图 7-48。

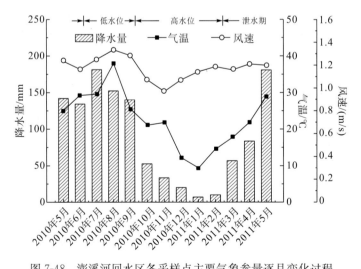

图 7-48　澎溪河回水区各采样点主要气象参量逐月变化过程

　　澎溪河流域地处西南季节气候区，夏季闷热多雨、冬季阴冷潮湿。低水位运行期的 6 月至 9 月的 4 个月总降水量占澎溪河回水区年降水量的 50% 以上；高阳至河口采样点平均气温较高，尤其在 8 月伏旱期，平均气温高达 38℃；由于受季风及西南暖湿气流影响，澎溪河回水区夏季平均风速要高于冬季，其平均风速约为 1.26 ± 0.07 m/s。高水位运行期的 10 月至次年 2 月，澎溪河回水区月降水量明显降低，总降水量仅占全年的 10% 左右；各采样点总体气温在 20~10℃，其中 1 月平均气温最低，为 9.4℃；回水区平均风速为 1.09 ± 0.08 m/s，略低于低水位运行期。水库泄水期间 3~5 月，降水量及月平均气温逐月增大，风速也介于低/高水位之间。

4. 水库运行下澎溪河水柱 pCO_2 影响因素及其调控机制

由于表层水体 pCO_2 是直接影响水－气界面 CO_2 释放/吸收通量的直接因素，因此单独将其提取出来并与其对应的环境要素进行相关性分析，从而辨识影响表层水体 pCO_2 的主要生源要素及关键生态过程。

采用偏最小二乘法对 pCO_2 及各理化指标(DO、N、P、营养盐、水温、Chla 和 TOC 等)进行回归分析，由于 pCO_2 是通过 pH 计算得出的，故 pH 不纳入回归分析中。分析得出的偏最小二乘回归结果如图 7-49 所示。回归模型将自变量分成了两个主成分，第一主成分包含了 35.6% 的数据，并解释了 54.8% 的 pCO_2 变化；第二主成分包含了 14.5% 的自变量数据，并与第一主成分一起解释了 70.6% 的 pCO_2 变化。从图 7-49 中可以看出，对于整个澎溪河表层水体而言，DO、Chla、TOC、NO_3^-、PO_4^{3-} 以及 DIC 等都与 pCO_2 都很好的相关性，其相关关系权重见表 7-16。

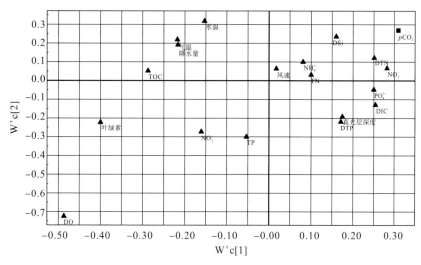

图 7-49　偏最小二乘相关性分析图

表 7-16　表层水体 pCO_2 与环境因子的 PLS 回归分析

物化指标	生源要素	气象因素
DO(2.13)	TOC(1.11)	气温(1.00)
Chla(1.51)	NO_3^-(1.06)	降水量(0.97)
水温(0.94)	DIC(1.04)	风速(0.14)
真光层深度(0.82)	PO_4^{3-}(0.97)	
	DTN(0.94)	

物化指标	生源要素	气象因素
	DTP(0.84)	
	NO_2^-(0.74)	
	DSi(0.70)	
	TP(0.58)	
	TN(0.37)	
	NH_4^+(0.35)	

注：1)括号中数字为 VIP；2)VIP>1 表示极显著相关，VIP<1 表示显著相关，VIP<0.5 表示相关性很弱

1)pCO_2与物化指标的关系

从表 7-16 中 pCO_2 与各环境因子的 VIP 值可以看出，DO 及 Chla 对表层水体 pCO_2 的相关权重最大，分别为 $VIP_{pCO_2\text{-}DO}=2.13$，$VIP_{pCO_2\text{-}Chla}=1.51$。另外，pH 虽然没有代入 PLS 回归分析中，但从 7.3 节中可知，pH 同样是影响水体 pCO_2 浓度的关键因子之一。PLS 分析表明，pH、DO 以及 Chla 这三个环境因子都与浮游植物生长代谢密切相关。首先，水体 pH 直接影响水中碳酸盐(CO_2，CO_3^{2-}，HCO_3^-)的平衡关系，从而直接控制着水体 CO_2 的浓度。低水位及水华暴发期，浮游植物强烈的光合作用会大量吸收水体中溶解性 CO_2，提高水体 pH，从而使表层水体 pCO_2 低于大气平均水平；其次，光合作用释放的 O_2，通常会导致表层水体 DO 呈过饱和状态，且浮游植物生物量越高(Chla 是浮游植物生物量的直接表征)，光合作用越剧烈，pH 及 DO 就越大。而在高水位运行期，低的浮游植物生物量及活性是导致表层水体 pCO_2 高于大气平均值的重要因素之一，并与低水位运行期呈显著差异。可见对于澎溪河回水区来说，浮游植物是控制表层水体 pCO_2 的关键因子之一，并与 pH、DO 及 Chla 呈极显著负相关。

水温对于水库水体 pCO_2 的影响主要是通过对有机物质的分解和水中植物生长的影响而起作用的，研究表明，对于湖泊来说，底泥呼吸对表层水体 pCO_2 的贡献很大，尤其是浅水湖泊更是如此(Huttunen et al.，2003，2006)。Svensson 等的研究证实，水温越高就越促进底泥有机物的分解矿化(Svensson，1984)。Roulet 等也发现水体 pCO_2 与水温呈正相关关系(Roulet et al.，1997)。另一方面，水温也会影响 CO_2 在水柱中的传输速度和溶解能力和水合速率。温度越高 CO_2 在水中的溶解度也就越小，释放通量也就越大。无论是在森林、草地还是湿地等其他生态系统，CO_2 的生产速率都与空气温度呈正相关关系。但也有研究认为，温度并不是导致水体 pCO_2 变化的因素(Sobek et al.，2005)。利用 pCO_2 与水温、气温之间的回归关系可以解释这些系统 18%~27% 的 pCO_2 的变化(图 7-50)，且气温对表层水体 pCO_2 的影响要略强于水温，可见 pCO_2 的变化对水温的变化有滞后效应。

2)pCO_2与生源要素的关系

CO_2 在水体中的产生途径主要有两种：一种由水体中的有机物质的矿化作用释放，尤其是 DOC；另一种是水中生物呼吸作用。同时，水体中的初级生产者包括高等水生植物和浮游植物还可以通过光合作用吸收大气中的 CO_2，复杂的生产和消耗机制使得表层水体中 pCO_2 受到多种因素的影响，其中营养水平的影响是显著的。水体营养水平的高低

对 pCO_2 的影响是双重的，对于高营养水平的湖泊，无论是外源输入的有机碳还是内源产生的有机碳，一般水体中 DOC 含量较高，因此也相应有着较高的分解和矿化作用。通常外源有机物为水体呼吸提供了 13%～43% 的碳(Cole et al.，2000)，这一值随着湖泊初级生产力的降低而降低。一些学者的研究表明，营养水平升高会增加湖泊 CO_2 浓度。如Huttunen 对芬兰不同营养水平的湖泊调查发现：富营养型湖泊 Vehamasjarvi 湖的平均CO_2 浓度要显著高于贫营养型 Markijarvi 湖和一些没有外源有机碳输入的中营养型的湖泊(Huttunen et al.，2002a，b，2003)。但更多的研究证明营养水平的升高会减少水体的CO_2 浓度及水—气界面 CO_2 的扩散通量。

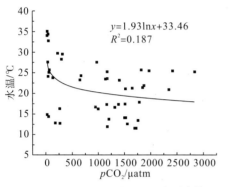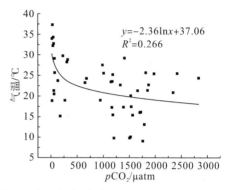

图 7-50　表层水体 pCO_2 与水温、气温的相关关系

对澎溪河的分析表明，在与表层水体 pCO_2 相关分析的生源要素中，NO_3^-、TOC 及DIC 与表层水体 pCO_2 相关性最为显著。高水位运行期由于浮游植物生长受限，水体中细菌的呼吸作用成为控制澎溪河表层水体 pCO_2 的另一重要因素，其矿化及硝化作用，提高了水体 NO_3^- 及 DIC 浓度，且由于高水位运行期间回水区较长的水力滞留时间及有机碳的缓慢分解，使得表层水体 NO_3^- 及 DIC 浓度逐月递增，而 TOC 则呈总体下降的趋势。在低水位及水华暴发期，浮游植物生长会吸收水体中 DIC 及部分 NO_3^-，供自身的生长和繁殖，增加表层水体有机碳浓度的同时降低了水中 pCO_2。虽然夏季随着气温的升高，细菌呼吸作用会明显增强，但对于表层水体来说，藻类的生产远大于呼吸作用的影响，导致表层水体 pCO_2 与 NO_3^- 及 DIC 呈极正相关，而与 TOC 呈负相关。这与 Sobek 等学者的研究结果存在差别(Sobek et al.，2005)，但同 Soumis 的研究结果一致(Soumis et al.，2007)。这可能是因为 Sobek 与其他研究者得出的 pCO_2 与有机碳正相关的结论是基于对湖泊水体的研究，对于水库而言，纵向输移与垂向混合的生境特征迫使其水生生态系统具有开放性特点，同湖泊有较大差异。N、P 等营养物质的汇入造成澎溪河水体富营养化及浮游生物生长旺盛，可能是控制澎溪河表层水体的 pCO_2 关键因素。

另一方面，生源要素比例对于浮游植物的生长及食物网动力学具有重要影响。研究表明，浮游植物生长的最适 C、Si、N、P 营养元素摩尔比为 106：16：16：1(Klausmeier et al.，2008)。水体富营养化与生源要素比例失衡密切相关。对澎溪河表层水体 1 年的生源要素进行监测，结果表明(图 7-51)，澎溪河水体总体以 P 为限制性因子，特别是在低水位运行期的 8 月以及水库泄水期的 3 月，元素 P 的缺乏限制了浮游植物生长；而 5 月水华暴发阶段，除河口采样点外，N 素构成了对藻类生长的限制影响，三采样点 N：P 比分别只有 9.8：1、13.3：1 及 10.2：1。

通常情况下，Si 和 C 不构成藻类生长的限制因子，但 2011 年 5 月双江的小环藻（硅藻）水华暴发期间，Si：P 比（16.6：1）仅略高于经典 Redfield 值，可见在硅藻水华暴发期间，Si 也很有可能成为限制性元素。对于澎溪河水体来说，高水位运行末期及水库泄水期，硅藻是澎溪河回水区藻类群落结构的主体，水库水华爆发后，硅藻沉降速度比其他藻类快。较慢的硅藻硅质壳体溶解速率限制了硅向上覆水体的返还速率，而 N、P 的再矿化速率显著大于硅，这导致硅的净沉积及下游水体营养盐之间比例改变。从图 7-52 可以看出，Si：N 沿程呈逐渐下降的趋势。

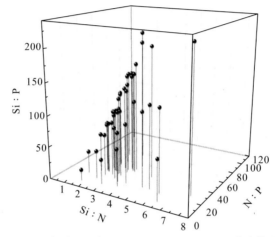

图 7-51　澎溪河回水区 N：P、Si：N、Si：P 分布情况

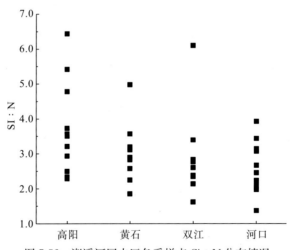

图 7-52　澎溪河回水区各采样点 Si：N 分布情况

3）pCO_2 与气象要素的关系

从与气象指标的相关性可以看出，pCO_2 与气温以及降水量都呈极显著负相关关系，可能是因为澎溪河处于西南季风气候区，低水位运行期正值夏季高温多雨且浮游植物的生长旺盛时期，而高水位运行期则低温少雨，故相关性分析得出如上结果。因此，从整体上分析，浮游植物生长过程可能是控制澎溪河表层水体 pCO_2 的主要因素。

然而对于水柱 pCO_2 来说，其变化更易受到水体微生物的群落分布以及底层沉积物呼吸影响，因此其控制因素相对于表层水体来说可能更加的复杂。通过对水柱 pCO_2 与环境因子的相关性分析得出，水柱 pCO_2 同样与 Chla、DO 及 TA（碱度）呈显著相关。从Chla、DO 以及 pCO_2 的垂向分布也可以看出，pCO_2 与其都有明显的一致性。低水位运行期，Chla 的分层现象导致不同水层光合作用强度的差异，从而引起水体 DO、TA 和 pCO_2 的分层，又因为浮游植物主要集中在表水层，特别是 2~3m 以上水体，故该层水体 pCO_2 变化较低，且强烈的光合作用使得该层 pCO_2 低于大气平均水平，而 DO 处于过饱和状态。3m 以下水体由于光合作用变弱，呼吸及有机物的矿化作用仍在继续，故 pCO_2 及 TA 急剧增加，而 DO 及 Chla 也迅速降低，高阳水体在底层 10m 以下甚至处于缺氧状态。高水位运行期，整个澎溪河水体上下水温基本一致，水温的不分层导致水体 pCO_2、TA 及 DO 没有明显的分层现象。

在此基础上，对 pCO_2 与主要水质理化指标进行拟合，结果见图 7-53。可见，水柱 pCO_2 与 DO 及 Chla 的相关性最强，分别解释了 56.2% 及 50.6% 的水柱 pCO_2 变化。另外，对于水温来说，当水温>20℃时，与其水柱 pCO_2 的相关性较好（曲线 B）；当水温<20℃时，它们之间的相关性明显较弱（曲线 A）。因此可以推测，水温调控水体微生物的生长代谢从而影响水柱 pCO_2，当水温<20℃时，微生物活性减弱，水温对 pCO_2 的调控能力受限。由于浮游植物光合作用在吸收水中溶解性 C、N、P 等营养物质的同时，会降低表层水体碱度，而呼吸作用则相反，故 TA 的变化与水柱 pCO_2 是一致的，并解释了35.5% 的 pCO_2 变化。

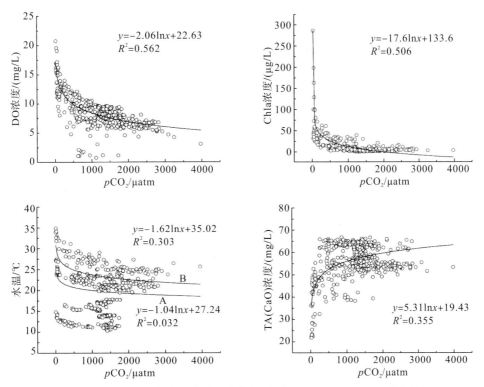

图 7-53 水柱 pCO_2 同主要水质理化指标（水温、DO、Chla、TA）拟合结果

虽然相关性分析得到了水柱 pCO_2 总体上与 DO 及 Chla 的相关性最强，并且浮游植物可能是控制其水体 pCO_2 的关键因素之一，然而相关性分析并不能确切地回答"何时 pCO_2 与浮游植物的相关作用表现为最强？何时最弱甚至不相关？此时控制 pCO_2 的关键生态过程又是什么？"等这一类问题。要解决上述疑问就必须引入 $EpCO_2/AOU$ 指数。

通常生物消耗易降解有机物的好氧呼吸作用是水体中 CO_2 的重要来源，生物好氧呼吸作用可以表示为：

$$(CH_2O)_{106}(NH_3)_{16}H_3PO_4 + 138O_2 + 18HCO_3^- \rightarrow 124CO_2 + 140H_2O + 16NO_3^- + HPO_4^{2-}$$

(7-29)

理论上当生物好氧呼吸作用利用的有机质完全由浮游植物构成时，$\Delta CO_2 : (-\Delta O_2) = (106+18)/138 = 0.9$。但目前普遍认为异养呼吸作用并不会消耗水体中的 HCO_3^-，因此，根据经典的 Redfield 比值，当仅存在浮游植物自身呼吸作用时，$\Delta CO_2 : (-\Delta O_2) = 106/138 = 0.77$(Chen et al.，1996)。尽管浮游植物体内的元素比率并不是严格的 Redfield 比值，但研究学者指出只要这个值在 $0.62 \sim 0.79$，就可以认为生物内源呼吸是控制水体 pCO_2 的主要因素。

为了评价这一生态指标，通常会引入两个水质参数：$EpCO_2$ 和 AOU。其中，

$$EpCO_2 = [CO_2{}^*] - [CO_2]_{eq}$$ (7-30)

$$AOU = [O_2]_{eq} - [O_2]$$ (7-31)

式中，$[CO_2{}^*]$ 为现场观测的水体 CO_2 浓度，mol/L；$[CO_2]_{eq}$ 为现场水温气压条件下水体 CO_2 达到饱和状态时所对应的浓度，mol/L；$[O_2]_{eq}$ 为现场水温气压条件下水体饱和溶解氧，mol/L；$[O_2]$ 为现场观测溶解氧，mol/L。

$EpCO_2/AOU$ 的大小取决于异养细菌所利用的有机质的组成情况，即所谓的 $\Delta CO_2 : (-\Delta O_2)$。澎溪河水体 $EpCO_2/AOU$ 的值见图 7-54。低水位运行期间，该值绝大部分数据落在 $0.3 \sim 1.2$，说明此期间水体 pCO_2 由浮游植物生产、内源呼吸以及强地表径流、降水过程等外源有机碳、无机碳交替控制，但是在 $7 \sim 8$ 月，即使仍存在上述各种过程，且强度较强，但水体浮游植物生长旺盛，其强烈的光合作用使得水体溶解性 CO_2 的利用效率很高，分解、呼吸作用都相对较弱，新产生的 CO_2 很快就又被用于合成代谢，因此水体 $EpCO_2/AOU$ 小于内源呼吸下限 0.527，即此时水体 pCO_2 主要由浮游植物生产所主导；而在 6、9 两月，澎溪河水体 $EpCO_2/AOU$ 值大多大于 0.778，内源呼吸产生的 CO_2 不足以构成澎溪河水体高的 CO_2 浓度，说明此时径流输入的外源有机碳和无机碳也构成影响水体 pCO_2 的重要因子。而在泄水期，受春季水华暴发的影响，$EpCO_2/AOU$ 的变化特征与低水位运行期相似，但范围更大，尤其是低于 0.527 的值占了绝大多数，可见春季水华期间浮游植物生产是澎溪河水体 pCO_2 的主控因素。高水位运行期，$EpCO_2/AOU$ 值大于 0.778 的数据占 90% 以上，且秋冬季节回水区降水量较少，此期间主控澎溪河水体 pCO_2 的因素为上游流域输入的外源有机碳，其中包括蓄水后受淹的陆生植物以及底层微生物降解的有机颗粒等。

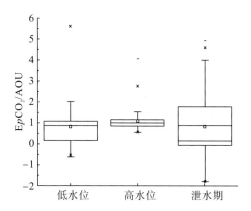

图 7-54　水库不同运行期间 $EpCO_2/AOU$ 变化情况

　　总体上，浮游植物生长是影响澎溪河回水区水体 pCO_2 和 CO_2 通量的主要因素。在低水位运行期与泄水期，澎溪河水体 pCO_2 主要受到浮游植物生产，内源呼吸及外源有机碳、无机碳交替控制；而在高水位运行期，影响澎溪河水体 pCO_2 的因素可能主要是蓄水后受淹的陆生植物以及底层有机颗粒的降解等。

主要参考文献

李哲，2011. 温室气体是如何监测的. 中国三峡，(09)：63-65.

李哲，白镭，郭劲松，等，2012. 三峡不同蓄水阶段澎溪河 CO_2 通量的初步研究. 水科学进展，(06)：851-860.

Abril G，Guerin F，Richard S，et al，2005. Carbon dioxide and methane emissions and the carbon budget of a 10-year old tropical reservoir (Petit Saut，French Guiana). Global Biogeochemical Cycles，19(4)：332-336.

Abril G，Parize M，Perez M，et al，2013. Wood decomposition in Amazonian hydropower reservoirs：An additional source of greenhouse gases. Journal of South American Earth Sciences，44：104-107.

Barros N，Cole J J，Tranvik L J，et al，2011. Carbon emission from hydroelectric reservoirs linked to reservoir age and latitude. Nature Geoscience，4(9)：593-596.

Chen C A，Lin C M，Huang B T，et al，1996. Stoichiometry of carbon，hydrogen，nitrogen，sulfur and oxygen in the particulate matter of the western North Pacific marginal seas. Marine Chemistry，54(1-2)：179-190.

Cole J J，Pace M L，Carpenter S R，et al，2000. Persistence of net heterotrophy in lakes during nutrient addition and food web manipulations. Limnology and Oceanography，45(8)：1718-1730.

Cole J J，Caraco N F，1998. Atmospheric exchange of carbon dioxide in a low‐wind oligotrophic lake measured by the addition of SF6. Limnology and Oceanography，43(4)：647-656.

Crusius J，Wanninkhof R，2003. Gas transfer velocities measured at low wind speed over a lake. Limnology and Oceanography，48(3)：1010-1017.

Delmas R，Galy-Lacaux C，Richard S，2001. Emissions of greenhouse gases from the tropical hydroelectric reservoir of Petit Saut (French Guiana) compared with emissions from thermal alternatives. Global Biogeochemical Cycles，15(4)：993-1003.

Demarty M，Bastien J，Tremblay A，et al，2009. Greenhouse Gas Emissions from Boreal Reservoirs in Manitoba and Quebec，Canada，Measured with Automated Systems. Environmental Science & Technology，43(23)：8908-8915.

Dos Santos M A，Rosa L P，Sikar B，et al，2006. Gross greenhouse gas fluxes from hydro-power reservoir compared to thermo-power plants. Energy Policy，34(4)：481-488.

Duchemin E，Lucotte M，Canuel R，et al，1995. Production of the greenhouse gases CH_4 and CO_2 by hydroelectric reservoirs of the boreal region. Global Biogeochemical Cycles，9(4)：529-540.

Duchemin E，Lucotte M，Canuel R，et al，2006．First assessment of methane and carbon dioxide emissions from shallow and deep zones of boreal reservoirs upon ice break-up．Lakes & Reservoirs Research and Management，11 (1)：9-19．

Duchemin E，Lucotte M，Canuel R，1999．Comparison of static chamber and thin boundary layer equation methods for measuring greenhouse gas emissions from large water bodies．Environmental Science & Technology，33(2)：350-357．

Edenhofer O，Pichs-Madruga R，Sokona Y，et al，2011．Renewable Energy Sources and Climate Change Mitigation：Special Report of The Intergovernmental Panel on Climate Change．Cambridge：Cambridge University Press．

Fearnside P M，1995．Hydroelectric dams in the brazilian amazon as sources of greenhouse gases．Environmental Conservation，22(1)：7-19．

Fearnside P M，1997．Greenhouse-gas emissions from Amazonian hydroelectric reservoirs：the example of Brazil's Tucurui Dam as compared to fossil fuel alternatives．Environmental Conservation，24(1)：64-75．

Fearnside P M，2001．Environmental impacts of Brazil's Tucurui Dam：Unlearned lessons for hydroelectric development in Amazonia．Environmental Management，27(3)：377-396．

Fearnside P M，2002．Greenhouse gas emissions from a hydroelectric reservoir (Brazil's Tucurui Dam) and the energy policy implications．Water Air and Soil Pollution，133(1-4)：69-96．

Fearnside P M，2006．Greenhouse gas emissions from hydroelectric dams：Reply to Rosa et al．Climatic Change，75 (1-2)：103-109．

Fearnside P M，2013．Carbon credit for hydroelectric dams as a source of greenhouse-gas emissions：the example of Brazil's Teles Pires Dam．Mitigation and Adaptation Strategies for Global Change，18(5)：691-699．

Fearnside P M，2014．Impacts of Brazil's Madeira River Dams：Unlearned lessons for hydroelectric development in Amazonia．Environmental Science & Policy，38：164-172．

Fearnside P M，2015．Emissions from tropical hydropower and the IPCC．Environmental Science & Policy，50：225-239．

Galy-Lacaux C，Jambert C，Delmas R，et al，1996．Methane emission and oxygen consumption in the hydroelectric dam of Petit-Saut in French Guyana．Comptes Rendus De L Academie Des Sciences Serie Ii Fascicule a-Sciences De La Terre Et Des Planetes，322(12)：1013-1019．

Giles J，2006．Methane quashes green credentials of hydropower．Nature，444(7119)：524-525．

Goldenfum，2010．GHG measurement guidelines for freshwater reservoir，The UNESCO/IHA Greenhouse Gas Emission from Freshwater Reservoirs Research Project：10-18．

Guerin F，Abril G，De Junet A，et al，2008a．Anaerobic decomposition of tropical soils and plant material：Implicationfor the CO_2 and CH_4 budget of the Petit Saut Reservoir．Applied Geochemistry，23(8)：2272-2283．

Guerin F，Abril G，Tremblay A，et al，2008b．Nitrous oxide emissions from tropical hydroelectric reservoirs．Geophysical Research Letters，35(6)：L06404．

Guerin F，Abril G，2007．Significance of pelagic aerobic methane oxidation in the methane and carbon budget of a tropical reservoir．Journal of Geophysical Research-Biogeosciences，112(G3)：488-497．

Hertwich E G，Gibon T，Bouman E A，et al，2015．Integrated life-cycle assessment of electricity-supply scenarios confirms global environmental benefit of low-carbon technologies．Proceedings of the National Academy of Sciences of the United States of America，112(20)：6277-6282．

Hertwich E G，2013．Addressing Biogenic Greenhouse Gas Emissions from Hydropower in LCA．Environmental Science & Technology，47(17)：9604-9611．

Huttunen J T，Alm J，Liikanen A，et al，2003．Fluxes of methane，carbon dioxide and nitrous oxide in boreal lakes and potential anthropogenic effects on the aquatic greenhouse gas emissions．Chemosphere，52(3)：609-621．

Huttunen J T，Nykanen H，Turunen J，et al，2002a．Fluxes of nitrous oxide on natural peatlands in Vuotos，an area projected for a hydroelectric reservoir in northern Finland．Suo (Helsinki)，53(3-4)：87-96．

Huttunen J T，Vaisanen T S，Hellsten S K，et al，2002b．Fluxes of CH4，CO2，and N2O in hydroelectric reservoirs Lokka and Porttipahta in the northern boreal zone in Finland．Global Biogeochemical Cycles，16(1)：3-1-3-17.

Huttunen J T，Vaisanen T S，Hellsten S，et al，2006．Methane fluxes at the sediment-water interface in some boreal lakes and reservoirs．Boreal Environment Research，11(1)：27-34.

Jahne B，Libner P，Fischer R，et al，1989．Investigating the transfer processes across the free aqueous viscous boundary layer by the controlled flux method．Tellus Series B-chemical & Physical Meteorology，41(2)：177-195.

Kelly C A，Rudd J W M，Bodaly R A，et al，1997．Increases in fluxes of greenhouse gases and methyl mercury following flooding of an experimental reservoir．Environmental Science & Technology，31(5)：1334-1344.

Kissinger A，Helmig R，Ebigbo A，et al，2013．Hydraulic fracturing in unconventional gas reservoirs：risks in the geological system，part 2．Environmental Earth Sciences，70(8)：3855-3873.

Klausmeier C A，Litchman E，Daufresne T，et al，2008．Phytoplankton stoichiometry．Ecological Research，23(3)：479-485.

Lide D R，2004．CRC Handbook of Chemistry and Physics．Florida ：CRC press.

Livingston G P，Hutchinson G L，1995．Enclosure-based measurement of trace gas exchange：applications and sources of error．Biogenic trace gases：measuring emissions from soil and water：14-51.

Macintyre S，Wanninkhof R，Chanton J P，1995．Trace gas exchange across the air-water interface in freshwater and coastal marine environments．Biogenic trace gases：Measuring emissions from soil and water，5297.

McCully P，2006．Fizzy science：Loosening the hydro industry's grip on reservoir greenhouse gas emissions research，International Rivers Network.

Oud，1993．Global warming：a changing climate for hydro．International Water Power & Dam Construction，45(5)：20-23.

Rosa L P，Dos Santos M A，Matvienko B，et al，2003．Biogenic gas production from major Amazon reservoirs，Brazil．Hydrological Processes，17(7)：1443-1450.

Rosa L P，dos Santos M A，Matvienko B，et al，2004．Greenhouse gas emissions from hydroelectric reservoirs in tropical regions．Climatic Change，66(1-2)：9-21.

Rosa L P，Dos Santos M A，Matvienko B，et al，2006．Scientific errors in the Fearnside comments on greenhouse gas emissions (GHG) from hydroelectric dams and response to his political claiming．Climatic Change，75(1-2)：91-102.

Rosa L P，Schaeffer R，Dos Santos M，1996．Are hydroelectric dams in the Brazilian Amazon significant sources of 'greenhouse' gases? Environmental Conservation，23(1)：2-6.

Rosa L P，Schaeffer R，1994．Greenhouse-gas emissions from hydroelectric reservoirs．Ambio，23(2)：164-165.

Rosa L P，Schaeffer R，1995．Global warming potentials - the case of emissions from dams．Energy Policy，23(2)：149-158.

Roulet N T，Crill P M，Comer N T，et al，1997．CO_2 and CH_4 flux between a boreal beaver pond and the atmosphere．Journal of Geophysical Research-Atmospheres，102(D24)：29313-29319.

Rudd J W M，Hecky R E，1993．Are hydroelectric reservoirs significant sources of greenhouse gases．Ambio，22(4)：246-248.

Sobek S，Tranvik L J，Cole J J，2005．Temperature independence of carbon dioxide supersaturation in global lakes．Global Biogeochemical Cycles，19(2)：99-119.

Soumis N，Canuel R，Lucotte M，2008．Evaluation of two current approaches for the measurement of carbon dioxide diffusive fluxes from lentic ecosystems．Environmental science & technology，42(8)：2964-2969.

Soumis N，Lucotte M，Larose C，et al，2007．Photomineralization in a boreal hydroelectric reservoir：a comparison with natural aquatic ecosystems．Biogeochemistry，86(2)：123-135.

Louis V L S，Kelly C A，Duchemin E，et al，2000．Reservoir surfaces as sources of greenhouse gases to the atmosphere：A global estimate．Bioscience，50(9)：766-775.

Svensson B H，1984．Different temperature optima for methane formation when enrichments from acid peat are supplemented with acetate or hydrogen. Applied and Environmental Microbiology, 48(2): 389-394.

Teodoru C R, Bastien J, Bonneville M, et al, 2012. The net carbon footprint of a newly created boreal hydroelectric reservoir. Global Biogeochemical Cycles, 26.

Tremblay A, Lambert M, Gagnon L, 2004. Do hydroelectric reservoirs emit greenhouse gases?. Environmental Management, 33: S509-S517.

Tremblay A, Varfalvy L, Roehm C, et al, 2005. Greenhouse Gas Emissions-Fluxes and Processes: Hydroelectric Reservoirs and Natural Environments. Berlin: Springer-Verlag Berlin Heidelberg.

Vachon D, Prairie Y T, Cole J J, 2010. The relationship between near - surface turbulence and gas transfer velocity in freshwater systems and its implications for floating chamber measurements of gas exchange. Limnology and Oceanography, 55(4): 1723-1732.

Wanninkhof R, 1992. Relationship between wind speed and gas exchange. Journal of Geophysical Research Atmospheres, 97(25): 7373-7382.

Weiss RF, 1974. Carbon dioxide in water and seawater: the solubility of a non-ideal gas. Marine Chemistry, 2(3): 203-215.

第8章 澎溪河回水区水体富营养化与水华特点

8.1 富营养化与水华研究简述

富营养化(eutrophication)最早以形容词富营养(eutrophy)的形式被 Weber(1907)用于描述泥炭沼泽发展过程的植物群落状态。Thiennemann(1918)和Naumann(1919)将其用于描述高生产力的低地浅水湖泊,发现有机质含量、物种组成、物理背景、化学要素(尤其是氮、磷、钙等含量)是影响湖泊生产力的关键,并在大量调研基础上完成对不同生产力湖泊的分类(oligotrophy, mesotrophy, eutrophy)(Thiennemann, 1918; Naumann,1929)。Lindeman(1942)提出富营养化(eutrophication)是湖泊发展的自然演进过程。氮、磷营养物的富集(Schindler,1974,1977;Conley et al.,2009)被普遍认为是促进湖泊生产力水平提高的关键。Carlson 等(1996)强调营养状态是表征淡水水体综合状态的关键指标,对湖沼学研究具有重要的指导意义。之后富营养化的定义被总结为:"*the alternation of the production of a lake along a continuum in the direction from low to high values,i. e. from oligotrophy to eutrophy*"(Wetzel,2001)。二战后经济的高速发展导致湖泊等淡水水体受到人类活动的高强度干扰(Edmondson et al. ,1981),氮、磷等营养物的大量排放使湖泊富营养化过程大大提速(Schelske,2009;Schindler et al. ,2009)。对富营养化的界定强调了人类活动(anthropogenic perturbation)造成的不利影响(culture eutrophication),描述对象从湖泊扩展到了河流、近海等水域,并延伸到对陆生生态系统生产力提高的描述(Smith et al,1999,2003,2009)。一般认为:富营养化是在人类活动的影响下,生物所需的氮、磷等营养物大量进入湖泊、河口、海湾等缓流水体,引起藻类及其他浮游生物迅速繁殖,水体溶解氧量下降,水质恶化,鱼类及其他生物大量死亡的现象。

从概念上"水华"和"富营养化"并无紧密关联性。富营养化本质是水体生产力水平升高所导致的湖泊有机质含量增加、食物网结构和物种组成出现变化,水体理化特征、光热传递特点以及湖盆物理条件与矿物构成发生改变的一系列生态过程和现象的集合(Pearsall,1921),反映了水体各项特征指标(物理、化学、生物、生态等)和综合状态的演变(Carlson,1992),其时间尺度通常以地质年代为单位,但在高强度的人类活动干扰下,能在十几年、几年甚至在 1~2 年实现从贫营养到富营养的转变(Hutchinson,1973)。而水华的概念则强调了相对短的时间尺度下藻类群落结构的变化,即可以是某些藻种的大量生长或迅速衰亡造成自身或其他藻种相对丰度的极端增加,也可以是藻种在空间上的分布不均而造成的局部聚集(Oliver et al. ,2000),本质上是藻种之间运动、竞争、死亡、被掠食等一系列藻类生理生态过程的结果(Reynolds,2006),是种群演替的一个阶段性结果(即形成"顶极状态"),同生产力水平、水体营养状态有区别。

尽管如此,水华通常被认为适合富营养化发生发展的重要表征。一方面,水体生产力水平升高,在许多大型水体中,首先表现为以藻类为主的初级生产者种群生物量的增加,为水华的形成提供了充足的生物学基础;另一方面,驱动水生生态系统生产力水平升高的生境要素包括N、P营养物浓度升高,水体透光性增强,水流相对平缓等,它们同时也是诱导水华形成的必要条件。因此,水华频繁发生同水体营养水平升高(即"富营养化")存在千丝万缕的联系(Reynolds,1998)。

8.2 澎溪河回水区营养状态与初级生产力结构

8.2.1 营养状态评价与长序列分析

在水生生态系统范畴,营养状态(trophic state)被定义为"*the total weight of biomass in a given water body at the time of measurement*",即在观测的特定时间范围内水体中总的生物量。Dodds 等(2009)认为,营养状态是食物网中能量可利用性的测度,是群落整体性和生态系统功能的基础。国际上,水生生态系统营养状态评价,以 Carlson 营养状态评价方法为基础(Carlson 1977)。1981 年 Aizaki 对其进行了修订(Aizaki et al. 1981),即以 Chla、TP、SD 三个参数作为基础数据进行计算,将水库的营养状态进行连续的数值化分级,以评价研究水域的富营养化状态。该修订方法应用最为广泛,其计算公式为

$$
\begin{cases}
TSI_M(\text{Chla}) = 10 \times \left(2.46 + \dfrac{\ln(\text{Chla})}{\ln 2.5}\right) \\[2mm]
TSI_M(\text{TP}) = 10 \times \left(2.46 + \dfrac{6.71 + 1.15\ln(\text{TP})}{\ln 2.5}\right) \\[2mm]
TSI_M(\text{SD}) = 10 \times \left(2.46 + \dfrac{3.69 - 1.53\ln(\text{SD})}{\ln 2.5}\right) \\[2mm]
TSI_M = W(\text{Chla}) \cdot TSI_M(\text{Chla}) + W(\text{TP}) \cdot TSI_M(\text{TP}) + W(\text{SD}) \cdot TSI_M(\text{SD})
\end{cases}
$$

$$(8\text{-}1)$$

式中,TSI_M 为综合营养状态指数;$W(\text{Chla})$、$W(\text{TP})$ 和 $W(\text{SD})$ 为 Chla、TP 和 SD 三参数的权重,采用层次分析(AHP)法确定综合评价指标中的权重分配,即 $W(\text{Chla})=54.0\%$、$W(\text{TP})=16.3\%$、$W(\text{SD})=29.7\%$。在同一状态下,TSI_M 指数值越高,富营养化程度越高(Aizaki et al. 1981)。

基于上述方法,对澎溪河回水区 2007~2012 年的营养状态 TSI_M 值进行计算,计算结果见图 8-1 和图 8-2。

在全部样本中,超过 85% 的样本结果显示,澎溪河回水区营养状态总体为中营养—富营养,该评价结果同国内目前对三峡支流回水区的基本认识是一致的。2007~2012 年,澎溪河回水区营养状态指数呈略微升高的趋势。但进一步分析可以发现,澎溪河回水区营养状态变化(2007~2012 年)呈现出以下三个方面特点。

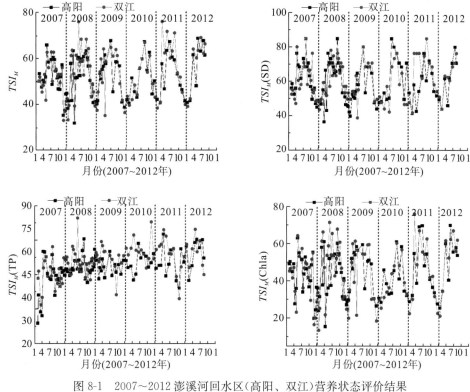

图 8-1 2007~2012 澎溪河回水区(高阳、双江)营养状态评价结果

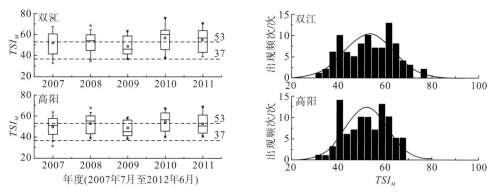

图 8-2 2007~2012 年澎溪河回水区(高阳、双江)营养状态评价统计分析

(1)从总体样本的频次分析可以发现,澎溪河回水区(高阳、双江)呈现出"双峰"或"三峰"的分布特征。在图 8-2 中,无论高阳还是双江,TSI_M 指数在 40 附近和 60 附近均出现显著峰值,在 53 附近亦出现较弱的峰值。上述频次分布特征,反映水库运行下澎溪河回水区营养状态的年内变化可能存在 2~3 种相对稳定的营养状态特征,传统单纯以 4~5 月份(水华期间)或某一时间节点的采样监测结果对营养状态进行评价,恐怕难以反映其真实的营养状态情况。

(2)尽管在 2007~2012 年 TSI_M 指数总体呈略微升高的趋势,但通过单因素方差分析结果显示,2007~2012 年 TSI_M(Chla)和 TSI_M(SD)的升高趋势并无显著统计意义,而高阳、双江 TSI_M(TP)在 2007~2012 年的升高趋势均具有显著性(ANOVA,$p<0.01$)。

故单纯就评价结果而言，TP升高可以认为是2007～2012年澎溪河回水区营养状态升高的驱动因素。

（3）由于TSI_M的营养状态评价结果来源于SD、TP和Chla三个核心指标。尽管上述三个指标在TSI_M的计算权重分配上，Chla所占的权重最高，但在指标的计算结果上，TSI_M(Chla)略小于TSI_M(SD)和TSI_M(TP)。进一步对TSI_M(Chla)、TSI_M(SD)和TSI_M(TP)三个指数计算结果的Spearman相关性分析发现，TSI_M(Chla)同TSI_M(SD)存在显著正相关关系（高阳：$r=0.500$，$p<0.01$；双江：$r=0.629$，$p<0.01$），而TSI_M(Chla)同TSI_M(TP)的Spearman相关性分析结果均无显著统计相关性（高阳：$r=-0.025$，$p>0.05$；双江：$r=0.013$，$p>0.05$）。通常，在湖泊生态系统中，因藻类增殖带来透光性下降，Chla同SD呈显著负相关关系；而水体中磷素增加有利于刺激藻类增殖，故Chla同TP呈正相关关系。澎溪河回水区的上述相关性分析结果显然有别于湖泊生态系统中SD、TP和Chla三者相互关系的基本认识。

8.2.2　澎溪河回水区初级生产力结构调查

水体的初级生产力（primary productivity）是指单位面积（或体积）水体中的初级生产者（藻类、光合细菌、底栖或周丛植物等）在单位时间内生产有机物的能力，单位为$mgC/(m^2 \cdot d)$，或者$mgO_2/(m^2 \cdot d)$。

光合作用过程是初级生产力的核心，是一系列复杂的化学反应过程的集合，通常包括光反应和暗反应两个阶段。光反应阶段主要由叶绿素吸收光能并通过一系列的光化学反应产生O_2，同时把光能转化为ATP和$NADH_2$的化学能。

（1）吸收光能产生还原能：

$$H_2O + H_2O \xrightarrow[Chla]{light} O_2 + 4H^+ + 4e^- \tag{8-2}$$

（2）能量以ATP和$NADH_2$形式储存：

$$4H^+ + 4e^- + ADP + Pi + (O_2) \rightarrow 2H_2O + ATP \tag{8-3}$$

$$2H^+ + 2e^- + NAD \rightarrow NADH_2 \tag{8-4}$$

式中，Pi为无机磷酸盐；NAD为烟酰胺腺嘌呤二核苷酸，$NADH_2$为其还原型；(O_2)是细胞内的一系列反应产生的氧分子。实际上，与光能吸收有关的仅是第一个反应。

暗反应利用光反应阶段生产的化学能进行酶促反应，即利用高能ATP和$NADH_2$（供氢体）把CO_2还原成高能的碳水化合物(CH_2O)，反应方程式如下：

$$CO_2 + 2NADH_2 + 3ATP \rightarrow (CH_2O) + H_2O + 3ADP + 3Pi + 2NAD \tag{8-5}$$

在大型水体中（海洋、河流、大型水库和大型湖泊等），藻类的光合作用对水柱初级生产的贡献最大，通常达到95%以上（Kimmel et al.，1984）。它们将太阳能和无机营养盐合成为可被生物利用的高能有机物并储存在体内，为整个水生食物网提供食物来源，构成生态系统功能的基础。

1. 澎溪河总初级生产力水平的变化

采用黑白瓶法对澎溪河回水区高阳平湖、双江大桥两处采样点开展了1个完整周年

(2010 年 3 月至 2011 年 2 月)初级生产力的调查。其中，为反映不同水层初级生产力水平，结合前期对真光层深度研究结果，黑白瓶挂瓶深度定为 0m、0.5m、1m、2m、3m、5m、8m 和 10m 的 8 个水层，所采用玻璃瓶容积为 350mL。每次测试时，每组瓶子要用同次采集的水样注满，将采水器的导管插到样品瓶底部，灌满瓶并溢出三倍体积的水，以保证同组瓶中的溶解氧与所采水样的溶解氧完全一致。测量各个瓶中的溶解氧记为初始溶解氧，然后将各组黑瓶和白瓶悬挂在原来采水的深度处放置培养 24h，次日起瓶时用溶氧仪测量各水样瓶中溶解氧的含量。

根据 24h 挂瓶前后黑白瓶内溶解氧变化，可以计算各水层的总生产力(P)、净生产力(NP)和呼吸作用量(R)，其计算方法如下：

$$\begin{cases} P=白瓶\,DO-黑瓶\,DO \\ NP=白瓶\,DO-初始瓶\,DO \\ R=初始瓶\,DO-黑瓶\,DO \end{cases} \tag{8-6}$$

式中，P、NP、R 单位为 $mgO_2/(L \cdot d)$。

采用算术平均值累计法计算水柱日初级生产力值(GPP)和群落呼吸量(CR)。以 GPP 为例，计算公式为

$$GPP = \sum_{i=1}^{n-1} \frac{P_i + P_{i+1}}{2}(D_{i+1} - D_i) \tag{8-7}$$

式中，P_i 为第 i 层的总生产力；D_i 为第 i 层的深度；n 为取样层次数($1 \leq i \leq n-1$)；GPP 为初级生产力值，$mgO_2/(m^2 \cdot d)$。

总净生产力值(GNP)可由 GPP 和 CR 计算得到($GNP = GPP - CR$)。

在开展调查的 1 个完整周年内，澎溪河回水区 GPP 为 605～9235$mgO_2/(m^2 \cdot d)$，平均值为 2170.83±1966.56$mgO_2/(m^2 \cdot d)$。其中，春季的 GPP 为 997.5～2297.5$mgO_2/(m^2 \cdot d)$，平均值为 1441.25±496.04$mgO_2/(m^2 \cdot d)$；夏季的 GPP 为 1167.5～9235$mgO_2/(m^2 \cdot d)$，平均值为 3575±2913.65$mgO_2/(m^2 \cdot d)$；秋季的 GPP 为 2005～2510$mgO_2/(m^2 \cdot d)$，平均值为 2231.25±210.93$mgO_2/(m^2 \cdot d)$；冬季的 GPP 为 605～1647.5$mgO_2/(m^2 \cdot d)$，平均值为 987.92±395.6$mgO_2/(m^2 \cdot d)$。

由图 8-3 可以看出，高阳和双江两处 GPP 值逐月变化过程总体一致，大体呈现出先升后降的变化特征。GPP 从 3 月到 8 月处于上升阶段，在 8 月份 GPP 达到最大值后开始下降，到 1 月份时达到最低值，2 月份又开始回升。8 月份两个断面的最高值分别为 6772.5$mgO_2/(m^2 \cdot d)$ 和 9235$mgO_2/(m^2 \cdot d)$，1 月份两个断面的最低值分别为 622.5$mgO_2/(m^2 \cdot d)$和 605$mgO_2/(m^2 \cdot d)$。各个季节的 GPP 从大到小的顺序为：夏季、秋季、春季、冬季。

何志辉等(1987)依据 211 个水域的调查材料对中国湖泊水库进行了营养类型标准的划分，划分方法为：$GPP < 1000mgO_2/(m^2 \cdot d)$ 的水体属于贫营养型水体；GPP 为 1000～3000$mgO_2/(m^2 \cdot d)$ 的水体属于中营养型水体；GPP 为 3000～7000$mgO_2/(m^2 \cdot d)$ 的水体属于富营养型水体；$GPP > 7000mgO_2/(m^2 \cdot d)$ 的水体属于超富营养型水体。按照何志辉等的划分标准，澎溪河回水区从全年平均值上来看总体属于中营养型。若按季节的平均值来看，春季的回水区水体属于中营养型水体；夏季为富营养型水体，在 8

月份水体达到了超富营养型水平；秋季的回水区水体属于中营养型水体；冬季的回水区水体属于接近中营养型水平的贫营养型水体。

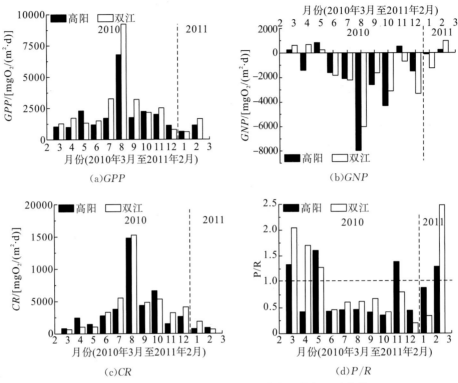

图 8-3　澎溪河回水区水柱初级生产主要指标逐月变化

　　澎溪河回水区的 CR 在 $640 \sim 15260 \mathrm{mgO_2}/(\mathrm{m^2} \cdot \mathrm{d})$（图 8-4），平均值为 $3730 \pm 3890.38 \mathrm{mgO_2}/(\mathrm{m^2} \cdot \mathrm{d})$。夏季和秋季的水温和生物量都较高，导致这一时期的 CR 较高，并在水温和生物量最高的 8 月份达到全年的最高峰，在生物量第二高的 10 月份达到了全年的次高峰值。冬季水温下降较快，生物量也降到很低的水平，到春季水温开始回升，生物量也开始增加，但是这两个季节水温都相对较低（介于 $11 \sim 18 ℃$），光照相对较弱，而且生物量也维持在较低的范围内，导致这两个季节的 CR 值较低。

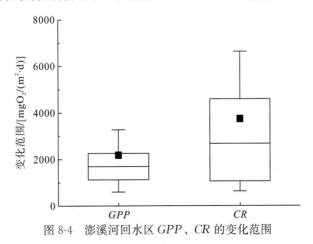

图 8-4　澎溪河回水区 GPP、CR 的变化范围

同 GPP 相比，全年澎溪河回水区的 CR 在变化范围以及平均值水平均较高（图 8-4），但 CR 和 GPP 的总体变化趋势是相似的。这表明澎溪河回水区水生生物群落全年的呼吸作用强于初级生产作用，大体上属于异养型水体，藻类所生产的有机物不能满足水生生物群落的生长需要，外源有机物的输入成为初级生产力的重要补充来源。

GNP 的变化范围为 $-8015 \sim 967.5 \mathrm{mgO_2/(m^2 \cdot d)}$，平均值为 $-1559.17 \pm 2247.24 \mathrm{mgO_2/(m^2 \cdot d)}$。再来看各个断面的情况，高阳断面全年 GNP 的变化范围为 $-8015 \sim 830 \mathrm{mgO_2/(m^2 \cdot d)}$，平均值为 $-1654.79 \pm 2513.59 \mathrm{mgO_2/(m^2 \cdot d)}$；双江断面全年 GNP 的变化范围为 $-6025 \sim 967.5 \mathrm{mgO_2/(m^2 \cdot d)}$，平均值为 $-1463.54 \pm 2054.57 \mathrm{mgO_2/(m^2 \cdot d)}$。两个断面 GNP 的季节变化过程基本相同，总体趋势为春季到夏季迅速下降，在 GPP 和 CR 最大的 8 月份 GNP 达到最小值，在夏季到冬季逐渐回升，最大值出现在春季和冬末的 2 月份，这几个月 GNP 几乎全为正值。

从整年来看，GNP 不仅出现正值的时间较短，而且 GNP 最大值不到 $1000 \mathrm{mgO_2/(m^2 \cdot d)}$，与同纬度的太湖相比偏低。澎溪河回水区 GNP 在一年中大部分时间是负值，在 8 月份 GNP 甚至达到了 $-8015 \mathrm{mgO_2/(m^2 \cdot d)}$。全年的 GNP 总体上为负值，这说明澎溪河回水区浮游生物群落全年的总呼吸量超过了群落总初级生产力（图 8-3）。

澎溪河回水区全年 P/R 的变化范围为 $0.2 \sim 2.42$，平均值为 0.86 ± 0.6。其中，高阳断面全年 P/R 的变化范围为 $0.34 \sim 1.57$，平均值为 0.77 ± 0.47；双江断面全年 P/R 的变化范围为 $0.2 \sim 2.42$，平均值为 0.95 ± 0.72。P/R 在澎溪河回水区两个断面大体分布趋势相同，变化规律与 GNP 的全年变化规律类似。总体呈现春季到夏季迅速下降，夏季维持在较低值（大约 0.5），在秋季开始逐渐回升。总体上，P/R 在冬末和春季基本都大于 1，其他时间几乎均小于 1。从全年来看，澎溪河回水区 P/R 较低的现象表明外来有机物输入量较大，水中微生物活动较强，水中分解作用较强，物质循环速率较高。

2. 澎溪河回水区初级生产力的垂向分布特征

春季澎溪河回水区的各层初级生产力 P 大致为 $0 \sim 1.5 \mathrm{mgO_2/(L \cdot d)}$，最大值出现在表层或次表层水体中，随着水深增加而递减，到 5m 以下已经接近于零。各层初级生产力 P 在澎溪河回水区的两个断面的时空分布特点有所不同，如图 8-5 所示。在空间分布上，高阳采样点存在表层抑制现象，即 P 的最大值不出现在水体表层，而出现在 $0.5 \sim 2m$ 的次表层水体内，另外，P 的衰减较为缓和，到 5m 左右才接近于 0；双江断面则不存在表层抑制现象，P 的最大值出现在水体表层，随水深增加迅速衰减，呈现指数衰减的规律，同光在水中的衰减规律类似。在时间分布上，高阳断面的 3 月和 4 月 P 的分布几乎一致，P 值相对较低，最大值仅为 $0.36 \mathrm{mgO_2/L}$，5 月份每个水层的 P 值均比前两个月有所增加，最大值为 $0.58 \mathrm{mgO_2/L}$；双江断面 3 月份各水层的 P 值都很低，其次为 5 月份，表层的 P 值为 $0.65 \mathrm{mgO_2/L}$，最高值出现在 4 月份，表层的 P 值达 $1.46 \mathrm{mgO_2/L}$。张来发等（1981）认为水库表层或次表层的初级生产力高的原因是由于这个深度的藻类比深层的藻类光照条件好。

澎溪河回水区夏季 6 月份各层的 P 值相对其他三个月较低，其次为 7 月份和 9 月份，两个月各层的 P 值相差不大。在 8 月份各层的 P 值有较大幅度的升高，并且 8 月份出现了表层抑制现象，最大的 P 值甚至达到 $4.98 \mathrm{mgO_2/L}$，出现在 $0.5 \sim 1m$ 水层处。

澎溪河流域的秋季相对较短,只有两个月的时间,一般为10~11月份。这两个月在蓄水作用下,水位大幅度提升,水流流速减缓,真光层深度迅速增加,这有利于提高初级生产力,但同时水温和光照强度又在迅速下降,使初级生产力降低。10月 P 随水深增加呈指数型下降的规律,而且表层的 P 值比较高。11月 P 值随水深增加而下降的趋势相对于10月份较为缓和(图8-5)。冬季三个月期间可能由于光照和温度均较低的原因,各月的 P 值都较小,变化范围在0~0.5mgO$_2$/L之间,且都有从表层向深水递减的变化规律,但是减小的趋势相对较为缓和,几乎要到10m深度的时候 P 值才接近于零。从三个月 P 的分布可以看出,12月到次年2月份 P 的时间分布上呈现出先下降,在1月份达到最低值,而后随着2月份的光照增加而升高的趋势(图8-5)。

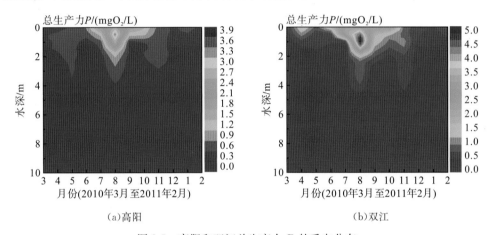

图8-5 高阳和双江总生产力 P 的垂向分布

春季澎溪河回水区各水层的呼吸量 R 没有明显的分层规律,只有一个大致的变化范围,如图8-6所示。高阳断面3月份的呼吸作用较弱,R 值在0~0.14mgO$_2$/L;其次是5月份,R 值在0~0.28mgO$_2$/L;最大值在4月份,R 值在0.16~0.38mgO$_2$/L。双江断面三个月的 R 值都很低,为0~0.2mgO$_2$/L。

夏季的8月份 R 值分布与 P 值的分布类似,比其他三个月高出很多,且有明显的分层规律,从表层向底层递减,变化范围为0.67~4mgO$_2$/L,而其他三个月的 R 值变化范围为0.13~0.77mgO$_2$/L。水温的剧烈分层现象导致了该月 R 的分层,该月各层的叶绿素a浓度以及水温较高导致各水层的 R 值较高。

秋季 R 的分布与 P 的分布规律类似,10月份的 R 存在明显的垂直分层的现象,表层 R 值较高,随水深增加而下降。11月份的 R 值明显比10月份下降很多,而且没有明显的分层现象,为0~0.5mgO$_2$/L。秋季水温开始快速下降,10月份水温比11月份高出3℃左右,而且10月份的水温和生物量还存在分层的现象,11月份已经几乎不存在分层现象,这可能是导致上述分布差异的主要原因。

冬季各水层的 R 值也都较低,为0~0.5mgO$_2$/L。12月份从表层到2m左右的水层的 R 值在增加,随水深增加波动不大。到1月份,水温进一步降低,1月份 R 的垂直分布与12月份刚好相反,R 值随水深增加而降低,到2m左右处开始趋于稳定。2月份 R 值没有明显的分层规律,上下水层变动不大。

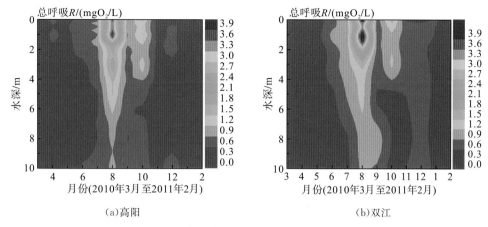

图 8-6 高阳和双江总呼吸 R 的垂向分布

澎溪河回水区的层初级生产力 P 与层呼吸量 R 的比值 P/R 的垂直分布特征与 P 的垂直分布特征近似。

春季高阳断面 4 月各层的 P/R 均小于 1,3 月份只有近表层水体的 P/R 大于 1,5 月份基本所有水层的 P/R 均大于 1;双江断面 3 月份 P/R 相对较低,4 月和 5 月在表层以及近表层的 P/R 均大于 1,且值较大,4 月份甚至达到 10 以上。这表明春季的回水区总体处于自养型水体状态。

夏季澎溪河回水区 8 月份的 P/R 基本都小于 1,其他三个月在表层附近的 $P/R>1$,1m 以下的水体 P/R 几乎均小于 1。8 月份的 P 和 R 的垂向分布相似,并且在各个水深处 R 的值超过了 P 的值,从而导致了 8 月份几乎每个水层的 P/R 都小于 1。

秋季高阳断面大部分 P/R 小于 1,且没有分层现象。高阳断面 10 月份的初级生产作用并不是很强,各水层的 P/R 值较小,可能是由于该断面营养盐被大量的浮游生物消耗后浓度较低所致。双江断面仍存在明显的分层现象,与 P 的分层规律相类似,在 $0\sim2m$ 水深范围内的 P/R 几乎均大于 1。

冬季的水温从 12 月份到 2 月份一直在下降,呼吸作用也随着水温而下降,而光照的先减弱后增强,P 同水下光照有着类似的变化规律,这导致 2 月份 P/R 是三个月中最高的结果。从图 8-7 可以看出,2 月份的 P/R 明显高出前两个月,且 $0\sim10m$ 的 P/R 几乎都大于 1,在双江断面甚至几乎都大于 2。12 月和 1 月仅在表层附近的 P/R 大于 1。

综合上述分析可以看出,澎溪河回水区初级生产力结构总体呈现以下几个特点。

(1)澎溪河回水区的 GPP 为 $605\sim9235mgO_2/(m^2\cdot d)$,平均值为 $2170.83\pm1966.56mgO_2/(m^2\cdot d)$,季节分布为:夏季>秋季>春季>冬季。$CR$ 为 $640\sim15260mgO_2/(m^2\cdot d)$,平均值为 $3730\pm3890.38mgO_2/(m^2\cdot d)$,季节分布为:夏季>秋季>冬季>春季。$GNP$ 为 $-8015\sim967.5mgO_2/(m^2\cdot d)$,平均值为 $-1559.17\pm2247.24mgO_2/(m^2\cdot d)$,呈先降后升的变化特征,最低值出现在夏季,一年中大部分时间是负值,正值仅出现在冬末和春季。全年 P/R 为 $0.2\sim2.42$,平均值为 0.86 ± 0.6。P/R 周年变化特征与 GNP 类似,在冬末和春季大于 1,其他时间小于 1。

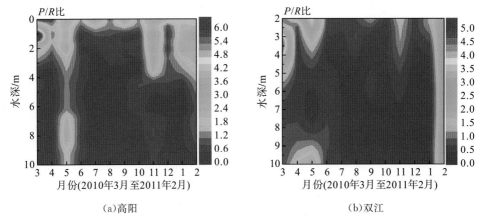

图 8-7 高阳和双江 P/R 比的垂向分布

（2）澎溪河回水区全年的 GPP 为 $1000\sim3000\mathrm{mgO_2/(m^2 \cdot d)}$，总体属于中营养型水平，其水生生物群落呼吸作用强于初级生产作用。

（3）对澎溪河回水区初级生产力垂向分布的季节变化特征分析表明，藻类的初级生产作用主要集中在 $0\sim5\mathrm{m}$ 水深的水体内，P 的最大值往往出现在表层，而在春季和夏季表层光照过强的时候会出现表层光抑制现象。冬季和春季 R 没有明显的分层特征，但在夏季和秋季 R 值较高，且具有和 P 类似的分层特征。P/R 的垂直分布特征与 P 的垂直分布特征近似。澎溪河回水区在冬末到春末的大约 4 个月时间内 $P/R>1$，水体为自养型水体，其余的 8 个月时间里回水区几乎都处于异养型水体的状态。

8.3 澎溪河回水区富营养化与水华成因的探讨

作为三峡库区典型支流，澎溪河回水区频繁发生的水华，在三峡库区各支流中既有代表性，但因其在三峡库区的空间位置和独特的流域背景，澎溪河回水区水华现象也具有特殊性和不确定性。主要表现在以下几个方面特点。

（1）澎溪河云阳段回水区（养鹿以下）全年通常形成 $3\sim4$ 次大面积的水华，水华优势藻聚集体通常在回水区上游形成，并随水流漂移至高阳开阔水域形成明显的大面积水华。水华形成时间通常在冬末初春（2 月）、春末夏初（$3\sim5$ 月）、夏末初秋（$8\sim9$ 月）。受气候气象条件影响，春末夏初和夏末初秋的两个时段分别出现 $1\sim2$ 次明显的水华现象。

（2）水华期间的藻类生物量峰值呈现出较为明显的升高趋势。尽管 2008 年三峡水库 172m 蓄水，回水区延伸至开县后，开县汉丰湖在冬季亦出现明显水华现象，但从野外观测结果上看，澎溪河回水区水华持续时间跨度和空间范围，受到气候气象条件影响的变化趋势并不明显。

（3）水华优势藻受到气候气象条件、水库运行等因素影响，同一时间、同一地点的水华优势藻并不固定。例如，2007 年 5 月在高阳水域出现以鱼腥藻、束丝藻为优势藻种的水华，而 2008 年同期则形成了以角甲藻和微囊藻为优势藻种的水华现象，2011 年同期水华优势藻亦为鱼腥藻。

经典的湖泊生态系统认识中，N、P 增加被普遍认为是促进初级生产力、提高营养状态水平的核心驱动因素。从前述对澎溪河回水区营养状态评价结果和国内关于三峡典型支流的营养状态评价研究报道上分析，三峡支流回水区普遍处于中营养—富营养状态，支流回水区 TN、TP 浓度以及营养水平并不弱于长江中下游湖泊；且从水华发生的生物量级比较上，三峡支流回水区在水华期间的生物量水平、持续时间亦不亚于长江中下游湖泊。进一步的比较研究可发现以下独特现象：一方面，从环境监测的数据比较上可以发现，成库后三峡水库干流总体水质保持良好，N、P 等主要营养物浓度同成库前并没有显著差异，总体上依然保持在相近的水平；另一方面，同长江中下游湖泊（如太湖、巢湖等）进行横向比较，可以发现一些值得思考的现象。

就富营养化程度而言，范成新等（2007）在《长江中下游湖泊环境地球化学与富营养化》一书中采用 TLI 营养状态综合指数法对长江中下游 49 个湖泊 2001~2003 年的营养状态进行了评价。李崇明等（2003）也采用相同的方法评价了三峡库区 16 条支流 39 个监测断面的营养状态，采用 t 检验比较二者 TLI 的平均得分情况，三峡库区主要支流 39 个监测断面 TLI 平均得分值同长江中下游湖泊 TLI 平均得分值之间的差异并不明显，其中，三峡库区主要支流 TN、TP 与 Chla 的 TLI 得分情况整体上同长江中下游湖泊相当，COD_{Mn} 略低。换句话说，总体上三峡库区蓄水后富营养化的严重程度可能并不亚于长江中下游湖泊。

但从人口密度、耕地面积和国民生产总值等社会发展指标来看，三峡库区各支流流域开发程度与经济发展水平远不及发达的长江中下游地区。通过对三峡库区、澎溪河流域、香溪河流域、大宁河流域、太湖流域和巢湖流域生产生活废水排放量的比较（表 8-1），可以看出，三峡库区各支流流域对水环境的干扰程度也相对弱于长江中下游地区。

表 8-1　单位流域面积污染负荷

名称	流域面积 /km²	人口 /万人	COD /[t/(km²·a)]	氨氮 /[t/(km²·a)]	TN /[t/(km²·a)]	TP /[t/(km²·a)]	统计年度
三峡库区	59900.00	2068.02	6.992	0.133	1.191	0.109	2007
澎溪河流域	5172.50	200.32	3.227	0.656	0.808	0.111	2008
香溪河流域	3099				0.524	0.107	2010
大宁河流域	4180.87	90.92	5.697	0.268	0.624	0.245	2010
太湖流域	36895.00	4533	23.046	2.488	3.838	0.282	2006
巢湖流域	13486.00	933.94	4.286	0.497	2.032	0.245	2009

注：1）其中巢湖流域 COD、氨氮为 2009 年数据；2）数据来源：《太湖流域水环境综合治理总体方案》、《三峡工程验收库区污染源调查报告》、《巢湖流域水污染防治"十二五"规划编制大纲》和《澎溪河、大宁河、香溪河流域水污染综合整治规划》

若把三峡各支流回水区的富营养化归咎于蓄水带来的营养盐滞留，从第 2 章、第 3 章和富国（2005）的分析结果可以发现，三峡支流回水区年水体滞留时间大体上为 25~30d，明显低于长江中下游湖泊中 300~400d（太湖在 20 世纪 90 年代末为 309d）。若把三峡支流回水区营养物的来源认为是淹没区底泥释放造成的污染，将消落带和淹没区调查以及沉积物营养物释放的已有研究（胡刚等，2008；郭劲松等，2010）同秦伯强等（2004）、范成新等（2007）的研究结果相比，可以发现三峡部分支流回水区的内源释放强度不及太湖、巢湖等长江中下游湖泊。

尽管上述分析在一定程度上忽略了三峡库区各支流间的差异，且在系统性、科学性等方面依然有值得商榷的地方，但至少可以看出，三峡库区社会经济发展、污染负荷、水文特征及内源释放水平均低于长江中下游湖泊流域，而三峡库区支流的富营养化严重程度却不亚于长江中下游湖泊。三峡水库生态系统当前处于什么样的营养状态？水华频繁发生的事实是否意味着库区营养水平升高？三峡支流回水区水华成因与湖泊究竟有何区别？其发展趋势究竟如何？仍然是一个值得深入探究的科学命题。这不仅关系到对当前澎溪河回水区水生生态系统状态的基本判别，也关系到对该水域水生生态系统本底状态和 N、P 环境基准的科学认识，对水库生态环境管理的重要意义不言而喻。本小节着重从以下三个方面对此进行初步分析。

1）营养物积累和藻类初级生物利用

根据环境监测提供的数据，2002 年库区支流 TN、TP 平均浓度分别为 1.4mg/L 和 0.26mg/L，2015 年最新的数据显示，库区支流 TN、TP 平均浓度并未呈具有统计意义的显著升高或下降。尽管营养物浓度并未发生显著变化，但成库前后巨大的库容改变则说明库区水体中 TN、TP 总量较成库前已经发生了显著变化。新增的水体 TN、TP，一方面来自于上游和库区陆源 N、P 的输入，另一方面同淹没区和消落区土壤溶出释放有关。

成库后，水力停留时间延长，颗粒物沉降导致水体透光性提升、真光层深度增大，在很大程度上为藻类生长提供了优越的水下光热条件，藻类得以迅速增殖并在合适生境条件下出现水华。尽管目前已有的研究倾向于认为三峡支流回水区藻类生长依然受 P 限制，但目前关于三峡支流藻类生长受到 P 的限制程度并未有定量表达。水华过程中对 P 的需求量和对 P 的利用效率，及其同支流回水区 P 的积累量是否有密切关联性，亦不明确。在这样的情况下，支流回水区 P 降低到什么程度才能有效限制藻类生长甚至抑制水华形成，目前并未有科学的证据。

2）河道型水库水华的随流迁移聚集和原位生长

作为典型的峡谷河道型水库，三峡库区干支流在蓄水后依然呈现显著的流动性，使得支流回水区水华形成的藻类聚集体可以随水流向下游输移。因此，澎溪河回水区水华现象，既可能是上游某水域优势藻集中生长，其聚集体随流漂移至下游而形成，也可能是本地水域优势藻增殖聚集而形成。但更多的情形下，是上述机械迁移聚集与原位生长效应相互叠加的结果。故支配水华形成与维持的物理机制和生物、化学机制在不同的时间、空间范围内存在显著不同。

3）澎溪河回水区初级生产力结构

富营养化以水体生产力水平升高为关键判别标准，其本质上是水生生态系统中生物有机体含量显著升高、食物网物质循环与能量传递发生显著改变的过程。

尽管表层水体初级生产力在水华期间呈现出自养型特点，但澎溪河回水区全年水柱总体呈现出异养型的初级生产力结构特征。细菌降解外源性有机质过程依然是澎溪河回水区水生生态的主要过程。这可能有以下两方面原因：①水库因岸线发育高于湖泊，水面面积同流域面积比值远小于湖泊，进而将比湖泊消纳更多的陆源物质；②作为新生的水库生态系统，对淹没区和消落区土壤、植被等有机质的消纳尚未结束，系统尚未稳定。在这样的背景下，其水生生态系统完善、营养状态改变的趋势仍是不确定的。采用传统评判湖泊营养状态的方法和指标亦值得商榷。

综合上述三个方面的分析，就澎溪河回水区的富营养化与水华现象，笔者尝试提出以下的科学假设，为后续更深入的研究提供方向性思路。

受流域背景、水库运行等条件的影响，来自陆源的有机质和 N、P 将长期对三峡水库水生态系统产生影响，澎溪河回水区将持续呈现出异养型为主的初级生产力格局。从某种意义上水华成为水库生态系统消纳外源性 N、P 营养物的途径或表征。在这样的独特水环境下，藻类生长同水体透光性、光热条件和 N、P 等营养物的供给均密切相关，并受到大尺度水库运行和水动力条件的影响。因此，单纯从水华发生量级、发生程度上面，并不能反映营养状态改变的趋势。澎溪河回水区"富营养化"仍需要长期的生态系统观测综合判定。

主要参考文献

范成新，王春霞，2007. 长江中下游湖泊环境地球化学与富营养化. 北京：科学出版社.

富国，2005. 湖库富营养化敏感分级水动力概率参数研究. 环境科学研究，18(6)：80-84.

郭劲松，贺阳，付川，等，2010. 三峡库区腹心地带消落区土壤氮磷含量调查. 长江流域资源与环境，19(3)：311-317.

何志辉，1987. 中国湖泊和水库的营养分类. 大连海洋大学学报，(1)：1-10.

胡刚，王里奥，袁辉，等，2008. 三峡库区消落带下部区域土壤氮磷释放规律模拟实验研究. 长江流域资源与环境，17(5)：780-784.

李崇明，阚平，张晟，2003. 三峡库区次级河流富营养化防治研究. 重庆市环境科学研究院. 31-61.

秦伯强，胡维平，陈伟民，2004. 太湖水环境演化过程与机理. 北京：科学出版社.

张来发，王爱民，赵金利，1981. 龙头水库浮游植物初级产量、浮游生物量和鲢鳙鱼产力的研究. 水产学报，5(2)：171-177.

Aizaki M，Fukushima T，et al，1981. Application of modified Carlson's trophic station index to Japanese lake and Its relationships to others parameters related trophic state. Res. Rep. Natl. Inst. Environ. Stud.，23：13-31.

Anderson D M，Gilbert P M，Burkholder J M，2002. Harmful algal blooms and eutrophication：Nutrient sources，composition，and consequences. Estuaries，25：704-726.

Carlson R E，Simpson J，1996. Trophic state//A Coordinator's Guide to Volunteer Lake Monitoring Methods. North American Lake Management Society. 7-1-7-20.

Carlson R E，1977. A trophic state index for lakes. Limnology and Oceanography. 22(2)：361-369.

Carlson R E，1992. Expanding the trophic state concept to identify non-nutrient limited lakes and reservoirs// Proceedings of a National Conference on Enhancing the States' Lake Management Programs. Monitoring and Lake Imapct Assessment. Chicago. 59-71.

Conley D J，Paerl H W，Howarth R W，et al，2009. Controlling Eutrophication：Nitrogen and Phosphorus. Science，323：1014-1015.

Dodds W K，Bouska W W，Eitzmann J L，et al，2009. Eutrophication of U. S. freshwaters：analysis of potential economic damages. Environmental Science & Technology，43，12-19.

Edmondson W T，Lehman J T，1981. The effect of changes in the nutrient income on the condition of Lake Washington. Limnology and Oceanography，26：1-29.

Heisler J，Gilbert P M，Anderson D M，et al，2008. Eutrophication and harmful algal blooms：A scientific consensus. Harmful Algae，8：3-13.

Hutchinson G E，1973. Eutrophication：The scientific background of a contemporary problem. American Scientist，61：269-279.

Kimmel B L，Groeger A W，1984. Factors controlling primary production in lakes and reservoirs：a perspective. Lake and reservoir management，1(1)：277-281.

Lindeman R L，1942. The trophic-dynamic aspect of ecology. Ecology，23：399-418.

Naumann E，1919. Nagra synpunkter angaende limnoplanktons okologi med sarskild hansyn till fytoplankton. Svensk bot. Tidskr，13：129-163.

Naumann E，1929. The scope and chief problems of regional limnology. International Review of Hydrobiology，22：423-444.

Oliver R L，Ganf G G，2000. Freshwater blooms//The Ecology of Cyanobacteria. NL：Kluwer Academic Publisher. 149-194.

Paerl H W，Huisman J，2008. Blooms like it hot. Science，320：57-58.

Pearsall W H，1921. The development of vegetation in English lakes，considered in relation to the general evolution of glacial lakes and rock basins. Proceedings of the Royal Society of London，92：259-284.

Reynolds C S，1998. What factors influence the species composition of phytoplankton in lakes of different trophic status? Hydrobiologia，369/370：11-26.

Reynolds C S，2006. The Ecology of Phytoplankton. Cambridge：Cambridge University Press.

Schelske C L，2009. Eutrophication：focus on phosphorus. Science，324：722.

Schindler D W，Hecky R E，2009. Eutrophication：more nitrogen data needed. Science，324：721-722.

Schindler D W，1974. Eutrophication and recovery in experimental lakes：Implications for lake management. Science，184：897-899.

Schindler D W，1977. Evolution of phosphorus limitation in lakes. Science，195：260-262.

Smith V H，Schindler D W，2009. Eutrophication science：where do we go from here?. Trends in Ecology & Evolution，24：201-207.

Smith V H，Tilman G D，Nekola J C，1999. Eutrophication：impacts of excess nutrient inputs on freshwater，marine，and terrestrial ecosystems. Environmental Pollution，100：179-196.

Smith V H，2003. Eutrophication of freshwater and coastal marine ecosystems：a global problem. Environmental Science and Pollution Research，10：126-139.

Thiennemann A，1918. Untersuchungen über die Beziehungen zwischendem Sauerstoffgehalt des Wassers und der Zusammensetzung der Fauna in norddeutschen Seen. Archiv für Hydrobiologie，12：1-65.

U S Environmental Protection Agency. 2009. Water quality criteria for nitrogen and phosphorus pollution [EB/01]. http://www. epa. gov/waterscience/criteria/nutrient/.

Weber C A，1907. Aufbau und Vegetation der Moore Norddeutschlands. Bot. Jahrb. Beibl. 90：19-34.

Wetzel R G，2001. Limnology：Lake and River Ecosystems. UK：Academic Press，187-288.